2026 GUIDE
Road Traffic Safety Manager

도로교통 안전관리자

- 시험 과목
- 제출 서류
- 문제출제 방법
- 책 사용 요령
- CBT 응시요령 안내

도로교통안전관리자 자격증은 이렇게!

1. 교통안전관리자 자격시험이란?

교통안전에 관한 전문적인 지식과 기술을 가진 자에게 자격을 부여하여 운수업체 등에서 교통안전업무를 전담케 함으로 교통사고를 미연에 방지하고 국민의 생명과 재산 보호에 기여토록 하기 위해 5개 (도로, 철도, 항공, 항만, 삭도) 자격 교통안전관리자 자격시험 시행

2. 시행처 : 한국교통안전공단(www.kotsa.or.kr)

3. 교통안전관리자의 직무

- 교통안전관리규정의 시행 및 그 기록의 작성 · 보존
- 교통수단의 운행 · 운항 또는 항행과 관련된 안전점검의 지도 및 감독
- 도로조건, 선로조건, 항로조건 및 기상조건에 따른 안전 운행에 필요한 조치
- 교통수단 차량을 운전하는 자 등의 운행 중 근무상태 파악 및 교통안전 교육 · 훈련의 실시
- 교통사고원인조사 · 분석 및 기록 유지
- 교통수단의 운행상황 또는 교통사고상황이 기록된 운행기록지 또는 기억장치 등의 점검 및 관리

4. 시험 과목

구 분	시험시간	과목 및 문항수(문항당 점수)	비 고
1교시 (50분)	오전 09:20 ~ 10:10 오후 13:20 ~ 14:10	교통법규 50문항 (2점/문항)	교통안전법:20문항 자동차관리법, 도로교통법:30문항
쉬는 시간 (20분)	오전 10:10 ~ 10:30 오후 14:10 ~ 14:30	-	-

2교시 (75분)	오전 10:30 ~ 11:45
	오후 14:30 ~ 15:45
		교통안전관리론 25문항(4점/문항)
		자동차정비 25문항(4점/문항)
		(선택) 택1과목 25문항(4점/문항)
		  - 교통심리학
		  - 자동차공학
		  - 교통사고조사 분석개론
			과목당 25분
			(면제과목을 제외한 본인응시
			과목만 응시 후 퇴실)

5. 접수 대상 및 방법

인터넷접수
모든 응시자
- 자격증에 의한 일부 면제자인 경우 인터넷 접수 시 상세한 자격증 정보를 입력
- 현장 방문 접수 시에는 응시인원마감 등으로 시험접수가 불가할 수도 있사오니 가급적 인터넷으로 시험 접수현황을 확인하시고 방문해 주시기 바랍니다.

방문접수
- 방문 접수자는 응시하고자 하는 지역으로 방문
- 항만분야 「선박지원법」에 의한 자격증 취득자는 방문접수만 가능
- 자격증에 의한 일부 면제자인 경우 방문접수 시 반드시 해당 증빙서류(원본 또는 사본)지참
- 취득 자격증별로 제출 서류가 상이하므로 면제기준을 참고하여 제출

- 모든 제출 서류는 원서 접수일 기준 6개월 이내 발행분에 한함.

6. 제출 서류(공통) 및 일부 과목 면제자 증빙서류

■ **공동제출서류(전과목 응시자 및 일부 과목 면제자)**
- 응시원서(사진 2매 부착): 최근 6개월 이내 촬영한 상반신(3.5×4.5cm)
- 인터넷 접수의 경우 사진을 10M이하의 jpg파일로 등록

■ **일부 과목 면제자 증빙서류(교통안전법 시행규칙 제25조 별표2)**

구 분		인터넷 접수	방문·우편 접수
국가기술자격법에 따른 자격증 소지자	제출방법	• 자격증 정보입력 • 파일 첨부(추가서류 제출자)	• 자격증 원본 지참 및 사본 제출 • 추가서류 원본 제출
	제출서류	• 자격증 • 자격취득사항확인서 1부 • 경력증명서(공단서식) 및 고용보험가입증명서 각 1부 • 자동차관리사업등록증 1부	
석사학위 이상 취득자	제출방법	• 파일첨부	• 원본 제출

	제출서류	• 해당 학위증명서 1부
		• 성적증명서 1부
		  – 석사학위 이상 소지자로서 대학 또는 대학원에서 면제 받고자 하는 시험과목과 같은 과목을 B학점 이상으로 이수한 자
		    (교통법규는 제외)
		  – 시험과목과 이수한 과목의 명칭이 정확히 일치하지 않을 경우 해당 과목의 강의 계획서를 제출하여 검토 후 면제 가능	

일부면제자 교육 수료자 (도로분야만 해당)	제출방법	• 수료번호를 입력하여 수료여부 확인	• 원본 제출
	제출서류		• 교육 수료증

도로교통안전관리자 자격증은 이렇게!

7. 시행방법

컴퓨터에 의한 시험 시행

[응시제한 및 부정행위 처리]
- 시험시작 시간 이후에 시험장에 도착한 사람은 응시 불가
- 시험 도중 무단으로 퇴장한 사람은 재입장 할 수 없으며 해당 시험 종료처리
- 부정행위 또는 주의사항이나 시험감독의 지시에 따르지 아니하는 사람은 즉각 퇴장조치 및 무효처리하며, 향후 2년간 공단에서 시행하는 자격시험의 응시자격 정지

8. 문제출제 방법 및 채점

■ **문제출제 방법: 문제 은행방식**

문제은행 방식이란?	시험문제 공개 여부(비공개)
다량의 문항분석카드를 체계적으로 분류·정리 보관해 놓은 뒤 랜덤하게 문제를 출제하는 방식	문제은행방식으로 운영되기 때문에 시험문제를 공개할 경우, 반복 출제되는 문제들을 선택하여 단순 암기 위주의 시험 준비로 변할 우려가 있으므로 공개하지 않음.

■ **응시 및 채점 방법**
CBT방식 문제가 랜덤하게 개인별 컴퓨터로 전송되어 프로그램 상에서 정답을 체크하여 응시하고, 컴퓨터 프로그램에서 자동적으로 정확하게 채점하여 결과를 표출

9. 합격기준 및 발표

합격 판정	응시과목마다 40% 이상을 얻고, 총점의 60% 이상을 얻은 자
합격자 발표	시험 종료 후 즉시 시험 컴퓨터에서 결과 확인
합격 취소	결격사유 해당 또는 부정한 방법으로 시험에 합격한 경우 합격 취소

「교통안전관리자 자격시험 사무편람」 제27조(합격자 결정)
시험은 과목별 100점을 만점으로 하고 각 과목당 총점 40점 이상을 득점하고, 전 과목 총점 평균 60점 이상을 득점한 자

단기간 100% 합격을 위한 이 책 사용 요령

■ 시험 준비 기간

1. 무조건 문제를 푼다. (책에 사지선다 번호에 정답이라고 생각하는 것을 표시)
2. 정답을 맞혀서 틀린 문제는 문제번호 옆에 표시한다. (사지선다 정답에도 별도 표시)
3. 틀린 문제만 풀어본다. (기존 정답에 표시된 부분을 중점으로 눈으로 익힘)
4. 본문의 **핵심용어정리**와 **요점정리**을 읽어서 이해가 안 가는 부분을 표시한다.
5. 문제를 전체적으로 다시 풀어본다.
6. 다음 과목으로 넘어간다.

■ 시험 전날

1. 각 과목별 틀린 문제만 풀어본다.
2. 모의고사를 풀어본다.
3. 핵심용어정리와 요점정리의 이해 안가서 표시한 부분을 집중적으로 암기한다.
4. 별첨의 '**암기해야 할 숫자**'를 집중적으로 암기한다.

본 문제집으로 공부하는 수험생만의 특혜!!

도서 구매 인증시

1. CBT 셀프테스팅 제공
   (시험장과 동일한 모의고사)
   ※ 인증한 날로부터 1년간 CBT 이용 가능

2. 시험문제 풀이 동영상 제공

※ 오른쪽 서명란에 이름을 기입하여
   골든벨 카페로 사진 찍어 도서 인증해주세요.
   (자세한 방법은 카페 참조)

NAVER 카페 [도서출판 골든벨]
도서인증 게시판

카페 바로가기

서 명 란

도서 구매 인증서
무료 동영상 강의
CBT 체험 모의고사

CBT 응시요령 안내

자격검정 CBT웹체험 서비스 안내
https://www.q-net.or.kr/cbt/index.html

❶ 수험자 정보 확인

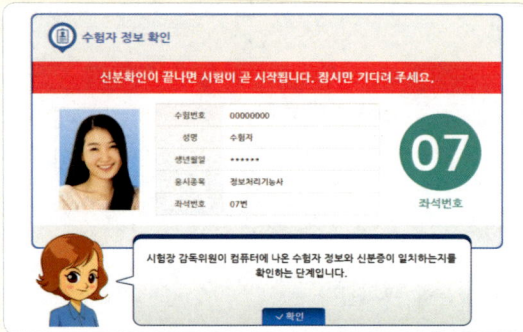

❷ 유의사항 확인

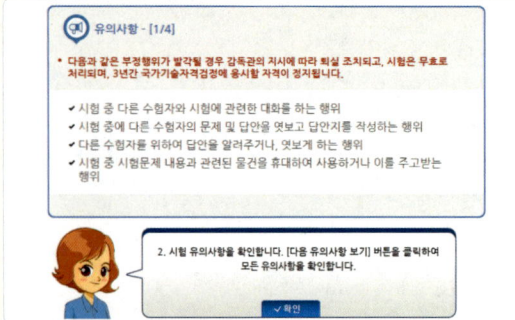

❸ 문제풀이 메뉴 설명

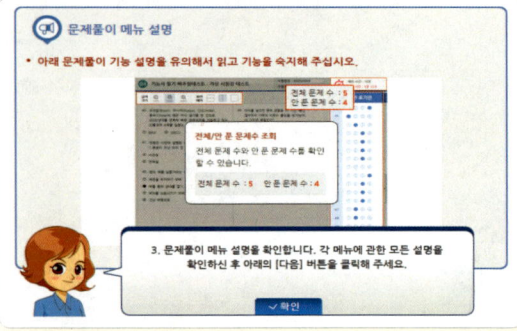

❹ 문제풀이 연습

골든벨 CBT셀프 테스팅 바로가기
도서 구매 인증 시 시험장과 동일한 모의고사 1회를 CBT 셀프 테스트할 수 있습니다.

❺ 시험 준비 완료

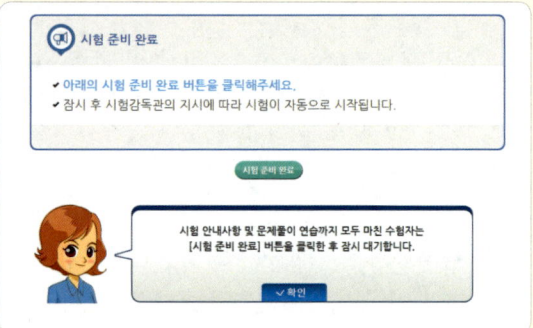

❻ 문제 풀이

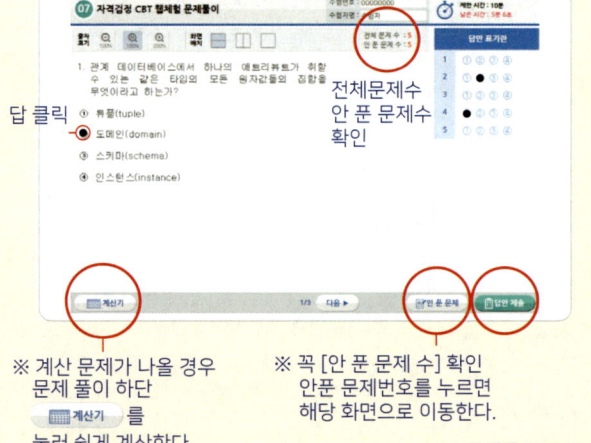

답 클릭

전체문제수
안 푼 문제수
확인

※ 계산 문제가 나올 경우 문제 풀이 하단 [계산기]를 눌러 쉽게 계산한다.

※ 꼭 [안 푼 문제 수] 확인
안푼 문제번호를 누르면 해당 화면으로 이동한다.

※ 문제를 모두 푼 후 [답안 제출] 클릭
이상없으면 [예] 버튼 클릭

❼ 답안제출 및 확인

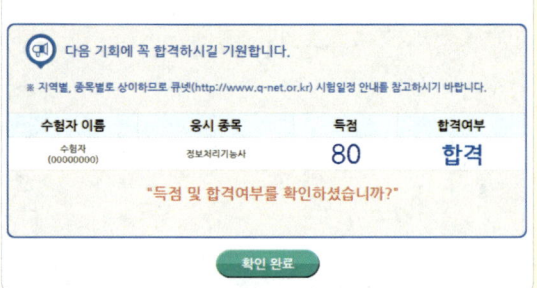

PASS 시험 1주 작전
도로교통 안전 관리자 1000제

불법복사는 지적재산을 훔치는 범죄행위입니다.
저작권법 제97조의 5(권리의 침해죄)에 따라 위반자는 5년 이하의 징역 또는 5천 만원 이하의 벌금에 처하거나 이를 병과할 수 있습니다.

PREFACE

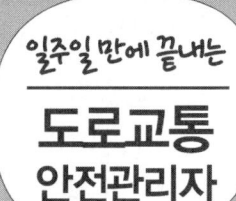

대한민국의 교통사고 사망자 수는 2012년 5천여 명에서 2021년 3천여 명으로 줄었다. 여러 정부 기관과 국민들의 안전에 대한 관심과 노력 덕분이다. 여기에 한국교통안전공단에서 제정한 『도로교통안전관리자』라는 자격을 취득한 현장 관리자의 역할도 지대하다.

『도로교통안전관리자』란 도로교통안전에 관한 전문적인 지식과 기술을 가진 자가 운수업체 등에서 도로교통안전 업무를 전담함으로써 교통사고를 미연에 방지하고, 국민의 생명과 재산을 보호하도록 그 직무를 수행하는 사람을 말한다.

본서는 이 자격시험을 효과적이고 단기간에 취득하기 위해서 필수과목인 **교통법규(50문항)**, **교통안전관리론(25문항)**, **자동차정비(25문항)** 외에 **선택 과목(25문항)**은 두 과목(**교통심리학**, **자동차공학**)을 선정하여 수험자에게 선택의 폭을 넓혔다.

문제집의 구성 방안으로 각 과목별로 꼭 알아 두어야 할 핵심용어는 제1장에서 숙지하고, 제2장의 요점정리는 간단하게 어필하였으며, 제3장에서는 기출 및 복원 문제와 함께 정답은 당해 페이지 하단에 위치했다. 별첨에는 꼭 암기할 고정값과 시험에 자주 대두되는 기관장의 권한 부여를 정리하고, 앞으로 출제 예상되는 복원 문제를 모의고사로도 편성했다.

자격취득을 위한 성공전략은 여러 유형의 문제를 많이 풀어 보고 눈으로 익히고, 머리로 외우는 것이다. 수험서에 제공된 문제는 **교통안전관리론(200문제)**, **자동차정비(200문제)**, **교통심리학(100문제)**, **자동차공학(200문제)**, **교통법규(300문제)**로서 시험 전까지 반드시 최소 3회 이상 반복해서 풀어볼 것을 권장한다.

마지막으로 본 서적의 출간을 기획하고 저자의 생각과 의지를 지원해 주신, 30년 동안 국내 유일 '자동차전문출판'만을 고집해온 ㈜골든벨의 김길현 대표님과 편집인들에게 감사의 말씀을 드리며 수험생 여러분 모두의 성공을 기원한다.

저자 일동

CONTENTS

제 1 과목 교통안전관리론
1. 핵심용어정리 ··· 10
2. 요점정리 ··· 12
   교통안전관리의 개념 / 교통안전관리의 체계 / 교통안전관리 기법 / 교통사고의 본질
   교통사고 요인별 특성과 안전관리 / 교통사고 조사 및 사고 관리
3. CBT 출제예상문제 [200제] ························· 23

제 2 과목 자동차 정비
1. 핵심용어정리 ··· 48
2. 요점정리 ··· 49
   엔진 본체 정비/연료와 연소/연료 장치 정비/윤활 및 냉각장치 정비/흡기 및 배기 장치
   전자제어 장치/동력전달장치/현가장치 및 조향장치/제동장치/주행 및 구동장치
   전기, 전자/시동, 점화 및 충전장치/계기 및 보안장치/안전 및 편의 장치
3. CBT 출제예상문제 [200제] ························· 186

제 3 과목 교통 심리학
1. 핵심용어정리 ··· 210
2. 요점정리 ··· 211
   도로교통 / 교통사고
3. CBT 출제예상문제 [100제] ························· 213

제 4 과목 자동차 공학
1. 핵심용어정리 ··· 228
2. 요점정리 ··· 230
   자동차 엔진/자동차 섀시/자동차 전기·전자/친환경 자동차
3. CBT 출제예상문제 [200제] ························· 291

> 일주일 만에 끝내는
> **도로교통 안전관리자**

제 5 과목 교통법규

5-1 교통안전법
    1. 핵심용어정리 ·· 316
    2. 요점정리 ·· 317
        국가교통안전 기본계획/지역교통안전 기본계획/교통안전 관리규정
        교통안전에 관한 기본시책/교통수단 안전점검/교통시설 안전진단
        교통안전 진단기관/교통사고 조사/교통안전 관리자/운행기록장치
        교통안전 체험/교통문화 지수/보칙 및 벌칙
    3. CBT 출제예상문제 [100제] ·· 330

5-2 자동차관리법
    1. 핵심용어정리 ·· 346
    2. 요점정리 ·· 348
        자동차 등록원부/신규등록/변경등록 및 이전등록/말소등록 및 압류등록
        자동차의 운행/자동차 안전기준/자동차 자기인증/자동차 튜닝/자동차 점검 및
        정비/자동차의 검사/이륜자동차의 관리/자동차 관리사업/보칙 및 벌칙
    3. CBT 출제예상문제 [100제] ·· 367

5-3 도로교통법
    1. 핵심용어정리 ·· 382
    2. 요점정리 ·· 384
        신호기 및 안전표지/보행자의 통행방법/차마 및 노면전차의 통행방법/
        운전자의 의무고속도로 및 자동차 전용도로에서의 특례/
        운전면허 및 그 밖의 개정사항
    3. CBT 출제예상문제 [100제] ·· 400

부록

    별첨1. 꼭 암기할 고정값 ·· 416
        거리단위, 시간단위, 속도단위
    별첨2. 시험에 자주 대두되는 기관장의 권한 부여[교통법규] ······· 418
    별첨3. 도로교통안전관리자 모의고사[출제예상] ···························· 419

일주일 만에 끝내는
도로교통 안전관리자

과목 **01**

교통안전관리론

- 핵심용어정리
- 요점정리
- CBT 출제예상문제[200제]

CHAPTER 01 | 핵심용어정리

No	용어	설명
1	하인리히 법칙 (H.W. Heinrich)	1930년경에 하인리히라는 사람이 노동재해를 분석하면서 인간이 일으키는 같은 종류의 재해에 대하여 330건을 수집한 후 이 가운데 300건은 보통의 상해를 수반하는 재해, 29건은 가벼운 상해를 수반하는 재해, 그리고 1건은 중대한 상해를 수반하는 재해를 낳고 있다는 점을 알아냈다. 이 사실로부터 하인리히는 30건의 상해를 수반하는 재해를 방지하기 위해서는 그 하부에 있는 300건의 상해를 수반하는 재해를 제거해야 한다고 주장했다. (1:29:300)
2	욕조곡선의 원리 (고장률의 유형)	초기에는 부품 등에 내재하는 결함, 사용자의 미숙 등으로 고장률이 높게 상승하지만 중기에는 부품의 적응 및 사용자의 숙련 등으로 고장률이 점차 감소하다가 말기에는 부품의 노화 등으로 고장률이 점차 상승한다는 원리로서 그 곡선의 형태가 욕조의 형태를 띤다고 하여 욕조 곡선의 원리라고 한다.
3	타자적응성	교통안전교육의 내용으로서 다른 교통참가자를 동반자로서 받아 들여 그들과 의사소통을 하게 하거나 적절한 인간관계를 맺도록 하는 것을 말한다.
4	매슬로우의 욕구 5단계	매슬로우는 행동의 동기가 되는 욕구를 다섯 단계로 나누어, 인간은 하위의 욕구가 충족되면 상위의 욕구를 이루고자 한다고 주장하였다. 1~4단계의 하위 네 단계는 부족한 것을 추구하는 욕구라 하여 결핍욕구, 가장 상위의 욕구는 존재욕구라고 부르며 이것은 완전히 달성될 수 없는 욕구로 그 동기는 끊임없이 재생산된다. 생리적 욕구(1단계) - 안전에 대한 욕구(2단계) - 애정과 소속에 대한 욕구(3단계) - 자기존중 또는 존경의 욕구(4단계) - 자아실현의 욕구(5단계)
5	후광효과 (현혹효과)	한 분야에 있어서 어떤 사람에 대한 호의적인 태도가 다른 분야에 있어서의 그 사람에 대한 평가에 영향을 주는 것을 말한다. 예를 들어 판단력이 좋은 것으로 인식되어 있으면 책임감 및 능력도 좋은 것으로 판단하는 것을 말한다.
6	사고요인의 등치성 원칙	교통사고의 경우, 우선 어떤 요인이 발생한다면 그것이 근원이 되어 다음 요인을 발생하게 되고, 또 그것이 다음 요인을 발생시키는 것과 같이 여러 가지 요인이 유기적으로 관련되어 있다. 그런데 연속된 이 요인들 중에서 어느 하나만이라도 발생하지 않았다면 연쇄반응은 일어나지 않았을 것이다. 다시 말하면 교통사고의 발생에는 교통사고 요인을 구성하는 각종 요소가 똑같은 비중을 지닌다고 볼 수 있으며 이러한 원리를 사고요인의 등치성 원칙이라고 한다.

7	명암순응	감각기관이 자극의 정도에 따라 감수성이 변화되는 상태를 순응(adaptation)이라고 한다. 특히, 명암순응이란 눈이 밝기에 순응해서 물건을 보려고 하는 시각반응을 말한다. 인간의 눈은 빛의 양에 따라 동공의 크기를 조절하고, 밝은 빛에서는 감도가 감소하며, 어두운 빛에서는 감도를 증가시키는 기능이 있다. 이를테면 깜깜한 영화관에 들어갔을 때 눈이 어둠에 익숙해질 때까지 30분쯤 걸리는데, 밖의 밝기에는 1분쯤이면 익숙해진다. 전자를 암순응, 후자를 명순응이라고 하는데, 그것을 총합해서 명암순응이라고 한다.
8	브레인스토밍 기법 (brain storming)	1939년 A.F. 오즈본에 의해서 제창된 집단사고에 의한 창조적 묘안의 안출법으로서 여러 명이 한 그룹이 되어서 각자가 많은 독창적인 의견을 서로 제출하는데, 그 자리에서는 그 의견이나 안을 비판하지 않고 최종안의 채택은 별도로 그를 위한 회합을 두고 결정하는 방법이다.
9	평면선형	평면 노선의 형상을 말함. 위에서 보았을 때의 직선과 곡선 도로
10	종단선형	도로 중심선이 수직으로 그려내는 연속된 모양. 도로의 오르막, 내리막 길
11	종단구배	도로에서의 노면의 종단면 방향의 경사. 즉 비탈길의 경사. 종단경사라고도 함
12	횡단구배	도로나 제방 따위의 가로 방향의 기울기. 도로의 좌우측 기울기. 횡단 경사라고도 함
13	시거	운전자가 자동차 진행방향의 전방에 있는 위험요소 또는 장해물을 인지하고 제동하여 정지 또는 장해물을 피하여 주행할 수 있는 거리. 종류는 정지 시거, 피주 시거, 추월시거 등
14	정지시거	정지거리. 자동차를 운전하다가 급브레이크를 밟은 지점부터 차가 완전히 멈추는 지점까지의 거리
15	피주시거	피주거리. 운전자가 진행로 상에 예측하지 못한 위험요소를 발견하고 안전한 조치를 효과적으로 취하는데 필요한 거리
16	추월시거	추월거리. 추월을 하려는 차와 맞은편에서 오는 차와의 최소 전망거리

† 두산백과 두피디아, 나무위키, 국어사전, 인터넷 참조

CHAPTER 02 | 요점정리

01 교통안전관리의 개념

1. 교통안전의 목적 : 인명의 존중, 사회복지의 증진, 수송 효율의 향상, 경제성의 향상

2. 교통안전 관리의 주요업무

① 교통안전 계획의 수립 ② 교통안전 의식을 지속적으로 유지
③ 자동차의 안전 관리 ④ 운전자의 선발 관리
⑤ 운전자의 교육훈련관리 ⑥ 운전자 및 종업원의 안전관리
⑦ 교통안전의 지도감독 ⑧ 근무시간 외 안전 관리

3. 교통사고의 요소

(1) 환경의 사고 요소

① **물리적인 요소**: 기후, 자동차의 상황, 도로의 상황
② **사회 물리적인 요소**: 상대방의 행위, 교통의 규제
③ **사회적인 요소**: 운전의 환경, 생활의 환경

(2) 운전자의 사고 요소

① **기술적인 요소**: 기술, 지식
② **심리적인 요소**: 판단력, 주의력, 지능 및 연령, 정신이상, 태도, 성격
③ **생리적인 요소**: 신체의 이상, 운동능력, 청각, 시각

4. 교통사고 방지를 위한 원칙

① 정상적인 컨디션 유지의 원칙 ② 관리자의 신뢰의 원칙
③ 안전한 환경 조성의 원칙 ④ 무리한 행동의 배제 원칙
⑤ 사고 요인의 등치성의 원칙 ⑥ 방어 확인의 원칙
⑦ 고장률 유형(욕조 곡선)의 원리 ⑧ 하인리히(Heinrich)의 원칙

5. 조직관리

① **관리:** 조직에서 관리목표를 달성하기 위한 기능을 말한다.
② **관리 순환:** 계획 – 조직 – 통제

6. 관리의 기능

(1) 관리자의 계층
최고 경영층(회장, 사장, 전무, 임원 등), 중간 경영층(국장, 처장, 부장 등), 하위 경영층(과장, 계장 등)

(2) 중간관리자의 역할
① 전문가로서 직장의 리더
② 소관 부문의 종합 조정자
③ 상하간 및 부문 상호간의 커뮤니케이션

(3) 조직을 설계할 때 지켜야 하는 원칙
① 전문화
② 명령의 통일
③ 권한 및 책임
④ 감독 범위 적정화
⑤ 권한의 위험
⑥ 공식화

---

02 교통안전관리의 체계

1. 교통안전 계획 체제

'교통안전 정책심의위원회'에서는 교통안전에 관한 정책을 종합적, 체계적으로 시행하기 위하여 '교통안전 기본계획'을 수립하고 관련 부처에서는 매년 기본계획에 따라 '교통안전 시행계획'을 수립, 시행토록 제도화 하였다.

2. 교통안전 기본계획 수립과 절차

① 교통안전 기본계획의 수립은 5년마다 하여야 한다.

3. 기본계획안에 포함되는 주요 내용

(1) 교통안전 세부시행계획

(2) 업체의 교통안전 계획

① 계획의 수립과 절차
② 교통안전 계획을 수립·시행하여야 할 차량 및 사용자의 범위
③ 교통안전 계획에 포함되어야 하는 사항

(3) 교통안전 계획 추진실적 및 교통사고 상황 심사 분석 보고

① 보고기간
② 교통안전시행 계획 추진실적 보고서 작성 시 포함되는 사항
③ 교통사고 상황 보고서 작성 시 포함되는 사항

4. 교통안전 조직 체계의 형태

① 교통안전 관리 체계　　　② 사업체 특성에 따른 조직 편성
③ 교통안전 관리 규정　　　④ 교통업무 종사원 복무규정
⑤ 교통안전관리 책임의 위임

5. 교통안전 조직 체계의 기능

① 안전관리 조직의 개념　　② 안전관리 조직의 필요성
③ 안전관리 조직의 목적　　④ 안전관리 조직의 구조와 성격

6. 자동차 운송사업과 안전관리 체계

① 운송사업체 관리자의 지도력　② 안전시책을 수립하는 이유
③ 교통안전관리 책임의 위임　　④ 교통안전 관리 기법의 기본적 원칙

03 교통안전관리 기법

1. 정보자료

(1) 1차 자료: 조사기관에 의하여 처음으로 관찰, 수집된 자료

(2) 2차 자료

① **내부자료** : 기업 내부에서 다른 목적으로 수집된 자료
② **외부자료** : 외부기관이 특정한 목적에 따라 작성한 자료

2. 사업용 운전자가 지켜야 할 수칙

① 교통규칙을 준수할 것
② 배당된 차량 등의 관리
③ 운행시간을 엄수할 것
④ 대중에게 불편을 주지 말 것

3. 운전자의 개별 평가: 운전적성, 운전지식, 운전기술, 운전태도, 운전경력

4. 운전환경의 평가: 도로환경, 직장환경, 가정환경, 시설, 차량 및 화물적재

5. 운전자 교육의 원리: 일관성, 자발성, 개별성, 종합성, 반복성, 생활교육, 단계 즉응(같은 단계의 운전자를 모아서 실시)

6. 관리기법의 종류 : 아이디어 도출방법

구분	내용
브레인스토밍 법 (brain storming)	일정한 테마에 관하여 회의형식을 채택하고, 구성원의 자유발언을 통한 아이디어의 제시를 요구하여 발상을 찾아내려는 방법
시그니피컨트 법(significant)	서로 관계가 있는 것을 관련시켜서 아이디어를 토출해내는 방법
노모그램 법 (nomogram)	수치의 계산을 간단하고 능률적으로 하기 위하여 몇 개의 변수관계를 그래프로 나타낸 도표. 지면에 그림을 그려서 아이디어를 찾아내는 방법
고든 법 (Gordon Technique)	키워드를 연상하여 아이디어를 발전시킨다. (예: 초콜릿 → 과자 → 음식물)
바이오닉스 법(bionics)	자연계의 관찰을 통하여 아이디어를 찾아내는 방법

7. 운전자의 개별 평가: 운전적성, 운전지식, 운전기술, 운전태도, 운전경력

8. 운전적성 정밀검사 대상자

(1) 신규검사
① 신규로 여객자동차 운송사업용 자동차를 운전하려는 자
② 운전업무에 종사 후 퇴직한 자로서 신규검사를 받은 날로부터 3년이 지나 재취업하려는 자
③ 신규검사를 받고 3년 이내에 취업하지 아니한 자

(2) 특별검사
① 중상이상의 사상사고를 발생시킨 자
② 운송사업자가 신청한 자(질병, 과로 그 밖의 사유)
③ 운전면허 행정처부 기준에 따라 누산점수 81점 이상인 자

(3) 자격유지검사
① 65세 이상 70세 미만인 사람
   (제외: 동일 검사 적합판정 후 3년이 지나지 아니한 사람)
② 70세 이상인 사랑(제외: 동일 검사 적합판정 후 1년이 지나지 아니한 사람)

9. 안전관리 통제기법

(1) 안전 감독제
① **직무 안전분석** : 안전 절차 포함한 모든 작업의 절차와 방법에 대하여 상세하게 분석, 기술하는 것을 말한다.
② **일일관찰** : 제일선 감독자에 의해서 수행되는 안전감독을 말한다.
③ **검열** : 빈도는 작업의 특정한 위험도 또는 대상 근무에 따라 결정한다.

(2) 안전 당번 제도 : 일정기간 교대로 순찰하여 안전상태를 살펴보고 개선하는 것을 말한다.

(3) 안전 무결 제도 : 사고가 전혀 발생하지 않도록 안전을 습관화 시키는 것을 말한다.

04 교통사고의 본질

1. 교통사고의 정의
① **도로교통법** : 차의 교통으로 인하여 사람을 사상하거나 물건을 손괴하는 것을 말한다.
② **일반적인 측면** : 교통의 경로상에서 각종의 교통수단이 운행 중에 다른 교통이나 사람 또는 기물 등과 충돌하거나 접촉 등의 위해를 발생케 함으로써 인명을 사상 또는 재산상의 손실을 입히는 것을 말한다.
③ **교통안전관리 측면** : 교통수단의 운행 또는 운항과정에서 인명의 사상 또는 기물이 손괴되지 않더라도 위험을 초래하는 잠재적 사고까지 포함한다.

2. 교통사고의 원인
① **간접적 원인:** 기술적 원인, 교육적 원인, 정신적 원인, 신체적 원인, 관리적인 원인
② **직접적 원인:** 사람에 대한 요건, 자동차에 대한 요건, 도로에 관한 요건

3. 교통사고 연쇄 반응의 구성 요소
① **사회적 결함:** 사회적 환경과 유전의 요소
② **개인적 결함:** 개인적인 성격상의 결함
③ **불안전 행위:** 불안전한 해위와 불안전한 환경 및 조건
④ **사고:** 교통사고 사상의 발생
⑤ **상해:** 상해와 손실

4. 교통사고의 3대 주요 원인: 인적요인, 도로 요인, 자동차 요인
(최다발생: 인적요인에 의거)

5. 교통사고 다발자의 특성: 책임감 결여, 이기적이고 공격적인 태도, 자기통제 미약, 충동적인 태도, 신경 과민성, 우유부단성

05 교통사고 요인별 특성과 안전관리

1. 시각특성
① **동체 시력** : 주행 중 운전자의 시력
② **야간시력** : 야간시력은 일몰 전에 비하여 약 50% 정도 저하된다.
③ **암순응과 명순응**
　㉠ **암순응** : 밝은 장소에서 어두운 장소로 들어간 후에 눈이 익숙해져 시력을 회복하는 것
　㉡ **명순응** : 어두운 장소에서 밝은 장소로 나온 후에 눈이 익숙해져 시력을 회복하는 것
④ **시야** : 정상적인 사람의 시야는 180~200도 정도 (한쪽 눈의 시야는 좌우 각각 160도)

2. 인간행위의 가변적 요인
① **기능상** : 시력, 반사신경의 저하 발생
② **작업능률** : 객관적으로 측정할 수 있는 효율의 저하
③ **생리적** : 긴장 수준의 저하
④ **심리적** : 심적 포화, 피로감에 의한 작업의욕의 저하

3. 사고 다발자의 성향
① 행동이 즉흥적이며, 초조해한다.
② 폭발적으로 격노하기 쉬우며, 자기 통제력이 약하고 충동적이다.
③ 협조성이 결여되어 있다.
④ 사소한 일에도 감정의 노출이 쉽고 정서가 불안전하다.
⑤ 주위가 산만하여 부주의에 빠지기 쉽다.
⑥ 주의가 치밀하지 못하고 지속력이 약하다.

4. 고령자의 교통행동
① 운동능력이 떨어지고 시력, 청력 등 감지 기능의 약화로 위급 시 피난 대책이 둔하다.
② 움직이는 물체에 대한 판별 능력이 저하된다.
③ 어두운 조명 및 밝은 조명에 대한 적응능력이 부족하다.

5. 어린이의 교통행동
① 교통 상황에 대한 주의력이 부족하다.
② 판단력이 부족하고 모방의 행동이 많다.
③ 사고방식이 단순하다.

④ 추상적인 말은 잘 이해하지 못하는 경우가 많다.
⑤ 회기심이 많고 모험심이 강하다.

6. **타코그래프의 사용목적:** 속도계와 시계를 조합한 것으로 운행시간, 순간속도, 운행거리 등 운행 중 운전자의 행적을 기록하는 장치로 안전운전 실태를 파악하는데 그 목적이 있다.

7. **도로의 구성**

   (1) 차도 : 차량의 통행을 목적으로 설치된 도로의 일부분(일반적 차로 폭: 3.5m)

   ① **설계속도가 80km/h 인 도로:** 3.25m 이상
   ② **설계속도가 60km/h 인 도로:** 3.0m 이상
   ③ **회전 차로 폭:** 2.75m 이상

   (2) 교통분리시설

   ① **중앙분리대 :** 진행방향과 반대방향에서 오는 교통의 통행로를 분리시켜 반대편 차선으로 침범하는 것을 막아주고 위급한 경우에는 왼쪽차선 밖에서 벗어날 공간을 제공한다. (폭: 일반도로(3m 이상), 도시고속도로(2m 이상), 일반도로(1.5m 이상))
   ② **측도 :** 고속도로나 주요 간선도로에 평행하게 붙어있는 국지도로이다. (폭: 3m 이상)

   (3) 노변지역

   ① **갓길 :** 차도부를 보호하고 고장차량의 대피소를 제공하며 포장면의 바깥쪽이 구조적으로 파괴되는 것을 감소시켜주는 역할 (경사: 포장갓길(3~5%), 비포장(4~6%), 잔디갓길(8%))
   ② **배수구 :** 깊이는 도로중심선 높이로부터 최소 60cm 이상, 노반보다 최소 15cm 이상 낮아야 한다.
   ③ **연석 :** 배수를 유도하고 차도의 경계를 명확히 하며 차량의 차도이탈을 방지하는 역할 (폭: 30~90cm)

   (4) 방호책 : 주행중에 진행방향을 잘못 잡은 차량이 차도 밖으로 이탈하는 것을 방지하기 위하여 차도에 따라 설치하는 시설로 가드레일, 가드케이블, 가드파이프 등이 있다.

8. **도로의 종류**

   (1) 자동차 전용도로

   ① 도시 고속도로
   ② 고속도로

(2) 일반도로

① **주간선 도로** : 도시와 도시를 연결 또는 도시지역 내의 교통량이 많은 큰 도로
② **보조 간선도로** : 군 지역 내를 연결 또는 주간선 도로에 들어가거나 나오는 도로
③ **집산도로** : 군내의 통행을 담당하거나 주거지역까지 연계되는 도로
④ **국지도로** : 주거지역에 들어가기 위한 도로

9. 교통안전 시설 : 안전시설은 사고의 방지와 치명도의 감소를 목적으로 한다.

(1) 도로교통법에 관련된 안전시설

① 도로교통법에 규정된 안전시설: 신호기, 안전표지, 노면표시 등
② 도로법에 규정된 안전시설: 도로표지와 중앙분리대, 방호책, 도로 반사경 등

(2) 경찰청의 교통안전 시설 : 신호기, 안전표지, 노면표시 등

(3) 도로 구조, 시설기준

① **교통안전 시설**: 횡단보도, 육교, 방호 울타리, 조명시설, 시선 유도표지, 도로반사경, 충격흡수 시설, 과속방지 시설, 양보차선, 방호시설 등
② **교통관리 시설**: 안전표지, 노면표지, 긴급연락시설, 도로정보 안내표지, 교통감시시설, 교통 신호기 등

10. 신호등의 성능

① 등화의 밝기는 낮에 150m 앞쪽에서 식별할 수 있도록 한다.
② 등화의 빛 발산각도는 사방으로 각각 45도 이상으로 한다.
③ 태양광선이나 주위의 다른 빛에 의하여 그 표시가 방해받지 아니하도록 한다.

---

06 교통사고 조사 및 사고 관리

1. **교통사고 분석의 목적** : 교통사고 분석 결과의 자료로써 교통안전 시설 등의 외부적 환경을 개선하거나 종사원에 대해 새로운 교육이나 지도 및 규칙을 이해시키고 납득시켜 사고 발생의 위험률을 저하시킬 수 있다는 것이 사고 분석의 기본 목적이다.

2. 교통사고 위험도 분석 : 위험도를 평가하는 방법

(1) 현황판에 의한 방법
① 위험 도로를 선정하는 가장 단순한 방법
② 교통사고 현황판에 핀을 꽂아 육안으로 많은 교통사고 지점을 선정하는 방법

(2) 사고건수법
① 교통사고 건수가 많은 지점을 위험 도로로 선정하여 배역하는 방법
② 각 지점의 교통량을 반영하지 않는다는 단점

(3) 사고율법
① 백만 차량 당 사고 또는 1억대/km당 사고를 비교하여 전국의 유사한 장소의 평균값보다 큰 곳을 사고 많은 장소로 선정하는 방법
② 사고건수 법의 단점인 교통량이 반영되지 않는 문제점을 보완하기 위해 사용

3. 교통사고 해석 방법
① **사례 해석법** : 시간의 경과에 따라 분석
② **실험 해석법** : 설계된 모형으로 재현
③ **통계 해석법** : 교통사고 데이터를 수집

4. 교통사고 원인분석 요소
① 운전자의 법규 위반 행위
② 운전기술의 미숙
③ 도로 구조 결함
④ 교통 환경의 부적절
⑤ 자동차 구조의 결함
⑥ 운행 관리상의 문제

5. 교통사고 발생 시 취할 단계
① **제1단계:** 사고현장을 보존한다.
② **제2단계:** 운전자는 부상자의 응급 치료를 한다.
③ **제3단계:** 사고를 정확히 보고한다.
④ **제4단계:** 정보를 수집한다.

6. 교통사고 조사결과의 기록

(1) 교통사고: 도로교통법상 차량이 교통으로 인하여 사람을 사상 또는 물건을 손괴한 경우를 말함

(2) 사망 : 교통사고가 발생하여 30일 이내에 사망한 경우를 말함

(3) 중상 : 교통사고로 인하여 부상하여 3주 이상의 치료를 요하는 경우를 말함

(4) 경상 : 5일~3주 미만의 치료를 요하는 경우
 (단, 5일 미만의 치료를 요하는 경우도 비상신고를 한다.)

(5) 사고건 수 : 하나의 사고유발 행위로 인하여 시간적, 공간적으로 근접하며, 연속성이 있고 상호 관련하여 발생한 사고를 1건의 사고로 정의함

(6) 사고 당사자
 ① **제1당사자 :** 사고발생에 대한 과실이 큰 운전자
 ② **제2당사자 :** 과실이 비교적 가벼운 운전자
 ③ **제3당사자 :** 신체 손상을 수반한 동승자

(7) 교통사고 통계원표
 ① **본표:** 교통사고의 기본적인 사항(발생일시, 장소, 일기, 도로종류, 도로형상, 사고유형 등) 및 제1, 제2 당사자에 관한 사항을 기록한 표
 ② **보충표:** 제3 당사자 이상의 당사자가 있는 경우에 사용

CHAPTER 03 | CBT 출제예상문제(200제)

1. 인간행동에 영향을 주는 요인과 내용에 대한 연결이 옳지 못한 것은?

   ① 내적요인(소질) : 지능지각(운동기능), 성격, 태도
   ② 내적요인(심신상태) : 피로, 질병, 알코올, 약물
   ③ 외적요인(인간관계) : 근로시간, 교대제, 속도
   ④ 외적요인(물리적 조건) : 교통공간 배치

2. 매슬로우(Maslow)의 욕구 5단계를 바르게 나열한 것으로 옳은 것은?

   ① 생리적 욕구 - 안전 욕구 - 사회적 욕구 - 존경 욕구 - 자아실현 욕구
   ② 생리적 욕구 - 사회적 욕구 - 존경 욕구 - 안전 욕구 - 자아실현 욕구
   ③ 생리적 욕구 - 존경 욕구 - 안전 욕구 - 사회적 욕구 - 자아실현 욕구
   ④ 생리적 욕구 - 사회적 욕구 - 안전 욕구 - 존경 욕구 - 자아실현 욕구

3. 다음 중 교통사고 분석에 가장 많이 사용되는 사고율로 맞는 것은?

   ① 차량 10,000대당 사고
   ② 인구 10만 명당 사고
   ③ 진입차량 100만 대당 사고
   ④ 통행량 1억대/km 당 사고

4. 도로 종류별 또는 도로구간 분석에 사용되는 사고율은?

   ① 차량 10,000대당 사고
   ② 인구 10만 명당 사고
   ③ 진입차량 100만 대당 사고
   ④ 통행량 1억대/km 당 사고

5. 교통안전관리의 단계에서 교통안전관리자가 경영진에 대해 효과적인 안전관리 방안을 제시해야 하는 단계로 볼 수 있는 것은?

   ① 계획단계   ② 수립단계
   ③ 설득단계   ④ 실행단계

6. 운전자 관리를 위한 운전자의 개별 평가에 해당 되지 않는 것은?

   ① 운전자 적성의 평가
   ② 운전자 가족의 평가
   ③ 운전자 태도의 평가
   ④ 운전자 경력의 평가

7. 다음 중 괄호 안에 들어갈 용어로 적당한 것은?

   ( )으로 지식과 정보가 쌓이며, ( )으로 일정한 수준에 까지 순응시키며 ( )로 통솔하에 이끌게 된다.

   ① 교육, 훈련, 지도
   ② 훈련, 지도, 교육
   ③ 지도, 교육, 훈련
   ④ 훈련, 교육, 지도

정답 01. ③ 02. ① 03. ① 04. ④ 05. ③ 06. ② 07. ①

8. 교통안전관리에 대한 설명으로 바르지 못한 것은?

① 교통안전이란 교통수단의 운행과정에서 안전운행에 위협을 주는 내적 및 외적 요소를 사전에 제거하여 교통사고를 미연에 방지하는 행위를 말한다.
② 운전적성이란 자동차운전을 안전하고 능숙하게 하는 능력을 말한다.
③ 교통안전조직은 신속한 교통사고의 대처를 위해 교통안전에 참여하는 일부기관만이 포함되어야 하며 참여기관은 교통안전이라는 목적보다는 조직의 존속성에 더 집중해야 한다.
④ 자동화된 안전관리체계란 관리활동에서의 피드백이며 사고에 즉응하여 자동적으로 반응하는 체계를 말한다.

9. 교통안전의 증진을 위해 하인리히가 주장한 3E에 해당하지 않은 것은 무엇인가?

① 공학(Engineering)
② 협력(Effort)
③ 교육(Education)
④ 규제(Enforcement)

010 다음 중 산업재해 예방과 관련한 '하인리히 법칙(Heinrich's law)'에 대한 설명으로 잘못된 것은?

① 하인리히 법칙은 한 번의 큰 재해가 있기 전에 그와 관련된 작은 사고나 징후들이 먼저 일어난다는 법칙이다.
② 하인리히는 이 조사 결과를 바탕으로 큰 재해는 우연히 발생하는 것이며, 반드시 그 전에 사소한 사고 등의 징후가 있는 것은 아니라는 것을 실정적으로 밝혀내었다.
③ 하인리히 법칙은 산업 재해 예방을 포함해 각종 사고나 사회적, 경제적 위기 등을 설명하기 위해 의미를 확장해 해석하는 경우도 있다.
④ 큰 재해와 작은 재해, 사소한 사고의 발생 비율이 1:29:300이라는 점에서 '1:29:300 법칙'으로 부르기도 한다.

011 다음 중 교통사고에 대한 직간접적으로 가장 큰 영향을 주는 것으로 볼 수 있는 것은?

① 교통시설　　② 운전자의 인식
③ 교통수단　　④ 교통환경

012 운전자가 회사에 정착하기 위해 운전자가 준수해야 할 원칙으로 적절하지 못한 것은?

① 무리한 행위 배제
② 방어확인
③ 준법정신
④ 펀 드라이빙(fun driving) 환경조성

013 교육(education)과 훈련에(training) 대한 다음 설명으로 틀린 것은?

① 교육, 훈련 둘 다 인간의 변화와 관련한 학습이론이 적용된다는 점에서 차이가 없다.
② 교육은 조직목표를 강조하고 훈련은 개인의 목표를 강조한다.
③ 훈련은 비교적 단기적인 목표를, 교육은 장기적인 목표를 달성하고자 한다.
④ 오늘날 양자를 종합한 성격으로 개발(development)라는 개념이 강조되고 있다.

해설　교육은 개인목표를 강조하는데 반해 훈련은 조직의 목표를 강조한다.

014 다음의 인간특성 중 운전적성을 판단하는 데 가장 관련이 없는 무엇인가?

① 청각　　　　② 시각
③ 상황 인지　　④ 성격

정답　08. ③　09. ②　10. ②　11. ②　12. ④　13. ②　14. ④

015 교통사업자가 교통사고를 조사하는 본질적인 목적은 무엇인가?

① 교통사업자의 수익구조를 개선하기 위해
② 교통사고 발생의 책임자를 적발하기 위해
③ 미래에 발생할 교통사고 예방을 위해
④ 교통사고 보험금을 받기 위해

016 교통안전 관리조직의 개념에 대한 설명으로 다음 중 틀린 것은?

① 안전관리 목적 달성의 수단이어야 한다.
② 구성원을 능률적으로 조절할 수 있어야 한다.
③ 환경변화에 순응할 수 있는 유기체로서의 성격을 지녀야 한다.
④ 구성원 상호간을 연결할 수 있는 비공식적 조직이어야 한다.

017 사고계방을 위한 접근방법 중 교통기관의 기술개발을 통하여 안전도를 향상시키고 운반구 및 동력제작 기술의 발전을 도모하는 것은?

① 관리적 접근 방법
② 제도적 접근 방법
③ 기술적 접근 방법
④ 자율적 접근 방법

018 재해의 직접원인으로서 교통종사자의 불안전한 행동에 해당하지 않는 것은?

① 작업방법 교육의 불충분
② 불안전한 속도 조작
③ 위험물 취급 부주의
④ 불안전한 상태 방치

019 의사결정과 의사소통에 대한 설명으로 잘못된 것은?

① 의사소통은 공식적인 소통과 비공식 소통으로 분류할 수 있다.
② 둘 모두 조직관리와 관련이 있다.
③ 둘 모두 구성원 간의 커뮤니케이션이 필요하다.
④ 현장에서 작업을 하거나 업무를 수행하는 데에서 생기는 여러 문제점들을 해결하는 것과 관련된 의사결정을 하는 계층은 최고경영층이다.

> **해설** 현장에서 작업을 하거나 업무를 수행하는 데에서 생기는 여러 문제점들을 해결하는 것과 관련된 의사결정을 하는 계층은 현장 관리층(팀장. 대리)이다.

020 운전자가 정보를 수집하고 행동을 결정하며 실행 후 확인 하는 것을 무엇이라 하는가?

① 행동반응
② 교통반응
③ 상황반응
④ 인지반응

021 교통사고 방지를 위해 요구되는 원칙이 아닌 것은?

① 정상적인 컨디션과 정돈된 환경유지의 원칙
② 무리한 행동 배제의 원칙
③ 방어확인의 원칙
④ 원만한 양보의 원칙

022 다음 중 교통안전관리의 단계를 바르게 나열한 것은?

① 준비단계 → 계획단계 → 조사단계 → 설득단계 → 교육훈련단계 → 확인단계
② 준비단계 → 조사단계 → 계획단계 → 설득단계 → 교육훈련단계 → 확인단계
③ 계획단계 → 준비단계 → 조사단계 → 설득단계 → 교육훈련단계 → 확인단계
④ 조사단계 → 준비단계 → 계획단계 → 설득단계 → 교육훈련단계 → 확인단계

023 다음 중 교통안전을 위한 현장안전회의의 단계로서 적당한 것은?

① 도입 → 위험예지 → 점검정비 → 운행지시 → 확인
② 위험예지 → 도입 → 점검정비 → 운행지시 → 확인
③ 위험예지 → 점검정비 → 도입 → 운행지시 → 확인
④ 도입 → 점검정비 → 운행지시 → 위험예지 → 확인

024 다음 중 교통사고의 3대 요인으로 볼 수 없는 것은?

① 인적요인   ② 환경적 요인
③ 차량적 요인   ④ 문화적 요인

025 운전자가 위험을 인식하고 브레이크가 실제로 작동하기까지 걸리는 시간을 의미하는 것은?

① 공주거리   ② 제동거리
③ 정지거리   ④ 작동거리

026 다음 중 10명 내외의 소집단 교육기법에 해당하지 않는 것은?

① 사례연구법
② 과제연구법
③ 패널 디스커션(panal discussion)
④ 카운슬링(counseling)

027 여러 사람이 모여 자유로운 발상으로 아이디어를 내는 방법은 무엇인가?

① 시그니피컨트(Significant) 방법
② 노모그램(Nomogram) 방법
③ 브레인 스토밍(Brain storming) 방법
④ 바이오닉스(Bionics) 방법

> 해설 시그니피컨트는 유사성 비교를 통해 아이디어를 찾는 기법이며 노모그램법은 도해적으로 아이디어를 찾는 기법이다. 바이오닉스 방법은 자연계나 동·식물의 모양, 활동 등을 관찰·이용해서 아이디어를 찾는 기법이다.

028 다음 중 음주운전자의 특성으로 볼 수 없는 것은?

① 충동성   ② 공격성
③ 순응성   ④ 반사회성

029 운전자가 시력을 통해서 받아들이는 정보를 결정하는데 직접적으로 영향을 미치는 것이 아닌 것은?

① 물체의 밝기   ② 주의와의 대비
③ 조명정도   ④ 운전경력

정답 22. ② 23. ④ 24. ④ 25. ① 26. ④ 27. ③ 28. ③ 29. ④

030 교통안전의 목적에 적합한 것은?

① 교통수단 운영자의 이익증대
② 주택보급의 확대
③ 수송효율의 향상
④ 교통안전의 확보

031 교통안전관리의 단계 중 작업장, 사고현장 등을 방문하여 안전지시, 일상적인 감독상태 등을 점검하는 단계에 해당하는 것은?

① 준비단계　② 계획단계
③ 조사단계　④ 설득단계

032 교통계획의 수립단계는 조사단계, 계획단계, 실행단계로 구성된다. 다음 중 조사단계에 해당하지 않는 것은?

① 교육대상자 분석
② 환경 분석
③ 직무 분석
④ 효과성 분석

033 다음 중 합리적인 의사결정 과정을 바르게 나열한 것은?

① 문제의 인식 – 정보의 수집·분석 – 대안의 탐색 및 평가 – 대안선택 – 실행 – 결과평가
② 문제의 인식 – 대안의 탐색 및 평가 – 정보의 수집·분석 – 대안선택 – 실행 – 결과평가
③ 문제의 인식 – 대안의 탐색 및 평가 – 대안선택 – 정보의 수집·분석 – 실행 – 결과평가
④ 문제의 인식 – 실행 – 정보의 수집·분석 – 대안의 탐색 및 평가 – 대안선택 – 결과평가

034 산업재해예장과 관련한 하인리히 법치(1 : 29 : 300법칙)에서 300이 의미하는 것은?

① 큰 재해의 발생비율
② 작은 재해의 발생비율
③ 사소한 사고의 발생비율
④ 무사고의 발생비율

035 교통사고예방을 위한 접근방법이 아닌 것은?

① 기술적 접근방법　② 관리적 접근방법
③ 환경적 접근방법　④ 제도적 접근방법

036 교통사고예방을 위한 접근방법 중 '통계학'을 이용한 사고유형 또는 원인의 분석은 어떤 접근방법 인가?

① 기술적 접근방법　② 관리적 접근방법
③ 환경적 접근방법　④ 제도적 접근방법

037 다음의 교육기법 중 집합교육의 형태가 아닌 것은?

① 토론　② 실습
③ 강의　④ 멘토링

038 교통사고에 따른 손해배상액 산정과 관련하여 옳은 것은?

① 당사자간의 합의에 의해서만 손해배상액 산정이 가능하다.
② 자동차사고로 인한 손해액은 주로 재산적 손해와 정신적 손해로 나뉜다.
③ 보험회사가 임의적으로 손해배상액을 산정한다.
④ 손해배상액은 보상담당자의 경험으로 일방적으로 산정한다.

정답　30. ③　31. ③　32. ④　33. ①　34. ③　35. ③　36. ②　37. ④　38. ②

039 다음 중 고령운전자의 특징이 아닌 것은?

① 순발력의 저하 ② 시력 향상
③ 민첩성 저하   ④ 청력저하

040 다음 중 사고다발자의 일반적인 특성으로 볼 수 없는 것은?

① 자극에 민감하고 흥분을 잘한다.
② 개방적이어서 인간관계에 있어서 협조적 태도를 보인다.
③ 정서적으로 충동적이다.
④ 충동을 제어하지 못한다.

041 도로에서의 운전자의 시력과 관련한 설명으로 다음 중 틀린 것은?

① 주간에도 전조등을 켜고 운행해야 하는 경우가 있다.
② 맞은편에 자동차가 오면 반드시 상향등을 켜야 한다.
③ 동체시력은 동일한 조건에서의 정지시력보다 저하된다.
④ 야간에 전조등을 켜서 다른 운전자에게 도움을 줄 수 있다.

042 교통사고 발생에 영향을 미치는 각 요인은 사고발생에 대하여 같은 비중을 지닌다는 원리는 무엇인가?

① 차등성의 원리 ② 등치성의 원리
③ 배치성의 원리 ④ 동질성의 원리

043 교통사고의 발생원인중 간접적인 원인은 다음 중 무엇인가?

① 교육부족 ② 음주운전
③ 과속운전 ④ 장비불량

044 운수사업체의 교통안전조직의 설치와 관련하여 잘못된 설명은 무엇인가?

① 참여기관은 교통안전이라는 목적을 실현하기 위하여 유기적으로 결합되고 조직되어야 한다.
② 관계기관을 통하여 교통기관에 참여하고 있는 기업체를 통제, 유도하도록 하고 있다.
③ 교통안전이라는 목적보다는 조직의 존속성에 더 집중해야 한다.
④ 교통안전에 참여하는 모든 기관이 포함되어야 한다.

045 교통안전교육 내용 중 다른 교통참가자를 동반자로서 받아들여 의사소통을 하게 하거나 인간관계를 맺도록 하는 것을 의미하는 것은 무엇인가?

① 자기통제   ② 타자적응성
③ 준법정신   ④ 안전운전기술

046 운수업체의 안전관리조직의 일반적인 형태 구분이 아닌 것은?

① 라인(line)형
② 스텝(staff)형
③ 매트릭스(matrix)형
④ 라인스텝 혼합형

047 안전 위험요소 제거 단계 중에 종사원 교통활동 및 태도분석을 하는 단계는?

① 조직의 구성 ② 위험요소의 탐지
③ 원인분석   ④ 개선대안의 제시

해설 위험요소 제거 6단계는 조직의 구성, 위험요소의 탐지, 원인분석, 개선대안의 제시, 대안의 채택 및 시행, 피드백의 단계이다.

정답 39. ② 40. ② 41. ② 42. ② 43. ① 44. ③ 45. ② 46. ③ 47. ②

048 운전자에 대한 관리 과정의 단계를 바르게 나열한 것은?

① 계획(plan) – 조직(organization) – 통제(control)
② 계획(plan) – 조직(organization) – 실행(do)
③ 조직(organization) – 실행(do) – 통제(control)
④ 조직(organization) – 실행(do) – 평가(anlysis)

049 안전관리 활동 중 현장안전회의(tool box meeting)에 관한 설명 중 맞지 않는 것은?

① 직장체조, 인사, 목표제창을 한다.
② 전달사항, 안전수칙을 공유한다.
③ 위험예측활동과 위험예지훈련이 이루어진다.
④ 주로 관리자의 일방적인 명령을 지시한다.

050 다음 중 운전적성 정밀검사의 내용이 아닌 것은?

① 처치 판단검사
② 속도추정 반응검사
③ 중복작업 반응검사
④ 운전자 MBTI(성격유형) 검사

051 교통사고예방을 위한 접근방법 중 '안전관리 규정' 등을 제정하여 교통사고를 예방하는 접근방법에 해당하는 것은?

① 기술적 접근방법
② 관리적 접근방법
③ 환경적 접근방법
④ 제도적 접근방법

052 하나의 사고요인이 다음 사고의 요인이 되는 것과 같이 계속적으로 하나하나의 사고요인을 만들어가는 형태를 무슨 형이라고 하는가?

① 집중형 ② 연쇄형
③ 혼합형 ④ 지속형

053 교통안전관리에 대한 설명으로 바르지 못한 것은?

① 교통안전 조직은 신속한 교통사고의 대처를 위해 교통안전에 참여하는 일부기관이 포함되어야 하며 참여기관은 교통안전이라는 목적보다는 조직의 존속성에 더 집중해야 한다.
② 운전적성이란 자동차 운전을 안전하고 능숙하게 하는 능력을 말한다.
③ 자동화된 안전관리체계란 관리활동에서의 피드백 시스템이며 사고의 즉응하여 자동적으로 반응하는 체계를 말한다.
④ 교통안전이란 교통수단의 운행과정에서 안전운행에 위협을 주는 내적 및 외적 요소를 사전에 제거하여 교통사고를 미연에 방지하는 행위를 말한다.

> **해설** 교통안전조직은 교통안전에 참여하는 모든 기관이 포함되어야 하며 참여기관은 교통안전이라는 목적을 실현하기 위하여 유기적으로 결합되고 조직화되어야 한다.

054 운전자가 준수해야 할 원칙으로 적절하지 못한 것은?

① 준법정신
② 방어운전
③ 무리한 행위 금지
④ 펀-드라이빙 유지(fun driving)

정답 48. ① 49. ④ 50. ④ 51. ④ 52. ② 53. ① 54. ④

해설 펀 드라이빙은 운전자 스스로 기어를 조작하여 속도를 끌어 올리는 것으로 운전자가 하지 않아야 할 사항이다.

055 운전자에 대한 교육(education)과 훈련(training)에 대한 설명으로 옳지 않은 것은?

① 교육은 장기적인 목표를, 훈련은 단기적인 목표를 달성하고자 한다.
② 교육과 훈련을 종합한 개념으로 개발(development)이 강조되고 있다.
③ 인간의 변화와 학습이론이 모두 적용된다.
④ 교육은 조직목표를 강조하고 훈련은 개인목표를 강조한다.

056 다음 중 교통안전관리규정에 포함될 내용(교통안전법 시행령 제18조)이 아닌 것은?

① 교통시설 안전성 평가에 관한 사항
② 교통수단의 관리에 관한 사항
③ 교통안전의 교육, 훈련에 관한 사항
④ 교통안전 관리자의 의무에 관한 사항

057 조직의 정서적 일체감 형성을 저해하는 요인은 다음 중 무엇인가?

① 책임, 권한 명확성
② 계획 일관성
③ 의사소통 결함
④ 관리자, 감독자의 적극적인 참여

058 집단갈등의 해결방안 중에 서로 양보를 통해서 상호이익이 되는 합의점을 도출하는 방법은 무엇인가?

① 대면
② 협상
③ 상위목표의 도입
④ 조직구조의 개편

059 조직에서 중간관리자의 역할로 볼 수 없는 것은?

① 상하간 및 부분 상호간의 소통
② 소관부문의 종합조정자
③ 전문가로서의 직장의 리더
④ 현장 최일선의 지도자

060 교통안전관리의 계획수립과 관련하여 다음 중 계획단계에 해당하지 않는 것은?

① 교통안전에 대한 정보 수집
② 계획의 수립
③ 계획의 집행
④ 계획의 추진일정 결정

061 안전관리계획의 수립 시 유의사항 중 잘못된 것은?

① 승무원의 의견 청취
② 관련부서의 책임자들과 충분한 협의
③ 추진항목은 상황변동에 대비하여 단수 안 마련
④ 장래조건을 예측

062 운송수단의 노후화에 따라 사고율이 증가한다는 이론은 무엇인가?

① 브레인스토밍
② 사고요인의 등치성
③ 하인리히 법칙
④ 욕조곡선의 원리

063 페이욜(H.Fayol)이 구분한 경영의 6가지 활동중에 생산, 제조, 가공은 어느 활동인가?

① 기술활동　　② 상업활동
③ 재무활동　　④ 관리활동

정답 55. ④　56. ④　57. ③　58. ②　59. ④　60. ③　61. ③　62. ④　63. ①

064 운전자의 시력에 대한 설명으로 잘못된 것은?

① 완전한 암순응에는 30분 혹은 그 이상 걸린다.
② 암순응은 일반적으로 명순응보다 장시간 걸린다.
③ 암순응 반응보다는 명순응 반응시간이 더 길다.
④ 명순응은 좀 더 빨라서 수초에서 1분 정도에 불과하다.

065 교통안전의 교수설계는 분석 – 설계 – 개발 – 실행 – 평가로 이루어지는데 설계 단계에 포함되지 않는 것은?

① 수행목표 명세화
② 평가도구 개발
③ 교수전략 및 매체 선정
④ 형성평가 실시

066 외부자극이 행동으로 진행되는 과정을 바르게 나열한 것은?

① 식별 – 자각 – 판단 – 행동
② 식별 – 판단 – 자각 – 행동
③ 자각 – 식별 – 판단 – 행동
④ 자각 – 판단 – 식별 – 행동

067 소집단 교육(10명 전후)의 형태가 아닌 것은?

① 사례연구법　② 분할연기법
③ 밀봉토의법　④ 카운슬링

068 다음 중 효율적 상담기법에 해당하지 않은 것은?

① 내담자의 공격적인 질문에 대해서는 무조건 회피하고 다른 질문으로 유도한다.
② 내담자가 말하고자 하는 의미를 상담자가 생각하고 이 생각한 바를 다시 내담자에게 말해준다.
③ 상담자는 내담자에게 주의를 기울이고 있으며 내담자의 말을 받아드리고 있다는 태도를 유지한다.
④ 상담자는 내담자에 관한 비밀을 외부에 누설해서는 안 된다.

069 교통안전 조직의 개념에 대한 설명으로 잘못된 것은?

① 안전관리 목적달성의 수단이어야 함
② 안전관리 목적달성에 지장이 없는 한 단순해야 함
③ 인간을 목적달성을 위한 수단의 요소로 인식 할 것
④ 구성원 상호간을 연결할 수 있는 비공식적 조직이어야 함

070 교통안전관리의 단계 중 최고 경영진에게 가장 효과적인 관리방안을 제시하는 단계는?

① 준비단계　② 계획단계
③ 설득단계　④ 확인단계

해설　교통안전관리의 단계는 준비-조사-계획-설득-교육훈련-확인의 6단계이다.

071 차량의 브레이크가 작동하여 차가 완전히 정지할 때까지의 차가 움직인 거리를 무엇이라 하는가?

① 공주거리　② 제동거리
③ 정지거리　④ 반응거리

정답　64. ③　65. ④　66. ③　67. ④　68. ①　69. ④　70. ③　71. ②

072 운전자의 시각특성에 대한 설명으로 틀린 것은?

① 일몰 후에는 운전자의 시야가 50% 감소한다.
② 야간에 과속하면 저하된 시력으로 인해 주변 상황을 원활하게 보기 어렵다.
③ 야간 운전자의 시력과 가시거리는 물리적으로 차량의 전조등 불빛에 제한될 수밖에 없다.
④ 상대방이 전조등을 켰을 때 일몰 전과 비교하여 동체시력에서의 차이는 없다.

073 의사결정 기법 중에 10명 정도가 모여 자유롭게 의견을 제시하고 상호비판을 금지하면서 의사결정하는 것은?

① 브레인 스토밍 (brain storming)
② 시그니피케이션 (significant)
③ 체크리스트 (checklist)
④ 바이오닉스 (bionics)

074 구성원간의 갈등을 해결하는 방법 중에 얼굴을 맞대고 회의를 통해서 갈등을 감소시키는 방법은?

① 협상
② 상위목표의 도입
③ 문제해결법
④ 조직구조의 개편

075 안전하면서도 경제적인 교통은 사회나 국가를 판가름하는 ( ) 지표라 한다. 다음 중 빈칸에 들어갈 말은?

① 문화수준 ② 경제수준
③ 의식수준 ④ 소득수준

076 교통사고 원인의 등치성 원칙에 관계되는 사고요인의 배열은 다음 중 무엇인가?

① 단순형 ② 이중형
③ 연쇄형 ④ 복잡형

> **해설** 교통사고 발생에는 교통사고 요인을 구성하는 각종 요소가 똑 같은 비중을 지닌다는 것이다. 따라서 교통사고의 근본적인 원인을 제거하는 것이 곧 사고본질과 방지대책의 기본일 것이다.

077 대한민국 교통발달 과정을 바르게 나열한 것은 무엇인가?

① 개인도보 – 기마교통 – 마차교통 – 자동차 교통
② 기마교통 – 마차교통 – 개인도보 – 자동차 교통
③ 마차교통 – 개인도보 – 기마교통 – 자동차 교통
④ 개인도보 – 마차교통 – 기마교통 – 자동차 교통

078 교통서비스의 기능이 아닌 것은?

① 신속성 ② 정확성
③ 안전성 ④ 고급성

079 교통안전에 관한 설명으로 틀린 것은?

① 교통안전이란 운행과정에서 사고를 방지하여 인명과 재산을 보호하는 것이다.
② 교통안전이란 운행과정에서 운전자의 안전과 재산의 피해를 예방하기 위한 것이다.
③ 교통안전이란 교통수단의 안전수행에 위험을 주는 내·외적 요소를 사전에 제거, 사고를 미연에 방지하는 것
④ 교통안전이란 교통사고를 방지하여 개인의 건강과 사회복지증진을 도모하는 것이다.

정답 72. ④ 73. ① 74. ③ 75. ① 76. ③ 77. ① 78. ④ 79. ②

080 교통수단의 선택에 대한 설명 중 맞는 것은?

① 신속성에 중점을 두어 결정한다.
② 경제성에 중점을 두어 결정한다.
③ 정확성에 중점을 두어 결정한다.
④ 통로이동의 양과 질에 따라 결정한다.

081 사고원인별 분리의 유형이 아닌 것은?

① 분리형 ② 연쇄형
③ 집중형 ④ 복합형

082 사고요인 발생 시에 그것을 근원으로 다음 요인이 생기고 또 그것이 다른 요인을 일어나게 하는 것은?

① 분리형 ② 연쇄형
③ 집중형 ④ 복합형

083 '사고의 많은 원인 중에서 하나만이라도 없다면 연쇄반응은 없다. 그러므로 교통사고도 발생하지 않는다' 라는 원리는?

① 사고 연쇄성의 원리
② 사고 통일성의 원리
③ 사고 복합성의 원리
④ 사고 등치성의 원리

084 다음 중 현대교통의 서비스 기능 측면이 아닌 것은 무엇인가?

① 신속성 ② 정확성
③ 안전성 ④ 공공성

> **해설** 현대교통의 기능측면
> - 사회적 기능측면: 공공성, 대량성
> - 서비스 기능측면: 신속성, 정확성, 안전성, 경제성, 쾌적성, 편의성, 보급성

085 다음 중 교통안전의 목적이 아닌 것은?

① 인명의 존중 ② 교통단속의 강화
③ 수송효율의 향상 ④ 경제성의 향상

086 교통사고 요인의 현태 분류 중 적당하지 않은 것은?

① 교차형 ② 연쇄형
③ 집중형 ④ 혼합형

087 다음 문항 중 틀린 것은 어느 것인가?

① 교통안전관리자는 사업체의 교통안전업무를 전담한다.
② 운수업체의 실질적인 교통안전 책임자는 교통안전 관리자 이다.
③ 교통안전 관리조직은 회사내의 안전관리 업무를 총괄한다.
④ 교통안전에 대한 책임은 교통안전관리자에게 있고 사업주는 면책된다.

088 교통의 ( )은/는 한 사회와 한 사회와의 교류로 인류문화를 반전시키고, 교통의 발전은 사회의 복잡 다양한 발전을 이룩하였으며, 교통 ( )은/는 그 사회의 의식수준과 질서의식의 척도이다.

① 문화, 기능 ② 기능, 신속성
③ 신속성, 기능 ④ 기능, 문화

089 운수기업의 특징이라고 볼 수 없는 것은?

① 무형의 서비스업
② 인간과 기계의 최적화 요구
③ 수송효율의 향상
④ 공공성

> **해설** 운수기업의 특징
> - 무형의 서비스업, 공공성, 영리추구, 인간과 기계 시스템의 최적화를 요구, 인간과 기계 시스템이 효율적으로 결합되어야 양질의 서비스를 제공

정답 80. ④ 81. ① 82. ② 83. ④ 84. ④ 85. ② 86. ① 87. ④ 88. ④ 89. ③

090 다음 중 조직설계의 원칙이 아닌 것은?

① 전문화의 원칙
② 명령통일의 원칙
③ 권한 및 책임의 원칙
④ 권한집중의 원칙

091 조직설계의 원칙 중 각 구성원의 직무가 정해지더라도 각 직무 사이의 상호관계가 정해지지 않으면 각 구성원의 활동을 조정할 수가 없다는 원칙은?

① 감독범위 적정화의 원칙
② 명령통일의 원칙
③ 권한 및 책임의 원칙
④ 공식화의 원칙

092 관리계층상의 기능에 있어서 중간경영자가 갖추어야 할 가장 중요한 기능은?

① 통합적 기능 ② 인간적 기능
③ 기술적 기능 ④ 전문적 기능

093 사고방지를 위한 관리방법 중 운전성과를 점검하는 방법은?

① 감독 및 점검
② 동기부여
③ 운전자 및 종업원 교육훈련
④ 안전기준 설정

094 교통의 발달로 인한 이점이 아닌 것은?

① 사업의 집중화
② 물가의 평준화
③ 사회와 사회의 교류
④ 정치, 경제 등의 지역간 유대관계 강화

095 교통사고가 발생하는 경향을 가장 잘 표현한 것은?

① 확률적 ② 우발적
③ 충격적 ④ 의도적

096 운전자 모집시 고려하여야 할 사항과 거리가 먼 것은?

① 운전자의 운전경력
② 운전자의 결혼여부
③ 운전자의 재산상태
④ 운전자의 업무상 만족상태

097 차량운행계획을 세울 때 고려하지 않아도 되는 것은?

① 차량 정비의 조건
② 종사원의 조건
③ 업무량의 조건
④ 운행회사의 복지 조건

098 안전운전의 요건과 거리가 먼 것은?

① 안전운전 적성
② 안전운전 기술
③ 안전운전 요령
④ 안전운전 태도

099 운전자 개별평가에서 운전지식평가의 내용이 아닌 것은?

① 도로교통법 등 관계 법령상의 지식
② 자동차 등의 구조나 성능에 관한 지식
③ 운수 산업에 관한 지식
④ 기상에 관한 지식

정답 90. ④ 91. ③ 92. ② 93. ① 94. ① 95. ② 96. ③ 97. ④ 98. ③ 99. ③

100 운전자 교육시 같은 단계에 있는 운전자를 모아 상호학습을 활용하며 효율적인 집단교육을 실시하는 원리는?

① 단계즉응의 원리　② 개별성의 원리
③ 자발성의 원리　④ 반복성의 원리

101 차량의 교통안전을 위한 정보자료 중 2차 자료의 단점이 아닌 것은?

① 용어에 대한 정의가 다를 수 있다.
② 자료의 분류방법이 다를 수 있다.
③ 자료가 오래되어 유용성이 떨어질 수 있다
④ 자료의 정확성 가능성이 있다.

102 차량 운행계획에서 업무량의 조건 중 가장 우선인 것은?

① 작업의 향상성　② 작업의 내부사정
③ 소요시간　　　④ 운행거리

103 운전자의 모집원칙에 해당되지 않는 것은?

① 사사로운 정실이나 금품의 수수금지
② 노동조합 불가입 운전자 모집
③ 통근 할 수 있는 지역, 그것이 힘들 때는 근접지역 모집
④ 직업안정법, 근로기준법 준수

104 무결점운동(zero defect)의 실행단계가 아닌 것은?

① 조성단계
② 출발단계
③ 실행 및 운영단계
④ 종합 평가 단계

105 안전운전의 교육 중 운전지식교육이 아닌 것은?

① 화물, 승객 등 적재물에 관한 지식
② 자동차의 구조, 기능에 관한 지식
③ 신속, 정확한 핸들조작
④ 도로교통법, 도로법 등 관계법령에 대한 지식

106 타코그래프(taco graph)의 사용목적은?

① 안전 운전 실태파악
② 운전자의 피로파악
③ 자동차의 성능파악
④ 운행시간의 파악

107 소집단 교육방법으로 어떤 주제에 대해 의견이나 생활체험을 달리하는 몇 명의 협조자의 토의를 통해서 문제를 여러 각도에서 검토하고 그것에 대한 깊고 넓은 지식을 얻고자 하는 방법은?

① 심포지움　　　② 밀봉 토론법
③ 패널 디스커션　④ 공개 토론법

108 안전교육의 3단계가 아닌 것은?

① 교육계획　② 교육실시
③ 교육참여　④ 교육평가

109 교통안전 관리기법 중 자연계나 동식물의 모양 활동 등을 관찰하고 그것을 이용해서 아이디어를 찾아내는 기법은?

① 시그니피컨트법 (significant)
② 바이오닉스법 (bionics)
③ 체크리스트법 (check list)
④ 브레인스토밍법 (brain Storming)

정답 100. ①　101. ④　102. ①　103. ②　104. ④　105. ③　106. ①　107. ③　108. ③　109. ②

110 안전교육 중에 가장 기본적이며 인내력이 필요한 교육은?

① 안전 기술 교육 ② 안전 태도 교육
③ 안전 숙지 교육 ④ 안전 지식 교육

111 다음 중 표준운전이란?

① 격일제 운전
② 일일 8시간의 운전
③ 오전이나 오후 중 하나만 근무
④ 생리적으로 안전할 수 있는 연속 운전시간과 휴식 시간

112 사업장 내의 안전교육 실시방법 중 많이 채택되는 것은?

① 자체 감독자의 교육
② 외부 전문가를 주체로 하는 강영식 교육
③ 안전관리자가 교육실시
④ 안전의식 여부의 시험실시

113 사고발생시 책임의 원칙 중 해당되지 않는 것은?

① 무책임제   ② 책임의 명확화
③ 책임전가의 금지 ④ 책임의 범위

114 운전자들의 심리를 다루는 방법으로 운전자에게 교통사고를 방지하도록 관리지도를 하는 것은?

① 상벌제도 ② 도로공학
③ 교육훈련 ④ 노무관리

115 교통안전 확보를 위한 정책방향의 방안에 속하지 않는 것은?

① 교통안전시설과 장비개선을 위한 적극투자방안
② 여러 가지 업무 책정
③ 교통안전시설에 관계되는 시책을 위한 정비제도
④ 교통안전시설 관련업무 조사원의 자질 향상

116 관리자, 관리보조자 혹은 지도운전자가 실시계획에 입각해서 운전태도 등을 특별히 관리·지도하는 것은 다음 중 어느 것인가?

① 건강지도 ② 형식지도
③ 승무지도 ④ 구두지도

117 의지, 감정면에서 자제력의 부족, 인내심의 부족, 정서불안정, 공경심 억제부족 등은 다음 어떤 사람들에게 많은가?

① 사고다발자 ② 사고안전자
③ 사고관리자 ④ 사고기피자

118 교통종사자 서로가 불안전 행동에 대한 문제점을 검토하면서 안전의식을 높일 수 있도록 하자는 것은 다음 중 어느 것인가?

① 자주통제제도
② 감찰고발제도
③ 상호간 체크제도
④ 사고행동 제도

119 운전자교육 또는 운전자 관리의 합리적인 계획수립을 위한 사전조사에 해당하는 것은 다음 중 어느 것인가?

① 운전자 진단 ② 월급제 실시
③ 경영자 통계 ④ 교통법규 분석

정답 110. ② 111. ④ 112. ② 113. ① 114. ① 115. ② 116. ③ 117. ① 118. ③ 119. ④

120 다음 중 교육훈련 목적의 하나인 것은?

① 조직 협력 ② 조직 통제
③ 조직 정비 ④ 지휘계통의 확립

121 계획의 일반적인 특징이 아닌 것은?

① 미래성 ② 목적성
③ 경제성 ④ 불변성

122 교통안전 계획에 포함되어야 할 항목으로 노선 및 항로의 점검 및 계획이 들어있다. 다음 문항중 관련이 없는 것은?

① 통계적 관리기법에 의한 변동원인의 파악
② 타코그래프의 분석을 통한 애로 노선 구간의 파악
③ 노선의 현장점검을 통한 취약장소 발견
④ 노선 및 항로 정보의 신속한 입수 및 전파를 활용

123 다음 중 운수사업의 특성으로 잘못된 것은?

① 3차 산업
② 교통용역사업
③ 순수한 영리적 기업
④ 전반적 사업에 관하여 정부의 개입

124 운전적성 정밀검사의 기능에 속하지 않는 것은?

① 예언적 기능 ② 진단적 기능
③ 조사연구 기능 ④ 피드백 기능

125 운전적성 정밀검사의 구분에 속하는 것은?

① 신규검사와 특별검사
② 강제검사와 임의검사
③ 정기검사와 수시검사
④ 대략검사와 정밀검사

126 다음 신규검사 중 기기검사에 속하지 않는 것은?

① 주의력 검사
② 정지거리 예측검사
③ 속도예측 검사
④ 인성 검사

127 운전적성 정밀검사 중 특별검사 재검사의 경우 검사일로부터 얼마의 경과 후에 받을 수 있는가?

① 10일 후 ② 1개월 경과 후
③ 3개월 경과 후 ④ 6개월 경과 후

128 운전적성 정밀검사의 신규검사 중 속도예측검사의 내용인 것은?

① 반응 불균형 정도
② 피로의 정도
③ 접촉사고의 가능성
④ 입체공간 내에서의 원근거리 추정능력

129 운전 중 자유롭게 주의를 조율할 수 있는 능력을 무엇이라고 하는가?

① 주의 배분 ② 주의 전환
③ 주의 집중 ④ 주의 선택

130 신규검사의 경우 적합판정이 되기 위해서는 각 검사항목에서 취득한 점수를 요인별로 합산하여 모든 요인이 몇 점이 되어야 하는가?

① 30점 이상 ② 50점 이상
③ 60점 이상 ④ 80점 이상

정답 120. ① 121. ④ 122. ① 123. ③ 124. ④ 125. ① 126. ④ 127. ② 128. ① 129. ② 130. ②

131 다음 중 교통안전시설이 아닌 것은?

① 도로　　② 항만
③ 궤도　　④ 어업 무선국

132 사고예방을 위한 접근방법 중 기술개발을 통하여 안전도를 향상시키고 운반구 및 동력제작기술의 발전을 도모하는 것은?

① 기술적 접근방법
② 관리적 접근방법
③ 제도적 접근방법
④ 사무적 접근방법

133 정지거리에 대한 설명 중 틀린 것은

① 공주거리는 물체를 본 시간부터 브레이크 밟아 브레이크가 작동하기까지 달린 거리이다.
② 제동거리는 브레이크가 작동되고부터 정지할 때까지 미끄러진 거리이다.
③ 반사시간은 통상 1.5초를 설계목적으로 한다.
④ 정지거리는 제동거리에서 공주거리를 뺀 거리이다.

134 설계목적을 위한 최소 추월시거를 계산하는데 필요한 가정이 아닌 것은?

① 피 추월차량은 일정한 속도를 주행한다.
② 추월차량이 본 차선에 복귀했을 때 뒤차와는 적절한 안전거리를 필요로 한다.
③ 추월차량의 운전자는 추월행동을 개시할 때까지 행동판단 및 반응시간을 필요로 한다.
④ 추월차량은 추월할 기회를 찾으면서 피추월차량과 같은 속도로 안전거리를 유지하며 앞차를 따른다.

135 운전자가 진행로 상에 산재해 있는 예측하지 못한 위험요소를 발견하고 그 위험 가능성을 판단하며 적절한 속도와 진행방향을 선택하여 필요한 안전조치를 효과적으로 취하는데 필요한 거리를 무엇이라 하는가?

① 피주시거　　② 정지시거
③ 추월시거　　④ 안전시거

136 평면선형과 종단선형의 조합원칙으로 틀린 것은?

① 도로환경과의 조화를 고려할 것
② 선형이 시각적으로 연속성을 확보할 것
③ 종단구배가 급한 곳에 평면곡선을 삽입할 것
④ 선형의 시각적, 심리적 균형을 확보할 것

137 노변지역에 포함되는 것이 아닌 것은?

① 연석　　② 갓길
③ 배수구　　④ 측면도로

138 운전자의 핸들조작에 지장을 주지 않는 범위에서 배수를 고려할 때 노면의 최대 횡단구배는 얼마인가?

① 3%　　② 4%
③ 5%　　④ 6%

139 갓길에 대한 설명 중 틀린 것은?

① 갓길의 색체는 차도부와 같게 해야 한다.
② 갓길은 차도부 보다 경사가 급해야 한다.
③ 갓길을 포장하는 것이 경제적이다.
④ 포장된 갓길의 경사는 3~5%, 비포장의 경우는 4~6%가 적당하다.

정답　131. ④　132. ①　133. ④　134. ②　135. ①　136. ③　137. ④　138. ②　139. ①

140 배수구의 깊이는 도로중심선 높이로부터 최소 얼마 이상이어야 하는가?

① 20cm   ② 40cm
③ 60cm   ④ 80cm

141 연석의 기능이 아닌 것은?

① 배수유도
② 고장차량의 대피소
③ 차도의 경계구분
④ 차량의 이탈방지

142 자동차의 안전운행을 위해서는 인간-자동차-도로가 모두 안전하지 않으면 안 된다. 그런데 자동차와 도로는 어느 정도까지는 고정시킬 수 있지만, 다음의 요소 중 변동되기 쉬운 것은?

① 인간적 요소   ② 관리적 요소
③ 차량적 요소   ④ 정비적 요소

143 사고발생 요인 중 가장 많은 비중을 차지하고 있는 것은?

① 환경요인   ② 인적요인
③ 교통수단의 요인 ④ 도로요인

144 측도의 기능이 아닌 것은?

① 원활한 도로체계 유지
② 주요 도로에의 출입제한
③ 주요 도로에서 인접지역으로의 접근성 제공
④ 인터체인지 기능 대체

145 교통사고의 위험요소를 제거하기 위해서는 몇 가지 단계를 거쳐야 하는데 안전점검, 안전진단, 교통사고 원인의 규명, 종사원의 교통활동, 태도분석, 교통환경 등에서 위험요소를 적출하는 행위는 다음 중 어느 단계인가?

① 위험요소의 분석   ② 위험요소의 제거
③ 위험요소의 탐지   ④ 위험요소의 발견

146 교통사고의 요인 중 가정환경의 불합리, 직장인간관계의 잘못은 무슨 원인인가?

① 간접원인   ② 직접원인
③ 잠재원인   ④ 복합원인

147 자동차 속도에 대한 결정은 가장 먼저 무엇을 고려해야 하는가?

① 동력용구   ② 안전시설
③ 운전자 경력 ④ 교통로

148 사고원인 조사에서 운행 중 여유시간을 4초 이상 유지한 운전을 무엇이라 하는가?

① 서행운전   ② 정상운전
③ 과속운전   ④ 사고운전

149 교통사고에 영향을 미치는 인간행위의 가변적 요소로서 적합하지 않은 것은?

① 기능적 요소   ② 생리적 요소
③ 자연적 요소   ④ 심리적 요소

150 교통사고 요인이 배열되어 있는 형태로 분류할 경우 적당하지 않은 것은?

① 집중형   ② 복합형
③ 교차형   ④ 연쇄형

정답 140. ③ 141. ② 142. ① 143. ② 144. ④ 145. ③ 146. ① 147. ④ 148. ① 149. ③ 150. ③

151 교통사고의 주요 원인에 포함되지 않는 것은?
① 인적 요인 ② 운반구 요인
③ 환경 요인 ④ 심리적 요인

152 안전관리의 목적이라고 할 수 없는 것은?
① 자동차 기술의 개선
② 경영상의 안전
③ 인적·물적 재산피해의 감소
④ 교통환경의 개선

153 교통종사원, 안전관리, 일반원칙 등은 어디에 포함되는가?
① 사례적 안전관리법
② 통계적 관리기법
③ 안전운행 관리기법
④ 안전정비 관리기법

154 다음 운전행동상의 사고요인분석 중에서 사고발생률이 가장 낮은 것은?
① 조작 착오 ② 불가항력
③ 판단 착오 ④ 인식 지연

155 도로교통 운전자들이 운전 여유시간을 기초로 운전을 서행, 정상, 과속운전 등으로 나눌 때 정상운전에 해당하는 여유시간은 다음 중 어느 것인가?
① 2초 ② 3초
③ 4초 ④ 5초

156 최근 우수업체에서 교통안전관리자 제도를 도입하는 이유는 무엇 때문인가?
① 운행계획 ② 환경관리
③ 교통사고 ④ 운수 수익

157 새로운 교육이나 지도 및 규칙 등을 제때에 이해시키고 납득시킬 수 있다면 사고발생의 위험률을 저하시킬 수 있는데 이를 위해서는 다음 중 어느 것이 기본적으로 선행되어야 하는가?
① 주행거리 ② 상해부위
③ 교통환경 ④ 사고분석

158 인간행동의 환경적 요소로서 적당한 것은?
① 소질 ② 심신상태
③ 일반심리 ④ 인간관계

159 마찰계수 중 타이어가 고정되어 미끄러지고 있을 때를 나타내는 용어는?
① 자유구름 마찰계수
② 제동시의 마찰계수
③ 세로 미끄럼 마찰계수
④ 가로 미끄럼 마찰계수

160 교통단속시 발생하는 단속의 파급효과가 일정기간 지속되고 인접지역에 까지 영향을 미치는 것을 무엇이라 하는가?
① 할로효과 ② 파동효과
③ 인적효과 ④ 경제효과

161 정보처리과정 중 착오가 생기는 경우 결정적인 사고가 발생하게 되는 것은?
① 반응 ② 행동판단
③ 식별 ④ 지각

162 운전자의 정보처리과정이 옳은 것은?
① 지각 – 식별 – 행동판단 – 반응
② 식별 – 행동판단 – 반응 – 지각
③ 행동판단 – 반응 – 지각 – 식별
④ 반응 – 지각 – 식별 – 행동판단

정답 151. ④ 152. ① 153. ③ 154. ④ 155. ① 156. ③ 157. ④ 158. ④ 159. ③ 160. ② 161. ② 162. ①

163 다음 중 사고율이 가장 높은 노면은?

① 습윤 노면　② 결빙 노면
③ 건조 노면　④ 눈덮인 노면

164 도로선형에서의 사고특성에 대한 다음 설명 중 틀린 것은?

① 긴 직선구간 끝에 있는 곡선부는 짧은 직선구간 다음의 곡선부에 비해 사고율이 높다.
② 종단선형이 자주 바뀌면 종단곡선의 정점에서 시거가 단축되어 사고가 일어나기 쉽다.
③ 곡선부가 종단경사와 중복되는 곳은 사고위험성이 훨씬 더 크다.
④ 한 방향으로 진행하는 일방도로에서 왼쪽으로 굽은 도로에서의 사고가 오른쪽으로 굽은 도로에서 보다 많다.

165 교통사고를 좌우하는 요소가 아닌 것은?

① 차량의 이용자
② 차량을 운전하는 운전자
③ 교통 통제 조건
④ 도로 및 교통조건

166 다음 중 사고방지를 위한 지속적인 운전자 대책은?

① 교통지도 단속
② 안전교육
③ 운전면허의 자격 제한
④ 운전면허의 취소 및 정지

167 음주 운전자의 특성으로 틀린 것은?

① 주위환경에 반응하는 능력이 크게 저하된다.
② 속도에 대한 감각이 둔화된다.
③ 주위환경에 과민하게 반응한다.
④ 시각적 탐색능력이 현저히 감퇴한다.

168 다음은 사고를 특히 많이 내는 사람의 특징이다. 틀린 것은?

① 지식이나 경험이 풍부하다.
② 상황 판단력이 뒤떨어진다.
③ 충동 억제력이 부족하다.
④ 지나치게 동작이 빠르거나 늦다.

169 다음 중 교통사고에 영향을 주는 후천적 능력이 아닌 것은?

① 차량조작 능력
② 도로조건 인식능력
③ 시력
④ 성격

해설 시력은 선천적 능력이다.

170 다음 중 교통사고에 영향을 주는 운전자의 육체적 능력이 아닌 것은?

① 지능　② 주의력
③ 시야　④ 현혹 회복력

해설 주의력은 후천적 능력이다.

171 다음 중 곡선부에서 사고를 감소시키는 방법으로 부적합한 것은?

① 속도표지와 시선유도표를 포함한 주의표지와 노면표지를 잘 설치한다.
② 선형을 개선한다.
③ 편경사를 감소시킨다.
④ 시거를 확보한다.

정답　163. ②　164. ④　165. ①　166. ②　167. ③　168. ①　169. ③　170. ②　171. ③

172 다음에서 교통안전정책의 전개방향에 관한 기술로서 적합한 것은?

① 교통안전의 생활화 차원에서 전개되어야 한다.
② 교통종사원의 자질향상운동으로 전개되어야 한다.
③ 운수관련업체의 안전관리 정착운동이 전개되어야 한다.
④ 법적 차원에서 질서확립운동으로 전개되어야 한다.

173 차량 등의 정비를 요청해야 하는 경우와 거리가 먼 것은?

① 일상점검, 정비 외의 특별정비가 필요한 경우
② 차량 등의 장비나 기구의 정비 또는 교환이 필요한 경우
③ 안전시설의 결함으로 교환이 필요한 경우
④ 결함부품 또는 불량부품정비가 필요한 경우

174 교통의 기능에 대한 설명이 가장 바른 것은?

① 시간적 효용을 그 기능으로 하여 문화수준을 향상시킨다.
② 물자 이동을 그 기능으로 하여 인간유대를 증진시킨다.
③ 공간적 이동을 그 기능으로 하여 문화수준을 향상시킨다.
④ 공간적 이동을 그 기능으로 하여 사회적 교류를 향상시킨다.

175 다음 중 교통안전관리조직에서 고려해야 할 요소로서 적합하지 않은 사항은?

① 비공식적인 조직일 것
② 운영자에게 통계상의 정보를 제공할 수 있을 것
③ 구성원을 능률적으로 조절 할 수 있을 것
④ 교통안전관리 목적달성에 지장이 없는 한 단순할 것

176 교통안전의 목적에 해당되는 것은?

① 교통단속의 강화
② 교통법규의 준수
③ 교통시설의 확충
④ 수송효율의 향상

177 교통안전교육에 의해서 안전화를 이루는 데 필요한 교육이 아닌 것은?

① 안전연습에 대한 교육
② 안전태도에 대한 교육
③ 안전기능에 대한 교육
④ 안전지식에 대한 교육

178 다음 중 교육훈련 목적이 아닌 것은?

① 기술의 축적   ② 동기유발
③ 지휘계통의 확립   ④ 조직협력

179 계획 – 조사 – 검토 – 독려 – 보고 등의 업무를 관장하는 조직은?

① 라인-스텝 혼합형 조직
② 위원회 조직
③ 라인형 조직
④ 참모형 조직

정답 172. ① 173. ③ 174. ④ 175. ① 176. ④ 177. ① 178. ③ 179. ④

180 사람에게는 여러 가지 감각기관이 있으나 운전 중에 약 80%를 점유하는 감각기관은 무엇인가?

① 시각 ② 촉각
③ 미각 ④ 청각

181 운전자가 빨간 신호를 보고 위험을 인지하고 브레이크를 밟을 경우에 빨간 신호를 보았을 때부터 브레이크가 작동할 때까지의 시간을 무엇이라고 하는가?

① 반응시간 ② 여유시간
③ 제동시간 ④ 감각시간

182 차량의 결함, 정비불량, 적재물 사항, 보호구의 착용사항, 도로사항 등이 문제가 되는 것은?

① 사고 기피자 ② 불계획 상태
③ 불안전 상태 ④ 불건강 상태

183 안정된 정서, 건강하고 건전한 생활태도, 건강의 유지 등은 다음 어디에서 조성되어 교통안전에 이바지하게 되는가?

① 법규환경 ② 차량환경
③ 학원환경 ④ 가정환경

184 밝은 장소에서 어두운 곳으로 들어갔을 때, 어둠에 눈이 익숙해져서 시력을 회복하는 것을 일컫는 용어는?

① 암순응 ② 명순응
③ 암조응 ④ 명조응

185 야간 주행 중 어두운 색은 밝은 색에 비해 어느 정도 식별이 되는가?

① 10% ② 30%
③ 50% ④ 100%

186 인간은 항상 동일 상태로 유지할 수가 없고 늘 변화하기 마련이다. 다음 중 교통사고와 연결될 수 있는 인간행위의 가변요인이 아닌 것은?

① 작업의욕의 저하 ② 불안요인의 저하
③ 작업효율의 저하 ④ 생체기능의 저하

187 도로교통환경의 특성과 관계없는 것은?

① 신호나 표시 ② 조명 정도
③ 거리 판단 ④ 차선 폭, 시선유도

188 정상적인 사람의 시야는?

① 100도 ② 120도
③ 200도 ④ 360도

189 본능적, 무의식적 반응으로 최단시간을 필요로 하는 반응을 무엇이라 하는가?

① 반사적 반응 ② 육감적 반응
③ 직감적 반응 ④ 시간적 반응

190 주행속도와 시각 특성과의 관계가 맞게 설명된 것은?

① 주행속도와 시력과는 상관성이 없다.
② 운전 중에는 한 곳을 집중적으로 주시하면서 운전해야 한다.
③ 운전하는 데 중요시되는 시력은 동체시력이다.
④ 속도가 빠를수록 시야가 넓어진다.

정답 180. ① 181. ① 182. ③ 183. ④ 184. ① 185. ③ 186. ② 187. ③ 188. ③ 189. ① 190. ③

191 야간에 대향차의 불빛을 직접 받으면 한 순간에 시력을 잃게 되는데 이를 무슨 현상이라고 하는가?

① 자각현상　　② 현혹현상
③ 터널현상　　④ 착각현상

192 눈의 위치를 바꾸지 않고 좌우를 볼 수 있는 범위를 무엇이라고 하는가?

① 시선　　② 시청
③ 시력　　④ 시야

193 움직이는 물체를 보거나 움직이면서 물체를 볼 때의 시력을 무엇이라고 하는가?

① 주행시력　　② 정체시력
③ 동체시력　　④ 정지시력

194 스탠딩 웨이브 현상에 대한 설명으로 틀린 것은?

① 브레이크 페달을 너무 자주 사용할 때 발생한다.
② 저속주행에서는 발생하지 않는다.
③ 타이어 내부의 온도가 높아지게 되어 위험하다.
④ 타이어 공기압을 높여주면 예방할 수 있다.

195 다음 중 운전자가 위험을 느끼고 브레이크를 밟았을 때 자동차가 제동되기 시작하기까지의 사이에 주행하는 거리는?

① 차간거리　　② 공주거리
③ 제동거리　　④ 정지거리

> **해설** 차간거리: 정지거리보다 약간 긴 정도,
> 정지거리: 공주거리 + 제동거리,
> 제동거리: 제동되기 시작하여 정지하기 까지의 거리.

196 교통사고로 인한 인명피해에 대한 다음 설명 중 틀린 것은?

① 교통사고로 인하여 부상하여 5일 미만의 치료를 요하는 경우에는 부상신고를 하지 않는다.
② 경상은 교통사고로 인하여 부상하여 5일~3주 미만의 치료를 요하는 경우를 말한다.
③ 중상은 교통사고로 인하여 부상하여 3주 이상의 치료를 요하는 경우를 말한다.
④ 사망사고는 교통사고가 발생하여 30일 이내에 사망한 것을 말한다.

197 다음 중 교통사고 통계원표의 본표에 기록하지 않는 것은?

① 사고유형
② 도로의 종류
③ 제3당사자에 관한 사항
④ 사고발생일시

> **해설** 교통사고 통계원표의 본표에 기록하여야 할 사항 : 사고발생일시, 장소, 일기, 도로의 종류, 도로의 형상, 사고의 유형, 제1 및 제2 당사자에 관한 사항

198 교통사고 현황도에 대한 다음 설명 중 틀린 것은?

① 교통사고 다발지점에서의 중요한 물리적 현황을 축척에 맞추어 그린 것이다.
② 거의 축척을 무시하고 작도된다.
③ 차량의 이동에 영향을 미치는 모든 중요한 것들이 나타내어진다.
④ 사고패턴을 해석하는 보조자료로 사용된다.

정답 191. ②　192. ④　193. ③　194. ①　195. ②　196. ①　197. ③　198. ②

199 도로 종류별 또는 도로구간 분석에 사용되는 사고율은?

① 통행량 1억대/ km 당 사고
② 진입차량 100만 대당 사고
③ 차량 10,000대당 사고
④ 인구 10만 명당 사고

> **해설** 사고율의 사용
> - 차량 10,000대당 사고 : 일반적으로 교통사고 분석에 가장 많이 사용
> - 인구 10만 명당 사고: 국가 또는 지역 간의 기본적인 사고통계 비교분석에 주로 사용
> - 진입차량 100만 대당 사고: 교차로 사고 분석에 사용

200 다음 중 교통사고에 비중을 주는 방법이 아닌 것은?

① 도로의 종류에 의한 비중
② 관련된 교통단위의 수에 의한 비중
③ 사고 비용에 의한 비중
④ 가장 심한 부상에 의한 비중

정답 199. ① 200. ①

일주일 만에 끝내는 도로교통 안전관리자

일주일 만에 끝내는
도로교통 안전관리자

과목 **02**

자동차 정비

- 핵심용어정리
- 요점정리
- CBT 출제예상문제[200제]

CHAPTER 01 | 핵심용어정리

No	용어	설명
1	행정(stroke)	피스톤이 상사점에서 하사점으로 또는 하사점에서 상사점으로 이동한 거리를 말한다.
2	인화점	기체 또는 휘발성 액체에서 발생하는 증기가 공기와 섞여서 가연성 또는 완폭발성 혼합기체를 형성하고, 여기에 불꽃을 가까이 했을 때 순간적으로 섬광을 내면서 연소하는, 즉 인화되는 최저의 온도를 말한다.
3	발화점	물질을 마찰하거나 가열할 때 불이 붙어 타기 시작하는 온도
4	실화	혼합기가 희박하거나 또는 점화 장치의 결함으로 연소되지 않는 현상
5	점도	유체를 이동시킬 때 나타나는 내부저항을 말하며, 윤활유의 가장 중요한 성질이다.
6	유성	금속 마찰면에 유막을 형성하는 성질을 말한다.
7	점도지수	오일이 온도변화에 따라 점도가 변화하는 정도를 표시하는 것으로 점도지수가 높을수록 온도에 의한 점도 변화가 적다.
8	감쇠력	쇽업쇼버를 늘일 때나 압축할 때 힘을 가하면 그 힘에 저항하려는 힘이 더욱 강하게 작용되는 저항력을 말한다.
9	노스업(nose up)	자동차가 출발할 대 앞부분이 올라가는 현상
10	노스다운(nose down)	자동차가 주행중 제동 시 앞부분이 내려가는 현상
11	언더 댐핑(under damping)	감쇠력이 적어 유연하기 때문에 승차감이 저하되는 현상
12	오버 댐핑(over damping)	감쇠력이 커 딱딱하기 때문에 승차감이 저하되는 현상
13	페이드(fade) 현상	브레이크 라이닝 및 드럼에 마찰열이 축척되어 마찰계수 저하로 제동력이 감소되는 현상

† 두산백과 두피디아, 나무위키, 국어사전, 인터넷 참조

CHAPTER 02 요점정리

01 엔진 본체 정비

1. 실린더 헤드

(1) 실린더 헤드

실린더 윗면에 설치되어 피스톤, 실린더와 함께 연소실을 형성한다.

1) 구비 조건
① 고온에서 열 팽창이 적을 것.
② 폭발 압력에 견딜 수 있는 강성과 강도가 있을 것.
③ 조기 점화를 방지하기 위하여 가열되기 쉬운 돌출부가 없을 것.
④ 열전도의 특성이 좋으며, 주조나 가공이 쉬울 것.

2) 실린더 헤드의 재질 : 주철이나 알루미늄 합금이며, 알루미늄 합금은 가볍고, 열전도성이 크나 열팽창률이 크고, 내부식성 및 내구성이 작고, 변형되기 쉽다.

(2) 연소실

1) 가솔린 엔진의 연소실에는 반구형 연소실, 지붕형 연소실, 욕조형 연소실, 쐐기형 연소실 등이 있다.
2) 연소실은 실린더 헤드, 실린더, 피스톤에 의해서 이루어진다.
3) 혼합기를 연소하여 동력 발생하는 곳으로 밸브 및 점화 플러그가 설치되어 있다.
4) **구비 조건**
① 압축 행정 끝에서 강한 와류를 일으키게 할 것.
② 연소실 내의 표면적은 최소가 되도록 할 것.
③ 가열되기 쉬운 돌출부를 두지 말 것.
④ 화염 전파에 소요되는 시간을 가능한 짧게 할 것.
⑤ 노킹을 일으키지 않는 형상일 것.
⑥ 밸브 면적을 크게 하여 흡배기 작용이 원활하게 되도록 할 것.

(3) 실린더 헤드 정비

1) 실린더 헤드 변형 점검
① 실린더헤드나 블록의 평면도 점검은 직각 자(또는 곧은 자)와 필러(틈새) 게이지를 사용한다.
② **실린더 헤드 변형 원인**
   ㉠ 제작시 열처리 조작이 불충분 할 때   ㉡ 헤드 가스킷이 불량할 때
   ㉢ 실린더 헤드 볼트의 불균일한 조임   ㉣ 엔진이 과열 되었을 때
   ㉤ 냉각수가 동결 되었을 때
③ **실린더 헤드 균열 점검**
   ㉠ 균열 점검방법에는 육안 검사법, 자기 탐상법, 염색 탐상법 등이 있다.
   ㉡ 균열 원인은 과격한 열 부하 또는 냉각수 동결 때문이다.

2. 실린더 블록

(1) 실린더 블록
엔진의 기초 구조물, 실린더 주위에는 연소열을 냉각시키기 위해 물 재킷이 설치되어 있다.

(2) 실린더의 분류

1) **일체식 실린더** : 실린더블록과 실린더가 동일한 재질이며, 실린더 벽이 마모되면 보링을 하야야 한다.

2) **라이너식 실린더** : 실린더와 실린더 블록을 별도로 제작한 다음 블록에 끼우는 형식으로 보통 주철제의 실린더 블록에 특수 주철제 라이너를 끼우는 경우와 알루미늄 합금 실린더 블록에 보통 주철제 라이너를 끼우는 경우가 있다. 라이너의 종류에는 건식과 습식이 있다.
   ① **건식 라이너** : 라이너가 냉각수와 간접 접촉하는 방식이며, 두께는 2~4mm, 끼울 때 2~3톤의 힘이 필요하다.
   ② **습식 라이너** : 라이너 바깥둘레가 냉각수와 직접 접촉하는 방식이며, 두께는 5~8mm, 실링(seal ring)이 변형되거나 파손되면 크랭크 케이스(오일 팬)로 냉각수가 누출된다.

3) **라이너식 실린더의 장점**
   ① 마멸되면 라이너만 교환하므로 정비성능이 좋다.
   ② 원심 주조방법으로 제작할 수 있다.
   ③ 실린더 벽에 도금하기가 쉽다.

(3) 실린더의 정비

1) 실린더의 마모 : 정상적인 마모에서 실린더내의 마멸이 가장 큰 부분은 실린더 윗부분(TDC부근)이며, 실린더 내의 마멸이 가장 작은 부분은 실린더의 아랫부분(BDC부근)이다. 실린더내의 마모량은 축방향보다 축 직각 방향의 마모가 크다.

실린더 윗부분이 아랫부분보다 마멸이 큰 이유는
① **피스톤 링의 호흡작용** : 링의 호흡작용이란 피스톤의 작동위치가 변환될 때 피스톤 링의 접촉부분이 바뀌는 과정으로 실린더의 마모가 많아진다.
② 피스톤헤드가 받는 압력이 가장 크므로 피스톤 링과 실린더 벽과의 밀착력이 최대가 되기 때문이다.

2) 실린더 벽의 마멸 원인
① 실린더와 피스톤 링의 접촉에 의한 마멸
② 흡입가스 중의 먼지와 이물질에 의한 마멸
③ 연소 생성물에 의한 부식
④ 연소 생성물인 카본에 의한 마멸
⑤ 기동할 때 지나치게 농후한 혼합가스에 의한 윤활유 희석

3) 실린더 벽 마모량 측정 : 실린더 보어 게이지, 내측 마이크로미터, 텔리스코핑 게이지와 외측 마이크로미터 등을 사용한다.
① **실린더의 마모량 측정 방법**
  ㉠ 실린더의 상, 중, 하 3군데에서 각각 축 방향과 축의 직각방향으로 합계 6군데를 잰다.
  ㉡ 최대 마모부분과 최소 마모부분의 안지름의 차이를 마모량 값으로 정한다.
② **보링 작업과 오버사이즈 피스톤 선정**
  ㉠ **실린더의 수정** : 실린더 마멸량이 다음의 한계값을 넘으면 보링하여 수정한다.

실린더 내경	수정 한계값
70mm 이상인 엔진	0.20mm 이상 마멸 되었을 때
70mm 이하인 엔진	0.15mm 이상 마멸 되었을 때

  ㉡ **보링값** : 실린더 최대 마모 측정값 + 수정 절삭량(0.2mm)으로 계산하여 피스톤 오버 사이즈에 맞지 않으면 계산값보다 크면서 가장 가까운 값으로 선정한다.
  ㉢ **피스톤 오버 사이즈** : STD, 0.25mm, 0.50mm, 0.75mm, 1.00mm, 1.25mm, 1.50mm의 6단계로 되어 있다.
  ㉣ **실린더의 호닝** : 보링 후 바이트 자욱을 없애기 위하여 숫돌을 사용하여 연마하는 작업이다.
  ㉤ **실린더의 수정 한계** : 보링을 여러 번하게 되면 실린더 벽의 두께가 얇아지기 때문에 다음 한계 이상의 오버 사이즈로 할 수 없다.

실린더 내경	오버 사이즈 한계값
70mm 이상인 엔진	1.50mm
70mm 이하인 엔진	1.25mm

4) 실린더 블록의 수밀 시험

엔진을 완전히 분해하고 수압은 $4.0 \sim 4.5 kg/cm^2$, 수온은 40℃ 정도로 한다.

3. 밸브 기구

(1) 캠 축과 캠

1) 오버헤드 캠축 밸브 기구(OHC : Over Head Camshaft)
① 관성력이 작아 밸브의 가속도를 크게 할 수 있다.
② 고속에서 밸브의 개폐가 안정된다.
③ 밸브 기구가 간단하다.
④ 흡배기 효율이 향상된다.
⑤ 실린더 헤드의 구조가 복잡하다.
⑥ 캠축의 구동 방식이 복잡하다.
  ㉠ SOHC 로커암형
  ㉡ DOHC 다이렉트형

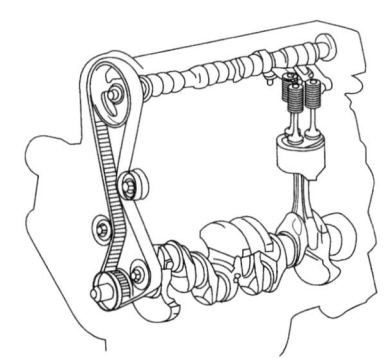
[그림] OHC 구조

2) 오버헤드 밸브기구(OHV : Over Head Valve)
① 캠축이 실린더 블록에 설치되어 있는 형식.
② 흡입 밸브 및 배기 밸브는 실린더 헤드에 설치되어 있다.
③ 밸브 리프터와 푸시로드 및 로커암을 통하여 밸브를 개폐시키는 형식.

3) 캠의 구성
① **베이스 서클** : 기초원
② **노스** : 밸브가 완전히 열리는 점
③ **플랭크** : 밸브 리프터 또는 로커암과 접촉되는 옆면
④ **로브** : 밸브가 열리기 시작하여 완전히 닫힐 때까지의 둥근 돌출차
⑤ **양정** : 기초원과 노스 원과의 거리

[그림] 캠의 구조

4) 캠의 종류
① 접선 캠
  ㉠ 플랭크가 기초원과 노스원이 공통의 접선으로 연결되어 있다.
  ㉡ 밸브의 개폐가 급격히 이루어진다.

② 볼록 캠(원호 캠)
㉠ 플랭크가 기초원과 노스원이 볼록하게 연결되어 있다.
㉡ 밸브 개폐시의 가속도가 크다
㉢ 고속시에 작동이 불안정되기 쉽고 밸브 기구에 진동이 발생한다.
③ 오목 캠
④ 비례 캠

5) 캠축의 구동 방식
① 기어 구동식
타이밍 기어의 백래시가 크면(기어가 마모되면) 밸브개폐시기가 틀려진다.
② 체인 구동식
③ 벨트 구동식
㉠ 타이밍 기어 대신에 벨트 사용하여 캠축을 구동하는 방식.
㉡ 크랭크축과 캠축에 스프로킷이 설치되어 있다.
㉢ 스프로킷의 잇수비 1 : 2, 회전비는 2 : 1이다.
㉣ 벨트의 장력을 조정하는 텐셔너와 아이들러가 설치되어 있다.
㉤ 체인 구동식과 달리 소음이 발생되지 않고 윤활이 필요 없다.
㉥ 벨트를 빼거나 끼울 때에는 손으로 작업하여야 한다.

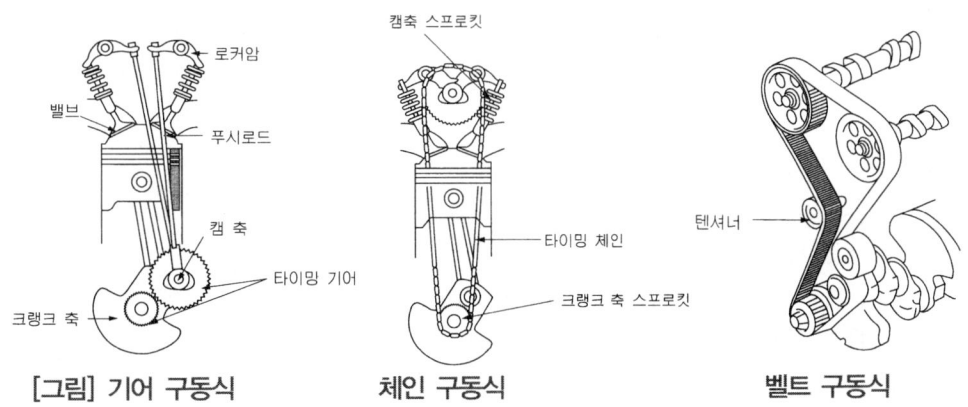

[그림] 기어 구동식   체인 구동식   벨트 구동식

(2) 유압식 밸브 리프터 (밸브 태핏)

1) **기능** : 캠의 회전 운동을 직선 운동으로 변화시켜 밸브에 전달한다.

2) **종류**
① 기계식 리프터
② 유압식 리프터(대부분의 차량에 적용됨)
㉠ 윤활장치에서 공급되는 유압을 이용하여 항상 밸브 간극을 0으로 유지.
㉡ 밸브 간극의 점검이나 조정을 하지 않아도 된다.

ⓒ 밸브의 개폐시기가 정확하여 엔진의 성능이 향상된다.
ⓓ 작동이 조용하고 오일에 의하여 충격을 흡수하여 밸브 기구의 내구성이 향상된다.
ⓔ 오일 펌프나 유압 회로에 고장이 발생되면 작동이 불량하고 구조가 복잡하다.

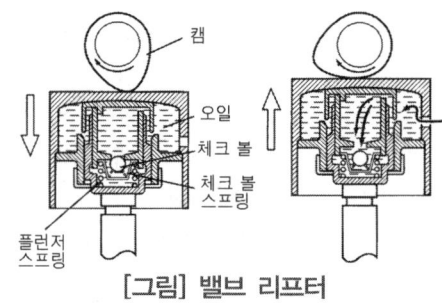

[그림] 밸브 리프터

(3) 로커암 축 어셈블리

1) 로커암
ⓐ 밸브 스템 엔드를 눌러 밸브를 개폐시키는 역할을 한다.
ⓑ 강성을 증대시키기 위하여 리브가 설치되어 있다.
ⓒ 밸브 쪽이 푸시로드 쪽보다 길다.(OHV : 1.4~1.6배, OHC : 1.3~1.6배)

2) 로커암 스프링 : 로커암이 작동 중에 축방향으로 이동하는 것을 방지.

3) 로커암 축

4) 서포트

(4) 흡 · 배기 밸브

1) 기능
① 혼합기를 실린더에 유입하거나 연소 가스를 대기중에 배출한다.
② 압축 행정 및 동력 행정에서 가스의 누출을 방지하는 역할.
③ 열릴 때는 밸브 기구에 의해서, 닫힐 때는 스프링의 장력에 의해서 닫힌다.

2) 밸브의 구비 조건
① 높은 온도에서 견딜 수 있을 것
② 밸브헤드 부분의 열전도성이 클 것
③ 높은 온도에서의 장력과 충격에 대한 저항력이 클 것
④ 무게가 가볍고, 내구성이 클 것

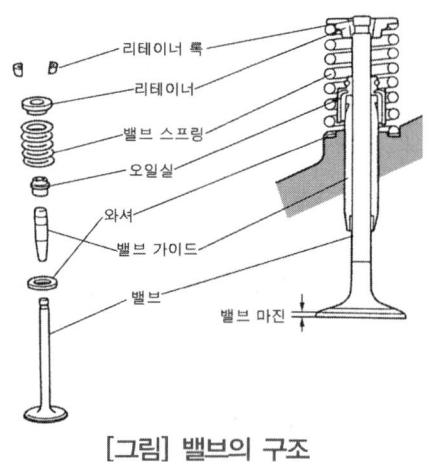

[그림] 밸브의 구조

3) 밸브의 주요부

① **밸브 헤드**
  ㉠ 흡입 밸브는 450~500℃, 배기 밸브는 700~800℃를 항상 유지한다.
  ㉡ 밸브 헤드의 구비조건
    - 유동 저항이 적은 통로를 형성할 것
    - 내구력이 크고 열전도가 잘되어야 한다.
    - 엔진의 출력을 증대시키기 위하여 밸브 헤드의 지름을 크게 하여야 한다.
  ㉢ 흡입 밸브 헤드의 지름은 흡입 효율 및 체적 효율을 증대시키기 위하여 배기 밸브 헤드의 지름보다 크며, 배기 밸브 헤드의 지름은 열손실을 감소시키기 위하여 작다.

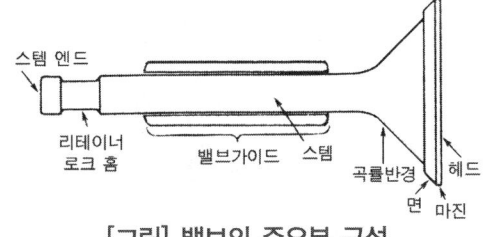

[그림] 밸브의 주요부 구성

② **밸브 마진**
  ㉠ 기밀 유지를 위하여 고온과 충격에 대한 지탱력을 가져야 한다.
  ㉡ 마진의 두께가 보통 1.2mm 정도이며, 0.8mm 이하일 때는 교환한다.
  ㉢ 밸브 마진의 두께로 밸브의 재 사용 여부를 결정한다.

③ **밸브 페이스**
  ㉠ 밸브 시트에 밀착되어 혼합 가스의 누출을 방지하는 기밀 작용을 한다.
  ㉡ 밸브 헤드의 열을 시트에 전달하는 냉각 작용을 한다.
  ㉢ 페이스와 시트의 접촉 폭은 1.5~2.0mm이다.
    - 시트 폭이 넓으면 밸브의 냉각 작용이 양호하나 접촉 압력이 작아 블로바이 현상이 발생한다.
    - 시트 폭이 좁으면 냉각 작용은 불량하나 접촉 압력이 크기 때문에 블로바이가 발생되지 않는다.
  ㉣ 밸브면 각은 30°, 45°, 60°의 3종류이며 흡입 밸브는 30°, 배기 밸브는 45°를 주로 사용한다.
  ㉤ 밸브 헤드의 열은 시트를 통하여 75% 냉각한다.

④ **밸브 스템**
  ㉠ 밸브 스템은 밸브 가이드에 끼워져 밸브의 상하 운동을 유지
  ㉡ 밸브 헤드부의 열은 가이드를 통하여 25%를 냉각한다.

⑤ **밸브 스템 엔드**
  ㉠ 밸브 스템 엔드는 캠이나 로커암과 충격적으로 접촉되는 부분.
  ㉡ 밸브의 열팽창을 고려하여 밸브 간극이 설정된다.

⑥ **밸브 시트**
  ㉠ 밸브 페이스와 접촉되어 연소실의 기밀 작용을 한다.
  ㉡ 연소시에 받는 밸브 헤드의 열을 실린더 헤드에 전달하는 작용을 한다.

ⓒ 밸브 시트의 각은 30°, 45°, 60°이고 시트의 폭은 1.4~2.0mm이다.
ⓔ 밸브 페이스와 밸브 시트 사이에 열팽창을 고려하여 $\frac{1}{4} \sim 1°$ 정도의 간섭각을 두고 있다.

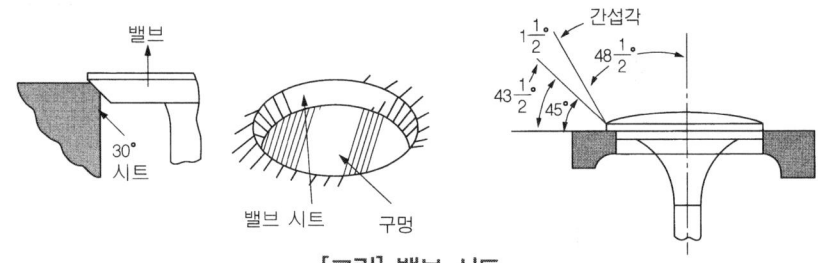

[그림] 밸브 시트

⑦ 밸브 가이드
  ㉠ 밸브가 작동할 때 밸브 스템을 안내하는 역할을 한다.
  ㉡ 간극이 크면 윤활유가 연소실에 유입되고 밸브 페이스와 밸브 시트의 접촉이 불량하여 블로 백 현상이 발생된다.

(5) 밸브 스프링

1) 기능
① 밸브가 캠의 형상에 따라 정확하게 작동하도록 한다.
② 밸브가 닫혀 있는 동안 시트와 페이스를 밀착시켜 기밀을 유지한다.

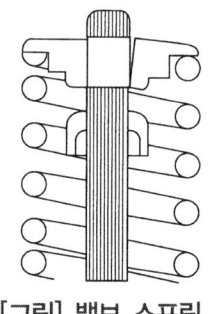

[그림] 밸브 스프링

2) 밸브 스프링의 구비 조건
① 기밀을 유지하도록 충분한 장력이 있을 것.
② 밸브 스프링의 고유 진동인 서징을 일으키지 않을 것.

3) 밸브 스프링 점검 사항
① 자유높이는 표준 값보다 3% 이상 감소하면 교환한다.
② 장착한 상태에서 장력이 규정 값보다 15% 이상 감소하면 교환한다.
③ 직각도는 자유높이 100mm에 대해 3mm 이상 기울어지면 교환한다.
④ 밸브 스프링 접촉면 상태는 2/3 이상 수평이어야 한다.

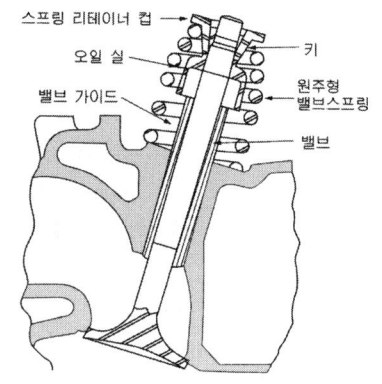

[그림] 밸브스프링 장착도

4) 밸브 스프링의 서징

① 밸브가 캠에 의하여 7,000회 이상 개폐될 때 밸브 스프링의 고유 진동과 같거나 또는 그 정수배가 되었을 때 밸브 스프링은 캠에 의한 강제 진동과 스프링 자체의 고유 진동 이 공진하여 캠에 의한 작동과 관계없이 진동이 발생되는 현상.
② 서징의 방지법
  ㉠ 고유 진동수가 서로 다른 2중 스프링을 사용한다.
  ㉡ 공진을 상쇄시키고 정해진 양정 내에서 충분한 스프링 정수를 얻도록 한다.
  ㉢ 부등 피치의 스프링을 사용한다.
  ㉣ 밸브 스프링의 고유 진동수를 높게 한다.
  ㉤ 부등 피치의 원뿔형 스프링(conical spring)을 사용하여 서징을 방지한다.

5) 밸브 스프링 리테이너 및 리테이너 록 : 밸브 스프링을 밸브 스템에 고정시키는 역할을 한다.

(6) 밸브 회전 기구

1) 목 적

① 밸브 시트에 쌓이는 카본을 밀어내어 퇴적이 되는 것을 방지
② 밸브 페이스와 시트의 밀착을 양호하게 하여 밸브의 마멸을 방지
③ 밸브 스템과 가이드에도 카본이 퇴적되는 것을 방지하여 밸브의 스틱 현상을 방지
④ 편마멸을 방지
⑤ 밸브 헤드의 국부적인 온도 상승을 방지하여 균일하게 유지할 수 있다.

2) 회전 기구의 종류

① 릴리스 형식   ② 포지티브 형식

(7) 밸브 개폐 시기

① 가스의 흐름 관성을 유효하게 이용하기 위하여 흡입 밸브는 상사점 전에 열려 하사점 후에 닫히고, 배기 밸브는 하사점 전에 열려 상사점 후에 닫힌다.
② 상사점 부근에서 흡입 밸브와 배기 밸브가 동시에 열리는 현상이 발생하는 데 이것을 밸브 오버랩(valve over lap)이라 하며 고속 회전하는 엔진일수록 크게 둔다.
③ 밸브 오버랩을 두는 목적은 배기 밸브를 상사점후에 닫히게 하고 흡입 밸브를 상사점 전에 열리도록 하여 잔류 가스를 완전히 배출하고 흡입 관성을 충분히 이용하여 흡입 및 배기 효율을 향상시킨다.

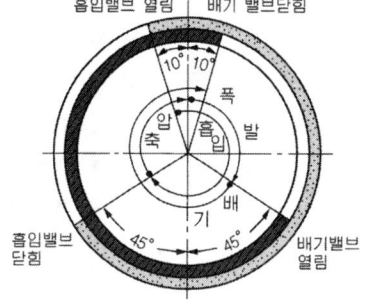

[그림] 밸브 개폐선도

4. 피스톤 및 크랭크축

(1) 피스톤-커넥팅로드 어셈블리

1) 피스톤(piston)

① **피스톤의 구조**

피스톤 헤드, 링 지대(링 홈과 랜드로 구성), 피스톤 스커트, 피스톤 보스로 구성되어 있으며, 어떤 엔진의 피스톤에는 제1번 랜드에 히트 댐(heat dam)을 두고 피스톤 헤드의 높은 열이 스커트로 전달되는 것을 방지한다.

② **피스톤의 구비조건**
  ㉠ 고온·고압에 견딜 것
  ㉡ 열 전도성이 클 것
  ㉢ 열팽창률이 적을 것
  ㉣ 무게가 가벼울 것
  ㉤ 피스톤 상호간의 무게 차이가 적을 것

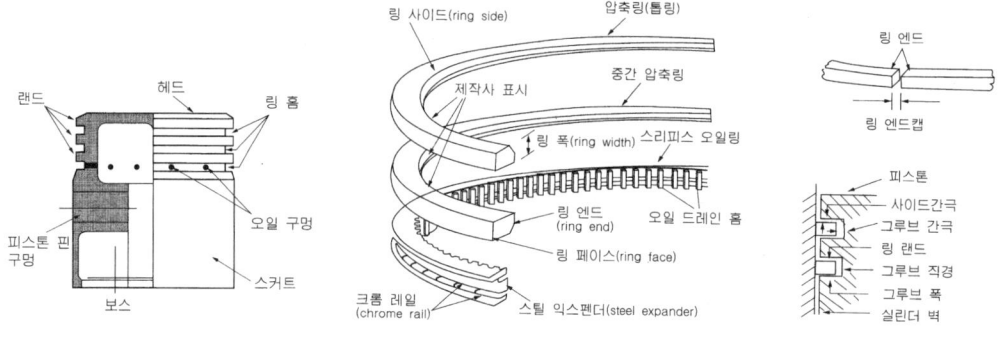

[그림] 피스톤 링의 구조

③ **피스톤의 종류**
  ㉠ **캠 연마 피스톤** : 보스방향을 단경(짧은지름)으로 하는 타원형의 피스톤이다.
  ㉡ **솔리드 피스톤** : 열에 대한 보상 장치가 없는 통(solid)형 피스톤이다.
  ㉢ **스플릿 피스톤** : 측압이 작은 쪽의 스커트 위쪽에 홈을 두어 스커트로 열이 전달되는 것을 제한하는 피스톤이다.
  ㉣ **인바 스트럿 피스톤** : 인바제 스트럿(기둥)을 피스톤과 일체 주조하여 열팽창을 억제시킨 피스톤이다.
  ㉤ **오프셋 피스톤** : 피스톤 핀의 설치위치를 1.5mm 정도 오프셋(off-set)시킨 피스톤이며, 피스톤에 오프셋(off-set)을 둔 목적은 원활한 회전, 진동 방지, 편 마모 방지 등이다.
  ㉥ **슬리퍼 피스톤** : 측압을 받지 않는 부분의 스커트를 절단한 피스톤이다.

④ **피스톤 간극**
　㉠ 냉간시에 열팽창을 고려하여 간극을 둔다.
　㉡ 경합금의 피스톤의 경우 실린더 내경의 0.05%를 피스톤 간극으로 설정한다.
　가. 피스톤 간극이 클 때의 영향
　　　ㄱ. 블로바이 현상이 발생된다.　　ㄴ. 압축 압력이 저하된다.
　　　ㄷ. 엔진의 출력이 저하된다.　　ㄹ. 오일이 희석되거나 카본에 오염된다.
　　　ㅁ. 연료 소비량이 증대된다.　　ㅂ. 피스톤 슬랩 현상이 발생된다.
　나. 피스톤 간극이 적을 때 영향
　　　ㄱ. 실린더 벽에 형성된 오일의 유막이 파괴되어 마찰 및 마멸이 증대된다.
　　　ㄴ. 마찰열에 의해 소결 현상이 발생된다.

2) 피스톤 링

① **피스톤 링의 3가지 작용**
　㉠ 기밀유지(밀봉)작용
　㉡ 오일제어 작용-실린더 벽의 오일 긁어내리기 작용
　㉢ 열전도(냉각)작용

② **피스톤 링의 재질** : 특수 주철을 사용하여 원심 주조방법으로 제작한다. 피스톤 링의 재질은 실린더 벽보다 경도가 다소 작아야 한다.

③ **피스톤 링 점검 사항**
　㉠ 링 이음 부분(절개부분)의 틈새 점검
　㉡ 링 홈 틈새(사이드 간극) 점검
　㉢ 링의 장력 점검

④ **피스톤 링 이음(절개부분) 간극 측정** : 피스톤 링의 이음간극을 측정할 때에는 피스톤 헤드로 피스톤 링을 실린더 내에 수평으로 밀어 넣고 필러(시크니스) 게이지로 측정한다. 이때 마모된 실린더에서는 최소 마모 부분에서 측정하여야 한다.
　㉠ **피스톤 링 이음의 종류** : 버트 이음, 각 이음(앵글 이음), 랩 이음
　㉡ 간극이 크면 블로바이 현상이 발생되고 오일이 연소실에 유입된다.
　㉢ 간극이 작으면 피스톤 링이 파손되고 스틱 현상이 발생된다.

⑤ **피스톤 링의 장력점검**
　㉠ **장력이 너무 작을 때 미치는 영향**
　　- 블로바이 현상으로 인해 엔진의 출력이 저하된다.
　　- 열전도가 불량하여 피스톤의 온도가 상승된다.
　㉡ **장력이 너무 클 때 미치는 영향**
　　- 실린더 벽과 마찰력이 증대되어 마찰 손실이 발생된다.
　　- 실린더 벽의 유막(oil film)이 끊겨 마멸이 증대된다.

3) 피스톤 핀

① **고정식** : 피스톤 핀을 피스톤 보스에 볼트로 고정하는 방식이다.
② **반부동식(요동식)** : 피스톤 핀을 커넥팅로드 소단부로 고정하는 방식이다.
③ **전부동식** : 피스톤 보스, 커넥팅로드 소단부 등 어느 부분에도 고정하지 않는 방식이다.

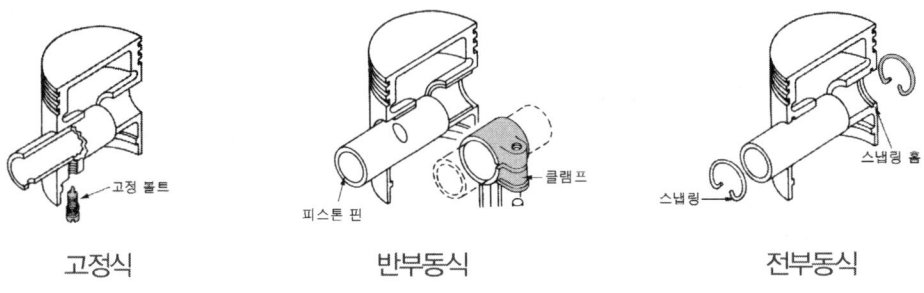

[그림] 피스톤 핀의 고정방법

4) 커넥팅 로드

커넥팅 로드의 길이는 커넥팅 로드 소단부의 중심선과 대단부의 중심선 사이의 거리로 피스톤 행정의 1.5~2.3배 정도이다.

① **커넥팅 로드의 길이가 길 때 미치는 영향**
  ㉠ 측압이 작다.   ㉡ 실린더의 마멸이 적다.
  ㉢ 엔진의 높이가 높아진다. ㉣ 중량이 무겁다.
  ㉤ 강성이 적다.

② **커넥팅 로드의 길이가 짧을 때 미치는 영향**
  ㉠ 강성이 증대된다.   ㉡ 중량이 가볍다.
  ㉢ 엔진의 높이가 낮아진다. ㉣ 고속용 엔진에 적합하다.
  ㉤ 측압이 크다.   ㉥ 실린더의 마멸이 증대된다.

(2) 크랭크축

1) 크랭크축의 구조

실린더 블록 하단부에 설치되는 메인 저널, 커넥팅로드 대단부와 연결되는 크랭크 핀, 메인 저널과 크랭크 핀을 연결하는 크랭크 암, 평형을 잡아주는 평형추 등으로 구성되어 있다.

2) 점화 순서

① **4실린더 기관** : 크랭크 핀의 위상차가 180°이며, 4개의 실린더가 1번씩 폭발

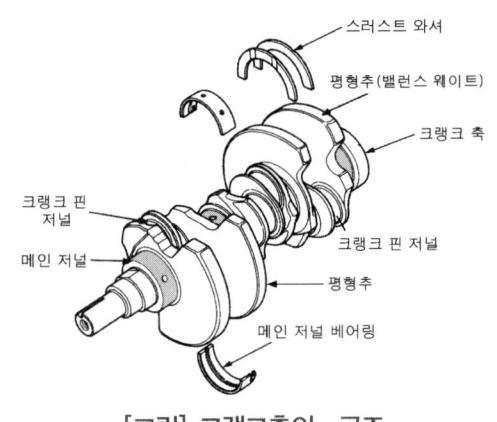

[그림] 크랭크축의 구조

행정을 하면 크랭크축은 2회전하며, 점화 순서는 1-3-4-2와 1-2-4-3이 있다.

② **6실린더 기관** : 크랭크 핀의 위상차는 120°이며, 우수식 크랭크축의 점화순서는 1-5-3-6-2-4, 좌수식 크랭크축은 1-4-2-6-3-5이다. 그리고 6개의 실린더가 1번씩 폭발행정을 하면 크랭크축은 2회전한다.

③ **점화시기 고려사항**
   ㉠ 토크 변동을 적게 하기 위하여 연소가 같은 간격으로 일어나게 한다.
   ㉡ 크랭크 축에 비틀림 진동이 발생되지 않게 한다.
   ㉢ 혼합기가 각 실린더에 균일하게 분배되도록 가스 흐름의 간섭을 피할 것.
   ㉣ 하나의 메인 베어링에 연속해서 하중이 집중되지 않도록 한다.
   ㉤ 인접한 실린더에 연이어 폭발되지 않게 한다.

④ **크랭크 축의 비틀림 진동이 발생되는 원인**
   ㉠ 크랭크 축의 회전력이 클 때 발생된다.
   ㉡ 크랭크 축의 길이가 길수록 진동이 크게 발생된다.
   ㉢ 강성이 작을수록 진동이 크게 발생된다.

3) 크랭크축 정비

① **크랭크축 휨 점검** : 크랭크축의 휨을 측정할 때에는 V블록과 다이얼 게이지를 사용하며, 다이얼 게이지의 최대값 - 최소값의 1/2 즉, 다이얼 게이지 눈금의 1/2이 휨 값이다.

② **크랭크축 저널 마모량 점검**
   ㉠ 외측 마이크로미터를 사용한다.
   ㉡ **저널 언더 사이즈 기준 값** : 0.25mm, 0.50mm, 0.75mm, 1.00mm, 1.25mm, 1.50mm
   ㉢ **저널 수정 값 계산 방법** : 최소 측정 값 - 0.2(진원 절삭 값)를 하여 이 값보다 작으면서 가장 가까운 값을 저널 언더 사이즈 기준 값 중에서 선택한다.

③ **오일간극(윤활간극) 점검** : 크랭크축과 메인 베어링의 오일간극을 점검하는 방법에는 마이크로미터 사용, 심 스톡 방식, 플라스틱 게이지 사용 등이 있으며, 최근에는 플라스틱 게이지를 많이 사용한다.
   ㉠ **크면** : 오일 소비량이 증대되고 유압이 낮아진다.
   ㉡ **작으면** : 마찰 및 마멸이 증대되고 소결 현상이 발생된다.

④ **축방향 움직임(엔드 플레이)점검**
   ㉠ 필러(시크니스) 게이지나 다이얼 게이지로 점검한다.
   ㉡ 축방향의 움직임은 보통 0.3mm가 한계수리치수이다.
   ㉢ 규정값 이상이면 스러스트 베어링(또는 스러스트 플레이트)을 교환한다.

㉣ 축방향에 움직임이 크면 소음이 발생하고 실린더, 피스톤 등에 편 마멸을 일으킨다.

4) 크랭크축 베어링

① **구비조건**
   ㉠ 하중 부담 능력이 있을 것(폭발 압력).
   ㉡ 내피로성일 것(반복 하중).
   ㉢ 이물질을 베어링 자체에 흡수하는 매입성일 것.
   ㉣ 축의 얼라인먼트에 변화될 수 있는 금속적인 추종 유동성일 것.
   ㉤ 산화에 대하여 저항할 수 있는 내식성일 것.
   ㉥ 열전도성이 우수하고 셀에 융착성이 좋을 것.
   ㉦ 고온에서 강도가 저하되지 않는 내마멸성이어야 한다.

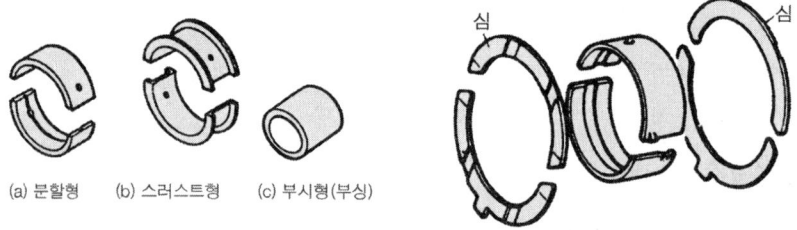

(a) 분할형   (b) 스러스트형   (c) 부시형(부싱)

[그림] 엔진 베어링의 종류

② **베어링의 재질**
   ㉠ **배빗 메탈(화이트 메탈)** : 주석(Sn, 80~90%), 안티몬(Sb, 3~12%), 구리(Cu, 3~7%)인 베어링 합금이다.
      - **장점** : 취급 용이, 매입성, 길들임성이 크며, 값이 싸다.
      - **단점** : 기계적 강도가 적으며, 피로 강도, 열전도율이 불량하다.
   ㉡ **켈밋메탈** : 구리(Cu, 60~70%), 납(Pb, 30~40%)인 베어링 합금이다.
      - **장점** : 열전도성, 반융착성 양호, 고속, 고온, 고하중에 적합
      - **단점** : 매입성, 길들임성, 내식성이 적다.
   ㉢ **트리메탈**
      - 동합금의 셀에 연청동(Zn 10%, Sn 10%, Cu 80%)을 중간층에, 표면에 배빗을 0.02~0.03mm 코팅한 베어링.
      - **특징** : 길들임성, 내식성, 매입성이 양호하고 중간층은 열적, 기계적 강도가 크다.

③ **베어링의 구조**
   ㉠ **베어링 돌기** : 베어링이 축 방향이나 회전 방향으로 움직이지 않도록 한다. 돌기 부분을 동일 방향이 되도록 조립
   ㉡ **오일 홈과 오일 홀** : 마찰 및 마멸을 방지하기 위한 오일 순환 통로

ⓒ **베어링 두께**
- 얇으면 : 내피로성은 향상, 길들임성 및 매입성은 불량.
- 두꺼우면 : 내피로성은 불량, 길들임성 및 매입성은 양호하다.

ⓔ **베어링 크러시** : 베어링 바깥둘레와 하우징 안 둘레와의 차이를 말하며, 베어링이 하우징 안에서 움직이지 않도록 하여 밀착성을 향상하고 열전도성을 향상시킨다.(0.025~0.075mm)
- **크러시가 작으면** : 온도 변화에 의하여 헐겁게 되어 베어링이 유동한다.
- **크러시가 크면** : 조립시 베어링이 안쪽면으로 변형되어 찌그러진다.

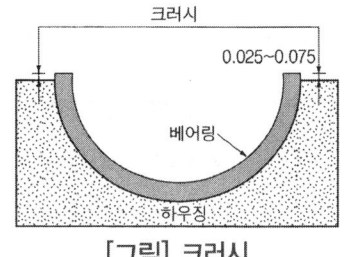

[그림] 크러시

ⓜ **베어링 스프레드** : 베어링 하우징의 지름과 베어링을 끼우지 않았을 때 베어링 바깥지름과의 차이를 말한다.(0.125~0.5mm)
- 조립시 베어링이 캡에서 이탈되는 것을 방지한다.
- 크러시로 인하여 찌그러짐을 방지한다.
- 베어링이 제자리에 밀착되도록 한다.

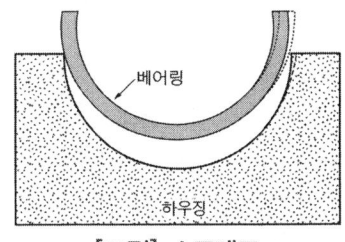

[그림] 스프레드

5) 플라이 휠(fly wheel)

플라이 휠은 관성을 이용한 부품이며, 무게는 기관 회전속도와 실린더 수에 관계한다.

① **플라이 휠의 역할**
㉠ 엔진의 맥동적인 회전을 균일한 회전으로 유지시키는 역할을 한다.
㉡ 플라이 휠의 뒷면에 엔진의 동력을 전달하거나 차단하는 클러치가 설치된다.
㉢ 바깥 둘레에 엔진의 시동을 위하여 기동 전동기의 피니언 기어와 맞물려 회전력을 전달 받는 링 기어가 열박음되어 있다.
㉣ 링 기어는 4실린더 엔진에서는 2곳, 6실린더 엔진은 3곳, 8실린더 엔진은 4곳이 현저하게 마멸된다.

02 연료와 연소

1. 가솔린 기관의 연료와 연소

(1) 가솔린 기관의 연료

가솔린(CnHn)은 탄소(C)와 수소(H)의 화합물이다.

1) 가솔린 연료의 구비조건
① 발열량이 클 것
② 불붙는 온도(인화점)가 적당할 것
③ 인체에 무해할 것
④ 취급이 용이할 것
⑤ 연소 후 탄소 등 유해 화합물을 남기지 말 것
⑥ 온도에 관계없이 유동성이 좋을 것
⑦ 연소 속도가 빠르고 자기 발화온도가 높을 것

2) 옥탄가(Octane number)
① 연료의 내폭성(노크 방지 성능)을 나타내는 수치

$$옥탄가 = \frac{이소옥탄}{이소옥탄 + 정(노멀)헵탄} \times 100 \quad (현재연료: 80 \sim 95)$$

② 옥탄가 80이란 이소옥탄 80%에 노말헵탄 20%의 혼합물인 표준연료와 같은 정도의 내폭성(antiknock property)이 있다.
③ 옥탄가는 앤티 노크성을 나타내는 지표로 수치가 클수록 노킹이 발생되기 어렵다.
④ 옥탄가는 CFR 엔진을 사용하여 측정한다.

(2) 가솔린 기관의 이상연소

1) 노킹(knocking)
주로 연소후기에 말단가스가 부분적으로 자기착화하여 급격히 연소가 진행되어 비정상적인 연소에 의한 급격한 압력상승으로 일어나는 충격소음

2) 노킹(knocking)방지 방법
① 화염의 전파거리를 짧게 하는 연소실 형상을 사용한다.
② 자연 발화온도가 높은 연료를 사용한다.
③ 동일 압축비에서 혼합가스의 온도를 낮추는 연소실 형상을 사용한다.
④ 연소 속도가 빠른 연료를 사용한다.
⑤ 점화시기를 늦춘다.
⑥ 고 옥탄가의 연료를 사용한다.

⑦ 퇴적된 카본을 떼어낸다.
⑧ 혼합가스를 농후하게 한다.

3) 조기 점화(preignition) : 스파크 점화(전기점화) 이전에 열점 등에 의한 점화

2. 디젤 기관의 연료와 연소

(1) 디젤기관의 연료

1) 디젤연료의 구비 조건
① 고형 미립이나 유해 성분이 적을 것.
② 발열량이 클 것.
③ 적당한 점도가 있을 것.
④ 불순물이 섞이지 않을 것.
⑤ 내폭성이 클 것.
⑥ 인화점이 높고 발화점이 낮을 것.
⑦ 내한성이 클 것.
⑧ 온도 변화에 따른 점도의 변화가 적을 것.
⑨ 연소 후 카본 생성이 적을 것.

2) 세탄가
① 세탄가란 디젤기관 연료의 착화성을 나타내는 수치이다.
② 착화성이 좋은 세탄과 착화성이 나쁜 α-메틸나프탈린의 혼합액이다

$$세탄가 = \frac{세탄}{세탄 + \alpha - 메틸나프탈린} \times 100$$

(2) 디젤의 연소과정

1) 착화지연기간(연소준비기간 : A~B기간)
① 분사된 연료의 입자가 공기의 압축열에 의해 증발하여 연소를 일으킬 때까지의 기간.
② 착화 지연 기간은 1/1,000~4/1,000sec정도로 짧다.
③ 착화 지연 기간이 길면 노킹이 발생된다.

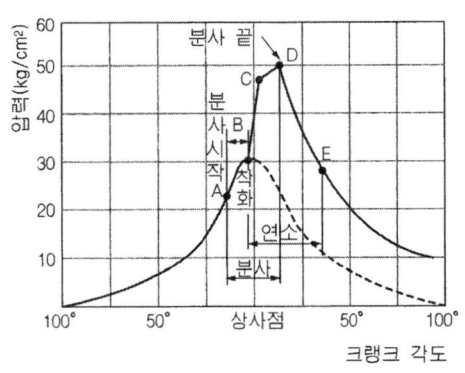

[그림] 디젤 연소과정

2) 화염 전파 기간(정적 연소 기간, 폭발 연소 기간 : B~C기간)
① 분사된 연료의 모두에 화염이 전파되어 동시에 연소되는 기간.
② 폭발적으로 연소하기 때문에 실린더 내의 압력과 온도가 상승한다.

3) 직접 연소 기간(정압 연소기간, 제어 연소 기간 : C~D기간)
① 연료의 분사와 거의 동시에 연소되는 기간.
② 연소의 압력이 가장 높다.
③ 압력 변화는 연료의 분사량을 조절하여 조정할 수 있다.

4) 후기 연소 기간(후 연소 기간 : D~E기간)
① 직접 연소 기간에 연소하지 못한 연료가 연소 팽창하는 기간.
② 후기 연소 기간이 길어지면 배압이 상승하여 열효율이 저하되고 배기의 온도가 상승한다.

(3) 디젤기관의 이상연소

1) 노크(knock)
① 연료가 화염 전파 기간 중에 동시에 폭발적으로 연소하여 압력이 급격히 상승하며 피스톤이 실린더 벽을 타격하여 소음을 발생하는 현상
② 디젤 노크는 연소 초기에 착화 지연 기간이 길기 때문에 발생된다.

2) 노크 방지방법
① 착화성이 좋은(세탄가가 높은)연료를 사용하여 착화지연기간을 짧게 한다.
② 압축비를 높여 압축온도와 압력을 높인다.
③ 분사 개시 때 분사량을 적게 하여 급격한 압력 상승을 억제한다.
④ 흡입 공기에 와류를 준다.
⑤ 분사시기를 알맞게 조정한다.
⑥ 실린더 벽의 온도를 높게 유지한다.
⑦ 흡입 공기의 온도를 높게 유지한다.
⑧ 착화 지연 기간 중에 연료의 분사량을 적게 한다.
⑨ 엔진의 회전 속도를 빠르게 한다.

03 연료 장치 정비

1. 가솔린 연료장치

(1) 연료펌프

1) 연료펌프가 연속적으로 작동될 수 있는 조건

① 크랭킹 할 때(기관 회전속도 15rpm 이상)
② 공전 상태(기관 회전속도 600rpm 이상)
③ 급 가속할 때
④ 연료펌프가 작동되지 않는 경우는 기관작동이 정지되어 있고 점화스위치(ignition switch)만 ON 되어 있을 경우이다.

2) 릴리프 밸브

① 연료압력의 과다 상승을 억제한다.
② 모터의 과부하를 억제한다.
③ 펌프에서 나오는 연료를 다시 탱크로 리턴시킨다.

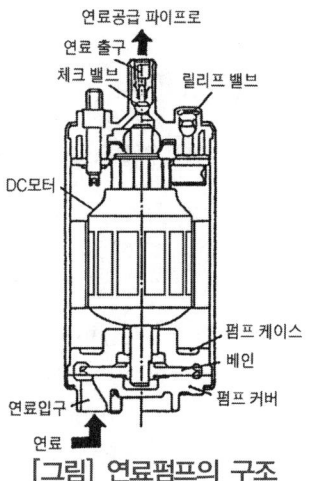

[그림] 연료펌프의 구조

3) 연료펌프에 설치된 체크밸브(Check Valve)의 역할

① 인젝터에 가해지는 연료의 잔압을 유지시켜 베이퍼록 현상을 방지한다.
② 연료의 역류를 방지한다.
③ 기관의 재시동 성능을 향상시킨다.

4) 연료펌프의 구동상태를 점검하는 방법

① 연료펌프 모터의 작동음을 확인한다.
② 연료의 송출여부를 점검한다.
③ 연료압력을 측정한다.

(2) 연료 압력조절기

1) 연료 압력조절기의 작용

① 흡기다기관의 절대압력(진공도)과 연료압력 차이를 항상 일정하게 유지시킨다.
② 흡기다기관의 진공도가 높을 때 연료 압력조절기에 의해 조정되는 파이프라인의 연료압력은 기준압력보다 낮아진다.

2) 연료압력 조절기가 고장일 때 기관에 미치는 영향

① 장시간 정차 후에 기관시동이 잘 안 된다.

② 기관을 짧은 시간 정지시킨 후 재시동이 잘 안 된다.
③ 연료 소비율이 증가하고 CO 및 HC 배출이 증가한다.
④ 연소에 영향을 미친다.

3) 연료 잔압이 저하되는 원인
① 연료 압력조절기에서 누설된다.
② 인젝터에서 누설된다.
③ 연료펌프의 체크밸브가 불량하다.

(3) 인젝터

1) 인젝터의 작용
① 각 실린더 흡입밸브 앞쪽(前方)에 설치되어 있으며, 컴퓨터의 분사신호에 의해 연료를 분사한다. 즉, ECU의 펄스 신호에 의해 연료를 분사한다.
② 연료의 분사량은 인젝터에 작동되는 통전 시간(인젝터의 개방시간)으로 결정된다. 즉, 연료 분사량의 결정에 관계하는 요소는 니들 밸브의 행정, 분사 구멍의 면적, 연료의 압력이다.
③ 연료분사 횟수는 기관의 회전속도에 의해 결정되며, 분사압력은 $2.2 \sim 2.6 kgf/cm^2$이다.

2) 인젝터 분사시간
① 급 가속할 때 순간적으로 분사시간이 길어진다.
② 축전지 전압이 낮으면 무효 분사 시간이 길어진다.
③ 급 감속할 때에는 경우에 따라 연료차단이 된다.
④ 산소 센서 전압이 높으면 분사시간이 짧아진다.
⑤ 인젝터 분사시간 결정에 가장 큰 영향을 주는 센서는 공기유량 센서이다.
⑥ 인젝터에서 연료가 분사되지 않는 이유는 크랭크 각 센서 불량, ECU 불량, 인젝터 불량 등이다.

3) 연료 분사량이 기본 분사량보다 증가되는 경우
① 흡입공기 온도가 20℃ 이하일 때
② 대기압력이 표준 대기 압력(1기압)보다 높을 때
③ 냉각수 온도가 80℃ 이하일 때
④ 축전지의 전압이 기준전압보다 낮을 때

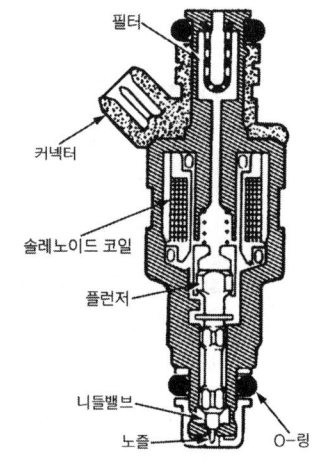

[그림] 연료압력 조절기의 구조

[그림] 인젝터의 구조

2. 디젤 연료장치

(1) 디젤엔진의 연료장치

디젤엔진의 기계식 고압 연료분사장치(직렬형 독립식)에서 연료가 흐르는 경로는 연료 탱크 → 연료공급펌프 → 연료필터 → 고압(분사)펌프 → 분사노즐이다.

1) 연료 탱크 : 주행에 필요한 연료를 저장하고 용량은 1일 소비량을 기준으로 한다.

2) 연료 공급펌프 : 연료를 흡입 · 가압하여 분사펌프로 공급한다.

① 플라이밍 펌프
  ㉠ 엔진이 정지되어 있을 때 수동으로 작동시켜 연료를 공급한다.
  ㉡ 연료 장치 내에 공기 빼기 작업을 할 때 이용한다.
  ㉢ 공기 빼기 순서 : 연료 공급 펌프 → 연료 여과기 → 연료 분사 펌프

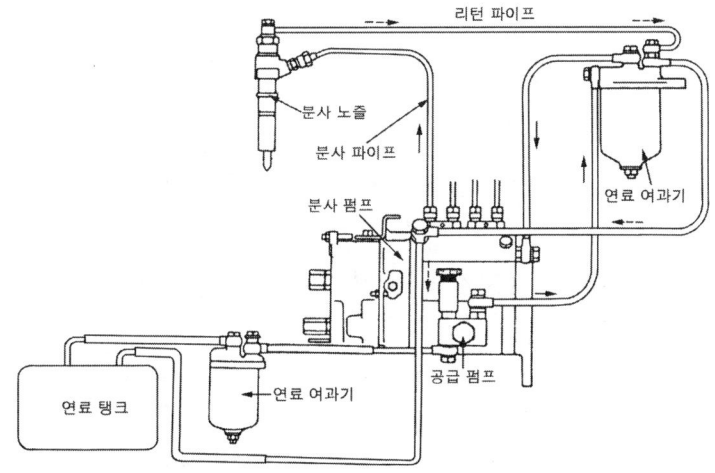

[그림] 디젤 엔진 연료 장치의 구성

3) 연료 여과기

① 연료 속에 포함되어 있는 먼지나 수분 등의 불순물을 여과한다.
② 플런저의 마멸을 방지하고 노즐의 분공이 막히는 것을 방지한다.
③ 성능은 0.01mm 이상의 불순물을 여과할 수 있는 능력이 있어야 한다.

가) 오버플로 밸브의 기능

㉠ 연료 여과기 내의 압력이 규정 이상으로 상승되는 것을 방지한다.
㉡ 연료 여과기에서 분사 펌프까지의 연결부에서 연료가 누출되는 것을 방지한다.
㉢ 엘리먼트에 가해지는 부하를 방지하여 보호 작용을 한다.
㉣ 연료 탱크 내에서 발생된 기포를 자동적으로 배출시키는 작용을 한다.
㉤ 연료의 송출 압력이 규정 이상으로 되어 압송을 중지할 때 소음이 발생되는 것을 방지한다.

4) 연료 파이프 : 내경이 6~10mm 정도의 구리나 강 파이프이다.

5) 분사펌프(인젝션 펌프)의 구조

① **분사펌프 캠 축** : 크랭크축에 의해 구동되며, 연료 공급펌프와 플런저를 작동시킨다. 캠 축의 회전속도는 4행정 사이클 기관은 크랭크축 회전속도의 1/2로, 2행정 사이클 기관은 크랭크축 회전속도와 같다.

② **태핏** : 플런저를 상하 왕복 운동시키는 작용을 한다.

가. 태핏 간극
㉠ 캠에 의해 플런저가 최고 위치까지 올려졌을 때 플런저 헤드와 플런저 배럴 윗면과의 간극
㉡ 태핏 간극은 일반적으로 0.5mm이다.
㉢ 연료의 분사 간격이 일정치 않을 때 태핏 간극을 조정한다.
㉣ 표준 태핏은 태핏 간극 조정 스크루를 이용하여 태핏 간극을 조정한다.

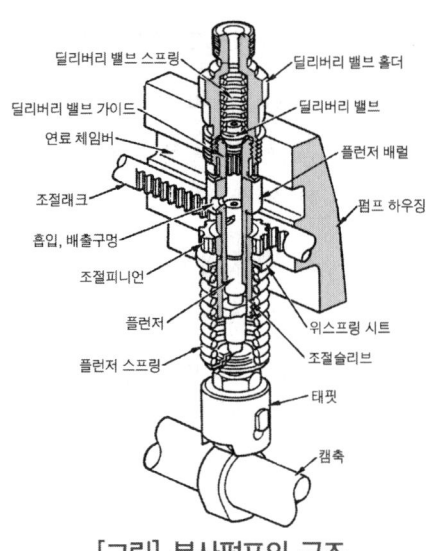

[그림] 분사펌프의 구조

③ **플런저와 배럴(펌프 엘리먼트)** : 플런저 배럴 속을 플런저가 왕복 운동을 하여 연료를 고압으로 압축한다.

㉠ **예행정** : 플런저가 캠에 의해 하사점으로부터 상승하여 플런저 윗면이 플런저 배럴에 설치되어 있는 연료의 공급 구멍을 막을 때까지 이동한 거리로 연료의 압송 개시 전의 준비 기간이다.

㉡ **유효 행정** : 플런저 윗면이 캠 작용에 의해 연료 공급 구멍을 막은 다음부터 바이패스 홈이 연료의 공급 구멍과 일치될 때까지 플런저가 이동한 거리로 연료의 분사량이 변화된다. 유효 행정은 제어 랙에 의해 플런저가 회전한 각도에 의해서 유효 행정이 변화되며, 유효 행정이 크면 연료의 송출량이 많아지고, 유효 행정이 작으면 연료의 송출량(분사량)이 적어진다.

㉢ **플런저 스프링의 기능** : 플런저 스프링은 플런저를 리턴 시키는 역할을 하는 것으로 스프링 장력이 약하면 캠 작용이 완료된 다음 플런저의 리턴이 원활하게 이루어지지 않는다.

㉣ **플런저의 리드**
- **정 리드 플런저** : 분사의 시작은 일정하고 분사의 종료가 변화되는 플런저이다.
- **역 리드 플런저** : 분사의 시작은 변화되고 분사의 종료가 일정한 플런저이다.
- **양 리드 플런저** : 분사의 시작과 분사 종료가 모두 변화되는 플런저이다.

④ **분사량 제어기구**

제어랙 → 제어피니언 → 제어슬리브 → 플런저 순서로 작동되며, 제어 피니언과 슬리브의 관계 위치를 바꾸어 분사량을 조정한다.

㉠ **제어 랙**
- 조속기나 액셀러레이터(가속페달)에 의해서 직선 운동을 제어 피니언에 전달한다.
- 리미트 슬리브 내에 끼워져 연료가 최대 분사량 이상으로 분사되는 것을 방지한다.

㉡ **제어 피니언**
- 제어 슬리브에 클램프 볼트로 고정되어 제어 랙과 맞물려 있다.
- 제어 랙의 직선 운동을 회전 운동으로 변환시켜 제어 슬리브에 전달한다.

㉢ **제어 슬리브**
- 제어 피니언의 회전 운동을 플런저에 전달하는 역할을 한다.
- 플런저의 유효 행정을 변화시켜 연료의 분사량을 조절한다.

⑤ **딜리버리 밸브**

㉠ 분사 파이프를 통하여 분사 노즐에 연료를 공급하는 역할을 한다.
㉡ 분사 종료 후 연료가 역류되는 것을 방지한다.
㉢ 분사 파이프 내의 잔압을 연료 분사 압력의 70~80%정도로 유지한다.
㉣ 분사 노즐의 후적을 방지한다.

⑥ **조속기**

㉠ 엔진의 회전 속도나 부하 변동에 따라 자동적으로 연료의 분사량을 조정한다.
㉡ 최고 회전 속도를 제어하고 저속 운전을 안정시키는 역할을 한다.
- **공기식 조속기(전속도 조속기)** : 엔진의 부하 변동에 따라 흡기 다기관의 진공으로 조절한다.
- **기계식 조속기** : 캠축에 설치된 원심추에 작용하는 원심력의 변화를 제어 랙에 전달하여 연료 분사량을 조절한다.

㉢ 분사량의 불균율
- 각 펌프 엘리먼트에서 송출하는 연료의 양은 제어 랙의 모든 위치에서 동일하여야 한다.
- **전부하 운전에서 분사량의 불균율 허용 범위** : ±3~4%
- **무부하 운전에서 분사량의 불균율 허용 범위** : ±10~15%
- **평균 분사량의 불균율 허용 범위** : ±3%

$$+불균율 = \frac{최대 분사량 - 평균 분사량}{평균 분사량} \times 100$$

$$-\text{불균율} = \frac{\text{평균 분사량} - \text{최소 분사량}}{\text{평균 분사량}} \times 100$$

⑦ **타이머(분사 시기 조정기)** : 엔진의 회전 속도에 따라 연료의 분사시기를 자동적으로 조절한다.

6) 연료 분사 파이프

① 분사 펌프의 딜리버리 밸브 홀더와 분사 노즐에 연결된 고압 파이프
② 길이는 가능한 짧고 동일하여야 한다.

7) 분사 노즐(인젝터) : 분사펌프에서 보내진 고압의 연료를 미세한 안개 모양으로 연소실 내에 분사한다.

① **분사노즐의 구비조건**
  ㉠ 무화(안개화)가 잘되고, 분무의 입자가 작고 균일할 것
  ㉡ 분무가 잘 분산되고, 부하에 따라 필요한 양을 분사할 것
  ㉢ 분사의 시작과 끝이 확실할 것
  ㉣ 고온 · 고압의 가혹한 조건에서 장시간 사용할 수 있을 것
  ㉤ 후적이 일어나지 말 것

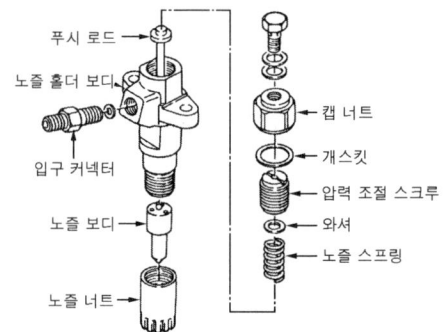

[그림] 분사노즐의 구조

② **연료 분무가 갖추어야 할 조건**
  ㉠ 무화가 좋을 것   ㉡ 관통도가 알맞을 것
  ㉢ 분포가 알맞을 것   ㉣ 분산도가 알맞을 것
  ㉤ 분사율이 알맞을 것

③ **개방형 노즐**
  ㉠ 분공을 계폐시키는 니들 밸브가 없어 항상 분공이 열려 있다.
  ㉡ **장점** : 고장이 적고 구조가 간단하며 가격이 저렴하다.
  ㉢ **단점** : 연료의 무화가 불량하고 후적이 발생된다.

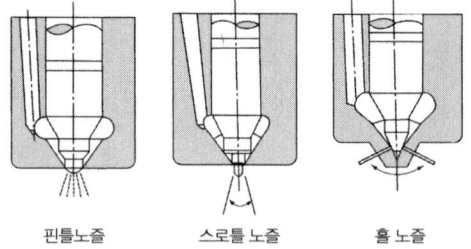

[그림] 밀폐형 노즐의 종류

④ **폐지형 노즐(밀폐형 노즐)**
  ㉠ **구멍형 노즐** : 니들 밸브의 앞 끝이 원뿔
     - 연료의 분사 개시 압력이 150~300kgf/cm^{2}로 직접 분사실식에 사용된다.
     - **종류** : 단공형 노즐과 다공형 노즐

- **장점** : 시동이 쉽고 연료 소비율이 적다.
  분사 개시 압력이 높기 때문에 연료의 무화가 좋다.
ⓒ **핀틀형 노즐** : 니들 밸브의 앞 끝이 원기둥
 - 분사 개시 압력이 80~150kgf/cm²로 예연소실식 및 와류실식에 사용된다.
 - **장점** : 노즐의 구조가 구멍형보다 간단하고 고장이 적다.
   연료의 분사 개시 압력이 비교적 낮고, 무화가 양호하고 분산성이 향상된다.
ⓒ **스로틀형 노즐** : 핀틀형 노즐을 개량한 것
 - 분사 초기에 분사량이 적어 노킹을 방지한다.
 - 분사 개시 압력이 80~150kgf/cm²로 예연소실식 및 와류실식에 사용된다.
ⓔ **분사노즐 시험**
 - 노즐 시험할 때 사용 경유는 그 비중이 0.82~0.84 정도가 좋다.
 - 시험할 때 경유의 온도는 20℃ 전후가 좋다.
 - 핀틀형, 구멍형 노즐은 노즐 시험기로 완전히 측정되나, 스로틀 노즐은 스트로브 스코프(strobo scope)를 병용하면 더욱 정확히 판단할 수 있다.
 - 노즐 시험기의 시험은 분사 각도, 분사 압력, 후적 여부를 시험한다.

(2) 디젤 연료장치의 정비

1) 후적 : 연료의 분사가 완료된 다음 노즐 팁에 연료 방울이 형성되어 연소실에 떨어지는 현상을 말한다. 후적이 발생되면 후기 연소 기간이 길어지기 때문에 배압이 형성되어 엔진의 출력이 저하된다.

2) 헌팅(hunting) : 외력에 의해서 회전수나 회전 속도가 파상적으로 변동되는 현상.

3) 딜리버리 밸브의 유압 시험 : 분사 펌프를 회전시켜 150kgf/cm² 이상으로 압력을 상승시킨 후 회전을 멈추고 제어 랙을 무분사 위치로 하여 딜리버리 밸브 홀더 내의 압력이 10kgf/cm²까지 저하될 때의 소요 시간이 5초 이상이면 정상이다.

4) 분사 개시 압력 조정
① **조정 스크루식** : 스크루를 조이면 압력 스프링이 압축되어 장력이 증대되기 때문에 분사 개시 압력이 높아지고 조정 스크루를 풀면 압력 스프링이 팽창되어 장력이 감소되므로 분사 개시 압력은 낮아진다.
② **시임식** : 노즐 홀더 캡을 빼내고 압력 스프링과 시트 사이에 심을 증가시키거나 감소시켜 연료의 분사 개시 압력을 조정하는 방식이다.

5) 분사 노즐이 과열되는 원인
① 연료의 분사 시기가 틀리다.
② 연료의 분사량이 과다하다.
③ 과부하에서 연속 운전

3. 전자제어 디젤연료 분사장치

엔진의 회전 속도, 흡기 다기관의 압력, 흡입 공기 온도, 냉각수 온도, 대기압, 스로틀 밸브 위치 등을 컴퓨터에 입력시켜 엔진의 운전 상태에 따른 최적의 연료 분사량을 연산하고 액추에이터를 제어하여 엔진의 운전 조건에 가장 적합한 연료가 분사 되도록 한다.

(1) 연료분사 장치의 특징

① 매연이 발생되지 않도록 시동 분사량을 제어한다.
② 운전 성능 및 연료 소비량이 향상된다.
③ 엔진의 동력 손실에 관계없이 안정된 공전 속도를 유지한다.
④ 엔진의 회전 속도가 균일하게 유지되어 정속 운전을 할 수 있다.
⑤ 엔진과 동력 전달장치 연결 시 헌팅 현상을 방지할 수 있다.
⑥ 주행 상태에 따라 자동차와 엔진의 특성이 동조되어 주행 성능이 향상된다.
⑦ 배기가스 일부를 피드백 시켜 유해 배출 가스의 감소를 향상시킨다.

(2) 연료분사 장치의 구성

① **연료 분사 펌프** : 연료를 분사 순서에 따라 분사 노즐에 공급하는 역할을 한다.
② **센서 및 세트 포인트 어저스터** : 흡입 공기 온도, 냉각수 온도, 흡기 다기관의 압력, 연료의 온도, 연료 분사량, 분사 시기 등의 상태를 전기적 신호로 검출한다.
③ **컴퓨터** : 각종 센서에서 입력되는 신호를 연산하여 최적의 연료 분사량 및 분사 시기가 되도록 액추에이터를 제어한다.

(3) 입력센서

1) 컨트롤 랙 센서(CRS)
① 액추에이터에 내장되어 컨트롤 랙의 이동량을 검출한다.
② 운전 조건에 따른 연료 분사량 및 분사 시기 제어용 신호로 이용된다.

2) 흡기 온도 센서(ATS)
① 실린더에 흡입 공기 또는 과급 공기의 온도를 검출한다.
② 공기 온도에 따른 연료 분사량을 보정하는 신호로 이용된다.
③ 매연을 허용 범위 이내로 유지하는 신호로 이용한다.

3) 냉각수 온도 센서(WTS, CTS)
① 엔진의 냉각수 온도를 검출한다.
② 냉각수 온도에 따른 연료 분사량 및 분사시기를 보정하는 신호로 이용한다.
③ 시동시 매연을 허용 범위 이내로 유지하는 신호로 이용된다.

4) 회전 속도 센서(RVS)
① 연료 분사 펌프 캠축의 회전 속도를 검출한다.
② 엔진의 회전 속도에 따른 기본 연료 분사량 및 기본 분사 시기를 결정하는 신호

로 이용한다.

5) 과급 압력 센서(SPS)
① 피에조 저항형 센서로 과급 압력을 검출한다.
② 과급기의 작동을 제어하는 신호로 이용한다.

6) 차속 센서(VSS)
① 속도계에 내장되어 자동차의 주행 속도를 검출한다.
② 공전 속도를 유지할 수 있도록 연료 분사량 제어 신호로 이용된다.

7) 액셀러레이터 위치 센서(APS)
① 액셀러레이터 페달을 밟는 정도를 검출한다.
② 흡입 공기량에 따른 기본 연료 분사량 및 기본 분사 시기를 결정하는 신호로 이용된다.

8) 흡기다기관 압력 센서(MPS)
① 흡기 다기관의 압력을 검출한다.
② 흡입 공기량에 따른 연료 분사량 및 분사 시기의 보정 신호로 이용된다.
③ 과급기를 제어하는 신호로 이용된다.

9) 기동 전동기 ST 신호
① 시동시 기동 전동기에 공급되는 전원을 검출한다.
② 시동시 연료 분사량 및 분사 시기를 보정하는 신호로 이용된다.

10) 타이머 위치 센서
① 타이밍 제어 밸브 코일에 흐르는 전류의 펄스 파형을 전기적 신호로 타이머의 위치를 검출한다.
② 엔진의 운전 상태에 따른 분사 시기를 검출하는 신호로 이용된다.

11) 에어컨 스위치
① 에어컨 콤프레서의 ON, OFF 상태를 검출한다.
② 공전 속도를 부하에 알맞도록 연료 분사량을 제어하는 신호로 이용된다.

12) 대기압 센서(BPS)
① 자동차의 고도를 검출한다.
② 연료분사량 및 분사시기를 제어하는 신호로 이용된다.
③ 고지대에서 희박한 산소에 알맞은 연료의 분사량 및 분사 시기를 제어하는 신호로 이용된다.

(4) 액추에이터
① 연료 분사 펌프에 2개가 설치되어 있다.
② 액추에이터는 컴퓨터의 제어 신호에 의해 작동된다.

③ 컨트롤 랙 액추에이터 : 플런저의 유효 행정을 변화시켜 연료 분사량을 제어한다.
④ 컨트롤 슬리브 액추에이터 : 플런저 배럴 내에 추가로 설치된 컨트롤 슬리브 또는 타이머를 작동시켜 연료 분사 시기를 제어한다.

(5) 컴퓨터의 제어

1) 흡기 다기관의 압력 제어
① 정상 운전 상태에서 엔진의 회전 속도와 연료 분사량을 근거로 흡기 다기관의 압력 특성이 ROM에 입력되어 있다.
② 엔진이 작동할 때 대기압, 흡기 온도, 냉각수 온도에 따라 보정한다.
③ ROM의 흡기 다기관 압력 특성값과 보정된 실제 흡기 다기관 압력 특성값을 비교한다.
④ 스로틀 밸브를 작동시켜 흡기 다기관의 압력을 제어한다.

2) 시동 분사량 제어
① 액셀러레이터 페달 위치에 관계 없이 원활한 시동이 이루어지도록 한다.
② 엔진의 회전 속도와 냉각수 온도를 기초로 규정의 연료 분사량을 결정한다.
③ 엔진의 회전 속도와 연료의 온도에 따라 분사 펌프의 액추에이터를 작동시켜 연료 분사량을 보정한다.

3) 정속 운전 제어
① 엔진의 회전 속도를 균일하게 유지하기 위해 특정 실린더의 분사량을 선택적으로 제어 한다.
② 실제 발생되는 회전력의 특성과 ROM의 회전력 특성을 비교한다.
③ 액추에이터를 작동시켜 매 분사 시 마다 컨트롤 랙 위치를 변경시켜 연료 분사량을 제어한다.
④ 정속 운전 제어는 엔진의 공전 속도에서부터 일정 속도까지 한정되어 있다.

4) 공전 속도 제어
① ISC와 분사 펌프의 액추에이터를 작동시켜 부하에 알맞은 연료 분사량을 제어하여 부 하에 관계없이 엔진의 안정된 공전 속도를 유지시킨다.
② 에어컨 스위치를 ON시켰을 때 엔진 회전 속도를 상승시킨다.
③ 파워 스티어링 오일펌프 스위치가 ON 되었을 때 엔진의 회전수를 상승시킨다.
④ 전기 부하가 가해지면 엔진의 회전수를 상승시킨다.
⑤ 자동 변속기의 시프트 레버를 N 레인지에서 D 레인지로 변환시키면 엔진의 회전수를 상승시킨다.

5) 전부하 분사량 제어
① ROM의 전부하 운전 특성과 실제 전부하 운전 특성을 비교한다.
② 컨트롤 래크 액추에이터를 작동시켜 연료 분사량 및 분사 시기를 제어한다.

6) 연료 분사량 제어
① 흡기 다기관 압력 센서 및 회전 속도 센서 신호를 기준으로 기본 연료 분사량을 결정한다.
② 엔진 작동시 액셀러레이터 위치 센서, 차속 센서, 대기압 센서, 흡기 온도 센서, 냉각수 온도 센서 신호를 기준으로 보정량을 결정한다.
③ 실제 작동에 필요한 최적의 연료 분사량이 얻어지도록 액추에이터를 제어한다.

7) 연료 분사 시기 제어
① **독립형 분사 펌프** : 컨트롤 슬리브 액추에이터가 컨트롤 슬리브를 상하로 이동하여 스틸 포트의 개폐시기를 변화시켜 연료 분사시기를 제어한다.
② **분배형 분사 펌프** : 분사시기 액추에이터가 타이머 제어 밸브를 ON, OFF 시켜 분사시기를 제어한다.

8) 서지 댐핑 제어
① 엔진의 헌팅 초기에 연료 분사량을 보정하여 부하 변동시 발생되는 헌팅을 방지한다.
② 자동차의 맥동적인 움직임을 엔진의 회전 속도로 분석하여 연료 분사량을 헌팅 초기에 보정하여 진동을 흡수한다.

9) 정속 주행 제어
① 정속 주행 스위치를 ON 시켰을 때 액추에이터를 작동시켜 연료 분사량을 제어한다.
② 자동차의 주행 속도를 일정하게 유지되도록 한다.

10) 배기가스 재순환 제어
① 엔진의 회전 속도 특성과 부하 특성을 기본으로 실제의 특성과 비교한다.
② 부하 변동이 급격히 진행될 때 동적 사전 제어 특성도를 기준으로 연료의 분사량을 보정 하여 매연의 발생을 최소화 한다.
③ 배기가스 일부를 바이 패스시켜 NOx의 생성을 감소시킨다.

11) 자기 진단
고장 코드를 기억 후 자기 진단 출력 단자와 계기 패널의 엔진 경고 등에 보내어 경고 램프를 점등시킨다.

04 윤활 및 냉각장치 정비

1. 윤활장치

[윤활의 목적]
① 각 운동 부분의 마찰을 감소시킨다.
② 마찰 손실을 최소화 하여 기계효율을 향상시킨다.
  ㉠ **고체 마찰(건조 마찰)** : 상대하여 운동하는 고체 사이에 발생되는 마찰.
  ㉡ **경계 마찰** : 얇은 유막으로 씌워진 두 물체 사이에서 발생되는 마찰.
  ㉢ **유체 마찰(점성 마찰)** : 2개의 고체 사이에 충분한 오일량이 존재할 때 오일층 사이의 점성에 기인하는 마찰.

(1) 윤활유

1) 윤활유의 분류

① SAE 분류(점도에 따른 분류)
  ㉠ **봄, 가을철용 오일** : SAE 30을 사용한다.
  ㉡ **여름철용 오일** : SAE 40을 사용한다.
  ㉢ **겨울철용 오일** : SAE 20을 사용한다.
  ㉣ **다급용 오일** : 한냉시 엔진의 시동이 쉽도록 점도가 낮고 여름철에는 유막을 유지할 수 있는 능력이 있다. 가솔린 기관은 10W-30, 디젤 기관은 20W-40을 사용한다.

② API 분류(기관 운전 상태의 가혹도에 따른 분류)
  ㉠ 가솔린 기관용 오일

용 도	운 전 조 건
ML(Motor Light)	가장 좋은 운전 조건에서 사용한다.
MM(Motor Moderate)	중간 운전 조전에서 사용한다.
MS(Motor Severe)	가장 가혹한 운전 조건에서 사용한다.

  ㉡ 디젤 기관용 오일

용 도	운 전 조 건
DG(Diesel General)	가장 좋은 운전 조건에서 사용한다.
DM(Diesel Moderate)	중간 운전 조전에서 사용한다.
DS(Diesel Severe)	가장 가혹한 운전 조건에서 사용한다.

③ SAE 신분류(엔진오일의 품질과 성능에 따른 분류)
  ㉠ **가솔린 기관용** : SA, SB, SC, … SJ 등
  ㉡ **디젤 기관용 오일** : CA, CB, CC, … CF 등

2) 윤활유의 작용

① **감마 작용** : 강인한 유막을 형성하여 마찰 및 마멸을 방지하는 작용
② **밀봉 작용** : 고온 고압의 가스가 누출되는 것을 방지하는 작용
③ **냉각 작용** : 마찰열을 흡수하여 방열하고 소결을 방지하는 작용
④ **세척 작용** : 먼지와 연소 생성물의 카본, 금속 분말 등을 흡수하는 작용
⑤ **응력 분산 작용** : 국부적인 압력을 오일 전체에 분산시켜 평균화시키는 작용
⑥ **방청 작용** : 수분 및 부식성 가스가 침투하는 것을 방지하는 작용

3) 윤활유가 갖추어야 할 조건

① 점도가 적당할 것
② 청정력이 클 것
③ 열과 산에 대하여 안정성이 있을 것
④ 기포의 발생에 대한 저항력이 있을 것
⑤ 카본 생성이 적을 것
⑥ 응고점이 낮을 것
⑦ 비중이 적당할 것
⑧ 인화점 및 발화점이 높을 것

4) 윤활유 공급 방법

비산식, 전압송식, 비산 압송식 등이 있으며, 현재 사용하고 있는 비산압송식의 특징은 다음과 같다.
① 크랭크 케이스(오일 팬) 내에 윤활유 양을 적게 하여도 된다.
② 베어링 면의 유압이 높으므로 항상 급유가 가능하다.
③ 각 주유 부분의 급유를 고루할 수 있다.
④ 배유관 고장이나 기름 통로가 막히면 오일 공급이 불가능해 진다.

(2) 윤활장치의 구성부품

1) 오일 팬(크랭크 케이스) : 윤활유가 담겨지는 용기이다.

2) 펌프 스트레이너 : 오일 팬 내의 윤활유를 흡입하는 여과망으로 1차 여과작용을 하며, 오일 펌프로 오일을 유도한다.

3) 오일 펌프 : 종류에는 기어펌프, 플런저 펌프, 베인 펌프, 로터리 펌프 등이 있다.

① **기어 펌프**

㉠ 외접 기어 펌프
㉡ 내접 기어 펌프
  - 기어가 안쪽에서 맞물려 서로 동일한 방향으로 회전하는 기어 펌프
  - 크랭크 축에 의해서 직접 구동된다.

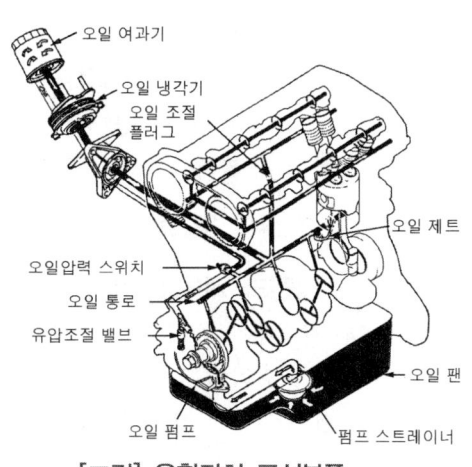

[그림] 윤활장치 구성부품

② 로터리 펌프
  ㉠ 돌기가 4개인 인너 로터와 5개의 홈이 설치된 아웃 로터로 구성되어 있다.
  ㉡ 로터가 편심으로 설치되어 회전할 때 체적의 변화에 의해 오일을 공급한다.
③ 베인 펌프
  ㉠ 둥근 하우징에 편심으로 설치된 로터와 날개에 의해서 오일을 공급한다.
  ㉡ 로터가 회전하면 체적의 변화에 의해서 오일을 송출한다.
④ 플런저 펌프
  ㉠ 보디 내에 플런저, 플런저 스프링, 체크 볼 등으로 구성되어 있다.
  ㉡ 캠축의 편심캠에 의해서 작동되어 맥동적으로 오일을 공급한다.

4) 오일 여과기
여과 방식에는 전류식, 분류식, 샨트식 등이 있다.
① 오일 속에 금속 분말, 연소 생성물, 수분, 등의 불순물을 여과한다.
② 오일의 송출 라인에 설치되어 항상 깨끗한 오일을 공급한다.

5) 유압 조절밸브
① 릴리프 밸브(유압조절밸브)
  ㉠ 윤활 회로 내의 유압이 과도하게 상승되는 것을 방지한다.
  ㉡ 유압이 플런저 스프링의 장력보다 높아지면 오일을 바이 패스시켜 유압을 조절한다.
    - 조정 스크루를 조이면 유압이 높아진다.
    - 조정 스크루를 풀면 유압이 낮아진다.
② 바이패스 밸브 : 유압이 규정보다 높아지거나 엘리먼트가 막혔을 경우 흡입쪽의 유압에 의해 바이패스 밸브가 열려 여과되지 않은 오일이 공급된다.

6) 유압계
① 유압계
  ㉠ 오일 펌프에서 윤활 회로에 공급되는 유압을 표시한다.
  ㉡ 보통 고속시에는 $6 \sim 8 \text{kg/cm}^2$ 정도이고 저속시에는 $3 \sim 4 \text{kg/cm}^2$ 정도이다.
  ㉢ 종류 : 부어든 튜브식, 밸런싱 코일식, 바이메탈 서미스터식
② 유압 경고등 : 윤활 계통에 고장이 있으면 점등되는 방식이다.

7) 크랭크 케이스 환기장치
① 자연 환기식과 강제 환기식이 있다.
② 오일의 열화를 방지한다.
③ 대기의 오염 방지와 관계한다.

(3) 윤활장치의 진단과 정비

1) 기관 오일점검 방법
① 기관을 수평상태에서 한다.
② 오일량을 점검할 때는 시동을 끈 상태에서 한다.
③ 계절 및 기관에 알맞은 오일을 사용한다.
④ 오일은 정기적으로 점검, 교환한다.

2) 오일 계통에 유압이 높아지거나 낮아지는 원인

① **유압이 높아지는 원인**
　㉠ 유압 조절 밸브가 고착 되었을 때
　㉡ 유압 조절 밸브 스프링의 장력이 클 때
　㉢ 오일의 점도가 높거나 회로가 막혔을 때
　㉣ 각 마찰부의 베어링 간극이 적을 때

② **유압이 낮아지는 원인**
　㉠ 오일이 희석되어 점도가 낮을 때
　㉡ 유압 조절 밸브의 접촉이 불량할 때
　㉢ 유압 조절 밸브 스프링의 장력이 작을 때
　㉣ 오일 통로에 공기가 유입 되었을 때
　㉤ 오일 펌프 설치 볼트의 조임이 불량할 때
　㉥ 오일 펌프의 마멸이 과대할 때
　㉦ 오일 통로의 파손 및 오일의 누출될 때
　㉧ 오일 팬 내의 오일이 부족할 때

3) 오일의 소비가 증대되는 원인

① **오일이 연소되는 원인**
　㉠ 오일 팬 내의 오일이 규정량 보다 높을 때
　㉡ 오일의 열화 또는 점도가 불량할 때
　㉢ 피스톤과 실린더와의 간극이 과대할 때
　㉣ 피스톤 링의 장력이 불량할 때
　㉤ 밸브 스템과 가이드 사이의 간극이 과대할 때
　㉥ 밸브 가이드 오일 실이 불량할 때

② **오일이 누설되는 원인**
　㉠ 리어 크랭크 축 오일 실이 파손 되었을 때
　㉡ 프론트 크랭크 축 오일 실이 파손 되었을 때
　㉢ 오일 펌프 가스킷이 파손 되었을 때
　㉣ 로커암 커버 가스킷이 파손 되었을 때

         ⑩ 오일 팬의 균열에 의해서 누출될 때
         ㉥ 오일 여과기의 오일 실이 파손 되었을 때

2. 냉각장치

   (1) 개요 : 부품의 과열 및 손상을 방지한다.

   1) 냉각 방식

   ① **공냉식(Air Cooling type)**
      ㉠ **자연 통풍식** : 주행할 때 받는 공기로 냉각하는 방식이다.
      ㉡ **강제 통풍식** : 냉각 팬과 시라우드(덮개)를 설치하고 많은 양의 냉각된 공기로 냉각시키는 방식이다.

   ② **수냉식(Water Cooling type)**
      ㉠ **자연 순환식** : 물의 대류 작용을 이용한 것으로 고성능 기관에는 부적합하다.
      ㉡ **강제 순환식** : 냉각수를 물 펌프를 이용하여 물 재킷 내를 순환시키는 방식이다.
      ㉢ **압력 순환식** : 냉각계통을 밀폐시키고, 냉각수가 가열·팽창할 때의 압력이 냉각수에 압력을 가하여 비등점을 높여 비등에 의한 손실을 줄일 수 있는 방식이다.
         - 라디에이터를 소형으로 할 수 있다.
         - 엔진의 열효율이 양호하다.
         - 냉각수의 보충의 횟수를 줄일 수 있다.
      ㉣ **밀봉 압력식** : 냉각수 팽창 압력과 동일한 크기의 보조 물탱크를 두고 냉각수가 팽창할 때 외부로 유출되지 않도록 하는 방식이다.
         - 냉각수가 가열되어 팽창하면 보조 탱크로 보낸다.
         - 냉각수의 온도가 저하되면 보조 탱크의 냉각수가 라디에이터로 유입된다.

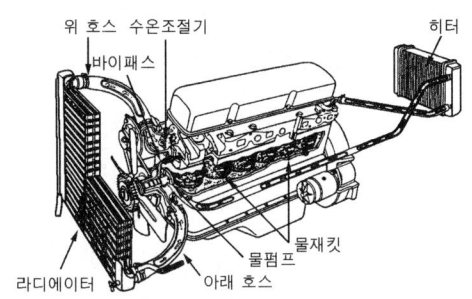

[그림] 수냉식의 주요구조

   (2) 냉각장치의 구성부품

   1) 물 재킷 : 실린더 헤드와 블록에 마련된 냉각수 통로

   2) 물 펌프 : 실린더 헤드와 블록의 물 재킷 내에 냉각수를 순환시키는 원심력 펌프

3) **냉각 팬** : 라디에이터를 통해 공기를 흡입하여 라디에이터의 냉각 효과를 향상시킨다. 최근에는 팬 클러치(fan clutch)를 사용하며, 종류에는 유체 커플링식과 전동식이 있다.

① **유체 커플링식** : 저속에서는 냉각 팬이 물 펌프 축과 같은 회전속도로 작동을 하지만, 고속에서는 냉각 팬의 회전저항이 증가하므로 유체 커플링이 미끄러져 냉각 팬의 회전속도가 물 펌프 축의 회전속도보다 낮아지는 형식이다.

② **전동식** : 라디에이터에 수온 센서를 두고 온도를 감지하여 냉각수 온도가 약 90℃정도 되면 전동기를 구동하여 냉각 팬을 작동시키는 방식이며, 특징은 다음과 같다.
  ㉠ 서행 또는 정차할 때 냉각 성능이 향상된다.
  ㉡ 정상온도 도달 시간이 단축된다.
  ㉢ 작동온도가 항상 균일하게 유지된다.

4) **구동벨트(팬벨트)**
  ① 크랭크 축의 동력을 받아 발전기와 물 펌프를 구동시키며, 접촉면이 40°인 V벨트로 되어 있다.
  ② 벨트의 장력은 10kgf의 힘으로 눌러 13~20mm 정도의 헐거움이 있어야 한다.
    ㉠ **장력이 크면** : 발전기와 물 펌프 베어링이 손상된다.
    ㉡ **장력이 작으면** : 엔진이 과열되고 축전지의 충전이 불량하게 된다.

5) **라디에이터(방열기)**

  ① **라디에이터 구비조건**
    ㉠ 단위 면적 당 방열량이 클 것
    ㉡ 공기의 흐름저항이 작을 것
    ㉢ 냉각수의 유통이 용이할 것
    ㉣ 가볍고 적으며 강도가 클 것

  ② **라디에이터 코어** : 냉각 효과를 향상시키는 냉각 핀과 냉각수가 흐르는 튜브로 구성되어 있다.

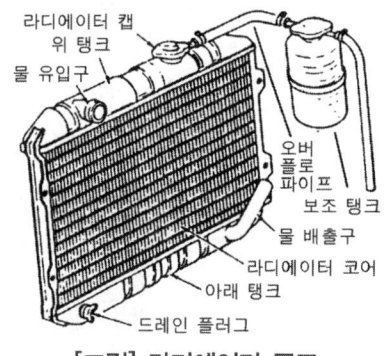

[그림] 라디에이터 구조

  ③ **라디에이터 캡**
    ㉠ 냉각 계통을 밀폐시켜 내부의 온도 및 압력을 조정한다.
    ㉡ 냉각장치 내의 압력을 0.2~1.05kg/cm^2 정도로 유지하여 비점을 112℃로 상승시킨다.
    ㉢ **압력밸브** : 냉각장치 내의 압력이 규정 값 이상이 되면 압력 밸브가 열려 과잉압력을 배출하여 압력이 규정 이상으로 상승되는 것을 방지한다.
    ㉣ **부압(진공)밸브** : 냉각수가 냉각되어 냉각장치 내의 압력이 부압이 되면 열려 라디에이터 코어의 파손을 방지한다.

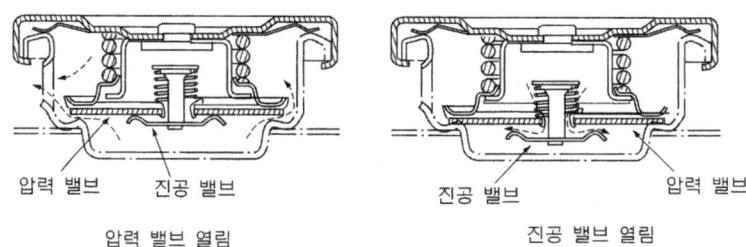

[그림] 라디에이터 압력식 캡

④ 라디에이터 세척 방법
  ㉠ **라디에이터 내부 세척** : 라디에이터 출구 파이프에 플러시 건을 설치하여 물을 채운 후, 플러시 건의 공기 밸브를 열고 압축 공기를 조금씩 보내어 배출되는 물이 맑아질 때까지 세척작업을 반복한다.
  ㉡ **라디에이터 핀 세척** : 라디에이터 핀을 압축공기로 청소할 때에는 기관 쪽에서 불어낸다.
  ㉢ 라디에이터의 코어 막힘이 20% 이상이면 교환한다.

6) 시라우드
  ① 라디에이터와 냉각 팬을 감싸고 있는 판.
  ② 공기의 흐름을 도와 냉각 효과를 증대시킨다.
  ③ 배기 다기관의 과열을 방지한다.

7) 수온 조절기(thermostat)
  • 실린더 헤드 냉각수 통로에 설치되어 냉각수의 온도를 알맞게 조절한다.
  • 75~83℃에서 서서히 열리기 시작하여 95℃가 되면 완전히 열린다.
  • 현재는 펠릿형을 주로 사용한다.

① 벨로즈형 수온 조절기
  ㉠ 황동의 벨로즈 내에 휘발성이 큰 에텔이나 알코올이 봉입되어 있다.
  ㉡ 냉각수 온도에 의해서 벨로즈가 팽창 및 수축하여 냉각수 통로가 개폐된다.

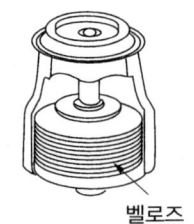

[그림] 벨로즈 형

② 펠릿형 수온 조절기
  ㉠ 실린더에 왁스와 합성 고무가 봉입되어 있다.
  ㉡ 냉각수의 온도가 상승하면 고체 상태의 왁스가 액체로 변화되어 밸브가 열린다.
  ㉢ 냉각수의 온도가 낮으면 액체 상태의 왁스가 고체로 변화되어 밸브가 닫힌다.

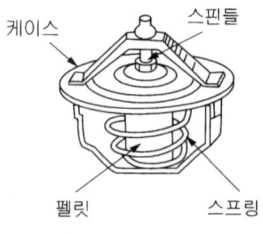

[그림] 펠릿형

8) 수온계
실린더 헤드의 냉각수 온도를 나타낸다.

(3) 부동액

1) 부동액의 역할
① 냉각수의 응고점을 낮추어 엔진의 동파를 방지한다.
② 냉각수의 비등점을 높여 엔진의 과열을 방지한다.
③ 엔진 내부의 부식을 방지한다.
④ **세미 퍼머넌트 부동액(반영구부동액)** : 글리세린 및 메탄올
⑤ **퍼머넌트 부동액(영구부동액)** : 에틸렌글리콜

2) 부동액의 구비 조건
① 침전물이 발생되지 않을 것. ② 냉각수와 혼합이 잘 될 것.
③ 내식성이 크고 팽창 계수가 작을 것. ④ 비점이 높고 응고점이 낮을 것.
⑤ 휘발성이 없고 유동성이 좋을 것.

3) 부동액의 종류

① **냉각수**
　㉠ **연수** : 순도가 높은 증류수, 수도물, 빗물 등의 연수를 사용한다.
　㉡ **경수**
　　- 산이나 염분이 포함되어 있다.
　　- 금속을 산화, 부식시키고 냉각수 통로에 스케일이 발생된다.

② **부동액**
　가. 에틸렌글리콜
　　㉠ 무취의 불연성 액체로 비등점이 197.2℃이고 응고점이 −50℃이다.
　　㉡ 냉각수를 보충할 때 냉각수만 보충한다.
　　㉢ 물에 잘 용해되는 성질이 있으며, 금속을 부식하고 팽창 계수가 크다.
　　㉣ 방청제를 혼합하여 사용하여야 한다.
　　㉤ 엔진 내부에서 누출되면 침전물이 생기고 쉽게 교착된다.

　나. 글리세린
　　㉠ 비중이 크기 때문에 물과 혼합할 때 잘 저어야 한다.
　　㉡ 산이 포함되면 금속을 부식시킨다.
　　㉢ 냉각수를 보충할 때는 혼합액을 보충하여야 한다.

　다. 메탄올
　　㉠ 가연성으로 메틸알코올이라고도 하며, 무색, 무취의 용액이다.
　　㉡ 비점이 낮아 증발되기 쉬운 단점이 있다.
　　㉢ 냉각수를 보충할 때는 혼합액을 보충하여야 한다.

③ **부동액 넣기**
  ㉠ 부동액 원액과 연수를 혼합한다.
  ㉡ 냉각수를 완전히 배출하고, 냉각계통을 잘 세척한다.
  ㉢ 라디에이터, 호스, 호스 클램프, 물 펌프, 드레인 코크 등의 헐거움이나 누설 등을 점검한다.
  ㉣ 냉각수를 보충할 때 퍼머넌트(영구 부동액, 에틸렌글리콜)형은 물만, 세미 퍼머넌트형(반영구 부동액)은 최초에 주입한 농도의 부동액과 함께 넣는다.

④ **부동액의 세기 측정방법** : 부동액의 세기는 비중계로 측정하며, 혼합 비율은 그 지방 최저온도보다 5~10℃ 정도 더 낮은 기준으로 한다.

(4) 냉각장치의 정비

1) 수랭식 기관의 과열 원인
① 냉각수가 부족하다.
② 수온 조절기의 작동이 불량하다.
③ 수온 조절기가 닫힌 상태로 고장이 났다.
④ 라디에이터 코어가 20% 이상 막혔다.
⑤ 팬벨트의 마모 또는 이완되었다.(벨트의 장력이 부족하다.)
⑥ 물 펌프의 작동이 불량하다.
⑦ 냉각수 통로가 막혔다.
⑧ 냉각장치 내부에 물때가 쌓였다.

2) 엔진의 과열 및 과냉이 기관에 미치는 영향
① **엔진이 과열 되었을 때 미치는 영향**
  ㉠ 열팽창으로 인하여 부품이 변형된다.
  ㉡ 오일의 점도 변화에 의하여 유막이 파괴된다.
  ㉢ 오일이 연소되어 오일 소비량이 증대된다.
  ㉣ 조기 점화가 발생되어 엔진의 출력이 저하된다.
  ㉤ 부품의 마찰 부분이 소결(stick) 된다.
  ㉥ 연소 상태가 불량하여 노킹이 발생된다.

② **엔진이 과냉 되었을 때 미치는 영향**
  ㉠ 유막의 형성이 불량하여 블로바이 현상이 발생된다.
  ㉡ 블로바이 현상으로 인하여 압축압력이 저하된다.
  ㉢ 압축 압력의 저하로 인하여 엔진의 출력이 저하된다.
  ㉣ 엔진의 출력이 저하되므로 연료 소비량이 증대된다.
  ㉤ 블로바이 가스에 의하여 오일이 희석된다.
  ㉥ 오일의 희석에 의하여 점도가 낮아지므로 베어링부가 마멸된다.

③ 라디에이터 내에 오일이 떠 있는 원인
  ㉠ 헤드 개스킷이 파손된 경우
  ㉡ 헤드 볼트가 풀린 경우
  ㉢ 오일 냉각기에서 오일이 누출된 경우

05 흡기 및 배기 장치

1. 흡기 및 배기장치

(1) 흡기장치(공기청정기, 에어클리너): 건식 에어 클리너, 습식 에어 클리너

1) 기 능
① 실린더에 흡입되는 공기 중에 함유되어 있는 불순물을 여과한다.
② 공기가 실린더에 흡입될 때 발생되는 소음을 방지한다.
③ 역화 시에 불길을 저지하는 역할을 한다.

2) 서지 탱크(컬렉터 탱크)
① 스로틀 보디와 흡기 다기관 사이에 설치되어 있다.
② 공기의 흡입이 맥동적으로 이루어지는 것을 방지한다.
③ 에어 플로 미터의 작동이 원활하게 이루어지도록 한다.
④ 실린더에 공기의 유입에 의한 흡기 간섭을 방지한다.

3) 흡기 다기관
① 흡기 다기관은 각 실린더의 흡기 포트와 연결되어 있다.
② 실린더에 흡입되는 공기를 균일하게 분배하는 역할을 한다.
③ 흡기 다기관의 지름이 크면 흡입 효율은 향상되나 혼합기의 유동 속도가 느려 혼합기가 희박해진다.

4) 가변흡기장치(VICS; Variable Induction Control System) :
엔진의 회전수에 따라 흡기다기관 수, 길이, 지름 등을 바꾸어 주로 흡기 맥동 효과를 이용하여 흡기 효율을 향상시키는 장치로 각종 가변 장치 중에서 비교적 간단한 구조로 되어 있어 큰 효과를 얻을 수 있다.

(2) 배기장치

1) 배기 다기관 및 배기관
① 배기 다기관은 실린더의 배기 포트와 배기관 사이에 설치되어 있다.
② 각 실린더에서 배출되는 가스를 한 곳으로 모으는 역할을 한다.
③ 배기 다기관에서 나오는 배기가스를 대기 중으로 방출시키는 역할을 한다.

2) 소음기(머플러)
① 배기가스가 대기 중으로 방출될 때 격렬한 폭음이 발생되는 것을 방지한다.
② 소음기의 체적은 피스톤 행정 체적의 약 12~20배 정도이다.

2. 과급장치

(1) 과급기

1) 과급기의 종류
① **체적형** : 루츠식(roots type), 회전 날개식, 리솔룸식(lysoholm type)
② **유동형** : 원심식(터보차저), 축류식

2) 과급기의 특징
① 엔진의 출력이 35~45% 증가된다.
② 체적 효율이 향상되기 때문에 평균 유효압력이 높아진다.
③ 체적 효율이 향상되기 때문에 엔진의 회전력이 증대된다.
④ 고지대에서도 출력의 감소가 적다.
⑤ 압축 온도의 상승으로 착화 지연 기간이 짧다.
⑥ 연소 상태가 양호하기 때문에 세탄가가 낮은 연료의 사용이 가능하다.
⑦ 냉각 손실이 적고 연료 소비율이 3~5% 정도 향상된다.
⑧ 과급기를 설치하면 기관의 중량이 10~15% 정도 증가한다.

(2) 터보차저

- 디퓨저에 공급된 공기의 압력 에너지에 의해 실린더에 공급되어 체적 효율이 향상된다.
- 배기 터빈이 회전하므로 배기 효율이 향상된다.

1) 임펠러
흡입쪽에 설치된 날개로 공기를 실린더에 가압시키는 역할을 한다.

2) 터빈
열 에너지를 회전력으로 변환시키는 역할을 한다.

3) 인터 쿨러

① 인터 쿨러는 임펠러와 흡기 다기관 사이에 설치되어 과급된 공기를 냉각시킨다.
② 공기의 온도가 상승하면 공기 밀도가 감소하여 노킹이 발생되는 것을 방지한다.
③ 공기의 온도가 상승하면 충전 효율이 저하되는 것을 방지한다.

(3) 슈퍼차저

벨트에 의해 엔진의 동력으로 루트 2개를 회전시켜 공기를 과급하는 방식이다

3. 유해 배출가스 저감장치

(1) 배출가스

1) 배출가스의 종류

자동차 기관에서 배출되는 유해 가스에는 배기가스, 블로바이 가스(미연소 가스 상태인 탄화수소), 연료 증발 가스(연료 계통에서 증발한 탄화수소) 등이 있다.
① **무해성 가스** : 이산화탄소(CO_2)와 물(H_2O)이며, 완전 연소되었을 경우 발생한다.
② **유해성 가스** : 일산화탄소(CO), 탄화수소(HC), 질소산화물(NOx)

2) 유해 배출가스의 발생 원인

① **일산화탄소(CO)**
   ㉠ 가솔린의 성분은 탄소와 수소의 화합물로서 일산화탄소가 발생된다.
   ㉡ 불완전 연소할 때 다량 발생한다.
   ㉢ 촉매변환기에 의해 CO_2로 전환이 가능하다.
   ㉣ 농후한 혼합기가 공급되면 산소가 부족하여 발생된다.
   ㉤ 인체에 다량 흡입하면 사망을 유발한다.

② **탄화수소(HC)**
   ㉠ 엔진의 작동 온도가 낮을 때와 공연비가 희박할 때 발생된다.
   ㉡ 혼합기가 완전 연소되지 않는 경우 가솔린의 성분이 분해되어 발생된다.
   ㉢ 농후한 연료로 인한 불완전 연소할 때 발생한다.
   ㉣ 화염전파 후 연소실내의 냉각작용으로 타다 남은 혼합가스이다.

③ **질소산화물(NOx)**
   ㉠ 연소실 안이 고온일 때 흡입공기 중의 산소와 질소가 산화로 인해 발생한다.
   ㉡ 엔진의 내부 온도가 1,500℃ 이상에서 발생량이 급증한다.

3) 유해 가스의 배출 특성

① **공연비와의 관계**
   ㉠ 이론 공연비보다 농후할 때 CO와 HC는 증가, NOx는 감소한다.

○ 이론 공연비보다 약간 희박할 때 NOx는 증가, CO와 HC는 감소한다.
© 이론 공연비보다 희박할 때 HC는 증가, CO와 NOx는 감소한다.

② 엔진 온도와의 관계
㉠ 저온일 경우 CO와 HC는 증가, NOx는 감소한다.
㉡ 고온일 경우 NOx는 증가, CO와 HC는 감소한다.

③ 운전 상태와의 관계
㉠ 공회전할 때 CO와 HC는 증가, NOx는 감소한다.
㉡ 가속할 때 CO, HC, NOx 모두 증가된다.
㉢ 감속할 때 : CO와 HC는 증가, NOx는 감소한다.

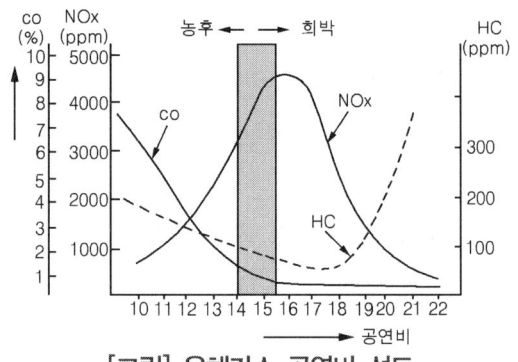
[그림] 유해가스 공연비 선도

(2) 유해가스 저감장치

1) 블로바이 가스(HC)
경·중부하 영역에서는 PCV(Positive Crankcase Ventilation)밸브가 열려 흡기다기관으로 들어가고, 급가속 및 고부하 영역에서는 블리더 호스를 통해 흡기다기관으로 들어간다.

2) 연료 증발 가스(HC)
① 연료장치에서 증발되는 가스를 캐니스터(canister)에 포집하였다가 공전 및 난기 운전 이외의 기관 가동에서 PCSV(purge Control Solenoid Valve)가 컴퓨터 신호로 작동되어 연소실로 들어간다.
② 연료탱크에서 증발되는 증발가스를 제어하는 캐니스터 퍼지 컨트롤 솔레노이드 밸브는 가속할 때 가장 많이 작용한다.

3) 배기가스(CO, HC, NOx)
① EGR(Exhaust Gas Recirculation, 배기가스 재순환 장치) : 배기가스의 일부를 흡기다기관으로 보내어 연소실로 재순환시켜 연소 온도를 낮춤으로써 질소산화물(NOx) 발생을 억제하는 장치이다.
㉠ EGR밸브는 배기 다기관과 서지 탱크 사이에 설치되어 있다.
㉡ EGR 밸브, 서모 밸브, EGR 솔레노이드 밸브로 구성되어 있다.
㉢ 컴퓨터의 제어 신호에 의해 EGR솔레노이드 밸브가 EGR 밸브의 진공 통로를 개폐시킨다.
㉣ 공전 및 워밍업시에는 작동되지 않는다.

$$EGR율 = \frac{EGR가스량}{흡입공기량 + EGR가스량} \times 100$$

② **촉매 변환기(촉매 컨버터)** : 촉매(백금(Pt), 로듐(Rh), 파라듐(Pd))를 이용하여 CO, HC, NOx을 산화 또는 환원시키는 역할을 한다.

가. 산화 촉매 변환기
㉠ CO와 HC를 산화시켜 CO_2와 H_2O로 바꾸어 배출시킨다.
㉡ 촉매는 백금(Pt) 또는 백금(Pt)에 파라듐(Pd)을 첨가한 것이 사용된다.

나. 삼원 촉매 변환기
㉠ 배기가스 중 유독 성분인 CO, HC, NOx의 삼원을 동시에 환원시킨다.
㉡ CO와 HC를 CO_2와 H_2O로 산화시키고 NOx는 N_2로 환원시켜 배출한다.
㉢ 촉매는 백금(Pt)과 로듐(Rh)이 사용된다.
㉣ 주로 2차 공기 공급장치와 함께 사용한다.

다. 촉매변환기 설치차량의 운행 및 시험할 때 주의사항
㉠ 무연 가솔린을 사용한다.
㉡ 주행 중 점화스위치의 OFF를 금지한다.
㉢ 차량을 밀어서 시동해서는 안 된다.
㉣ 파워밸런스 시험은 실린더 당 10초 이내로 한다.

06 전자제어 장치

1. 기관 제어 시스템

(1) 전자제어 가솔린 연료분사 장치

1) 전자제어 연료분사장치의 특징
① 공기흐름에 따른 관성 질량이 작아 응답 성능이 향상된다.
② 기관의 출력 증대 및 연료 소비율이 감소한다.
③ 유해 배출가스 감소효과가 크다.
④ 각 실린더에 동일한 양의 연료 공급이 가능하다.
⑤ 혼합비 제어가 정밀하여 배출가스 규제에 적합하다.
⑥ 체적효율이 증가하여 기관의 출력이 향상된다.
⑦ 기관의 응답 및 주행성능이 향상되며, 월웨팅(wall wetting)에 따른 냉간시동,

과도 특성의 큰 효과가 있다.
⑧ 저속 또는 고속에서 토크영역의 변경이 가능하다.
⑨ 온·냉간 상태에서도 최적의 성능을 보장한다.
⑩ 설계할 때 체적효율의 최적화에 집중하여 흡기다기관 설계가 가능하다.
⑪ 구조가 복잡하고 가격이 비싸다.
⑫ 흡입계통의 공기누출이 기관에 큰 영향을 준다.

2) 전자제어 연료분사장치의 분류

① 기본 분사량 제어방식에 의한 분류
㉠ **MPC(Manifold Pressure Control)** : 흡기다기관 압력 제어 방식을 말한다.
㉡ **AFC(Air Flow Control)** : 흡입 공기량 제어 방식을 말한다.

② 인젝터 개수에 따른 분류
㉠ **SPI(또는 TBI, Single Point Injection or Throttle Body Injection)** : 인젝터를 한 곳에 1~2개를 모아서 설치한 후 연료를 분사하여 각 실린더에 분배하는 방식이다.
㉡ **MPI(Multi Point Injection)** : 인젝터를 실린더마다 1개씩 설치하고 연료를 분사시키는 방식, 즉 기관의 각 실린더마다 독립적으로 분사하는 방식이다.

③ 연료 분사량 제어 방식에 의한 분류
㉠ **기계 제어방식** : K-제트로닉에서 사용한다.
㉡ **전자 제어방식** : L-제트로닉 및 D-제트로닉에서 사용한다.

④ 제어 방식에 의한 분류
㉠ **K-제트로닉** : 연료의 분사량을 기계식으로 제어하는 연속적인 분사장치이다. 어큐뮬레이터, 연료 압력 조절기, 연료 분배기, 인젝터, 콜드 스타트 인젝터, 서모 타임 스위치, 웜업 조정기로 구성되어 있다.
㉡ **L-제트로닉** : 흡입 공기량을 계측하여 연료 분사량을 제어하는 방식을 말한다.
  - 실린더에 흡입되는 공기량을 체적 유량 및 질량 유량으로 검출한다.
  - 컴퓨터가 인젝터에 통전되는 시간을 제어하여 연료가 분사된다.
  - **흡입 공기량을 계측하는 방식**
    · **메저링 플레이트식** : 흡입 공기량을 체적 유량으로 검출한다.
    · **칼만 와류식** : 흡입 공기량을 체적 유량으로 검출한다.
    · **핫 와이어식(핫 필름)** : 흡입 공기량을 질량 유량으로 검출한다.
㉢ **D-제트로닉** : 흡기다기관 내의 부압을 검출하여 연료 분사량을 제어하는 방식을 말한다.
  - 흡기 다기관의 절대 압력을 전기적 신호로 바꾸어 흡입 공기량을 검출한다.
  - 인젝터 수의 $\frac{1}{2}$씩 그룹으로 분사시키는 간헐 분사 방식이다.
  - MAP센서와 엔진의 회전 속도를 검출하여 연료 분사 개시 시기를 결정한다.

3) 전자제어 스로틀 밸브장치(ETS : Electronic Throttle valve System)

엔진컴퓨터와 ETS컴퓨터의 제어신호를 받아 스로틀 밸브를 전동기로 개폐하는 장치이다.

기관 공전제어, 구동력제어(TCS) 등에 사용한다.

① 전자제어 스로틀밸브장치의 특징
㉠ 흡입공기량을 정밀하게 제어할 수 있다.
㉡ 유해배출가스의 배출을 감소할 수 있다.
㉢ 통합제어로 인한 부품을 줄일 수 있다.
㉣ 기관의 고장률이 감소되고 신뢰성을 높일 수 있다.

② 입력신호 : 가속페달위치센서, 스로틀위치센서, 점화스위치 등

③ 출력제어 : 스로틀밸브 구동전동기, 페일세이프 전동기 등

4) 가솔린 직접분사장치(GDI : Gasoline Direct Injection)

압축행정 말기에 연료를 분사하여 점화플러그 주위의 공연비를 농후하게 하는 성층연소로 희박한 공연비(25~40 : 1)에서도 점화가 가능하도록 한다.

① 가솔린 직접분사장치의 특징
㉠ 고부하 상태에서 흡입행정 초기에 연료를 분사하여 연료에 의한 흡입공기 냉각으로 충전효율을 향상시킨다.
㉡ 저부하 상태에서 최대 30%의 연료소비율이 향상된다.
㉢ 고부하 상태에서 최대 10%의 출력이 향상된다.

② 입력신호 : 크랭크각센서(CAS), TDC센서, 공기유량센서(AFS), 산소센서, 연료압력센서

③ 연료제어
㉠ **와류 인젝터** : 연료분사 시 공기와의 혼합이 쉽도록 와류를 일으키며 분사된다.
㉡ **인젝터 드라이브** : 기존의 전자제어연료분사장치에 비해 연료압력이 10~20배 높기 때문에 이로 인한 인젝터의 높은 전류소모, 발열 등을 방지한다.
㉢ **연료압력센서** : 연료공급계통에 설치되어 검출한 연료압력은 연료분사량을 보정하는 신호로 사용된다.
㉣ **연료펌프릴레이** : 연료펌프의 작동을 ON/OFF 한다.

(2) 전자제어 연료분사 장치의 구조

1) 흡입 계통

전자제어 연료 분사장치의 흡입 계통의 구성은 공기 청정기, 공기유량센서, 서지탱크, 스로틀보디, 흡기다기관 등으로 되어 있다.

① 공기유량 센서(AFS)

가. 공기유량 센서의 기능 : 흡입되는 공기량을 계측하여 컴퓨터(ECU or ECM)으로 보내어 기본 분사량을 결정하도록 하는 센서이다.

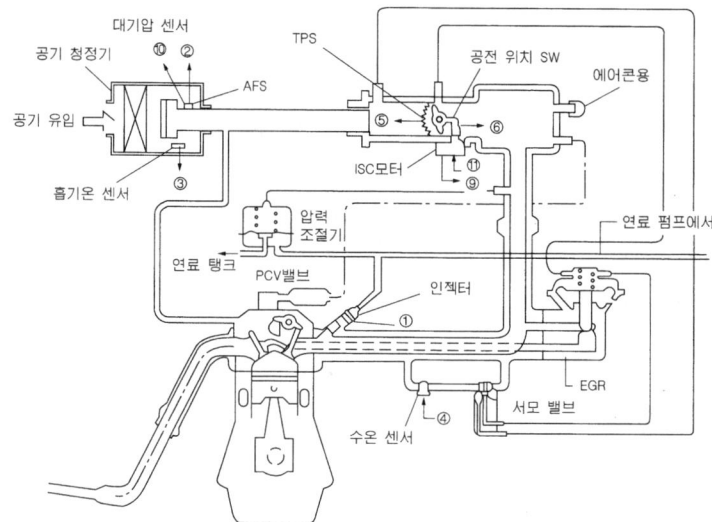

[그림] 전자제어 연료분사 시스템 구성회로

나. 공기유량 센서의 종류

㉠ 매스플로 방식(mass flow type)
- 핫 필름 방식(hot film type)과 핫 와이어 방식(hot wire type) : 질량 유량에 의해 흡입 공기량을 직접 검출하는 방식이다.

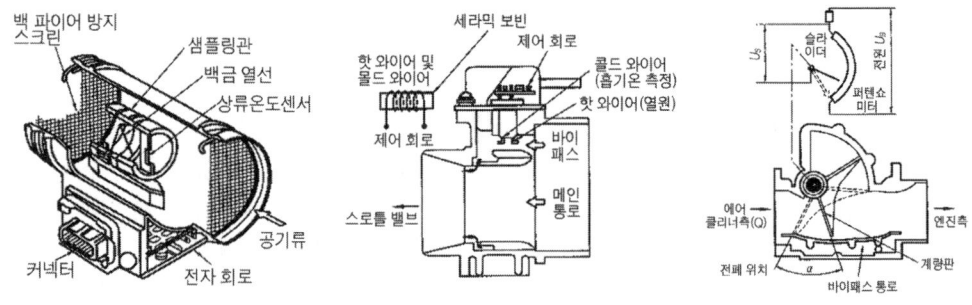

[그림] 핫 와이어 방식 공기 유량 센서　　　　[그림] 베인 방식

- 베인 방식(vane type, 메저링 플레이트 방식) : 흡입 공기량을 포텐셔 미터에 의해 전압비로 검출하며, 이 신호에 의해 컴퓨터가 기본 분사량을 결정한다.
- 칼만 와류방식(kalman vortex type) : 센서 내에서 공기의 소용돌이를 일으켜 단위 시간에 발생하는 소용돌이 수를 초음파 변조에 의해 검출하여 공기유량을 검출하는 방식이다.

ⓛ 스피드 덴시티 방식(speed density type)
- MAP(흡기다기관 절대압력)센서 : 흡기다기관 압력 변화를 피에조(Piezo, 압전소자)저항에 의해 감지하는 센서이다. 그리고 반도체 피에조(piezo) 저항형 센서는 다이어프램 상하의 압력 차이에 비례하는 다이어프램 신호를 전압변화로 만들어 압력을 측정할 수 있다.

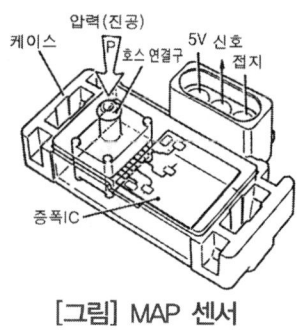

[그림] MAP 센서

② 흡기온도 센서(ATS)
㉠ 온도가 상승하면 저항값이 감소하는 부특성 서미스터를 이용한다.
㉡ 흡입 공기의 온도를 계측하여 컴퓨터로 입력시키면 컴퓨터는 분사량을 보정한다.

③ 대기압력 센서(BPS)
㉠ 차량의 고도를 측정하여 연료 분사량과 점화시기를 조정하는 피에조 저항형 센서이다.
㉡ 대기압력 센서가 고장 나면 평지에서는 이상이 없던 자동차가 고지대에서 기관 부조현상 및 배기가스가 흑색이 된다.

④ 스로틀 보디(throttle body)
스로틀 보디의 기능은 흡입 공기량 조절이며, 스로틀 포지션 센서, 스로틀 밸브, ISC-서보(공전조절 장치) 등으로 구성되어 있다.

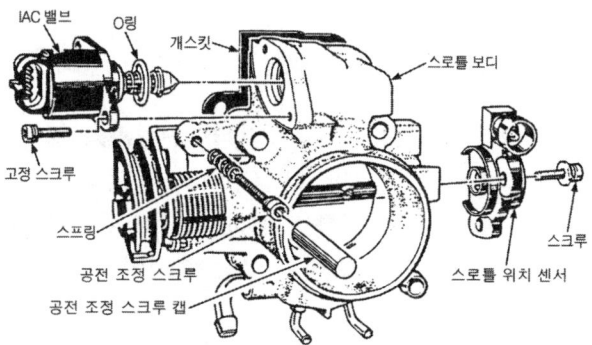

[그림] 스로틀 보디 분해도

가. 스로틀 포지션 센서(TPS)의 기능
㉠ 스로틀 밸브의 열림 정도(개도량)와 열림 속도를 감지하는 가변저항센서이다.
㉡ 가속페달에 스로틀 밸브가 회전하면 저항 변화가 일어나 출력 전압이 변화한다.
㉢ 급가속을 감지하면 컴퓨터가 연료분사 시간을 늘려 실행시킨다.
㉣ 출력전압은 0~5V이다.

나. ISC-Servo(stepper motor)
　㉠ **기능** : 각종 센서들의 신호를 근거로 하여 공전상태에서 부하에 따라 안정된 공전속도를 유지하도록 하는 부품
　㉡ **종류** : 바이패스 공기제어 방식에는 로터리 솔레노이드 방식, 리니어 솔레노이드 방식, 스텝모터 방식 등이 있다.
　㉢ **작용**
　　- 대시포트 작용
　　- 공전에서 기관부하에 따른 기관 회전속도 보상
　　- 냉간 운전에서 냉각수 온도에 따라 공전상태의 공기유량조절

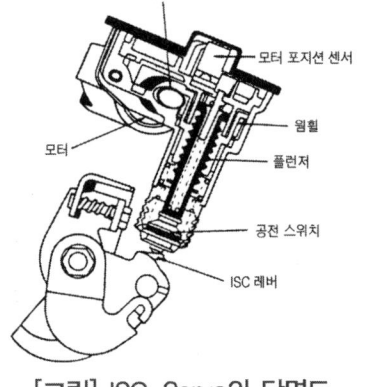

[그림] ISC-Servo의 단면도

2. 센서

(1) 공기유량센서
흡입공기량을 검출하여 신호를 보내면 기본 연료분사량을 결정한다.

(2) 흡기온도센서
흡입되는 공기의 온도를 입력시키면 흡입공기 온도에 따라 연료분사량을 보정한다.

(3) 수온센서
① 냉각수 통로에 설치되어 냉각수 온도를 검출하여 아날로그 전압으로 컴퓨터에 입력시킨다.
② 엔진의 냉각수 온도에 따라서 공전 속도를 적절하게 유지시키는 신호로 이용된다.
③ 냉각수 온도에 따라 연료 분사량을 보정하는 신호로 이용된다.
④ 냉각수 온도에 따라 점화 시기를 조절하는 신호로 이용된다.
⑤ 온도가 상승하면 저항값이 감소하는 부특성 서미스터이다.

(4) 스로틀 위치센서
스로틀 밸브축이 회전하면 출력 전압이 변화하여 기관 회전 상태를 판정하고 감속 및 가속상태에 따른 연료분사량을 결정한다.

(5) 공전스위치
기관의 공전상태를 검출한다.

(6) TDC 센서

① 4실린더 엔진은 1번 실린더의 상사점, 6실린더 엔진은 1번, 3번, 5번 실린더의 상사점을 검출하여 디지털 신호로 컴퓨터에 입력시킨다.
② 연료 분사 순서를 결정하기 위한 신호로 이용된다.
③ 발광 다이오드, 포토 다이오드, 디스크로 구성되어 있다.

(7) 크랭크각 센서

① 크랭크축의 회전수를 검출하여 컴퓨터에 입력시킨다.
② 연료 분사 시기와 점화 시기를 결정하기 위한 신호로 이용된다.
③ 크랭크각 센서는 크랭크축 풀리 또는 배전기에 설치되어 있다.
④ 발광 다이오드, 포토 다이오드 및 디스크로 구성되어 있다.

(8) 산소센서

- 이론 공연비를 중심으로 하여 출력전압이 변화되는 것을 이용한다.
- 피드백(feed back)의 기준신호로 사용된다.
- 배기가스 속에 포함되어 있는 산소량을 감지한다.
- 혼합기의 상태를 이론 공연비에 가깝도록 맞추기 위해서 필요하다.
- 혼합비가 희박할 때는 기전력이 낮고 농후할 때는 기전력이 높다.
- 혼합비 상태를 감지하며 3원 촉매의 CO, HC, Nox 정화능력을 증대시킨다.
- 냉간 시동할 때 별도로 가열하거나 가열장치가 필요가 하다.
- 3원 촉매의 정화율은 $\lambda = 1$ 부근일 때가 가장 좋다.

1) 산소센서의 종류

① **지르코니아(ZrO_2) 산소 센서** : 대기측의 산소 농도와 배기 가스측의 산소 농도 차이가 크면 기전력이 발생되는 원리를 이용한다.
② **티타니아(TiO_2) 산소 센서** : 티타니아가 주위의 산소 분압에 의하여 산화 또는 환원 되어 전기 저항이 변화되는 원리를 이용한다.

2) 산소센서 사용 상 주의사항

① 전압을 측정할 때 오실로스코프나 디지털미터를 사용할 것
② 무연휘발유를 사용할 것
③ 출력전압을 단락(쇼트) 시키지 말 것
④ 산소센서의 내부 저항은 측정하지 말 것
⑤ 혼합기가 농후하면 약 0.9V의 기전력이 발생된다.
⑥ 혼합기가 희박하면 약 0.1V의 기전력이 발생된다.

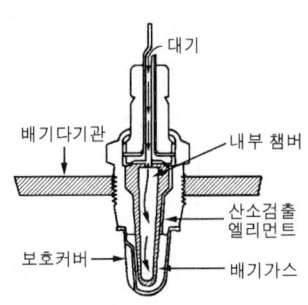

[그림] 산소센서의 구조

(9) 차속센서
① 스피드미터 케이블 1회전당 4회의 디지털 신호를 컴퓨터에 입력시킨다.
② 공전 속도 및 연료 분사량을 조절하기 위한 신호로 이용된다.

(10) 에어컨 스위치 및 릴레이
① 에어컨 스위치의 ON신호를 컴퓨터에 입력시킨다.
② 공전 시 에어컨 스위치를 작동시킬 때 공전 속도를 상승시키기 위한 신호로 이용된다.
③ 에어컨 콤프레서를 약 0.5초 동안 작동되지 않도록 하여 엔진의 회전을 적절히 유지시킨다.
④ 자동 변속기 차량에서 스로틀 밸브의 열림각이 65° 이상의 가속 중에 가속 성능을 유지시키기 위하여 에어컨 릴레이 회로를 약 0.5초 동안 차단시킨다.

(11) 노크센서
① 노킹 시 고주파 진동을 전기 신호로 변환하여 컴퓨터에 입력시킨다.
② 노킹이 발생되면 점화시기를 변화시켜 노킹을 방지한다.
③ 노킹이 발생되면 점화시기를 지각시켜 엔진을 정상적으로 작동시킨다.
④ 노킹이 없는 상태에서는 다시 점화시기를 노킹 한계까지 진각시켜 엔진의 효율을 최적의 상태로 유지하여 연료 소비율을 향상시킨다.

(12) 액셀러레이터 위치센서
① 액셀러레이터의 이동량을 검출하여 컴퓨터에 입력시키는 역할
② 미끄러지기 쉬운 노면에서 타이어의 슬립을 방지한다.
③ 선회시의 조향 성능을 향상시킨다.

(13) 인히비터 스위치
① 자동 변속기 각 레인지 위치를 검출하여 컴퓨터에 입력시키는 역할
② P레인지와 N레인지에서만 기동 전동기가 작동될 수 있도록 한다.
③ 크랭킹하는 동안 연료 분사 시간을 조절한다.

(14) 파워스티어링 압력 스위치
① 조향 핸들을 회전할 때 유압을 전압으로 변환시켜 컴퓨터에 입력시키는 역할
② 공전 속도 제어 서보를 작동시켜 엔진의 회전수를 상승시킨다.
③ 유압의 상승으로 엔진의 출력이 저하되는 것을 방지한다.

(15) 전기부하 스위치
① 헤드라이트 등을 점등시켰을 때의 전기 부하를 검출하여 컴퓨터에 입력시키는 역할
② 공전 속도 조절 서보를 작동하여 엔진의 회전수를 상승시킨다.
③ 전기 부하에 의해 엔진의 출력이 저하되는 것을 방지한다.

3. 액추에이터

(1) 제어장치

1) 컨트롤 릴레이
① 축전지 전원을 전자제어 연료 분사 장치에 공급하는 역할을 한다.
② ECU, 연료 펌프, 인젝터, 공기 흐름 센서 등에 전원을 공급한다.

2) ECU (Electronic Control Unit, ECM)
① 흡입 공기량과 엔진 회전수를 기준으로 기본 연료 분사량을 결정한다.
② 엔진 작동 상태에 따른 인젝터 분사 시간을 조절한다.
③ 연료 분사량 조절 및 보정하는 역할을 한다.

(2) ECU의 제어

1) 점화 시기 제어
① 파워 트랜지스터의 베이스에 제어 신호를 보낸다.
② 점화 코일에 흐르는 1차 전류를 단속하여 점화시기를 조절한다.

2) 연료 펌프 제어
① 엔진의 회전수가 50rpm 이상일 때 연료 펌프 제어 파워 트랜지스터 베이스에 제어 신호를 보낸다.
② 축전지의 전원이 컨트롤 릴레이에 의해 공급된다.

3) 연료 분사량 제어

① 기본 연료 분사량 조절
 ㉠ 흡입 공기량과 엔진 회전수에 의해 결정된다.
 ㉡ 인젝터의 통전 시간 및 분사 횟수를 조절한다.
 ㉢ 엔진 회전수와 흡입 공기량에 비례하도록 제어한다.

② 크랭킹시 분사량 조절
 ㉠ 크랭킹 신호, 엔진 회전수 신호, 냉각수 온도에 의해 조절된다.
 ㉡ 엔진의 시동성 향상을 위해 연료 분사량을 보정한다.

③ 시동 후 분사량 조절
 ㉠ 공전 속도를 안정시키기 위해 일정 시간 분사량을 증가시킨다.
 ㉡ 연료의 증량비는 크랭킹시에 최대가 된다.
 ㉢ 시간이 경과됨에 따라 냉각수의 온도 상승으로 연료 분사량은 감소된다.

④ 냉각수 온도에 의한 분사량 조절
 ㉠ 저온시 엔진의 시동성 및 운전성을 향상시키기 위해 연료 분사량을 증량시킨다.

ⓒ 엔진의 워밍업 시간을 단축시킨다.
　　ⓒ 냉각수 온도가 80℃ 이하에서는 연료 분사량을 증량시킨다.
　　ⓔ 냉각수 온도가 80℃ 이상에서는 기본 연료 분사량으로 제어한다.

⑤ 흡입 공기 온도에 의한 분사량 조절
　　㉠ 공연비가 변화되지 않도록 연료 분사량을 증량시킨다.
　　ⓒ 흡입 공기 온도가 20℃ 이하에서는 연료 분사량을 증량시킨다.
　　ⓒ 흡입 공기 온도가 20℃ 이상에서는 기본 연료 분사량으로 제어한다.

⑥ 축전지 전압에 의한 분사량 조절
　　㉠ 축전지 전압이 낮으면 실제 연료 분사 시간(유효 분사 시간)이 짧아진다.
　　ⓒ 축전지 전압이 낮으면 인젝터의 통전 시간을 길게 한다.
　　ⓒ 축전지 전압이 높으면 인젝터의 통전 시간을 짧게 한다.

⑦ 가속시 분사량 조절
　　㉠ 연료의 증량비 및 증량 지속 시간은 냉각수 온도에 따라 결정한다.
　　ⓒ 가속하는 순간에 연료의 증량비는 최대가 된다.
　　ⓒ 가속하는 순간 연료 분사량을 증량시켜 희박해지는 것을 방지한다.
　　ⓔ 모든 실린더의 인젝터에 제어 신호를 1회 공급하여 연료 분사량을 증량시킨다.

⑧ 고속시 분사량 조절
　　㉠ 스로틀 밸브 개도량에 따라 연료 분사량을 증량시킨다.
　　ⓒ 연료 분사량을 증량시켜 고속 운전성을 향상시킨다.

⑨ 감속시 연료 차단
　　㉠ 아이들 스위치가 ON되면 인젝터의 전원을 일시적으로 차단한다.
　　ⓒ 연료의 절약과 HC의 과대 발생을 방지한다.
　　ⓒ 촉매 변환기의 과열을 방지한다.

4) 연료 분사 시기 제어

① 동기 분사(독립분사, 순차분사)
　　㉠ TDC 센서의 신호를 이용하여 분사 순서를 결정한다.
　　ⓒ 크랭크각 센서의 신호를 이용하여 분사시기를 결정한다.
　　ⓒ 각 실린더마다 크랭크축이 2회전할 때 연료가 분사된다.
　　ⓔ 점화 순서에 의해 배기 행정시에 연료를 분사한다.

② 그룹 분사
　　㉠ 인젝터 수의 $\frac{1}{2}$씩 제어 신호를 공급하여 연료를 분사한다.
　　ⓒ 엔진의 성능이 저하되는 경우가 없다.

ⓒ 시스템을 단순화 시킬 수 있는 장점이 있다.
③ **동시 분사(비동기 분사)**
ㄱ 모든 인젝터에 분사 신호를 동시에 공급하여 연료를 분사시킨다.
ㄴ 냉각수온 센서, 흡기온 센서, 스로틀 위치 센서 등 각종 센서의 출력에 의해 제어한다.
ㄷ 1 사이클당 2회씩 연료를 분사시킨다.

5) **피드백 제어**
① 산소 센서의 출력 신호를 이용하여 제어한다.
② 배기 가스의 정화 능력이 향상되도록 이론 공연비로 유지한다.
③ 연료 분사량을 증량 또는 감량시킨다.
④ 유해 성분의 감소를 위해 EGR 밸브를 제어한다.
⑤ 산소 센서의 출력이 낮으면 연료 분사량을 증량시킨다.
⑥ 산소 센서의 출력이 높으면 연료 분사량을 감량시킨다.
⑦ 피드백 제어 정지 요건
ㄱ 엔진을 시동 후 연료 분사량을 증량시킬 때
ㄴ 엔진을 시동할 때   ㄷ 냉각수의 온도가 낮을 때

6) **공전 속도 제어**
① **시동시 제어**
ㄱ 냉각수 온도 센서의 출력을 이용한다.
ㄴ 냉각수의 온도에 따라 ISC 서보 모터를 제어한다.
ㄷ 스로틀 밸브의 열림량을 시동이 적합한 위치로 조절한다.
② **패스트 아이들 제어**
ㄱ 공전 위치 스위치 및 냉각수온 센서의 출력 신호를 이용한다.
ㄴ ISC 서보 모터 또는 스텝 모터를 제어한다.
ㄷ 스로틀 밸브 또는 바이 패스 포트를 정해진 회전수 위치로 조절한다.
ㄹ 엔진의 냉각수 온도에 알맞은 회전수를 조절하여 워밍업 시간을 단축시킨다.
③ **부하시 제어**
ㄱ 에어컨 스위치가 ON 되면 엔진 회전수를 상승시킨다.
ㄴ 동력 조향장치의 오일 압력 스위치가 ON 되면 엔진 회전수를 상승시킨다.
ㄷ 전기 부하 스위치가 ON 되면 엔진 회전수를 상승시킨다.
ㄹ 자동 변속기가 N 레인지에서 D 레인지로 변환되면 엔진 회전수를 상승시킨다.
④ **대시 포트 제어**
ㄱ 주행중 급 감속 시에 연료를 일시적으로 차단한다.
ㄴ 스로틀 밸브가 급격히 닫히는 것을 방지한다.
ㄷ 급 감속에 의한 충격을 방지하여 감속 조건에 따른 대시 포트를 제어한다.

7) 에어컨 릴레이 제어

① 엔진 회전수의 저하를 방지한다.
② 공전에서 에어컨 스위치를 ON 시키면 0.5초 동안 에어컨 릴레이 회로를 차단한다.
③ 자동 변속기 차량의 경우 스로틀 밸브의 열림이 65° 이상일 때 약 5초 동안 릴레이 회로를 차단한다.

(3) 자기진단

① 센서의 출력이 비정상일 경우 고장 코드를 기억한다.
② 자기 진단 출력 단자와 계기 패널의 경고등에 출력한다.

1) 전자제어 분사 장치에서 결함 코드를 삭제하는 방법

① 축전지 단자를 탈·부착한다.　　② ECM 퓨즈를 분리한다.
③ 스캐너를 사용하여 제거한다.

07 동력전달장치

1. 클러치

(1) 개요

클러치는 엔진과 변속기 사이에 설치되어 엔진의 동력을 변속기에 전달하거나 차단하는 역할을 한다.

1) 필요성

① 시동시 엔진을 무부하 상태로 유지하기 위하여 필요하다.(엔진 무부하 상태 유지)
② 엔진의 동력을 차단하여 기어 변속이 원활하게 이루어지도록 한다.(기어 바꿈을 위해)
③ 엔진의 동력을 차단하여 자동차의 관성 주행이 되도록 한다.(관성 주행을 위해)

2) 클러치의 종류

① **마찰 클러치** : 플라이 휠과 클러치 판의 마찰력에 의해 엔진의 동력이 전달된다.
② **유체 클러치(토크컨버터)** : 유체 에너지를 이용하여 엔진의 동력을 전달 또는 차단하는 역할을 한다.
③ **전자 클러치** : 전자석의 자력을 엔진의 회전수에 따라 자동으로 증감시켜 엔진의 동력을 전달 또는 차단한다.

(2) 마찰 클러치

1) 클러치의 작동
엔진의 동력은 엔진 플라이 휠 → 클러치 판 → 허브 스플라인 → 변속기 입력축(클러치축)으로 전달된다.

2) 클러치의 구비 조건
① 동력의 차단이 신속하고 확실할 것.
② 동력의 전달을 시작할 경우에는 미끄러지면서 서서히 전달될 것.
③ 클러치가 접속된 후에는 미끄러지는 일이 없을 것.
④ 회전 부분은 동적 및 정적 평형이 좋을 것.
⑤ 회전 관성이 적을 것.
⑥ 방열이 양호하고 과열되지 않을 것.
⑦ 구조가 간단하고 고장이 적을 것.

3) 마찰 클러치의 구조

① **클러치 판(클러치 디스크)** : 플라이 휠과 압력판 사이에 설치되며 변속기 입력축(클러치축)의 스플라인을 통해 연결되어 변속기로 동력을 전달하는 마찰 판이다.

   가. **클러치 라이닝**
   ㉠ 고온에 견디고 내마모성이 우수하여야 한다.
   ㉡ 마찰 계수는 커야 한다.(라이닝의 마찰 계수 : 0.3~0.5μ)
   ㉢ 온도 변화 및 마찰 계수의 변화가 적고 기계적 강도가 커야 한다.

   나. **비틀림 코일스프링(토션댐퍼스프링)**
   ㉠ 클러치 판의 허브와 클러치 강판 사이에 설치된 코일 스프링이다.
   ㉡ 클러치 판이 플라이 휠에 접속되어 동력의 전달이 시작될 때의 회전 충격을 흡수한다.

   다. **쿠션 스프링**
   ㉠ 클러치 접속시에 직각 방향의 충격을 흡수한다.
   ㉡ 클러치 판의 변형, 편마모, 파손을 방지한다.

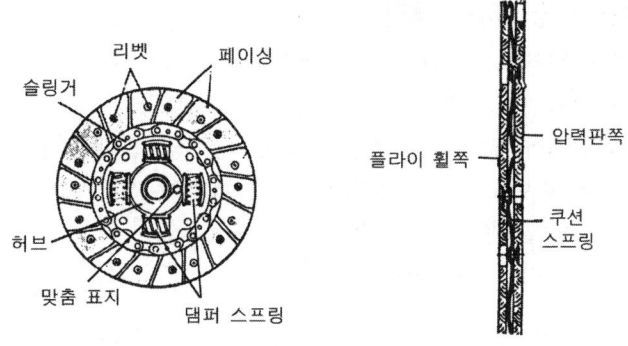

[그림] 클러치 판의 구조

라. 클러치 판의 점검 항목
　ⓐ 페이싱의 리벳 깊이
　ⓑ 판의 비틀림
　ⓒ 비틀림 코일 스프링(토션 스프링, 댐퍼 스프링)의 장력 및 파손
　ⓓ 클러치 판의 런 아웃
　ⓔ 쿠션 스프링의 파손

② **클러치 축(변속기 입력 축)** : 스플라인에 클러치 판의 허브 스플라인이 결합되어 있다.

③ **압력판** : 클러치 스프링의 장력에 의해 클러치 판을 플라이 휠에 압착시키는 역할을 한다.

④ **클러치 스프링**
　ⓐ 압력판과 클러치 커버 사이에 설치되어 압력판에 강력한 힘이 발생되도록 한다.
　ⓑ 스프링의 종류에는 코일 스프링, 크라운프레셔 스프링, 다이어프램 스프링(막 스프링) 등이 있다.

⑤ **릴리스 레버** : 클러치 페달을 밟아 동력을 차단할 때 지렛대 역할을 한다.

⑥ **클러치 커버** : 압력판과 클러치 스프링을 지지하는 역할을 한다.

⑦ **릴리스 베어링**
　ⓐ 릴리스 레버를 눌러주는 역할을 하며, 클러치 페달을 밟아 릴리스 레버와 릴리스 베어링이 접촉한 경우에만 작동하여 기관과 함께 회전한다.
　ⓑ 릴리스 베어링의 종류에는 볼 베어링형, 앵귤러 접촉형, 카본형이 있다.
　ⓒ 릴리스 베어링은 영구주유식(오일리스베어링)으로 솔벤트 등으로 세척해서는 안된다.

⑧ **릴리스 포크** : 클러치 페달을 밟아 동력을 차단할 때 릴리스 베어링을 미는 역할을 한다.

4) 다이어프램식 클러치의 특징
① 압력판에 작용하는 압력이 균일하다.
② 부품이 원판형이기 때문에 평형을 잘 이룬다.
③ 고속 회전시에 원심력에 의한 스프링 장력의 변화가 없다.
④ 클러치 판이 어느 정도 마멸되어도 압력판에 가해지는 압력의 변화가 적다.
⑤ 클러치 페달을 밟는 힘이 적게 든다.
⑥ 구조와 다루기가 간단하다.

5) 클러치 조작 기구

① **기계식 조작기구** : 클러치 페달의 조작력을 로드나 케이블을 통하여 릴리스 포크에 전달하여 동력을 차단한다.

② **유압식 조작기구**
　㉠ 클러치 페달의 조작력을 클러치 마스터 실린더에서 유압으로 변환시킨다.
　㉡ 유압은 파이프를 통하여 릴리스 실린더에 전달되면 푸시로드가 릴리스 포크에 전달하여 동력을 차단한다.
　㉢ 마스터 실린더, 파이프 및 플렉시블 호스, 릴리스 실린더, 푸시로드로 구성되어 있다.
　㉣ 클러치 페달의 설치 위치를 자유롭게 선정할 수 있다.
　㉤ 유압의 전달이 신속하기 때문에 클러치 조작이 신속하게 이루어진다.
　㉥ 각부의 마찰이 적어 클러치 페달의 조작력이 작아도 된다.
　㉦ 클러치 조작 기구의 구조가 복잡하다.
　㉧ 오일이 누출되거나 공기가 유입되면 조작이 어렵다.

6) 클러치의 용량

① 클러치 스프링장력 T, 클러치판과 압력판 사이의 마찰계수 f, 클러치판의 평균 유효반경 r, 기관의 회전력 C일 경우 Tfr ≧ C 이어야 한다.
② 클러치의 용량은 엔진 회전력의 1.5~2.5배이다.
③ **용량이 크면** : 클러치 접속될 때 충격이 커 엔진이 정지된다.
④ **용량이 작으면** : 클러치가 미끄러져 클러치 판의 마멸이 촉진된다.

7) 클러치의 정비

① **클러치가 미끄러지는 원인**
　㉠ 클러치 페달의 유격(자유간격)이 작다.　　㉡ 클러치 판에 오일이 묻었다.
　㉢ 마찰 면(라이닝)이 경화되었다.　　㉣ 클러치 스프링의 장력이 작다.
　㉤ 클러치 스프링의 자유고가 감소되었다.
　㉥ 클러치 판 또는 압력판이 마멸되었다.

② **클러치 미끄러짐의 판별 사항**
　㉠ 연료 소비량이 커진다.
　㉡ 등판할 때 클러치 판의 타는 냄새가 난다.
　㉢ 클러치에서 소음이 발생한다.
　㉣ 자동차의 증속이 잘되지 않는다.

③ **클러치 차단이 불량한 원인**
　㉠ 클러치 페달의 유격이 크다.　　㉡ 릴리스 포크가 마모되었다.
　㉢ 릴리스 실린더 컵이 소손되었다.　　㉣ 유압 장치에 공기가 혼입되었다.

④ 클러치를 차단하고 공전 시 또는 접속할 때 소음의 원인
　　㉠ 릴리스 베어링이 마모되었다.　　　㉡ 파일럿 베어링이 마모되었다.
　　㉢ 클러치 허브 스플라인이 마모되었다.

(3) 유체 클러치

1) 유체 클러치
엔진에서 전달되는 동력을 유체의 운동 에너지로 변환하여 변속기에 전달한다.

① **유체 클러치의 구조**
　㉠ **펌프 임펠러** : 크랭크축에 연결되어 엔진이 회전하면 유체 에너지를 발생한다.
　㉡ **터빈 러너** : 변속기 입력축 스플라인에 접속되어 있으며, 유체 에너지에 의해 회전한다.
　㉢ **가이드 링** : 유체의 와류에 의한 클러치 효율이 저하되는 것을 방지한다.

② **유체 클러치의 특성**
　㉠ 유체 클러치는 펌프 임펠러와 터빈 러너의 회전속도가 동일할 때 전달 토크는 0이 된다.
　㉡ 유체 클러치는 속도비 0(터빈 러너 정지)인 상태를 스톨 포인트라 한다.
　㉢ 유체 클러치는 속도비가 증가함에 따라 효율이 증대된다.
　㉣ 유체 클러치의 동력 전달 효율은 95~98% 이다.

③ **유체 클러치의 성능**
　㉠ 터빈 러너의 회전 속도에 관계없이 항상 토크비는 1 : 1 이다.
　㉡ 유체 클러치 효율은 터빈 러너의 회전수에 비례한다.
　㉢ 유체 클러치 효율은 속도비 0.95~0.98 부근에서 최대가 된다.

④ **유체 클러치 오일의 구비조건**
　㉠ 점도가 낮을 것　　　㉡ 비중이 클 것　　　㉢ 착화점이 높을 것
　㉣ 내산성이 클 것　　　㉤ 유성이 좋을 것　　　㉥ 비점이 높을 것
　㉦ 융점이 낮을 것　　　㉧ 윤활성이 클 것

2) 토크 컨버터
- 엔진에서 전달되는 동력을 유체의 운동 에너지로 변환시킨다.
- 유체 클러치에 스테이터를 추가로 설치하여 회전력을 증대시킨다.

① **토크 컨버터의 구조**
　㉠ **펌프 임펠러** : 크랭크축에 연결되어 엔진이 회전하면 유체 에너지를 발생한다.
　㉡ **터빈 러너** : 변속기 입력축 스플라인에 접속되어 있으며, 유체 에너지에 의해 회전한다.

ⓒ **스테이터** : 펌프 임펠러와 터빈 러너 사이에 설치되어 터빈 러너에서 유출된 오일의 흐름 방향을 바꾸어 펌프 임펠러에 유입되도록 한다.
ⓓ **가이드 링** : 유체의 와류에 의한 클러치 효율이 저하되는 것을 방지한다.

② **토크 컨버터의 특징**
  ㉠ 엔진의 회전력에 의한 충격과 회전 진동은 유체에 의해 흡수 및 감쇠된다.
  ㉡ 토크 변환율은 2~3 : 1이며, 동력 전달 효율은 97~98% 이다.

③ **토크 컨버터의 성능**
  ㉠ 토크 컨버터의 유체 충돌 손실은 속도비 0.6~0.7에서 가장 작다.
  ㉡ 속도비가 0일 때(터빈 러너가 정지) 스톨 포인트 또는 드래그 포인트라 한다.
  ㉢ 스톨포인트에서 토크비가 가장 크고 회전력이 최대가 된다.
  ㉣ 스테이터가 공전을 시작할 때까지는 토크비가 직선적으로 감소된다.
  ㉤ 클러치점 이상의 속도비에서 토크비는 1이 된다.
  ㉥ 최대 토크비는 2~3 : 1이다

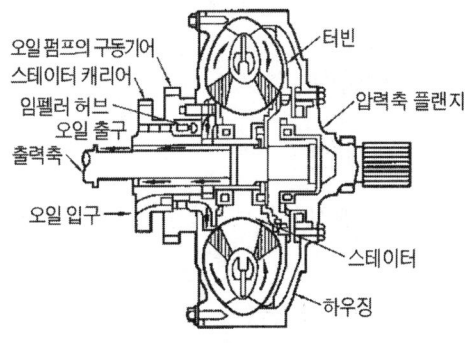

[그림] 토크 컨버터의 구조

3) 댐퍼(록업) 클러치 토크 컨버터

① **댐퍼 클러치의 개요** : 토크 컨버터는 펌프 임펠러와 터빈 러너의 회전차에 의해 엔진의 동력이 변속기에 전달되기 때문에 펌프 임펠러와 터빈 러너의 회전이 동일해져서 미끄럼에 의한 손실이 커져 마찰 클러치에 비하여 약 10% 정도의 동력 전달 효율이 저하된다. 댐퍼 클러치는 펌프 임펠러와 터빈 러너를 직결시켜 동력 전달 효율 및 연비를 향상시킨다.
  ㉠ 엔진의 동력을 기계적으로 직결시켜 변속기 입력축에 직접 전달한다.
  ㉡ 펌프 임펠러와 터빈 러너를 기계적으로 직결시켜 미끄럼을 방지하는 역할을 한다.
  ㉢ 로크 업(Lock up)이 해제되었을 때 동력 전달 순서는 기관 → 프런트커버 → 펌프 → 터빈 → 출력축이다.

② **댐퍼 클러치 컨트롤 밸브** : 자동차 속도의 변화에 대응하는 거버너 압력(유압)으로 제어된다.

③ **댐퍼 클러치가 작동되지 않는 범위**
  ㉠ 출발 또는 가속성을 향상시키기 위해 1속 및 후진에서는 작동되지 않는다.
  ㉡ 감속시에 발생되는 충격을 방지하기 위하여 엔진 브레이크시에 작동되지 않

는다.
　　ⓒ 작동의 안정화를 위하여 유온이 60℃ 이하에서는 작동되지 않는다.
　　ⓓ 엔진의 냉각수 온도가 50℃ 이하에서는 작동되지 않는다.
　　ⓔ 3속에서 2속으로 시프트 다운될 때에는 작동되지 않는다.
　　ⓕ 엔진의 회전수가 800rpm 이하일 때는 작동되지 않는다.
　　ⓖ 엔진의 회전 속도가 2,000rpm 이하에서 스로틀 밸브의 열림이 클 때는 작동되지 않는다.
　　ⓗ 변속이 원활하게 이루어지도록 하기 위하여 변속시에는 작동되지 않는다.

2. 수동변속기

(1) 개요

엔진에서 발생한 동력을 주행 조건에 알맞은 회전력과 속도로 바꾸어 구동 바퀴에 전달하는 역할을 한다.

1) 필요성
① 엔진의 회전 속도를 감속하여 회전력을 증대시키기 위하여 필요하다.
② 엔진을 시동할 때 무부하 상태로 있게 하기 위하여 필요하다.
③ 엔진은 역회전할 수 없으므로 자동차의 후진을 위하여 필요하다.
④ 출발 및 등판 주행 시 큰 구동력을 얻기 위해 필요하다.
⑤ 고속 주행 시 구동 바퀴를 고속으로 회전시키기 위하여 필요하다.

2) 구비 조건
① 단계없이 연속적으로 변속될 것.
② 조작이 쉽고, 신속, 확실, 정숙하게 행해질 것.
③ 전달 효율이 좋을 것.
④ 소형 경량이고 고장이 없으며, 다루기 쉬울 것.

3) 변속비

$$\frac{\text{기관의 회전수}}{\text{추진축의 회전수}} \text{ 또는 } \frac{\text{부축 기어의 잇수} \times \text{주축 기어의 잇수}}{\text{주축 기어의 잇수} \times \text{부축 기어의 잇수}}$$

① 변속비 $= \dfrac{\text{엔진 회전수}}{\text{추진축 회전수}} = \dfrac{\text{피동 기어 잇수}}{\text{구동 기어 잇수}}$

② 변속비 $= \dfrac{\text{A 기어 회전수}}{\text{B 기어 회전수}} = \dfrac{\text{B 기어 잇수}}{\text{A 기어 잇수}}$

(2) 수동변속기

변속 레버(시프트 레버)에 의해 주축의 피동 기어를 부축의 구동 기어에 맞물리도록 하여 변속한다.

1) 수동변속기의 종류

① **섭동 기어식 변속기** : 주축의 슬라이딩 기어를 부축 기어에 맞물리도록 하여 변속한다.
② **상시 물림식 변속기** : 주축의 스플라인에 설치된 도그 클러치가 주축 기어에 맞물리도록 하여 변속한다.
③ **동기 물림식 변속기** : 주축에 설치된 싱크로메시 기구의 원추 클러치가 주축 기어에 맞물리도록 하여 변속한다.

2) 동기 물림식 변속기의 구조

① **변속기 입력축** : 스플라인에 설치된 클러치 디스크에 의해 엔진의 동력을 부축 기어에 전달하는 역할을 한다.
② **부축 기어** : 주축에 설치된 각 기어에 동력을 전달하는 역할을 한다.
③ **주축 기어** : 기어가 설치되어 부축 기어에 의해 상시 공전한다.
④ **싱크로메시 기구**
  ㉠ 변속시에 주축의 회전수와 각 기어의 회전수 차이를 동기시키는 작용을 한다.
  ㉡ 마찰력으로 동기시켜 변속이 원활하게 이루어지도록 하는 역할을 한다.
⑤ **주축** : 변속된 회전력을 추진축으로 전달하는 역할을 한다.
⑥ **오조작 방지장치**
  ㉠ **록킹 볼** : 변속시에 기어의 물림이 이탈되는 것을 방지한다.
  ㉡ **인터록** : 기어의 2중 물림을 방지한다.

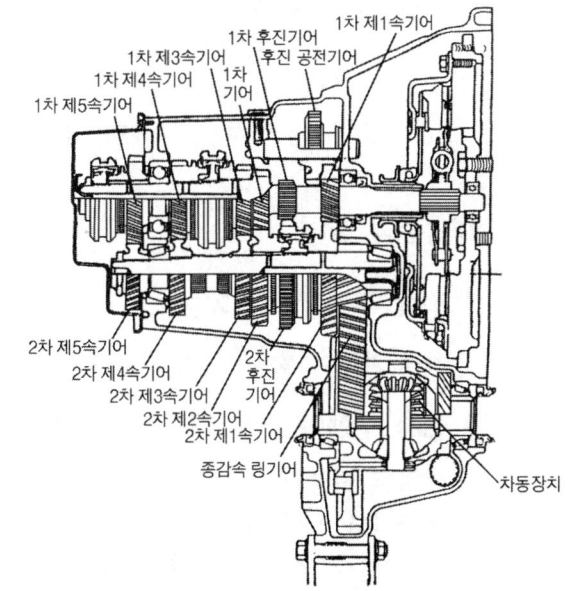

[그림] 수동 변속기(트랜스 액슬) 구조

3) 수동 변속기의 정비

① **수동 변속기의 점검**
  ㉠ 측정해야 할 항목은 주축 엔드플레이, 주축의 휨, 싱크로메시 기구, 기어의 백래시, 부축의 엔드플레이 등이다.

ⓛ 변속기 내의 싱크로메시 엔드플레이 측정은 필러 게이지로 한다.
ⓔ 변속기 부축의 축 방향 유격은 스러스트 와셔로 조정한다.

② **기어가 빠지는 원인**
㉠ 각 기어가 지나치게 마멸되었다. ㉡ 각 축의 베어링 또는 부싱이 마멸되었다.
㉢ 기어 시프트 포크가 마멸되었다. ㉣ 싱크로나이저 허브가 마모되었다.
㉤ 싱크로나이저 슬리브의 스플라인이 마모되었다.
㉥ 록킹 볼 스프링의 장력이 작다.

③ **변속이 어려운 원인**
㉠ 클러치의 차단(끊김)이 불량하다. ㉡ 각 기어가 마모되었다.
㉢ 싱크로메시 기구가 불량하다.   ㉣ 싱크로라이저 링이 마모되었다.
㉤ 기어 오일이 응고되었다.   ㉥ 컨트롤 케이블 조정이 불량하다.

④ **변속기에서 소음이 발생되는 원인**
㉠ 기어 오일이 부족하다.   ㉡ 기어 오일의 질이 나쁘다.
㉢ 기어 또는 베어링이 마모되었다. ㉣ 주축의 스플라인이 마모되었다.
㉤ 주축의 부싱이 마모되었다.

3. 정속 주행 장치

(1) 정속 주행장치의 기능
가속 페달을 밟지 않고도 운전자가 원하는 차량속도로 주행할 수 있다.

(2) 정속 주행이 일시 취소되는 원인
① 클러치 페달을 밟거나 브레이크를 작동할 때
② 자동변속기 차량에서 변속레버의 위치가 P 또는 N에 놓였을 때
③ 정상 크루즈 작동 중 실제 차속이 기억 차량 속도보다 17.5km/h 이상 차이가 나게 감속되었을 때
④ 차량속도가 40km/h 이하에서는 정속 주행이 해제된다.

(3) 오토 크루즈 컨트롤 유닛으로 입력되는 신호
클러치 스위치 신호, 브레이크 스위치 신호, 크루즈 컨트롤 스위치 신호 등

4. 드라이브 라인 및 동력배분장치

(1) 오버드라이브 장치
- 엔진의 여유 출력을 이용하여 추진축의 회전 속도를 엔진의 회전 속도보다 빠르게 한다.

- 자동차의 속도가 40km/h에 이르면 작동한다.
- 오버 드라이브 발전기의 출력이 8.5V가 되면 작동한다.
- 오버 드라이브 주행은 평탄 도로 주행에서만 작동한다.

1) 오버 드라이브의 장점
① 엔진의 회전 속도를 30% 낮추어도 자동차는 주행 속도를 유지한다.
② 엔진의 회전 속도가 동일하면 자동차의 속도가 30% 정도 빠르다.
③ 평탄로 주행 시 약 20% 정도의 연료가 절약된다.
④ 엔진의 운전이 정숙하고 수명이 연장된다.

2) 오버 드라이브 기구
① **변속기와 추진축 사이에 설치되어 있다.**
② **유성 기어 장치** : 선 기어, 유성 기어, 링 기어, 유성 기어 캐리어
　㉠ **유성 기어 캐리어** : 유성 기어를 지지하며, 변속기 출력축 스플라인에 설치되어 엔진의 동력을 링 기어에 전달한다.
　㉡ **선 기어** : 변속기 주축에 베어링을 사이에 두고 설치되어 보통 때에는 공전하고 오버 드라이브 주행 상태는 고정된다.
　㉢ **링 기어** : 안쪽에는 유성 기어와 물리고 뒤쪽은 추진축과 연결되어 있다.
　㉣ **오버 드라이브 주행** : 선 기어를 고정하고 유성 기어 캐리어를 회전시키면 링 기어는 오버 드라이브 주행이 된다. 선 기어를 고정하고 링 기어를 회전시키면 유성기어 캐리어는 링 기어보다 천천히 회전한다.
③ **프리휠링** : 한쪽 방향으로만 회전력을 전달한다.
　㉠ 오버 드라이브가 들어가기 전과 오버 드라이브를 해제시켜 관성으로 주행하는 것.
　㉡ 추진축의 회전력이 엔진에 전달되지 않는다.
　㉢ 엔진 브레이크가 작동되지 않는다.
　㉣ 유성 기어는 공전한다.

(2) 드라이브 라인

드라이브 라인은 변속기에서 전달되는 회전력을 종감속 기어장치에 전달하는 역할을 한다. 추진축, 슬립 이음, 자재 이음으로 구성되어 있다.

1) 추진축(propeller shaft)
① 변속기와 종감속 장치 사이에 설치되어 변속기의 출력을 구동축에 전달한다.
② 양쪽 끝에 자재 이음을 장착하기 위한 요크가 설치되어 있다.
③ 튜브 외주에는 회전 질량의 평형을 유지하기 위해 밸런스 웨이트가 설치되어 있다.
④ 축의 기하학적 중심과 질량적 중심이 일치하지 않으면 굽음 진동(휠링)이 발생한다.

2) 슬립 이음(slip joint)

추진축 길이의 변화를 가능하게 하기 위하여 사용되며, 뒷차축이 상하운동을 할 때 추진축의 길이를 변화시킨다.

3) 자재 이음(universal joint)

① 각도 변화에 대응하여 피동축에 원활한 회전력을 전달하는 역할을 한다.

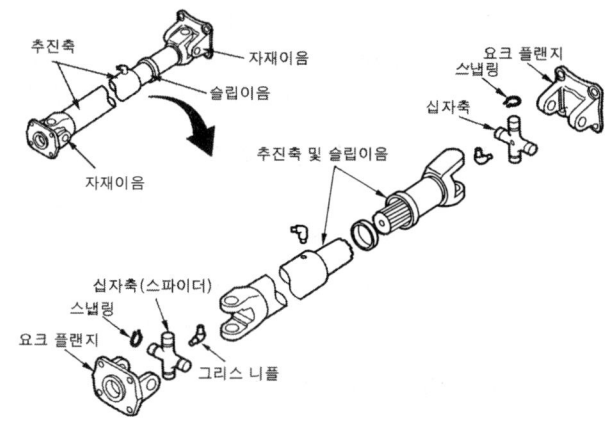

[그림] 드라이브 라인의 구성

② 자재 이음은 십자형 자재 이음(훅 조인트), 플렉시블 자재 이음, CV 자재이음(등속 조인트)로 분류된다.

㉠ **십자형 자재 이음(훅 조인트, 유니버셜 조인트)**
- 구조가 간단하고 동력 전달이 확실하다.
- 각 속도는 구동축이 등속 운동을 하여도 피동축은 90°마다 증속과 감속이 반복하여 변동 된다.
- 구동축 요크와 피동축 요크의 방향은 동일 평면상에 있어야 진동이 방지된다.

㉡ **CV자재 이음(등속 조인트)**
트랙터형, 벤딕스형, 버필드형, 제파형, 파르빌레형
- 구동축과 피동축의 교차각이 큰 경우에도 등속으로 원활한 동력이 전달된다.
- 독립 현가 방식의 앞바퀴 구동차(전륜 구동차)의 액슬축에 많이 사용된다.

③ **센터 베어링** : 프런트 추진축과 리어 추진축의 중심에 설치되어 중앙 부분을 지지하는 역할을 한다.

4) 추진축의 정비

① **추진축이 진동하는 원인**
㉠ 니들 롤러 베어링의 파손 또는 마모되었다.
㉡ 추진축이 휘었거나 밸런스 웨이트가 떨어졌다.
㉢ 슬립 조인트의 스플라인이 마모되었다.
㉣ 구동축과 피동축의 요크 방향이 틀리다.
㉤ 종감속 기어 장치 플랜지와 체결 볼트의 조임이 헐겁다.

② **출발 및 주행 중 소음이 발생되는 원인**
㉠ 구동축과 피동축의 요크의 방향이 다르다.
㉡ 추진축의 밸런스 웨이트가 떨어졌다.
㉢ 프런트 추진축의 센터 베어링이 마모되었다.

② 니들 롤러 베어링이 파손 또는 마모되었다.
⑩ 슬립 조인트의 스플라인이 마모되었다.
⑭ 체결 볼트의 조임이 헐겁다.

(3) 종감속 기어 및 차동기어 장치

1) 종감속기어

① **종감속기어의 기능**
  ㉠ 회전 속도를 감속하여 회전력을 증대시킨다.
  ㉡ FR(Front engine Rear drive)형식 : 추진축에서 전달되는 동력을 감속하여 뒤차축에 전달하는 역할을 한다.
  ㉢ FF(Front engine Front drive)형식 : 변속기에서 전달되는 동력을 감속하여 앞차축에 전달하는 역할을 한다.

② **종감속 기어의 종류**
  ㉠ 웜엄 기어 : 감속비를 크게 할 수 있고 자동차의 높이를 낮게 할 수 있다.
  ㉡ 스퍼 베벨 기어 : 기어의 물림률이 스파이럴 베벨 기어보다 낮다.
  ㉢ 스파이럴 베벨 기어
    - 기어의 물림률이 스퍼 베벨 기어보다 크다.
    - 전동 효율이 높고 기어의 마멸이 적다.
  ㉣ 하이포이드 기어
    - 하이포이드 기어는 구동 피니언을 편심(옵셋)시킨 것이다.
    - 추진축의 높이를 낮게 할 수 있다.
    - 차실의 바닥이 낮게 되어 거주성이 향상된다.
    - 자동차의 전고가 낮아 안전성이 증대된다.
    - 기어의 물림율이 크기 때문에 회전이 정숙하다.

③ **종감속비**
  ㉠ 종감속 기어는 링 기어와 구동 피니언 기어로 구성되어 있다.
  ㉡ 종감속 기어의 감속비는 차량의 중량, 등판 성능, 엔진의 출력, 가속 성능 등에 따라 결정된다.
  ㉢ 종감속비가 크면 등판 성능 및 가속 성능은 향상되고 고속 성능이 저하된다.
  ㉣ 종감속비가 작으면 고속 성능은 향상되고 가속 성능 및 등판 성능은 저하된다.
  ㉤ 종감속비는 나누어지지 않는 값으로 정하여 특정의 이가 물리는 것을 방지하여 이의 마멸을 고르게 한다.
  ㉥ 종감속비 = $\dfrac{\text{링 기어 잇수}}{\text{구동 피니언 기어 잇수}} = \dfrac{\text{추진축 회전수}}{\text{액슬축 회전수}}$

④ 링 기어와 구동 피니언의 접촉상태

| 구동 피니언이 링 기어에 가까이 가도록 와셔를 선택한다. | 구동 피니언이 링 기어에서 멀어지도록 와셔를 선택한다. | a와 같은 방법으로 조정한다. | b와 같은 방법으로 조정한다. |

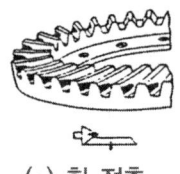 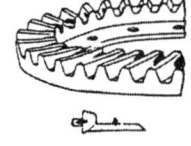 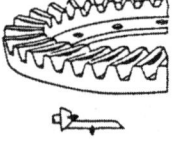 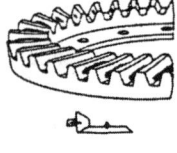

(a) 힐 접촉   (b) 토우 접촉   (c) 페이스 접촉   (d) 플랭크 접촉

[그림] 링 기어와 구동 피니언의 접촉상태

2) 차동기어 장치

① 차동기어의 기능

㉠ 차동기어 장치는 랙과 피니언 기어의 원리를 이용하여 좌우 바퀴의 회전수를 변화시킨다.
㉡ 자동차가 주행 중 선회시에 양쪽의 바퀴가 미끄러지지 않고 원활하게 선회할 수 있도록 한다.
㉢ 회전할 때 바깥쪽 바퀴의 회전수를 빠르게 하여 선회가 원활하게 이루어지도록 한다.
㉣ 요철 노면을 주행할 경우 양쪽 바퀴의 회전수를 변화시켜 원활한 주행이 이루어지도록 한다.
㉤ 차동기어 장치에서 링 기어와 항상 같은 속도로 회전하는 것은 차동기 케이스이다.

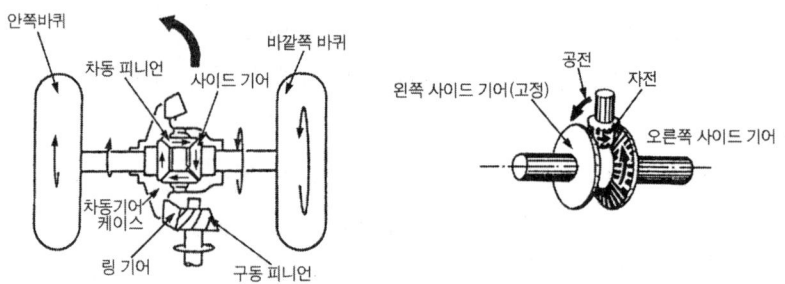

[그림] 차동기어 장치의 구성

② 차동기어의 구성

㉠ 차동 피니언 기어, 차동 피니언 축, 사이드 기어로 구성되어 있다.
㉡ 중앙부의 스플라인은 구동축 스플라인과 접속되어 있다.
㉢ 직진시에는 좌우의 사이드 기어가 차동 기어 케이스와 함께 회전한다.

3) 자동 제한 차동기어 장치(LSD : Limited Slip Differential)

① 개요
  ㉠ 주행중 한쪽 바퀴가 진흙탕에 빠진 경우에 차동 피니언 기어의 자전을 제한 한다.
  ㉡ 노면에 접지된 바퀴와 진흙탕에 빠진 바퀴 모두에 엔진의 동력을 전달하여 주행할 수 있도록 한다.

② 특징
  ㉠ 미끄러운 노면에서 출발이 용이하다.
  ㉡ 요철 노면을 주행할 때 자동차의 후부 흔들림이 방지된다.
  ㉢ 가속, 커브길 선회시에 바퀴의 공전을 방지한다.
  ㉣ 타이어 슬립을 방지하여 수명이 연장된다.
  ㉤ 급속 직진 주행에 안전성이 양호하다.

4) 종감속 기어 및 차동 기어 장치 점검

① 링 기어의 흔들림 측정은 다이얼 게이지로 한다.
② 링 기어와 피니언의 접촉 점검은 광명단을 발라 검사한다.
③ 구동 피니언과 링 기어의 물림을 점검할 때 이의 면에 묻은 광명단은 3/4이상을 접촉해야 된다.
④ 차동 기어 케이스 내에 오일량이 과다하면 오일이 브레이크 드럼 내로 들어갈 수 있다.

(4) 차축과 차축하우징

1) 차축(Axle shaft)

① 액슬축은 종감속 기어 및 차동 기어 장치에서 전달된 동력을 구동 바퀴에 전달하는 역할을 한다.
② 안쪽 끝 부분의 스플라인은 사이드 기어 스플라인에 결합되어 있다.
③ 바깥쪽 끝 부분은 구동 바퀴와 결합되어 있다.
④ **액슬축을 지지 방식**

  가. 반부동식
    ㉠ 구동 바퀴가 액슬축 바깥쪽의 플랜지에 직접 설치된다.
    ㉡ 윤하중은 액슬축이 $\frac{1}{2}$, 액슬 하우징이 $\frac{1}{2}$을 지지한다.
    ㉢ 내부 고정 장치를 풀지 않고는 액슬축을 분해할 수 없다.

  나. $\frac{1}{4}$ 부동식

  다. 전부동식
    ㉠ 액슬축 플랜지가 휠 허브에 볼트로 결합되어 있다.

ⓒ 액슬축은 외력을 받지 않고 동력만을 전달한다.
ⓒ 바퀴를 떼어내지 않고 액슬축을 분해할 수 있다.

2) 액슬 하우징
① **종류** : 벤조우형, 스플릿형, 빌드업형
② 튜브 모양의 고정 축으로 자동차의 후부 하중을 지지한다.
③ 좌우 바퀴를 구동하는 액슬축이 내장되어 있다.
④ 중앙 부분에 종감속 및 차동 기어 장치가 설치되어 있다.

(5) 전륜 구동 장치

1) 개요
① 엔진의 동력을 앞·뒤 바퀴에 전달하는 장치이다.
② 요철이 심한 도로, 미끄러지기 쉬운 도로, 급경사 도로 등을 용이하게 주행할 수 있도록 한다.
③ 우천 및 적설시 노면의 악조건에서도 주행 안정성을 향상시킨다.

2) 타이트 코너 브레이크 현상
① 4륜으로 주행할 경우 앞뒤 액슬축이 직결되어 앞 뒤 바퀴의 회전수는 동일하다.
② 건조한 포장 도로에서 급커브 등의 선회를 하는 경우에 앞 뒤 바퀴의 선회 반경 차가 발생된다.
③ 선회시 앞 뒤 바퀴의 선회차에 의해 앞바퀴에 제동의 느낌이 감지되는 현상을 타이트 코너 브레이크(tight corner brake)라 한다.

08 현가장치 및 조향장치

1. 현가장치

(1) 개요
- 주행 중 노면에서 발생되는 진동이나 충격을 흡수 완화시킨다.
- 진동이나 충격이 승객에 직접 전달되는 것을 방지하여 승차감을 향상시킨다.
- 진동이나 충격이 차체에 직접 전달되는 것을 방지하여 자동차의 안전성을 향상시킨다.

1) 현가장치의 구성
① **일체 차축 현가장치** : 1개의 축에 좌우 바퀴가 설치되어 있는 형식의 현가장치.
② **독립 현가장치** : 좌우 바퀴가 각각 독립적으로 작용할 수 있도록 한 형식의 현

가장치.
③ **섀시 스프링** : 차축과 프레임 사이에 설치되어 바퀴에 가해지는 진동이나 충격을 흡수한다.
④ **쇽업소버** : 스프링의 고유 진동을 제어하여 승차감을 향상시킨다.
⑤ **스태빌라이저** : 자동차의 롤링을 방지하여 평형을 유지한다.
⑥ **컨트롤 암 및 링크** : 프레임에 대하여 바퀴가 상하 운동을 할 때 최적의 위치로 유지시킨다.

2) 섀시 스프링
- 주행 중 노면에 의해 발생되는 충격이 프레임에 직접 전달되는 것을 방지한다.
- 주행 중 노면에 의해서 발생되는 바퀴의 진동이 프레임에 직접 전달되는 것을 방지한다.

① **현가장치에서 스프링이 갖추어야 할 기능**
㉠ 승차감   ㉡ 주행 안정성   ㉢ 선회특성

② **판 스프링(일체식 차축에 사용)**

가. 구조
㉠ **아이** : 1번 스프링의 양 끝부분에 설치된 구멍으로 섀클핀에 의해 프레임에 설치된다.
㉡ **스팬** : 스프링 아이와 아이 중심간의 수평 거리
㉢ **캠버** : 판 스프링의 휨 량.
㉣ **섀클(shackle)** : 스팬의 길이를 변화시키며, 차체에 스프링을 설치하는 부분이다.

나. 판 스프링의 장점
㉠ 자체의 강성에 의해 액슬 하우징을 정위치로 유지할 수 있어 구조가 간단하다.
㉡ 판 스프링은 큰 진동을 잘 흡수한다.

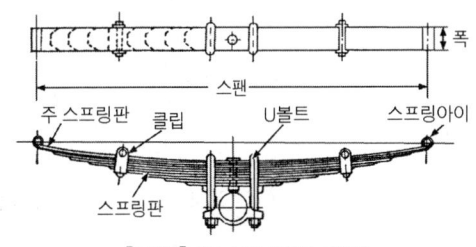

[그림] 판스프링의 구조

다. 판 스프링의 단점
㉠ 판 스프링은 작은 진동을 흡수하지 못한다.
㉡ 강판 사이의 마찰에 의해 진동을 흡수하기 때문에 마모 및 소음이 발생된다.
㉢ 판 사이의 마찰에 의해 진동을 흡수하므로 승차감이 저하된다.

라. 섀클-압축 섀클, 인장 섀클
㉠ 스프링 아이와 차체의 행어에 설치되어 스팬의 변화를 가능케 하는 역할을 한다.

③ **코일 스프링-부등피치형, 원추형** : 강 봉을 코일 모양으로 감아서 만든 스프링으로 비틀림으로 하중을 받는다.

가. **코일 스프링의 장점**
  ㉠ 단위 중량당 흡수율이 판 스프링보다 크고 유연하다.
  ㉡ 판 스프링보다 승차감이 우수하다.

나. **코일 스프링의 단점**
  ㉠ 코일 사이에 마찰이 없기 때문에 진동의 감쇠 작용이 없다.
  ㉡ 옆 방향의 작용력(비틀림)에 대한 저항력이 없다.
  ㉢ 차축의 지지에 링크나 쇽업소버를 사용하여야 하기 때문에 구조가 복잡하다.

④ **토션바 스프링** : 스프링 강의 막대로 비틀림 탄성에 의한 복원성을 이용하여 완충 작용을 한다.

가. **토션바 스프링의 장점**
  ㉠ 단위 중량당 에너지 흡수율이 다른 스프링에 비해 크다.
  ㉡ 다른 스프링보다 가볍고 구조가 간단하다.
  ㉢ 작은 진동 흡수가 양호하여 승차감이 향상된다.

나. **토션바 스프링의 단점**
  ㉠ 코일 스프링과 같이 감쇠 작용을 할 수 없다.
  ㉡ 쇽업소버와 함께 사용하여야 한다.

3) **쇽업쇼버**

① **쇽업쇼버의 역할**
  ㉠ 주행 중 충격에 의해 발생된 스프링의 고유 진동을 흡수한다.
  ㉡ 스프링의 상하 운동 에너지를 열 에너지로 변환시킨다.
  ㉢ 스프링의 피로를 감소시킨다.
  ㉣ 로드 홀딩 및 승차감을 향상시킨다.
  ㉤ 진동을 신속히 감쇠시켜 타이어의 접지성 및 조향 안정성을 향상시킨다.

② **쇽업소버의 종류**

가. **텔레스코핑형 쇽업소버**

나. **드가르봉식 쇽업소버(가스 봉입형)**
  ㉠ 실린더의 하부에 프리 피스톤을 사이에 두고 질소 가스가 $20 \sim 30 \mathrm{kgf/cm^2}$의 압력으로 봉입되어 있다.
  ㉡ 피스톤은 늘어날 때 또는 압축될 때 밸브를 통과하는 오일의 저항에 의해 감쇠 작용을 한다.
  ㉢ 실린더가 하나로 되어 있기 때문에 방열 효과가 좋다.
  ㉣ 오일에서 가스를 완전히 분리하여 에멀션의 발생을 방지하여 안정된 감쇠력을 얻는다.

ⓜ 팽창, 수축시 쇽업소버 오일에 부압이 형성되지 않도록 하여 캐비테이션 현상을 방지한다.

4) 스태빌라이저
① 독립 현가장치에 차체의 기울기를 방지하기 위한 일종의 토션 바 스프링이다.
② 선회시 발생되는 롤링(rolling)을 방지하여 차체의 평형을 유지하는 역할을 한다.

(2) 현가장치의 종류

1) 일체차축 현가장치
- 일체로 된 차축의 양 끝에 바퀴가 설치되고 차축이 스프링에 의해 차체에 설치된 형식.
- 구조가 간단하고 강도가 크기 때문에 트럭 및 버스에 많이 사용된다.
- 일체차축 현가장치의 스프링으로는 판 스프링이 주로 사용된다.

① 일체차축 현가장치의 장점
㉠ 차축의 위치를 정하는 링크나 로드가 필요 없다.
㉡ 구조가 간단하고 부품수가 적다.
㉢ 자동차가 선회 시 차체의 기울기가 적다.

② 일체차축 현가장치의 단점
㉠ 스프링 밑 질량이 크기 때문에 승차감이 저하된다.
㉡ 스프링 상수가 너무 적은 것은 사용할 수 없다.
㉢ 앞 바퀴에 시미가 발생되기 쉽다.

2) 독립 현가장치
- 차축을 분할하여 좌우 바퀴가 독립적으로 작동할 수 있도록 되어 있는 형식
- 승차감과 조향 안정성을 요구하는 승용 자동차에 이용된다.

① 독립 현가장치의 장단점

가. 장점
㉠ 스프링 밑 질량이 작기 때문에 승차감이 향상된다.
㉡ 바퀴의 시미 현상이 적어 로드 홀딩이 우수하다.
㉢ 스프링 정수가 적은 스프링을 사용할 수 있다.
㉣ 작은 진동 흡수율이 크기 때문에 승차감이 향상된다.
㉤ 차고를 낮게 할 수 있기 때문에 안정성이 향상된다.

나. 단점
㉠ 바퀴의 상하 운동에 의해 윤거가 변화되어 타이어의 마멸이 촉진된다.
㉡ 바퀴의 상하 운동에 의해 전차륜 정렬이 틀려져 타이어 마멸이 촉진된다.
㉢ 구조가 복잡하고 취급 및 정비가 어렵다.
㉣ 볼 이음부가 많아 마멸에 의한 전차륜 정렬이 틀려지기 쉽다.

② 위시본 형식
- 위아래 컨트롤 암이 부시를 통해 컨트롤 암 축에 지지되어 프레임에 고정되어 있다.
- 코일 스프링은 아래 컨트롤 암과 프레임에 설치되어 상하 방향의 하중을 지지한다.

가. 평행 사변형 형식
㉠ 위아래 컨트롤 암의 길이가 동일하다.
㉡ 바퀴가 상하 운동을 하면 조향 너클과 컨트롤 암이 평행하게 이동되어 윤거가 변화된다.
㉢ 윤거의 변화에 의해 타이어 마멸이 촉진된다.
㉣ 캠버의 변화가 없어 선회 주행에 안정감이 있다.

나. SLA 형식
㉠ 위 컨트롤 암이 아래 컨트롤 암보다 짧다.
㉡ 바퀴가 상하 운동을 하면 위아래 컨트롤 암의 원호 반경 차에 의해 캠버가 변화된다.
㉢ 바퀴의 위쪽만 안쪽으로 변화되기 때문에 윤거의 변화가 없다.

③ 맥퍼슨 형식
가. 맥퍼슨 형식의 구성
㉠ 조향 너클과 현가장치가 일체로 된 형식
㉡ **스트러트** : 쇽업소버가 내장되어 킹핀의 역할을 한다.
㉢ **컨트롤 암** : 프레임과 스트러트 사이에 설치되어 진동에 의해 상하 운동을 한다.
㉣ **볼 조인트** : 컨트롤 암과 스트러트 하부를 연결하여 조향 너클이 회전 운동을 할 수 있도록 한다.
㉤ **코일 스프링** : 스트러트 상부와 프레임 사이에 설치되어 노면에서 발생되는 충격을 완화 시키는 역할을 한다.

나. 맥퍼슨 형식의 특징
㉠ 위시본 형식에 비해 구성 부품이 적어 구조가 간단하다.
㉡ 위시본 형식에 비해 마찰 및 손상되는 부분이 적어 정비가 용이하다.
㉢ 현가장치와 조향 너클이 일체로 되어 있기 때문에 엔진 룸의 유효 체적이 넓다.
㉣ 스프링 밑 질량이 적기 때문에 로드 홀딩이 우수하다.
㉤ 진동의 흡수율이 크기 때문에 승차감이 향상된다.

④ 트레일링 암 형식
㉠ 앞 바퀴 구동 자동차의 뒤 현가장치에 사용된다.
㉡ 차체의 전후 방향에 트레일링 암이 1개 또는 2개가 설치되어 있다.

ⓒ 크로스 멤버의 기울기가 발생되면 트레일링 암이 상하로 움직어 위치가 유지된다.

⑤ 스윙 차축 형식
ⓐ 차축을 중앙에서 2개로 분할하여 진동을 받으면 좌우측 바퀴가 독립적으로 작용한다.
ⓑ 바퀴의 상하 운동에 따라 캠버 및 윤거가 크게 변화된다.

3) 공기식 현가장치
- 공기의 압축 탄성을 이용하여 완충 작용을 한다.
- 작은 진동 흡수율이 크고 유연한 탄성을 얻을 수 있어 장거리 대형 차량에 사용된다.

① 공기 스프링의 장·단점
  가. 공기 스프링의 장점
    ⓐ 고유 진동이 작기 때문에 효과가 유연하다.
    ⓑ 공기 자체에 감쇠성이 있기 때문에 작은 진동을 흡수할 수 있다.
    ⓒ 하중의 변화와 관계없이 차체의 높이를 일정하게 유지할 수 있다.
    ⓓ 스프링의 세기가 하중에 비례하여 변화되기 때문에 승차감의 변화가 없다.
  나. 공기 스프링의 단점
    ⓐ 공기 압축기, 레벨링 밸브 등이 설치되기 때문에 구조가 복잡하다.
    ⓑ 옆 방향의 작용력에 대한 강성이 없다.
    ⓒ 액슬 하우징을 지지하기 위한 링크 기구가 필요하다.
    ⓓ 제작비가 비싸다.

② 구성 부품

  가. **공기 압축기** : 엔진 회전 속도의 $\frac{1}{2}$로 구동되어 공기를 압축시키는 역할
    ⓐ **언로더 밸브** : 공기 압축기의 흡입 밸브에 설치되어 공기 탱크 내의 압력이 $8.5kgf/cm^2$에 이르면 압축 작용을 정지시킨다.
    ⓑ **압력 조정기** : 공기 탱크 내의 압력을 $5\sim7kgf/cm^2$로 유지시키는 역할을 한다.
  나. **공기 드라이어** : 압축 공기중에 포함되어 있는 수증기를 제거하여 압축 공기 탱크로 공급 하는 역할
  다. **압축 공기 탱크**
    ⓐ 공기 탱크는 프레임의 사이드 멤버에 설치되어 압축 공기를 저장하는 역할을 한다.
    ⓑ **안전 밸브** : 탱크 내의 압력이 $7.0\sim8.5kgf/cm^2$로 유지시키고 탱크의 압축 공기를 대기중으로 배출시켜 규정 압력 이상으로 상승되는 것을 방지 한다.

ⓒ **첵 밸브** : 공기 탱크 입구 부근에 설치되어 압축 공기의 역류를 방지하는 역할을 한다.
라. **레벨링 밸브** : 하중의 변화에 의해 공기 스프링 내의 공기 압력을 증감시켜 차고를 일정하게 유지시키는 역할을 한다.
마. **서지 탱크** : 공기 스프링 내부의 압력 변화를 완화시켜 스프링 작용을 유연하게 한다.
바. **공기 스프링** : 액슬 하우징과 프레임 사이에 설치되어 진동 및 충격을 완화시킨다.

4) 현가장치의 정비

① 저속 시미의 원인
㉠ 각 연결부의 볼 조인트가 마멸되었다.
㉡ 링케이지의 연결부가 마멸되어 헐겁다.
㉢ 타이어의 공기압이 낮다.   ㉣ 앞바퀴 정렬의 조정이 불량하다.
㉤ 스프링의 정수가 적다.   ㉥ 휠 또는 타이어가 변형되었다.
㉦ 좌, 우 타이어의 공기압이 다르다.   ㉧ 조향 기어가 마모되었다.
㉨ 현가장치가 불량하다.

② 고속 시미의 원인
㉠ 바퀴의 동적 불평형이다.   ㉡ 엔진의 설치 볼트가 헐겁다.
㉢ 추진축에서 진동이 발생한다.   ㉣ 자재 이음의 마모 또는 급유가 부족하다.
㉤ 타이어가 변형되었다.   ㉥ 보디의 고정 볼트가 헐겁다.

(3) 현가장치의 이론

1) 자동차의 진동

① 스프링 위 질량의 진동
㉠ 보디의 진동을 스프링 위 질량의 진동이라 한다.
㉡ **바운싱** : 차체가 축방향과 평행하게 상하 방향으로 운동을 하는 고유 진동이다.
㉢ **피칭** : 차체가 Y축을 중심으로 앞뒤 방향으로 회전 운동을 하는 고유 진동이다.
㉣ **롤링** : 차체가 X축을 중심으로 좌우 방향으로 회전 운동을 하는 고유 진동이다.
㉤ **요잉** : 차체가 Z축을 중심으로 회전 운동을 하는 고유 진동이다.

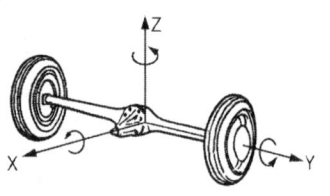

② 스프링 아래 질량의 진동
㉠ 차축의 진동을 스프링 아래 질량의 진동이라 한다.
㉡ **휠 홉** : 차축이 Z축 방향으로 회전 운동을 하는 진동이다.

ⓒ **휠 트램프** : 차축이 X축을 중심으로 회전 운동을 하는 진동이다.
ⓓ **와인드 업** : 차축이 Y축을 중심으로 회전 운동을 하는 고유 진동이다.

(4) 뒤 차축의 구동방식

- 차체는 구동 바퀴로부터 추진력(추력)을 받아 전진하거나 후진을 한다.
- 바퀴의 구동력을 전달하는 방법에 따라 호치키스 구동, 토크 튜브 구동, 레디어스 암 구동 방식이 있다.
- **리어 엔드 토크** : 엔진의 출력이 동력 전달장치를 통하여 구동 바퀴를 회전시키면 구동축은 그 반대 방향으로 회전하려는 힘이 작용한다.

1) 호치키스 구동
① 판 스프링을 사용할 때 이용되는 형식
② 구동 바퀴의 구동력(추력)은 판 스프링을 통하여 차체에 전달된다.
③ 리어 엔드 토크(구동 바퀴를 회전시킬 때의 반력) 및 비틀림도 판 스프링이 받는다.

2) 토크 튜브 구동
① 추진축이 토크 튜브 내에 설치되어 있다.
② 토크 튜브는 변속기와 종감속 기어 하우징 사이에 설치되어 있다.
③ 코일 스프링을 사용할 때 이용되는 형식
④ 구동 바퀴의 구동력은 토크 튜브를 통하여 차체에 전달된다.
⑤ 리어 엔드 토크 및 비틀림 등도 토크 튜브가 받는다.

3) 레디어스 암 구동
① 코일 스프링을 사용할 때 이용되는 형식
② 액슬 하우징이 2개의 레디어스 암에 의해 차체에 지지되어 있다.
③ 구동 바퀴의 구동력이 2개의 레디어스 암을 통하여 차체에 전달된다.
④ 리어 엔드 토크 및 비틀림 등도 2개의 레디어스 암이 받는다.

2. 조향 장치

(1) 개요
자동차의 주행 방향을 임의로 변환시키는 장치로 조향 휠(스티어링 핸들), 조향 기어 박스, 링크 기구로 구성되어 있다.

1) 앞 바퀴의 설치
① **일체 차축 현가 방식의 앞 차축 구조**
　가. 구조
　　㉠ I형 단면으로 안쪽에 판 스프링을 설치하기 위한 시트가 설치되어 있다.

㉡ 양 끝에는 조향 너클을 설치하기 위하여 킹핀을 끼우는 홈이 있다.
나. 조향 너클 지지 방식
㉠ **엘리옷형** : 차축의 양끝이 요크로 되어 그 속에 조향 너클이 설치된다.
㉡ **역 엘리옷형** : 조향 너클이 요크로 되어 그 속에 T자형의 차축이 설치된다.
㉢ **마몬형** : 차축 위에 조향 너클이 설치된 형식.
㉣ **르모앙형** : 차축 아래에 조향 너클이 설치된 형식.

② **조향 너클**
㉠ 자동차 앞부분의 중량 및 노면에서 받는 충격을 지지한다.
㉡ 자동차의 방향 변환 시 킹핀을 중심으로 회전하여 조향 작용을 한다.
㉢ 요크가 차축에 접촉되는 부분에 스러스트 베어링이 설치되어 방향 변환 시 회전 저항을 감소시킨다.
㉣ 킹핀을 설치하는 홈에는 청동제의 부싱에 의해 킹핀의 마멸을 방지한다.

③ **킹핀** : 차축과 조향 너클을 연결하는 핀이다.

2) **조향 장치의 원리**

① **애커먼 장토식**

② **최소 회전 반경**
㉠ 자동차가 조향각을 최대로 하고 선회하였을 때 최외측 바퀴가 그리는 원의 반경을 최소 회전 반경이라 한다.
㉡ 안쪽 앞바퀴와 안쪽 뒷바퀴와의 반경차를 내륜차라 한다.
㉢ 내륜차는 축거가 클수록 커진다.

$$R = \frac{L}{\sin\alpha} + r$$

R : 최소 회전 반경(m)   L : 휠 베이스(축거, m) $\sin\alpha$: 최외측 바퀴의 조향 각
r : 바퀴 접지면 중심과 킹핀 중심과의 거리(m)

③ **조향장치가 갖추어야 할 조건**
㉠ 조향 조작이 주행 중 발생되는 충격에 영향을 받지 않을 것.
㉡ 조작하기 쉽고 방향 변환이 원활하게 이루어질 것.
㉢ 회전 반경이 작아서 좁은 곳에서도 방향 변환이 원활하게 이루어질 것.
㉣ 고속 주행에서도 조향 핸들이 안정될 것.
㉤ 조향 핸들의 회전과 바퀴 선회차가 크지 않을 것.

(2) 조향 조작 기구

1) 조향장치의 구조
조향 장치의 동력전달 순서는 조향 핸들-조향 기어박스-섹터 축-피트먼 암이다.

① **조향 휠(조향 핸들)** : 운전자의 조작력을 조향 축에 전달하는 역할을 한다.

② **조향축 및 조향 칼럼**
   ㉠ **조향축** : 조향 휠의 조작력을 조향 기어 박스에 전달하는 역할을 한다.
   ㉡ **조향 칼럼** : 조향 칼럼 튜브 내에 설치되어 있는 조향축을 지지하는 역할을 한다.

③ **조향 기어**
조향 휠의 회전을 감속하여 조작력을 증대시킴과 동시에 운동 방향을 변환시키는 역할을 한다.

   가. **조향 기어의 조건**
      ㉠ **비 가역식** - 조향 휠의 조작에 의해서만 앞바퀴를 회전시킬 수 있다.
      ㉡ **가역식**
         - 조향 휠의 조작에 의해서 앞바퀴를 회전시킬 수 있다.
         - 앞바퀴의 조작에 의해서 조향 휠을 회전시킬 수 있다.
      ㉢ **반 가역식** - 가역식과 비 가역식의 중간 성질을 갖는다.

   나. **조향 기어의 종류**
      ㉠ 종류 : 웜 섹터형식, 웜 섹터 롤러형식, 볼 너트형식, 웜 핀형식, 스크루 너트형식, 스크루 볼형식, 랙과 피니언형식, 볼 너트 웜 핀형식.

   다. **조향 기어비(볼 너트 형식)**
      ㉠ 조향 휠의 회전 각도와 피트먼 암의 회전 각도와의 비를 조향 기어비라 한다.

$$조향 기어비 = \frac{조향 휠의 회전각도}{피트먼 암의 회전각도}$$

   ㉡ 조향 기어비를 크게 하면 조향 조작력이 가벼우나 조향 조작이 늦어진다.
   ㉢ 조향 기어비를 작게 하면 조향 조작이 민속하나 조향 조작이 무겁다.

2) 조향 링키지
- 조향 링키지는 조향 기어에 의해 변환되는 조향 조작력을 앞바퀴에 전달하는 역할을 한다.
- 앞바퀴 얼라인먼트의 일부를 정확히 유지시키는 역할을 한다.
- 현가장치의 상하 운동에 따라 추종하여 앞바퀴가 향하는 위치를 바르게 유지

① 일체차축 현가 방식의 조향 링키지
  ㉠ 차축보다 운전석이 앞에 있어 피트먼 암이 드래그 링크를 통하여 조향 너클 암을 작동시킨다.
  ㉡ 축거가 차축에 의해 일정하게 유지되므로 조향 너클 암에 1개의 타이로드가 연결되어 있다.
  가. **피트먼 암** : 섹터축의 회전 운동을 원호 운동으로 변환하여 드래그 링크에 전달하는 역할을 한다.
  나. **드래그 링크** : 피트먼 암의 원호 운동을 직선 운동으로 변환하여 조향 너클 암에 전달하는 역할을 한다.
  다. **조향 너클 암** : 드래그 링크의 직선 운동을 조향 너클 스핀들에 전달하는 역할을 한다.
  라. **타이로드 및 타이로드 엔드**
    - 좌우의 조향 너클 스핀들을 동시에 회전시키는 역할을 한다.
    - 한쪽은 오른 나사, 다른 한쪽은 왼 나사로 되어 타이로드를 회전시키면 토우가 조정된다.

② 독립 현가방식 랙과 피니언형 조향 링키지
  ㉠ 랙이 직접 릴레이 로드의 역할을 하기 때문에 릴레이 로드, 아이들 암이 없다
  ㉡ 타이로드 대신에 랙 엔드가 사용된다.
  ㉢ 랙 엔드는 랙의 직선 운동을 조향 너클에 전달하는 역할을 한다.
  ㉣ 랙 엔드는 조향 너클 측에 타이로드 엔드, 랙 측에 볼 조인트가 설치되어 있다.
  ㉤ 타이로드 엔드가 설치되는 부분에 나사가 있어 풀거나 조임량에 의해 토인이 조정된다.

(3) 조향 장치의 정비

1) 조향 핸들의 조작을 가볍게 하는 방법
① 타이어의 공기압을 높인다.
② 앞바퀴 정렬을 정확히 한다.
③ 조향 휠을 크게 한다.
④ 고속으로 주행한다.
⑤ 자동차의 하중을 감소시킨다.
⑥ 조향 기어 관계의 베어링을 잘 조정한다.
⑦ 포장도로로 주행한다.

2) 조향 핸들의 유격이 크게 되는 원인
① 조향 링키지의 볼 이음 접속 부분의 헐거움 및 볼 이음이 마모되었다.
② 조향 너클이 헐겁다.
③ 앞바퀴 베어링(조향너클의 베어링)이 마멸되었다.
④ 조향 기어의 백래시가 크다.
⑤ 조향 링키지의 접속부가 헐겁다.
⑥ 피트먼 암이 헐겁다.

3) 주행 중 조향 핸들이 무거워지는 이유
① 앞 타이어의 공기가 빠졌다.(공기압이 낮다)
② 조향 기어박스의 오일이 부족하다.   ③ 볼 조인트가 과도하게 마모되었다.
④ 앞 타이어의 마모가 심하다.   ⑤ 타이어 규격이 크다.
⑥ 현가 암이 휘었다.   ⑦ 조향 너클이 휘었다.
⑧ 프레임이 휘었다.   ⑨ 정의 캐스터가 과도하다.

4) 조향 핸들이 흔들리는 원인
① 웜과 섹터의 간극이 너무 크다(조향 기어의 백래시가 크다).
② 킹 핀과 결합이 너무 헐겁다.   ③ 캐스터가 고르지 않다.
④ 앞바퀴의 휠 베어링이 마멸되었다.

5) 주행 중 조향 핸들이 한쪽 방향으로 쏠리는 현상의 원인
① 브레이크 라이닝 간격 조정이 불량하다.
② 휠의 불평형 때문이다.
③ 한쪽 쇽업소버가 불량하다.
④ 타이어 공기 압력이 불균일하다.
⑤ 앞바퀴 얼라인먼트의 조정이 불량하다.
⑥ 한쪽 휠 실린더의 작동 불량하다
⑦ 한쪽 허브 베어링이 마모되었다.
⑧ 뒷차축이 차량의 중심선에 대하여 직각이 되지 않는다.
⑨ 앞차축 한쪽의 현가 스프링이 파손되었다.
⑩ 한쪽 브레이크 라이닝에 오일이 묻었다.
⑪ 조향 너클이 휘었거나 스테빌라이저가 절손되었다.

6) 핸들에 충격을 느끼는 원인
① 타이어 공기압이 높다.
② 앞바퀴 정렬이 틀리다.
③ 바퀴가 불평형이다.
④ 쇽업소버의 작동이 불량하다.
⑤ 조향 기어의 조정이 불량하다.
⑥ 조향 너클이 휘었다.

(4) 동력 조향 장치

1) 동력 조향 장치의 개요
① 조향 조작력을 가볍게 함과 동시에 조향 조작이 신속하게 이루어지도록 한다.
② 조향 휠의 조작력이 배력 장치의 보조력으로 가볍게 이루어진다.
② 동력조향장치가 고장일 때 핸들을 수동으로 조작할 수 있도록 하는 것은 안전 첵밸브이다.

④ 동력 조향 장치의 장점
  ㉠ 적은 힘으로 조향 조작을 할 수 있다.
  ㉡ 조향 기어비를 조작력에 관계없이 선정할 수 있다.
  ㉢ 노면의 충격을 흡수하여 핸들에 전달되는 것을 방지한다.
  ㉣ 앞 바퀴의 시미 모션을 감쇄하는 효과가 있다.
  ㉤ 노면에서 발생되는 충격을 흡수하기 때문에 킥 백을 방지할 수 있다.

2) 동력 조향 장치의 3대 주요부

① **동력 장치** : 오일 펌프, 유압 조절 밸브, 유량 조절 밸브
  ㉠ 조향 조작력을 증대시키기 위한 유압을 발생한다.

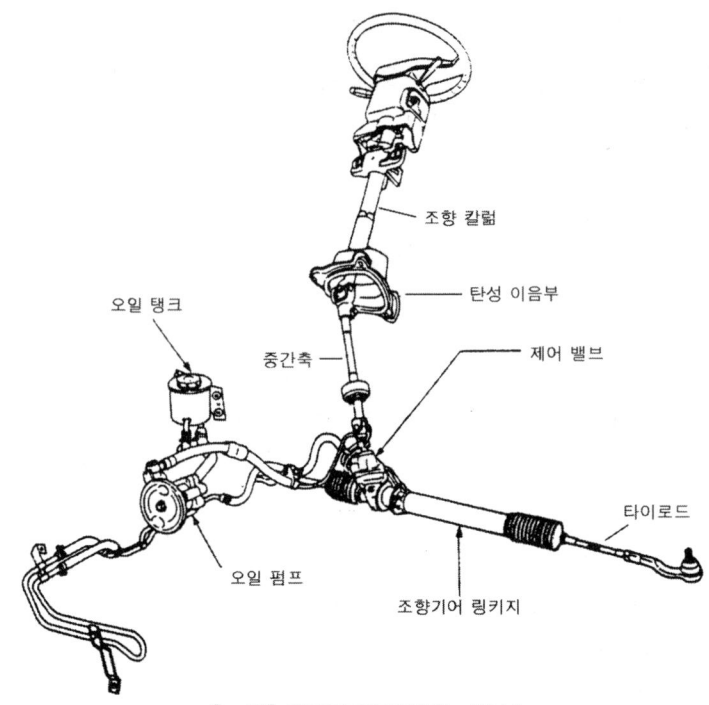

[그림] 동력조향장치의 구성

② **작동 장치** : 동력 실린더, 동력 피스톤
  ㉠ 유압을 기계적 에너지로 변환시켜 앞바퀴에 조향력을 발생한다.

③ **제어 장치**
  ㉠ 동력 장치에서 작동 장치로 공급되는 오일의 통로를 개폐시키는 역할을 한다.
  ㉡ 조향 휠에 의해 컨트롤 밸브가 오일 통로를 개폐하여 동력 실린더의 작동 방향을 제어한다.

3) 동력 조향 장치의 종류

① 링키지형은 동력 실린더를 조향 링키지 중간에 설치하여 배력 작용을 한다.
② 인티그럴형(일체형)은 동력 실린더를 조향 기어 박스에 설치하여 배력 작용을 한다.

(5) 휠 얼라인먼트

휠 얼라인먼트(전차륜정렬, Front Wheel Alignment)이란 자동차의 각 바퀴가 차체나 노면에 대하여 어떤 위치와 방향 또는 각도를 두고 설치되어 있는가를 나타내는 것이다.

1) 전차륜 정렬의 필요성
① 조향 핸들의 조작을 작은 힘으로 쉽게 할 수 있도록 한다.
② 조향 핸들의 조작을 확실하게 하고 안전성을 준다.
③ 진행 방향을 변환시키면 조향 핸들에 복원성을 준다.
④ 선회시 사이드 슬립을 방지하여 타이어의 마멸을 최소로 한다.

2) 휠 얼라인먼트
① **캠 버**
  가. 캠버의 정의
    ㉠ 앞바퀴를 앞에서 보았을 때 타이어 중심선이 수선에 대해 0.5~1.5°의 각도를 이룬 것.
    ㉡ **정의 캠버** : 타이어의 중심선이 수선에 대해 바깥쪽으로 기울은 상태.
    ㉢ **부의 캠버** : 타이어의 중심선이 수선에 대해 안쪽으로 기울은 상태.
    ㉣ **0의 캠버** : 타이어 중심선과 수선이 일치된 상태.
  나. 캠버의 필요성
    ㉠ 조향 핸들의 조작을 가볍게 한다.
    ㉡ 수직 방향의 하중에 의한 앞 차축의 휨을 방지한다.
    ㉢ 바퀴가 허브 스핀들에서 이탈되는 것을 방지한다.
    ㉣ 바퀴의 아래쪽이 바깥쪽으로 벌어지는 것을 방지한다.

② **캐스터**
  가. 캐스터의 정의
    ㉠ 앞바퀴를 옆에서 보았을 때 킹핀의 중심선이 수선에 대해 1~3°의 각도를 이룬 것
    ㉡ **정의 캐스터** : 킹핀의 상단부가 뒤쪽으로 기울은 상태
    ㉢ **부의 캐스터** : 킹핀의 상단부가 앞쪽으로 기울은 상태
    ㉣ **0의 캐스터** : 킹핀의 상단부가 어느 쪽으로도 기울어지지 않은 상태
  나. 캐스터의 필요성
    ㉠ 주행 중 바퀴에 방향성(직진성)을 준다.
    ㉡ 조향 하였을 때 직진 방향으로 되돌아오는 복원력이 발생된다.
  다. 부의 캐스터를 두는 이유
    ㉠ 타이어 접지면이 크기 때문에 방향성이 안정되어 있으므로 조향력을 작게 하기 위함이다.
    ㉡ 하중이 가해지거나 주행 중 자동차를 구동하는 토크와 공기 저항 때문에

중심이 이동되어 자동차의 뒷부분이 낮아져 캐스터가 커지기 때문이다.
ⓒ 승차감을 좋게 하기 위하여 뒤 스프링을 스프링 정수가 작은 것을 사용하기 때문이다.

③ **킹핀 경사각** : 앞바퀴를 앞에서 보았을 때 킹핀의 중심선이 수선에 대해 5~8°의 각도를 이룬 것.

가. 킹핀 경사각의 필요성
㉠ 캠버와 함께 조향 핸들의 조작력을 작게 한다.
㉡ 바퀴의 시미 모션을 방지한다.
㉢ 앞바퀴에 복원성을 주어 직진 위치로 쉽게 되돌아가게 한다.

④ **토인**
㉠ 앞바퀴를 위에서 보았을 때 좌우 타이어 중심선간의 거리가 앞쪽이 뒤쪽보다 좁은 것.
㉡ 토인은 보통 2~6mm 정도이다

가. 토인의 필요성
- 앞바퀴를 평행하게 회전시킨다.
- 바퀴의 사이드 슬립의 방지와 타이어 마멸을 방지한다.
- 조향 링 케이지의 마멸에 의해 토 아웃됨을 방지한다.

나. 토인 측정방법
- 토인 측정은 차량을 수평 한 장소에 직진상태에 놓고 행한다.
- 차량의 앞바퀴는 바닥에 닿은 상태에서 한다.
- 타이어를 턴테이블에서 들었을 때 타이어 중심선을 긋는다.
- 토인의 측정은 타이어의 중심선에서 행한다.
- 토인의 조정은 타이로드로 행한다.

⑤ **토아웃**
㉠ 선회 시 안쪽 바퀴의 조향 각도가 바깥쪽 바퀴의 조향 각도보다 크기 때문에 발생된다.
㉡ 선회 시 얼라인먼트가 바르지 못하면 타이어의 마멸이 촉진되고 주행 안정성이 불안정된다.

⑥ **협각**
㉠ 협각은 킹핀 경사각과 캠버 각을 합한 각도를 말한다.
㉡ 휠 얼라인먼트의 측정 결과가 기준값 이외의 경우에 부적합한 요소를 정확하게 찾아내는 방법으로 이용된다.
㉢ 협각을 작게 하여 만나는 점이 노면 밑에 있으면 토 아웃의 경향이 생긴다.
㉣ 협각의 만나는 점이 노면에 있으면 헌팅 현상이 생긴다.
㉤ 협각의 만나는 점은 보통 노면 밑 15~25mm 되는 곳에서 만나게 하고 있다.

⑦ 셋 백
  ㉠ 앞 뒤 차축의 평행도를 나타내는 것을 셋 백이라 한다.
  ㉡ 앞 뒤 차축이 완전하게 평행되는 경우를 셋 백 제로라 한다.
  ㉢ 일반적으로 셋 백은 뒤 차축을 기준으로 하여 앞 차축의 평행도가 30° 이하로 되어 있다.

⑧ 앞바퀴 얼라인먼트를 측정하기 전에 점검할 사항
  ㉠ 볼 조인트의 마모   ㉡ 현가 스프링의 피로
  ㉢ 타이어의 공기압력   ㉣ 휠 베어링 헐거움
  ㉤ 타이로드 엔드의 헐거움   ㉥ 조향 링키지의 체결 상태 및 헐거움

09 제동장치

1. 유압식 제동장치

(1) 개요

1) 제동장치의 역할
① 주행중의 자동차를 감속 또는 정지시키는 역할을 한다.
② 자동차의 주차 상태를 유지시키는 역할을 한다.
③ 마찰력을 이용하여 자동차의 운동 에너지를 열 에너지로 바꾸어 제동 작용을 한다.

2) 구비 조건
① 최고 속도와 차량 중량에 대하여 항상 충분한 제동 작용을 할 것.
② 작동이 확실하고 효과가 클 것.
③ 신뢰성이 높고 내구성이 우수할 것.
④ 점검이나 조정하기가 쉬울 것.
⑤ 조작이 간단하고 운전자에게 피로감을 주지 않을 것.
⑥ 브레이크를 작동시키지 않을 때에는 각 바퀴의 회전에 방해되지 않을 것.

3) 브레이크의 종류 (작동 방식에 따른 분류)
① **기계식 브레이크**(mechanical brake) : 로드나 와이어를 이용하여 제동력을 발생
② **유압식 브레이크**(hydraulic brake) : 파스칼의 원리를 이용하여 브레이크 페달의 조작력을 유압으로 변환시켜 제동력을 발생.
③ **배력식 브레이크** : 엔진 흡기 다기관의 진공이나 압축공기를 이용하여 브레이크

조작력을 증대시킨다.

④ **공기식 브레이크(air brake)** : 압축 공기의 압력을 이용하여 제동력을 발생시킨다.

(2) 유압식 브레이크

1) 유압식 브레이크

① **유압식 브레이크의 작동**

㉠ 브레이크 페달의 조작력에 의해 마스터 실린더에서 유압을 발생시킨다.

㉡ 유압은 브레이크 파이프를 통하여 휠 실린더에 전달된다.

㉢ 휠 실린더는 유압에 의해 피스톤이 이동되어 브레이크 슈가 확장되어 제동력을 발생시킨다.

㉣ 휠 실린더는 유압에 의해 피스톤이 이동되어 패드가 디스크를 압착하여 제동력을 발생시킨다.

② **파스칼의 원리**

㉠ 밀폐된 용기에 넣은 액체의 일부에 압력을 가하면 가해진 압력과 같은 크기의 압력이 액체 각부에 전달된다.

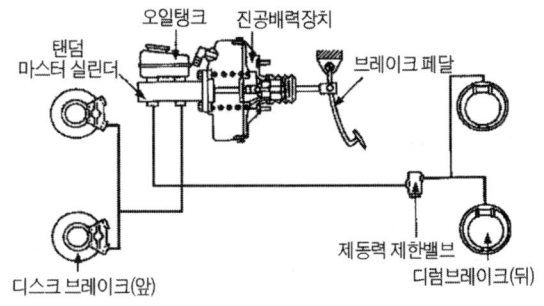

[그림] 제동장치의 구성

㉡ 피스톤 B를 밀어올리는 힘 = 피스톤 A의 압력 $\times \dfrac{\text{피스톤 } B \text{의 면적}}{\text{피스톤 } A \text{의 면적}}$

③ **유압 브레이크의 장점**

㉠ 제동력이 모든 바퀴에 균일하게 전달된다.

㉡ 브레이크 오일에 의해 각 부품에 윤활되므로 마찰 손실이 적다.

㉢ 브레이크 오일의 윤활 작용에 의해 조작력이 작아도 된다.

④ **유압 브레이크의 단점**

㉠ 유압 계통의 파손 등으로 제동 기능이 상실된다.

㉡ 브레이크 오일 라인에 공기가 유입되면 제동 성능이 저하된다.

㉢ 브레이크 라인에 베이퍼록 현상이 발생되기 쉽다.

2) 유압 브레이크의 구조

① **마스터 실린더(master cylinder)** : 브레이크 페달의 조작력을 유압으로 변환시킨다.

가. **피스톤** : 유압을 발생한다.

나. **피스톤 컵**

㉠ **1차 컵** : 유압 발생과 유밀을 유지하는 역할을 한다.

㉡ **2차 컵** : 오일이 실린더 외부로 누출되는 것을 방지하는 역할을 한다.

다. 첵 밸브 : 오일 라인에 0.6~0.8kg/cm²의 잔압을 유지시키는 역할을 한다.
- ㉠ **잔압을 두는 이유**
  - 브레이크 장치 내에 공기 침입 방지를 위해
  - 제동의 늦음을 방지하기 위해
  - 휠 실린더 내의 오일 누설을 방지하기 위해
  - 베이퍼 록(vapor lock)현상을 방지하기 위해
- ㉡ 잔압을 유지시키는 부품은 마스터 실린더의 첵 밸브와 브레이크 슈의 복귀(리턴) 스프링이다.

라. 리턴 스프링
- ㉠ 첵 밸브와 피스톤 1차 컵 사이에 설치되어 있다.
- ㉡ 브레이크 페달을 놓을 때 피스톤을 제자리로 복귀시킨다.
- ㉢ 첵 밸브의 위치를 유지시켜 잔압이 형성되도록 한다.

마. 브레이크 오일 경고장치(브레이크 오일경고등) : 브레이크 오일이 부족하여 브레이크 효과가 저하되는 것을 방지한다.

② **탠덤 마스터 실린더(tandem master cylinder)**
- ㉠ 앞·뒤 바퀴에 각각 독립적으로 작용하는 2계통의 회로를 둔 것이다.
  - **1차 피스톤** : 브레이크 페달에 연동되어 있는 푸시로드에 의해 뒷바퀴용 유압을 발생한다.
  - **2차 피스톤** : 1차 피스톤 리턴 스프링의 장력에 의해 작동하며 앞바퀴용 유압을 발생시킨다.
- ㉡ 앞·뒤 브레이크를 분리시켜 제동시 안전성을 향상시킨다.

③ **휠 실린더** : 마스터 실린더에서 공급된 유압에 의해 브레이크 슈를 드럼에 압착시키는 역할을 한다.
- **가. 종류** : ㉠ 동일 직경형 휠 실린더,
  ㉡ 계단 직경형 휠 실린더,
  ㉢ 단일 직경형 휠 실린더

④ **브레이크 파이프**
- ㉠ 마스터 실린더와 휠 실린더 사이를 연결하는 오일 통로이다.
- ㉡ 일반적으로 방청 처리한 강 파이프와 플렉시블 호스가 사용된다.

3) 브레이크 오일

① **구비조건**
- ㉠ 빙점은 낮고, 인화점이 높을 것
- ㉡ 비점이 높아 베이퍼 록을 일으키지 않을 것
- ㉢ 윤활 성능이 있을 것
- ㉣ 알맞은 점도를 가지고 온도에 대한 점도 변화가 작을 것

② **유압 계통의 공기 빼기 작업**
  ㉠ 오일 탱크내의 오일량을 확인하여 오일을 보충하면서 작업한다.
  ㉡ 오일이 도장부분(페인팅 한 부분)에 묻지 않도록 주의한다.
  ㉢ 마스터 실린더에서 가장 먼 곳의 휠 실린더부터 작업을 한다.
  ㉣ 공기는 휠 실린더 에어블리드 밸브에서 뺀다.
  ㉤ 브레이크 페달의 조작을 너무 빨리하면 기포가 미세화되어 빠지지 않는 경우가 있으므로 주의한다.

4) 드럼 브레이크

① **브레이크 슈** : 라이닝이 설치되어 드럼과 접촉하여 마찰력을 발생한다.
  가. 라이닝의 구비조건
    ㉠ 고열에 견디고 내마멸성이 우수할 것.
    ㉡ 마찰 계수가 클 것.
    ㉢ 온도 변화 및 물에 의한 마찰계수 변화가 적을 것.
    ㉣ 기계적 강도가 클 것.
    ㉤ 마찰계수는 $0.3 \sim 0.5 \mu$

② **브레이크 드럼** : 휠 허브에 볼트로 설치되어 바퀴와 함께 회전하며 브레이크 슈와의 마찰에 의해 제동력을 발생시키는 역할을 한다.
  가. 브레이크 드럼의 구비조건
    ㉠ 정적, 동적 평형이 잡혀 있을 것.
    ㉡ 브레이크가 확장되었을 때 변형되지 않을 만한 충분한 강성이 있을 것.
    ㉢ 마찰면에 충분한 내마멸성이 있을 것.
    ㉣ 방열이 잘될 것.
    ㉤ 가벼울 것.

③ **브레이크 슈와 드럼의 조합**
  가. 자기 작동 작용
    ㉠ **자기 작동 작용** : 제동 시 확장력이 커져 마찰력이 더욱 증대되는 작용을 말한다.
    ㉡ **리딩 슈** : 제동 시 자기 작동 작용을 하는 슈
    ㉢ **트레일링 슈** : 제동 시 자기 작동 작용을 하지 않는 슈
  나. 넌 서보 브레이크 형식
    ㉠ 동일 직경형 휠 실린더 1개와 1개의 플로트, 2개의 브레이크 슈로 구성되어 있다.
    ㉡ 브레이크가 작동할 때 자기 작동 작용이 해당 슈에만 발생된다.
    ㉢ **전진슈** : 전진 시 자기 작동 작용이 발생하는 슈
    ㉣ **후진슈** : 후진 시 자기 작동 작용이 발생하는 슈

다. 유니서보 브레이크 형식(전진 제동시 2리딩슈, 후진 제동시 2트레일링슈)
  ㉠ 단일 직경 휠 실린더 1개와 조정기로 연결된 2개의 슈로 구성되어 있다.
  ㉡ 전진에서 제동 시 모든 슈가 자기 작동 작용이 발생하여 제동력을 커진다.
  ㉢ 후진에서 제동 시 모든 슈가 트레일링 슈가 되어 제동력이 감소된다.
  ㉣ 1차슈 : 자기 작동 작용이 먼저 발생하는 슈
  ㉤ 2차슈 : 자기 작동 작용이 나중에 발생하는 슈
라. 듀어 서보 브레이크 형식(전·후진 제동시 모두 2리딩슈)
  ㉠ 동일 직경 휠 실린더 1개, 스타휠 조정기, 2개의 슈, 앵커핀 1개로 구성되어 있다.
  ㉡ 전진과 후진에서 제동시 모든 슈가 자기 작동 작용이 발생하여 제동력이 커진다.

④ **자동 조정 브레이크** : 라이닝이 마멸되어 드럼과 라이닝의 간극이 클 때 브레이크를 작동하면 자동적으로 드럼과 슈의 간극이 조정된다.

5) 디스크 브레이크
바퀴와 함께 회전하는 원판형 디스크의 양쪽에서 패드를 강력하게 접촉시켜 제동력을 발생한다.

① **장 점**
  ㉠ 디스크가 대기 중에 노출되어 회전하기 때문에 방열성이 좋아 페이드 현상이 적다.
  ㉡ 제동력의 변화가 적어 제동 성능이 안정된다.
  ㉢ 한쪽만 브레이크 되는 경우가 적다.

② **단 점**
  ㉠ 마찰 면적이 작기 때문에 패드를 압착하는 힘을 크게 하여야 한다.
  ㉡ 자기 작동 작용을 하지 않기 때문에 페달을 밟는 힘이 커야 한다.
  ㉢ 패드는 강도가 큰 재료로 만들어야 한다.

③ **디스크 브레이크의 종류**
  ㉠ 대향 피스톤형(고정 캘리퍼형)-캘리퍼 일체형, 캘리퍼 분할형
  ㉡ 부동 캘리퍼형(유동 캘리퍼형)

(3) 배력식 브레이크
운전자의 피로를 줄이고 작은 힘으로 큰 제동력을 얻기 위해 대기압과 압축 공기 또는 흡기 다기관의 진공과의 압력차를 이용하여 더욱 강한 제동력을 얻게 하는 보조 기구이다.

1) 진공식 배력장치
엔진 흡기 다기관의 진공과 대기압의 압력차를 이용한다.

① **하이드로백** : 마스터 실린더와 휠 실린더 사이에 배력장치가 설치되어 있는 형식.
  ㉠ 마스터 실린더에서 하이드로릭 실린더에 공급된 유압을 동력 피스톤에 의해 배력 작용을 한다.
  ㉡ 브레이크 페달을 밟았을 때 하이드로 백 내의 작동
    - 진공밸브는 닫히고 공기밸브는 열린다.
    - 동력피스톤 앞쪽은 진공상태이다.
    - 동력피스톤이 하이드로릭 실린더 쪽으로 움직인다.
  ㉢ 하이드로 백을 설치한 차량에서 브레이크 페달 조작이 무거운 원인
    - 진공용 첵밸브의 작동이 불량하다.
    - 진공파이프 각 접속부분에서 새는 곳이 있다.
    - 릴레이 밸브 피스톤의 작동이 불량하다.
② **마스터 백** : 브레이크 페달과 마스터 실린더 사이에 배력장치가 설치되어 있는 형식.
③ **브레이크 부스터** : 마스터 실린더와 브레이크 파이프 사이에 배력장치가 설치된 형식.

2) **공기식 배력장치(하이드로 에어백)**
   공기 압축기의 압력과 대기압의 압력차를 이용한 것이다.

(4) 브레이크 장치 점검 및 정비

1) **베이퍼 록(vapor lock) 원인**
   ① 긴 내리막길에서 과도한 브레이크를 사용했을 때
   ② 비점이 낮은 브레이크 오일을 사용했을 때
   ③ 드럼과 라이닝의 끌림에 의한 가열
   ④ 브레이크 슈 리턴스프링의 쇠손에 의한 잔압의 저하

2) **브레이크 페달의 유격이 과다한 이유**
   ① 브레이크 슈의 조정불량   ② 브레이크 페달의 조정불량
   ③ 마스터 실린더의 파손   ④ 유압 회로에 공기 유입
   ⑤ 휠 실린더의 파손

3) **브레이크가 풀리지 않는 원인**
   ① 마스터 실린더의 리턴스프링 불량
   ② 마스터 실린더의 리턴구멍의 막힘
   ③ 드럼과 라이닝의 소결
   ④ 푸시로드의 길이가 너무 길 때

4) 브레이크가 작동하지 않는 원인

① 브레이크 오일 회로에 공기가 들어있을 때
② 브레이크 드럼과 슈의 간격이 너무나 과다할 때
③ 휠 실린더의 피스톤 컵이 손상되었을 때

5) 유압식 제동장치에서 제동력이 떨어지는 원인

① 브레이크 오일의 누설   ② 패드 및 라이닝의 마멸
③ 유압장치에 공기 유입

2. 기계식 및 공기식 제동장치

(1) 기계식 제동장치

1) 주차 브레이크(핸드 브레이크)

정차중인 자동차의 자유 이동을 방지하는 역할을 한다.

2) 감속 브레이크

- 자동차가 주행할 때만 작동되는 제 3브레이크이다.
- 긴 내리막길에서 풋 브레이크와 겸용하여 브레이크 계통을 보호한다.
- 긴 내리막길에서 페이드 현상이나 베이퍼록 현상을 방지한다.

① **배기 브레이크**
  ㉠ 엔진 브레이크의 효과를 향상시키기 위해 배기관에 회전이 가능한 로터리 밸브가 설치되어 있다.
  ㉡ 로터리 밸브를 닫아 배기관 내에서 압축되도록 한 것을 배기 브레이크라 한다.

② **와전류 리타더**
  ㉠ 추진축과 함께 회전할 수 있도록 로터가 스테이터 앞·뒤에 설치되어 있다.
  ㉡ 프레임에 스테이터와 여자 코일이 설치되어 있다.
  ㉢ 로터에 와전류가 발생되면 자장과 상호 작용으로 제동력이 발생된다.

③ **하이드로릭 리타더** : 스테이터는 유체의 운동 에너지를 기계적 에너지로 변환하여 종감속 장치 쪽의 추진축에 전달한다.

④ **엔진 브레이크**
  ㉠ 가속 페달을 놓으면 피스톤 헤드에 형성되는 압력과 부압에 의해 제동 효과가 발생된다.
  ㉡ 효과가 크지 않기 때문에 긴 내리막길에서 변속 기어를 저속에 놓으면 브레이크 효과가 향상된다.

(3) 앤티 롤 장치(Antiroll System or Hill Hold)

언덕길에서 일시 정지하였다가 다시 출발할 때 자동차가 뒤로 구르는 것을 방지한다.

(4) 공기 브레이크

1) 개요

- 대형 차량에서 압축 공기를 이용하여 제동력을 발생시키는 형식이다.
- 브레이크 페달을 밟으면 압축 공기가 브레이크 슈를 드럼에 압착시켜 제동력을 발생한다.
- 압축 공기 계통과 제동 계통으로 구분된다.

① 공기 브레이크의 장점

㉠ 차량의 중량이 커도 사용할 수 있다.
㉡ 공기가 누출되어도 브레이크 성능이 현저하게 저하되지 않아 안전도가 높다.
㉢ 오일을 사용하지 않기 때문에 베이퍼록이 발생되지 않는다.
㉣ 페달을 밟는 양에 따라서 제동력이 증가되므로 조작하기 쉽다.
㉤ 트레일러를 견인하는 경우에 연결이 간편하고 원격 조종을 할 수 있다.
㉥ 압축 공기의 압력을 높이면 더 큰 제동력을 얻을 수 있다.

② 공기 브레이크의 단점

㉠ 제작비가 유압 브레이크보다 비싸다.
㉡ 엔진의 출력을 이용하여 공기를 압축하므로 연료 소비율이 많다.

2) 공기압축기의 구조

① 압축 공기 계통의 구성 부품

㉠ **공기 압축기** : 엔진 회전 속도의 $\frac{1}{2}$로 구동되어 공기를 압축시키는 역할
㉡ **언로더 밸브** : 공기 압축기의 흡입 밸브에 설치되어 공기 탱크 내의 압력이 $8.5 kgf/cm^2$에 이르면 압축 작용을 정지시킨다.
㉢ **압축 공기 탱크** : 압축 공기를 저장하는 역할을 한다.
㉣ **압력 조정기** : 공기 탱크 내의 압력을 $5 \sim 7 kgf/cm^2$로 유지시키는 역할을 한다.
㉤ **공기 드라이어** : 압축 공기중에 포함되어 있는 수증기를 제거

② 브레이크 계통의 구성 부품

㉠ **브레이크 밸브** : 배출 포트가 열리면 압축 공기가 앞 브레이크 챔버에 공급되어 제동력이 발생된다.
㉡ **릴레이 밸브** : 브레이크 밸브에서 공급된 압축 공기를 뒤 브레이크 챔버에 공급하는 역할을 한다.
㉢ **퀵 릴리스 밸브** : 퀵 릴리스 밸브는 양쪽 앞 브레이크 챔버에 설치되어 브레

이크 해제시 압축 공기를 배출시킨다.
- ② **브레이크 챔버** : 공기의 압력을 기계적 에너지로 변환시키는 역할을 한다.
- ⑩ **슬랙 어저스터**
- ⑪ **브레이크 캠** : 브레이크 슈를 드럼에 압착시켜 제동력이 발생된다.

③ 안전 계통
- ㉠ **저압 표시기** : 공기 압력이 낮으면 접점이 닫혀 계기판의 경고등을 점등시킨다.
- ㉡ **체크 밸브** : 공기 탱크의 공기가 압축기로 역류되는 것을 방지한다.
- ㉢ **안전 밸브** : 공기 탱크 내의 압력을 7~8.5kgf/cm²로 유지시키는 역할을 한다.

3) 제동장치 공식

① 제동 토크

$$TB = \mu \times p \times r$$

TB : 브레이크 토크 μ : 드럼과 라이닝의 마찰 계수
r : 드럼의 반지름 p : 드럼에 걸리는 브레이크 압력

② 제동 거리

$$L = \frac{V^2}{2\mu g} \quad \cdots\cdots\cdots (1)$$

L : 제동 거리(m) V : 제동 초속도(m/sec) g : 중력 가속도 9.8m/sec²
μ : 타이어와 노면과의 마찰 계수(μ의 값은 포장도로에서는 0.5~0.7)

$$S = \frac{V^2}{254} \times W + \frac{W'}{F} \quad \cdots\cdots\cdots (2)$$

W : 자동차 총중량(kgf) F : 제동력 S : 제동거리(m)
V : 주행속도(km/h) W' : 회전부분 상당중량(kgf)

③ 미끄럼률(slip률)

$$미끄럼률 = \frac{자동차 속도 - 바퀴 속도}{자동차 속도} \times 100$$

10 주행 및 구동장치

1. 타이어

① 타이어는 휠의 림에 설치되어 일체로 회전한다.
② 노면으로부터의 충격을 흡수하여 승차감을 향상시킨다.
③ 노면과 접촉하여 자동차의 구동이나 제동을 가능하게 한다.

(1) 타이어의 종류

1) 사용 압력에 의한 분류

① **고압 타이어** : 공기 압력이 $4.2 \sim 6.3 kgf/cm^2$ (60~90PSI), 트럭 및 버스에 사용한다.
② **저압 타이어**
  ㉠ 타이어 공기 압력이 $2.1 \sim 2.5 kgf/cm^2$ (30~36PSI) 정도이다.
  ㉡ 단면적이 고압 타이어의 약 2배 정도이고 압력이 낮아 완충 효과가 양호하다.
  ㉢ 압입 공기량이 많고 노면과의 접지 면적이 넓다.
③ **초 저압 타이어** : 공기 압력이 $1.7 \sim 2.1 kgf/cm^2$ (24~30PSI), 승용 자동차에 많이 사용

2) 튜브 유무에 의한 분류

① **튜브 타이어** : 타이어 내부에 내압을 유지하는 공기 주머니인 튜브가 설치된 타이어
② **튜브 리스 타이어** : 공기 주머니인 튜브를 사용하지 않는 타이어이다.
  가. 장점
    ㉠ 고속 주행을 하여도 발열이 적다.
    ㉡ 튜브가 없기 때문에 중량이 가볍다.
    ㉢ 못 같은 것이 박혀도 공기가 잘 새지 않는다.
    ㉣ 펑크의 수리가 간단하다.
  나. 단점
    ㉠ 유리 조각 등에 의해 손상되면 수리하기가 어렵다
    ㉡ 림이 변형되면 타이어와 밀착이 불량하여 공기가 누출되기 쉽다.

3) 타이어 형상에 의한 분류

① **바이어스 타이어(보통 타이어)** : 버스 및 트럭에 사용된다.
  ㉠ 카커스의 코드가 사선 방향으로 설치된 타이어이다.
  ㉡ 카커스의 코드가 타이어 원주 방향의 중심선에 대하여 보통 25~40°의 각도로 교차시켜 접합된 타이어이다.

② 편평 타이어(광폭 타이어)
　㉠ 타이어 단면의 높이와 폭의 비인 편평비로 표시된 것으로 보통 타이어보다 작다.
　㉡ 접지 면적이 크고 옆 방향 변형에 대해 강도가 크다.
　㉢ 제동시, 출발시, 가속시 미끄러짐이 작고 선회성이 좋아 승용 자동차에 많이 사용된다.

③ 레이디얼 타이어
　㉠ 카커스의 코드 방향이 원둘레 방향의 직각 방향으로 배열되어 있다.
　㉡ 브레이커는 원둘레 방향으로 카커스와 교차되어 배열되어 있다.
　㉢ 원 둘레 방향의 압력은 브레이커가 받고 직각 방향의 압력은 카커스가 받는다.

　가. 장점
　　　- 타이어 트레드의 접지 면적이 크고 타이어 단면의 편평율을 크게 할 수 있다.
　　　- 보강대의 벨트를 사용하기 때문에 하중에 의한 트레드의 변형이 적다.
　　　- 트레드가 얇기 때문에 방열성이 양호하다.
　　　- 선회시에도 트레드의 변형이 적어 접지 면적이 감소되는 경향이 적다.
　　　- 선회시의 사이드 슬립 또는 고속 주행시의 슬립에 의한 회전 손실이 적다.
　　　- 로드 홀딩이 향상되며, 스탠딩 웨이브가 잘 일어나지 않는다.

　나. 단점
　　　- 보강대의 벨트가 단단하기 때문에 충격의 흡수가 잘 되지 않는다.
　　　- 충격의 흡수가 나빠 승차감이 나빠진다.

④ 스노 타이어
　㉠ 눈길에서 미끄러지지 않도록 타이어의 트레드 폭을 크게 한 타이어이다.
　㉡ 트레드 패턴의 홈 깊이가 깊어 눈 길에서 미끄럼이 방지되어 주행이 쉽다.
　㉢ 보통 타이어보다 트레드 폭이 10~20% 넓고, 홈 깊이는 50~70% 정도 깊게 되어 있다.
　㉣ **스노 타이어 사용 시 주의 사항**
　　　- 바퀴가 록 되면 제동 거리가 길어지기 때문에 급 브레이크를 사용하지 않는다.
　　　- 출발할 때에는 가능한 천천히 회전력을 전달하고 구동 바퀴에 가해지는 하중을 크게 하여 구동력을 높일 것.
　　　- 급한 경사로를 올라갈 때에는 저속 기어를 사용하고 서행할 것.
　　　- 50% 이상 마멸되면 스노 타이어의 특성이 상실되기 때문에 타이어 체인을 병용할 것.

(2) 타이어의 구조

1) **트레드** : 노면에 접촉되는 부분, 슬립의 방지와 열의 방산

2) **카커스**
   ① 내부의 공기 압력을 받으며, 타이어의 형상을 유지시키는 뼈대이다.
   ② 코드층의 수를 플라이 수로 표시하며, 플라이 수가 클수록 큰 하중에 견딘다.
   ③ 승용차의 저압 타이어는 4~6ply, 트럭 및 버스의 고압 타이어는 8~16ply로 되어 있다.

3) **브레이커**
   ① 브레이커는 카커스와 트레드 사이에 몇 겹의 코드층으로 설치되어 있다.
   ② 노면에서의 충격을 완화하고 트레드의 손상이 카커스에 전달되는 것을 방지한다.

4) **비드** : 타이어가 림에 부착 상태를 유지, 림에서 이탈되는 것을 방지하는 역할을 한다.

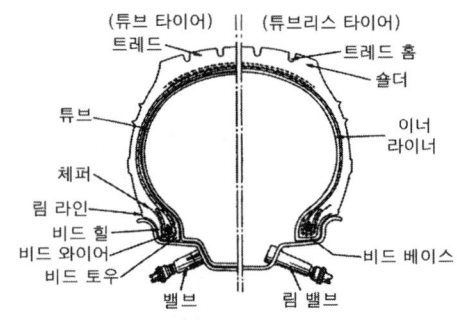

[그림] 타이어의 구조

(3) 타이어 트레드 패턴

1) **트레드 패턴의 필요성**
   ① 타이어 내부의 열을 발산한다.
   ② 트레드에 생긴 절상 등의 확대를 방지한다.
   ③ 전진 방향의 미끄러짐이 방지되어 구동력을 향상시킨다.
   ④ 타이어의 옆방향 미끄러짐이 방지되어 선회 성능이 향상된다.

2) **트레드 패턴의 종류**
   ① **러그 패턴** : 강력한 견인력이 발생되는 패턴으로 험한 도로 및 비포장도로에 적합하다.
   ② **리브 패턴**
      ㉠ 포장 노면에서 고속으로 주행하기 적합한 패턴이다.
      ㉡ 주행 중 소음이 적기 때문에 승용 자동차에 많이 사용된다.
      ㉢ 옆 방향의 슬립에 대한 저항이 크고 조향성, 승차감이 우수하다.
   ③ **리브 러그 패턴** : 리브 패턴과 러그 패턴을 조합시킨 형식이다.

(4) 타이어의 호칭

1) 편평비는 고속 주행의 안전성을 향상시키기 위해 작을수록 좋다.

$$편평비 = \frac{타이어 높이}{타이어 폭} \times 100$$

2) 저압 타이어의 호칭 치수 : 타이어 폭(inch) - 타이어 내경(inch) - 플라이수
고압 타이어의 호칭 치수 : 타이어 외경(inch) × 타이어 폭(inch) - 플라이수

```
6.00 - 12 - 4PR              B70 - 13 - 4PR
6.00 : 타이어 폭(inch)         B : 부하 능력
12 : 타이어 내경(inch)         70 : 편평비(%)
4 : 플라이 수                  13 : 타이어 내경(inch)
```

[레이디얼 타이어 호칭 치수]

```
185/70 H R 13                195/60 R 14 85 H
185 : 타이어 폭(mm)            195 : 타이어 폭(mm)
70 : 편평비(%)                 60 : 편평비(%)
H : 속도 기호                  R : 레이디얼 타이어
R : 레이디얼 타이어             14 : 타이어 내경(inch)
13 : 타이어 내경(inch)          85 : 하중지수 / H : 속도 기호
```

(5) 타이어의 이상 현상

1) 스탠딩 웨이브 현상 : 타이어 공기압이 낮은 상태로 고속 주행 중 어느 속도 이상이 되면 타이어 트레드와 노면과의 접촉부 뒷면의 원주상에 파형이 발생된다.

2) 하이드로 플레이닝(수막현상) : 비 또는 눈이 올 때 타이어가 노면에 직접 접촉되지 않고 물위에 떠 있는 현상을 말한다.

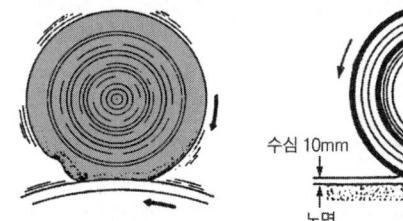
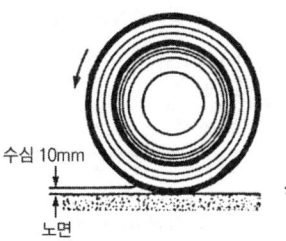
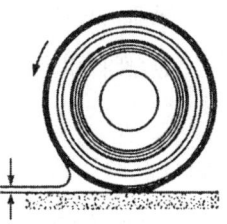
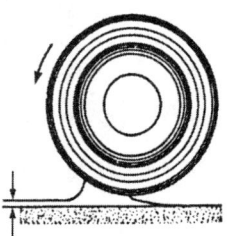

[그림] 스탠딩 웨이브 현상   [그림] 하이드로 플래닝 현상

3) 바퀴의 평형(wheel balance)

① **정적 평형(static balance) :** 정적 밸런스가 유지되지 않으면 바퀴는 상하 방향으로 진동하는 트램핑 현상이 발생된다.

② **동적 평형(dynamic balance)** : 동적 밸런스가 유지되지 않으면 바퀴는 좌우 방향으로 진동하는 시미 현상이 발생된다.

(6) 타이어의 정비

1) 타이어 취급 시 주의 사항
① 자동차의 용도에 알맞은 크기, 트레드 패턴, 플라이수의 것을 선택한다.
② 타이어의 공기 압력과 하중을 규정대로 지킬 것.
③ 급출발, 급정지에서 타이어 마멸이 촉진되므로 가능한 피한다.
④ 앞바퀴 얼라인먼트를 바르게 조정한다.
⑤ 과부하를 걸지 말고 고속 운전을 삼가한다.
⑥ 타이어의 온도가 120~130℃(임계 온도)가 되면 강도와 내마멸성이 급감된다.
⑦ 알맞은 림을 사용한다.

2) 타이어 위치 교환
① 타이어의 마모량을 평균화하기 위하여 위치를 교환하여야 한다.
② 타이어의 이상 마모를 방지하고 수명을 연장하기 위하여 위치를 교환하여야 한다.
③ 타이어 위치 교환 시기
  ㉠ **승용 자동차** : 8000km 주행마다 위치를 교환하여야 한다.
  ㉡ **트럭의 경우** : 3000~5000km 주행마다 위치를 교환하여야 한다.

2. 구동력 및 주행성능

(1) 구동력

1) 구동력
① 구동력은 구동 바퀴가 자동차를 밀거나 끌어당기는 힘(kgf)을 말한다.
② 구동력은 구동축의 회전력에 비례한다.
③ 구동력은 주행 저항과 같거나 커야 자동차의 속도를 유지할 수 있다.
④ 구동력은 엔진의 회전수에 관계없이 일정하다.

$$F = \frac{T}{r}$$

F : 구동력(kgf)　　T : 회전력(m-kgf)　　r : 구동 바퀴의 반경(m)

2) 가속 성능
① 기관의 가속력에 비례한다.　　② 총 감속비에 비례한다.
③ 타이어 유효반경에 반비례한다.　　④ 기관의 여유출력에 비례한다.

3) 가속 성능을 향상시키기 위한 방법

① 여유 구동력을 크게 한다.
② 자동차의 총 중량을 작게 한다.
③ 종 감속비를 크게 한다.
④ 주행 저항을 적게 한다.
⑤ 변속단수를 많이 둔다.
⑥ 구동 바퀴의 유효반경을 작게 한다.

(2) 주행성능

1) 주행속도(V)

$$V = \pi D \frac{N}{r \times rf} \times \frac{60}{1000}$$

D : 바퀴직경　　　N : 기관 회전수　　　r : 변속비　　　rf : 종감속비

2) 주행 저항

주행저항에서 차량의 중량과 관계있는 저항은 구름저항, 가속저항, 구배 저항 등이며, 공기 저항은 자동차가 주행할 때 받는 저항으로 자동차의 앞면 투영 면적과 관계가 있다.

① **구름 저항(Rr)**

$$Rr = \mu r \cdot W$$

μr : 구름저항 계수　　W : 차량 총중량

가. 구름저항의 발생 원인
㉠ 노면 및 타이어 접지부의 변형에 의한 것.
㉡ 타이어의 미끄러짐에 의한 것.

② **공기 저항(Ra)**

$$Ra = \mu a \cdot A \cdot V$$

μa : 공기저항 계수　　A : 전면 투영면적　　V : 주행속도

가. 공기 저항의 요소
㉠ 자동차의 최대 단면적에 작용되는 풍압
㉡ 자동차의 주위에서 발생되는 자동차 표면과 공기와의 마찰
㉢ 공기 흐름의 맴돌이

③ 구배 저항(Rc)

$$Rc = W \cdot \sin\alpha$$

W : 차량 총중량　　a : 전면 투영면적

④ 가속 저항(Rc)

$$Rc = \frac{W + \Delta W}{g} \cdot \alpha \quad \text{또는} \quad \frac{(1+\alpha)W}{g} \cdot \alpha$$

W : 차량 총중량　　a : 가속도　　g : 중력 가속도

⑤ 전 주행 저항

전 주행 = 구름저항 + 공기저항 + 구배저항 + 가속저항

11 전기, 전자

1. 전기 기초

(1) 전기

1) 전류

도선을 통하여 전자가 이동하는 것을 전류라 한다.

① **전류의 단위(amper : A)**
　㉠ 전류의 단위는 암페어, 기호는 A
　㉡ 전류의 양은 도체의 단면에서 임의의 한 점을 매초 이동하는 전하의 양으로 나타낸다.
　㉢ **1A** : 도체 단면에 임의의 한 점을 매초 1쿨롱의 전하가 이동할 때의 전류를 말한다.

② **전류의 3대 작용**
　㉠ **발열 작용** : 시거라이터, 예열 플러그, 전열기, 디프로스터, 전구

ⓒ **화학 작용** : 축전지, 전기 도금
　　　ⓒ **자기 작용** : 전동기, 발전기, 솔레노이드

2) 전압

도체에 전류를 흐르게 하는 전기적인 압력을 전압이라 한다.

① 전압의 단위
　㉠ 단위로는 볼트, 기호는 V를 사용한다.
　㉡ **1V란** : 1Ω의 도체에 1A의 전류를 흐르게 할 수 있는 전기적인 압력을 말한다.
　㉢ 전류는 전압차가 클수록 많이 흐른다.

3) 저항

전류가 물질 속을 흐를 때 그 흐름을 방해하는 것을 저항이라 한다.

① 저항의 단위
　㉠ 저항의 단위는 옴, 기호는 Ω
　㉡ **1Ω 이란** : 도체에 1A의 전류를 흐르게 할 때 1V의 전압을 필요로 하는 도체의 저항을 말한다.
　㉢ **물질의 고유저항** : 길이 1m, 단면적 $1m^2$인 도체 두면간의 저항값을 비교하여 나타낸 비저항을 고유 저항이라 한다.
　㉣ 보통의 일반 금속은 온도가 상승하면 저항이 증가된다.

$$R = \rho \times \frac{l}{A}$$

　R : 물체의 저항(Ω)　　　ρ : 물체의 고유 저항(Ωcm)
　l : 길이(cm)　　　　　　A : 단면적(cm)

② 저항의 종류
　㉠ **절연 저항** : 절연체의 저항을 절연 저항이라 한다.
　㉡ **접촉 저항** : 접촉면에서 발생되는 저항을 접촉 저항이라 한다.

③ 도체의 형상에 의한 저항
　㉠ 도체의 저항은 그 길이에 비례하고 단면적에는 반비례한다.
　㉡ 도체의 단면적이 크면 저항이 감소한다.
　㉢ 도체의 길이가 길면 저항이 증가한다.

④ 저항을 사용하는 목적
　㉠ 저항은 전기 회로에서 전압 강하를 위하여 사용한다.
　㉡ 회로에서 부품에 알맞은 전압으로 강하시키기 위해서 사용한다.
　㉢ 부품에 흐르는 전류를 감소시키기 위해서 사용한다.

　　　　ⓔ 변동되는 전압이나 전류를 얻기 위해서
　　　　　사용한다.

　⑤ **저항의 연결법**
　　가. **직렬 접속**
　　　　㉠ 전압을 이용할 때 결선한다.
　　　　㉡ 합성 저항의 값은 각 저항의 합과 같다.
　　　　㉢ 동일 전압의 축전지를 직렬 연결하면
　　　　　전압은 개수 배가 되고 용량은 1개
　　　　　때와 같다.

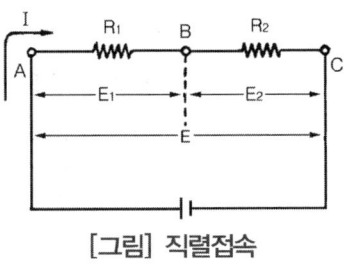

[그림] 직렬접속

$$R = R_1 + R_2 + R_3 + \ldots\ldots\ldots + R_n$$

　　나. **병렬 접속**
　　　　㉠ 전류를 이용할 때 결선한다.
　　　　㉡ 합성 저항은 각 저항의 역수의 합의 역수
　　　　　와 같다.
　　　　㉢ 동일 전압의 축전지를 병렬 접속하면 전압
　　　　　은 1개 때와 같고 용량은 개수 배가 된다.

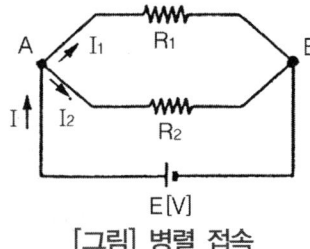

[그림] 병렬 접속

$$R = \cfrac{1}{\cfrac{1}{R_1} + \cfrac{1}{R_2} + \cfrac{1}{R_3} \ldots\ldots + \cfrac{1}{R_n}}$$

(2) 전기회로

1) 옴의 법칙
① 도체에 흐르는 전류는 도체에 가해진 전압에 정비례한다.
② 도체에 흐르는 전류는 도체의 저항에 반비례한다.

$$I = \frac{E}{R} \qquad E = I \times R \qquad R = \frac{E}{I}$$

I : 도체에 흐르는 전류(A)　　E : 도체에 가해진 전압(V)　　R : 도체의 저항(Ω)

2) 전압 강하
① 전류가 도체에 흐를 때 도체의 저항이나 회로 접속부의 접촉 저항 등에 의해 소비되는 전압.
② 전압 강하는 직렬 접속시에 많이 발생된다.
③ 전압 강하는 축전지 단자, 스위치, 배선, 접속부 등에서 발생된다.

④ 각 전장품의 성능을 유지하기 위해 배선의 길이와 굵기가 알맞은 것을 사용하여야 한다.

3) 키르히호프 법칙

- 옴의 법칙을 발전시킨 법칙이다.
- 복잡한 회로에서 전류의 분포, 합성 전력, 저항 등을 다룰 때 이용한다.

① **키르히호프 제1법칙**

㉠ 전하의 보존 법칙이다.
㉡ 복잡한 회로에서 한점에 유입한 전류는 다른 통로로 유출된다.
㉢ 회로 내의 한점으로 흘러 들어간 전류의 총합은 유출된 전류의 총합과 같다는 법칙이다.

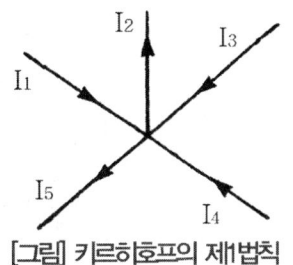
[그림] 키르히호프의 제1법칙

$$I_1 + I_3 + I_4 = I_2 + I_5$$
$$(I_1 + I_3 + I_4) - (I_2 + I_5) = 0$$
$$\sum I = 0$$

② **키르히호프 제 2법칙**

㉠ 에너지 보존 법칙이다.
㉡ 임의의 한 폐회로에서 한 방향으로 흐르는 전압 강하의 총합은 발생한 기전력의 총합과 같다.
㉢ 기전력의 총합 = 전압 강하의 총합이다.

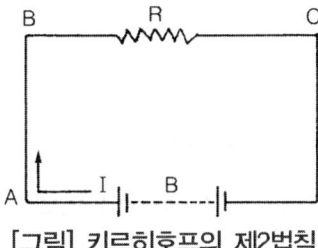
[그림] 키르히호프의 제2법칙

4) 전력

① **전력의 표시**

㉠ 전기가 하는 일의 크기를 말한다.
㉡ **단위** : 와트, 기호 : w, kw
㉢ $P = I \times E = I^2 \times R = E^2 / R$

② **와트와 마력**

㉠ 마력은 기계적인 힘을 나타낸 것.
㉡ 1불 마력 = 1PS = 75kgf-m/s = 736W = 0.736KW
㉢ 1KW = 1.34HP, 1KW = 1.36PS

③ **전력량**

㉠ 전력이 어떤 시간 동안에 한 일의 총량을 전력량이라 한다.
㉡ 전력량은 전력과 사용 시간에 비례한다.
㉢ 전력량은 전력에 사용한 시간을 곱한 것으로 나타낸다.

$$W = P \times t \quad W = I^2 \times R \times t$$

W : 전력량 P : 전력 t : 시간 I : 전류 R : 저항

④ **축전기(condenser)**
  ㉠ 정전 유도 작용을 이용하여 전하를 저장하는 역할을 한다.
  ㉡ **정전 용량** : 2장의 금속판에 단위 전압을 가하였을 때 저장되는 전하의 크기를 말한다.
  ㉢ **1패럿** : 1V의 전압을 가하였을 때 1쿨롱의 전하를 저장하는 축전기의 용량을 말한다.
  ㉣ **정전 용량**
   － 금속판 사이 절연체의 절연도에 정비례한다.
   － 가해지는 전압에 정비례한다.
   － 상대하는 금속판의 면적에 정비례한다.
   － 상대하는 금속판 사이의 거리에는 반비례한다.

$$C = \frac{Q}{E}$$

C : 정전 용량(F), Q : 전하량(C), E : 전압(V)

(3) 자기

1) 쿨롱의 법칙
① 전기력과 자기력에 관한 법칙이다.
② 2개의 대전체 사이에 작용하는 힘은 거리의 2승에 반비례하고 대전체가 가지고 있는 전 하량의 곱에는 비례한다.
③ 2개의 자극 사이에 작용하는 힘은 거리의 2승에 반비례하고 두 자극의 곱에는 비례한다.
④ 두 자극의 거리가 가까우면 자극의 세기는 강해지고 거리가 멀면 자극의 세기는 약해진다.

$$F = \frac{M_1 \times M_2}{r^2}$$

F = 자극의 세기 M_1, M_2 = 2개 자극의 세기   r = 자극 사이의 거리

2) 자기 유도

① 자성체를 자계 내에 넣으면 새로운 자석이 되는 현상을 자기 유도라 한다.
② 철편에 자석을 접근시키면 자극에 흡인되는 현상(자화 현상).
③ 솔레노이드 코일에 전류를 흐르게 하면 철심이 자석으로 변화되는 현상.

(4) 전자력

① 자계와 전류 사이에서 작용하는 힘을 전자력이라 한다.
② 자계 내에 도체를 놓고 전류를 흐르게 하면 도체에는 전류와 자계에 의해서 전자력이 작용한다.
③ 전자력의 크기는 자계의 방향과 전류의 방향이 직각이 될 때 가장 크다.
④ 전자력은 자계의 세기, 도체의 길이, 도체에 흐르는 전류의 양에 비례하여 증가한다.

1) 플레밍의 왼손법칙

- 왼손 엄지(전자력), 인지(자력선방향), 중지(전류 방향)를 서로 직각이 되게 하면 도체에는 엄지손가락 방향으로 전자력이 작용한다.
- 기동 전동기, 전류계, 전압계

  ① **직류 전동기의 원리**
  - ㉠ **직권 전동기** : 계자 코일과 전기자 코일이 직렬로 접속(기동 전동기)
  - ㉡ **분권 전동기** : 계자 코일과 전기자 코일이 병렬로 접속(환풍기 모터, 자동차에서 냉각 장치의 전동 팬)
  - ㉢ **복권 전동기** : 계자 코일과 전기자 코일이 직병렬로 접속

2) 플레밍의 오른손 법칙

오른손 엄지(운동방향), 인지(자력선방향), 중지(기전력)를 서로 직각이 되게 하면 중지손가락 방향으로 유도 기전력이 발생한다.

3) 전자 유도 작용

① **렌쯔의 법칙** : 도체에 영향하는 자력선을 변화시켰을 때 유도 기전력은 코일내의 자속의 변화를 방해하는 방향으로 생긴다.

② **유도 기전력의 크기**
- ㉠ 단위 시간에 잘라내는 자력선의 수에 비례한다.
- ㉡ 상대 운동의 속도가 빠를수록 유도 기전력이 크다.

4) 자기 유도 작용

① 하나의 코일에 흐르는 전류를 변화시키면 변화를 방해하는 방향으로 기전력이 발생되는 현상.
② 자기 유도 작용은 코일의 권수가 많을수록 커진다.
③ 자기 유도 작용은 코일 내에 철심이 들어 있으면 더욱 커진다.

④ 유도 기전력의 크기는 전류의 변화 속도에 비례한다.

5) 상호 유도 작용

① 2개의 코일에서 한쪽 코일에 흐르는 전류를 변화시키면 다른 코일에 기전력이 발생되는 현상.
② 직류 전기 회로에 자력선의 변화가 생겼을 때 그 변화를 방해하려고 다른 전기 회로에 기전력이 발생되는 현상.
③ 상호 유도 작용에 의한 기전력의 크기는 1차 코일의 전류 변화 속도에 비례한다.
④ 상호 유도 작용은 코일의 권수, 형상, 자로의 투자율, 상호 위치에 따라 변화된다.
⑤ 작용의 정도를 상호 인덕턴스 M으로 나타내고 단위는 헨리(H)를 사용한다.

$$E_2 = E_1 \times \frac{N_2}{N_1}$$

E_2 : 2차 코일의 유도 전압(V)　　E_1 : 1차 코일의 전압(V)
N_1 : 1차 코일의 권수　　　　　　N_2 : 2차 코일의 권수

2. 전자 기초

(1) 반도체

1) 도체, 반도체, 절연체
① **도체** : 자유 전자가 많기 때문에 전기를 잘 흐르게 하는 성질을 가진 물체
② **반도체** : 고유 저항이 $10^{-2} \sim 10^{-4} \Omega \cdot cm$ 정도로 도체와 절연체의 중간 성질을 나타내는 물질.
③ **절연체** : 자유 전자가 거의 없기 때문에 전기가 잘 흐르지 않는 성질을 가진 물체.

2) 반도체
① **진성 반도체** : 게르마늄(Ge)과 실리콘(Si) 등 결정이 같은 수의 정공(hole)과 전자가 있는 반도체를 말한다.
② **불순물 반도체**
　㉠ **N형 반도체** : 실리콘의 결정(4가)에 5가의 원소[비소(As), 안티몬(Sb), 인(P)]를 혼합한 것으로 전자 과잉 상태인 반도체를 말한다.
　㉡ **P형 반도체** : 실리콘의 결정(4가)에 3가의 원소[알루미늄(Al), 인듐(In)]를 혼합한 것으로 정공(홀) 과잉 상태인 반도체를 말한다.
③ **반도체의 특성**
　㉠ 실리콘, 게르마늄, 셀렌 등의 물체를 반도체라 한다.
　㉡ 온도가 상승하면 저항이 감소되는 부온도 계수의 물질을 말한다.
　㉢ 빛을 받으면 고유저항이 변화하는 광전 효과가 있다.

㉣ 자력을 받으면 도전도가 변하는 홀(Hall) 효과가 있다.
㉤ 미소량의 다른 원자가 혼합되면 저항이 크게 변화된다.

3) 서미스터(thermistor)
① 온도 변화에 대하여 저항값이 크게 변화되는 반도체의 성질을 이용하는 소자
② **부특성 서미스터** : 온도가 상승하면 저항값이 감소되는 소자
③ **정특성 서미스터** : 온도가 상승하면 저항값이 상승하는 소자
② 수온 센서, 흡기 온도 센서 등 온도 감지용으로 사용된다.
③ 온도관련 센서 및 액추에이터 소자에는 서모스탯, 서미스터, 바이메탈 등이 있다.

4) 다이오드
전류가 공급되는 단자는 애노드(A), 전류가 유출되는 단자를 캐소드(K)라 한다.

① **다이오드** : 교류 전기를 직류 전기로 변환시키는 정류용 다이오드이다.
  ㉠ 순방향 접속에서만 전류가 흐르는 특성을 지니고 있으며, 자동차에서는 교류 발전기 등에 사용한다.
  ㉡ 한쪽 방향에 대해서는 전류를 흐르게 하고 반대방향에 대해서는 전류의 흐름을 저지하는 정류 작용을 한다.

② **제너 다이오드** : 전압이 어떤 값에 이르면 역방향으로 전류가 흐르는 정전압용 다이오드이다.

③ **포토 다이오드** : 접합면에 빛을 가하면 역방향으로 전류가 흐르는 다이오드이다.

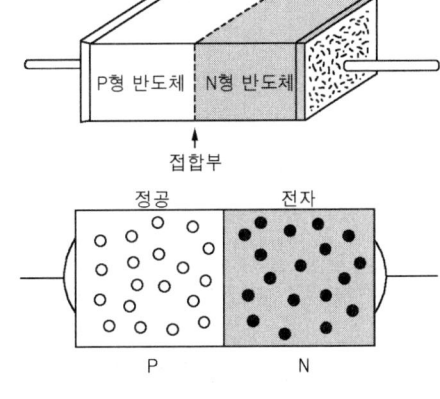

[그림] 다이오드의 구조

④ **발광 다이오드(LED)** : 순방향으로 전류가 흐르면 빛을 발생시키는 다이오드이다.
  ㉠ PN 접합면에 순방향 전압을 걸어 전류를 공급하면 캐리어가 가지고 있는 에너지의 일부가 빛으로 되어 외부에 방사하는 다이오드이다.
  ㉡ 자동차에서는 크랭크 각 센서, TDC 센서, 조향 핸들 각도 센서, 차고 센서 등에서 이용된다.

5) 트랜지스터(TR)

① **PNP형 트랜지스터**
  ㉠ N형 반도체를 중심으로 양쪽에 P형 반도체를 접합시킨 트랜지스터이다.
  ㉡ 이미터(E), 베이스(B), 컬렉터(C)의 3개 단자로 구성되어 있다.

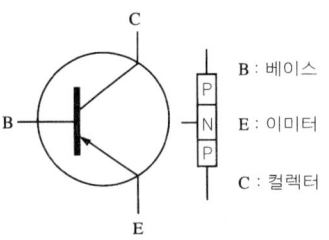

[그림] PNP 트랜지스터

ⓒ 베이스에 흐르는 전류를 단속하여 이미터 전류를 단속하는 트랜지스터이다.
ⓔ 트랜지스터의 전류는 이미터에서 베이스로, 이미터에서 컬렉터로 흐른다.

② **NPN형 트랜지스터**
  ㉠ P형 반도체를 중심으로 양쪽에 N형 반도체를 접합시킨 트랜지스터이다.
  ㉡ 이미터(E), 베이스(B), 컬렉터(C)의 3개 단자로 구성되어 있다.
  ㉢ 베이스에 흐르는 전류를 단속하여 컬렉터 전류를 단속하는 트랜지스터이다.
  ㉣ 트랜지스터의 전류는 컬렉터에서 이미터로, 베이스에서 이미터로 흐른다.

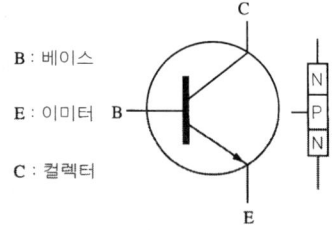

[그림] NPN 트랜지스터

③ **트랜지스터의 작용**
  가. **증폭 작용**
    ㉠ 적은 베이스 전류로 큰 컬렉터 전류를 제어하는 작용을 증폭 작용이라 한다.
    ㉡ 전류의 제어 비율을 증폭율이라 한다.

$$증폭율 = \frac{컬렉터\ 전류(I_c)}{베이스\ 전류(I_b)}$$

  ㉢ **증폭율 100** : 베이스 전류가 1mA 흐르면 컬렉터 전류는 100mA로 흐를 수 있다.
  ㉣ 트랜지스터의 실제 증폭율은 약 98정도이다.

  나. **스위칭 작용**
    ㉠ 베이스에 전류가 흐르면 컬렉터도 전류가 흐른다.
    ㉡ 베이스에 흐르는 전류를 차단하면 컬렉터도 전류가 흐르지 않는다.
    ㉢ 베이스 전류를 ON, OFF시켜 컬렉터에 흐르는 전류를 단속하는 작용을 말한다.

④ **트랜지스터의 장·단점**
  가. **장점**
    ㉠ 내부에서 전력 손실이 적다.   ㉡ 진동에 잘 견디는 내진성이 크다.
    ㉢ 내부에서 전압 강하가 매우 적다. ㉣ 기계적으로 강하고 수명이 길다.
    ㉤ 예열하지 않고 곧 작동된다.   ㉥ 극히 소형이고 가볍다.

  나. **단점**
    ㉠ 역내압이 낮기 때문에 과대 전류 및 전압에 파손되기 쉽다.
    ㉡ 온도 특성이 나쁘다.(접합부 온도 : Ge은 85℃, Si는 150℃이상일 때 파괴된다)

ⓒ 정격값 이상으로 사용하면 파손되기 쉽다.

⑤ **포토 트랜지스터**
   ㉠ 외부로부터 빛을 받으면 전류를 흐를 수 있게 하는 감광 소자이다.
   ㉡ 빛에 의해 컬렉터 전류가 제어되며, 광량(光量) 측정, 광 스위치 소자로 사용된다.

⑥ **다링톤 트랜지스터**
   2개의 트랜지스터를 하나로 결합하여 전류 증폭도가 높다.

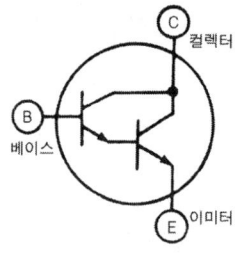

[그림] 다링톤 트랜지스터

6) 사이리스터

사이리스터는 PNPN 또는 NPNP의 4층 구조로 된 제어 정류기이다.
⊕쪽을 애노드(A), ⊖ 쪽을 캐소드(K), 제어 단자를 게이트(G)라 한다.

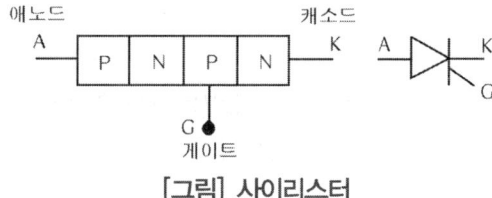

[그림] 사이리스터

(2) 센서

1) 압력 센서

① 압력센서의 종류에는 LVDT(linear variable differential transformer), 용량형 센서, 반도체 피에조 저항형 센서, SAW형 센서 등이 있다.
② 반도체 피에조(piezo) 저항형 센서는 다이어프램 상하의 압력 차이에 비례하는 다이어프램 신호를 전압변화로 만들어 압력을 측정할 수 있다.
③ **반도체 피에조 저항형 센서** : MAP센서, 터보차저의 과기압 센서 등에 사용된다.
④ **피에조 소자 압력 센서** : 엔진 노크 센서
⑤ **용량형 센서** : 게이지 압력 센서
⑥ **LVDT형(차동 트랜지스터식) 센서** : 코일에 발생되는 인덕턴스의 변화를 압력으로 검출하는 센서이다.(MAP센서)

2) 반도체의 효과

① **펠티어(peltier) 효과** : 직류전원을 공급해 주면 한쪽 면에서는 냉각이 되고 다른 면은 가열되는 열전 반도체 소자이다.
② **피에조(piezo) 효과** : 힘을 받으면 기전력이 발생하는 반도체의 효과를 말한다.
③ **지백(zee back) 효과** : 열을 받으면 전기 저항 값이 변화하는 효과를 말한다.
④ **홀(hall) 효과** : 자기를 받으면 통전 성능이 변화하는 효과를 말한다.

(3) 컴퓨터 논리회로

1) 기본 회로

① OR 회로(논리화 회로)

㉠ 2개의 A, B스위치를 병렬로 접속한 회로이다.
㉡ 입력 A와 B가 모두 0이면 출력 Q는 0이 된다.
㉢ 입력 A가 1이고, 입력 B가 0이면 출력 Q도 1이 된다.

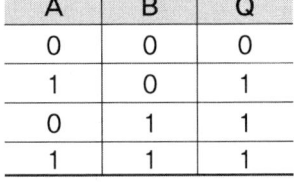

A	B	Q
0	0	0
1	0	1
0	1	1
1	1	1

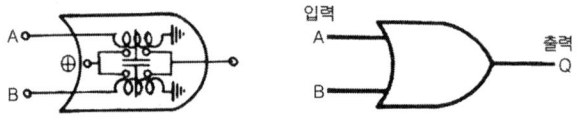

[그림] 논리화 회로

② AND 회로(논리적 회로)

㉠ 2개의 스위치 A, B를 직렬로 접속한 회로이다.
㉡ 입력 A와 B가 모두 1이면 출력 Q는 1이 된다.

A	B	Q
0	0	0
1	0	0
0	1	0
1	1	1

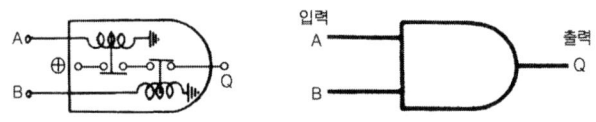

[그림] 논리적 회로

③ NOT 회로(부정 회로)

㉠ 입력 스위치와 출력이 병렬로 접속된 회로이다.
㉡ 입력 A가 1이면 출력 Q는 0이 되며, 입력 A가 0이면 출력 Q는 1이 된다.

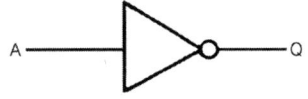

[그림] 부정 회로

12 시동, 점화 및 충전장치

1. 축전지

(1) 개요
화학적 에너지를 전기적 에너지로 변환시키는 장치이다.

1) 축전지의 역할
① 기동 장치의 전기적 부하를 부담한다.
② 발전기 고장시 주행을 확보하기 위한 전원으로 작동한다.
③ 발전기 출력과 부하와의 불균형을 조정한다.

2) 축전지의 구비조건
① 축전지의 용량이 클 것.
② 축전지의 충전, 검사에 편리한 구조일 것.
③ 소형이고 운반이 편리할 것.
④ 전해액의 누설 방지가 완전할 것.
⑤ 축전지는 가벼울 것.
⑥ 전기적 절연이 완전할 것.
⑦ 진동에 견딜 수 있을 것.

3) 축전지의 종류
① **납산 축전지** : 셀당 기전력이 2.1V이다.
② **알칼리 축전지** : 셀당 기전력이 1.2V이다.

(2) 납산축전지

1) 화학 작용

① **방전 중 화학 작용**
  ㉠ **양극판** : 과산화 납(PbO_2) → 황산납($PbSO_4$)
  ㉡ **음극판** : 해면상납(Pb) → 황산납($PbSO_4$)
  ㉢ **전해액** : 묽은황산(H_2SO_4) → 물($2H_2O$)

② **충전 중 화학 작용**
  ㉠ **양극판** : 황산납($PbSO_4$) → 과산화 납(PbO_2)
  ㉡ **음극판** : 황산납($PbSO_4$) → 해면상납(Pb)
  ㉢ **전해액** : 물($2H_2O$) → 묽은황산(H_2SO_4)

2) 납산축전지의 구조

① **극 판**
  ㉠ **양극판** : 다공성으로 결합력이 약하다.(축전지 성능 저하의 원인)

ⓒ **음극판** : 한 셀당 화학적 평형을 고려하여 양극판보다 1장 더 많다.
ⓒ **격자** : 극판의 작용 물질을 유지시켜 탈락을 방지한다.

② **격리판** : 양극판과 음극판 사이에 설치되어 극판의 단락을 방지한다.
　가. **격리판의 구비 조건**
　　㉠ 비전도성일 것.　　　　　　㉡ 기계적인 강도가 있을 것.
　　㉢ 전해액의 확산이 잘 될 것.　㉣ 전해액에 부식되지 않을 것.
　　㉤ 다공성일 것.　　　　　　　㉥ 극판에 좋지 않은 물질을 내뿜지 않을 것.

③ **극판군(단전지, 셀)** : 극판 군은 1셀(cell)이며, 완전 충전 시 1셀 당 기전력은 2.1V이므로 12V 축전지의 경우 6개의 셀이 직렬로 연결되어 있다.

④ **케이스와 필러(벤트) 플러그** : 벤트플러그는 충전 시 발생하는 가스(양극 : 산소 가스, 음극 : 수소가스)를 배출한다.

⑤ **커넥터와 터미널 포스트(단자 기둥)**

구 분	양극 기둥	음극 기둥
단자의 직경	크 다	작 다
단자의 색	적 갈 색	회 색
표시 문자	⊕, P	⊖, N
부식물의 생성	많 다	적 다

　㉠ 단자에서 케이블을 분리할 때에는 접지(-) 쪽을 먼저 분리하고 설치할 때에는 나중에 설치하여야 한다.
　㉡ 단자가 부식되었으면 깨끗이 청소를 한 다음 그리스를 얇게 바른다.

⑥ **전해액** : 비중은 완전 충전된 상태 20℃에서 1.260~1.280이다.
　가. **전해액 비중과 온도(반비례)**
　　㉠ 전해액의 온도가 높으면 비중이 낮아지고 온도가 낮으면 비중은 높아진다.
　　㉡ 전해액의 비중은 20℃의 표준 온도로 환산하여 표시한다.
　　㉢ 축전지 전해액의 비중은 온도 1℃ 변화에 대하여 0.0007변화한다.

$$S_{20} = S_t + 0.0007(t - 20)$$

　　　S_{20} : 표준 온도로 환산한 비중.　　S_t : t℃ 에서 실측한 비중.
　　　t : 측정시의 전해액의 온도(℃)

　　㉣ 전해액 비중은 흡입식 비중계 또는 광학식 비중계로 측정한다.
　나. **비중에 의한 충방 상태의 판정**
　　㉠ 전해액의 비중은 방전량에 비례하여 낮아진다.
　　㉡ 비중이 1.200(20℃) 정도로 저하되면 즉시 보충전하여야 한다.
　　㉢ 1Ah의 방전에 대해 전해액 중의 황산은 3.660g이 소비되고 0.67g의 물

이 생성된다.
ㄹ. 1Ah의 충전량에 대해 0.67g의 물이 소비되고 3.660g의 황산이 생성된다.
ㅁ. 1.260(20℃)의 묽은 황산 1ℓ 에 약 35%의 황산이 포함되어 있다.

3) 납산축전지의 특성

① 기전력
  ㄱ. 셀당 2.1V~2.3V의 기전력이 발생된다.
  ㄴ. 전해액의 온도가 높으면 기전력도 높아진다.
  ㄷ. 전해액의 비중이 높으면 기전력도 높아진다.
  ㄹ. 축전지가 방전되면 기전력도 낮아진다.

② 방전 종지 전압
  - 어떤 전압 이하로 방전하여서는 안되는 방전 한계 전압을 말한다.
  - 셀당 방전 종지 전압은 1.7~1.8V이다.
  - 축전지를 방전 상태로 오랫동안 방치해 두면 극판이 영구 황산납이 된다.

  가. 축전지 설페이션(sulfation) 원인
    ㄱ. 장시간 방전 상태로 방치한 경우
    ㄴ. 전해액 비중이 너무 높거나 낮은 경우
    ㄷ. 전해액에 불순물이 들어간 경우
    ㄹ. 과다 방전 상태인 경우
    ㅁ. 불충분한 충전이 반복된 경우
    ㅂ. 전해액 부족으로 극판이 노출된 경우

  나. 자기 방전
    ㄱ. 외부의 전기 부하가 없는 상태에서 전기 에너지가 소멸되는 현상을 자기 방전이라 한다.
    ㄴ. 1일(24h) 자기 방전량은 실 용량의 0.3~1.5%이다.

$$충전 전류 = \frac{축전지\ 용량 \times 1일\ 자기\ 방전율}{24h}$$

③ 축전지 용량
  ㄱ. 완전 충전된 축전지를 일정의 전류로 연속 방전하여 방전 종지 전압까지 사용할 수 있는 전기량.

  AH(암페어시 용량) = A(일정 방전 전류)×H(방전 종지 전압까지의 연속 방전시간)

  ㄴ. 축전지 용량은 방전 전류와 방전 시간의 곱으로 나타낸다.
  ㄷ. 전해액의 온도가 높으면 용량은 증가한다.

⓹ 축전지의 용량 결정요소
- 극판의 크기, 극판의 형상 및 극판의 수
- 전해액의 비중, 전해액의 온도 및 전해액의 양
- 격리판의 재질, 격리판의 형상 및 크기

⓺ 축전지 연결에 따른 전압과 용량의 변화
- **직렬 연결** : 같은 용량, 같은 전압의 축전지 2개를 직렬로 접속([+]단자와 [-]단자의 연결)하면 전압은 2배가 되고, 용량은 한 개일 때와 같다.
- **병렬 연결** : 같은 용량, 같은 전압의 축전지 2개를 병렬로 연결([+]단자는 [+]단자에 [-]단자는 [-]단자에 연결)하면 용량은 2배이고 전압은 한 개일 때와 같다.

④ 방전율
㉠ **20시간율** : 일정한 전류로 방전하여 셀당 전압이 1.75V로 강하됨이 없이 20시간 방전할 수 있는 전류의 총량을 말한다.
㉡ **25A율** : 80°F에서 25A의 전류로 방전하여 셀당 전압이 1.75V에 이를 때까지 방전하는 소요 시간으로 표시한다.
㉢ **냉간율** : 0°F에서 300A로 방전하여 셀당 전압이 1V 강하하기까지 몇 분 소요되는가로 표시.
㉣ **5시간율** : 방전 종지 전압에 도달할 때까지 소요되는 방전 전류의 크기로 자동차용 축전지는 엔진의 시동 시 능력을 나타내기 때문에 5시간의 용량으로 표시한다.

4) 축전지 충전
① **정 전류 충전** : 충전 시작에서 끝까지 일정한 전류로 충전하는 방법이다.
② **정 전압 충전** : 충전 시작에서 끝까지 일정한 전압으로 충전하는 방법이다.
③ **단별 전류 충전** : 충전 중 전류를 단계적으로 감소시키는 방법이다.
④ **급속 충전** : 축전지 용량의 50% 전류로 충전하는 것이며, 자동차에 축전지가 설치된 상태로 급속 충전을 할 경우에는 발전기 다이오드를 보호하기 위하여 축전지 (+)와 (-)단자의 양쪽 케이블을 분리하여야 한다. 또 충전시간은 가능한 짧게 하여야 한다.
⑤ **충전할 때 주의 사항**
㉠ 충전하는 장소는 반드시 환기 장치를 한다.
㉡ 각 셀의 전해액 주입구 마개(벤트 플러그)를 연다.
㉢ 충전 중 전해액의 온도가 45℃ 이상되지 않게 한다.
㉣ 과충전을 하지 말 것(양극판 격자의 산화 촉진 요인)
㉤ 2개 이상의 축전지를 동시에 충전할 경우에는 반드시 직렬 접속을 한다.
㉥ 암모니아수나 탄산소다(탄산나트륨) 등을 준비해 둔다.

(3) 축전지 정비

1) 급속 충전 중 주의 사항
① 충전 중 수소 가스가 발생되므로 통풍이 잘되는 곳에서 충전할 것.
② 발전기 실리콘 다이오드의 파손을 방지하기 위해 축전지의 ⊕, ⊖케이블을 떼어 낸다.
③ 충전 시간을 가능한 한 짧게 한다.
④ 충전 중 축전지 부근에서 불꽃이 발생되지 않도록 한다.
⑤ 충전 중 축전지에 충격을 가하지 말 것.
⑥ 전해액의 온도가 45℃ 이상이 되면 충전을 일시 중지하여 온도가 내려가면 다시 충전한다.

2) 축전지의 용량 시험 시 주의 사항
① 부하 전류는 축전지 용량의 3배 이상으로 하지 않을 것.
② 부하 시간은 15초 이상으로 하지 않는다.

3) 부하 시험의 축전지 판정
① 경부하 시험
  ㉠ 전조등을 점등한 상태에서 측정한다.
  ㉡ 셀당 전압이 1.95V 이상이면 양호하다.
  ㉢ 셀당 전압차이는 0.05V 이내이면 양호하다.

② 중부하 시험
  ㉠ 축전지 용량 시험기를 사용하여 측정한다.
  ㉡ 축전지 용량의 3배 전류로 15초 동안 방전시킨다.
  ㉢ 축전지 전압이 9.6V 이상이면 양호하다.

(4) MF 축전지
격자를 저 안티몬 합금이나 납-칼슘 합금을 사용하여 전해액의 감소나 자기 방전량을 줄일 수 있는 축전지이다.

1) MF 축전지의 특징
① 촉매 장치에 의해 증류수를 보충할 필요가 없다.
② 자기 방전이 적어 장기간 보관할 수 있다.
③ 국부 전지가 형성되지 않으므로 정비가 필요 없다.
④ 격자는 벌집 형태의 철망을 펀칭하여 사용한다.

2. 시동장치

(1) 개요

엔진을 시동하기 위한 장치를 말한다.
기동 토크가 크고 소형 경량인 직류 직권 전동기를 사용한다.

$$기동 회전력 = 회전 저항 \times \frac{피니언 이외 수}{링 기어 이외 수}$$

1) 전동기의 원리

전동기의 기본 원리는 플레밍의 왼손 법칙을 이용한다.

2) 전동기의 종류

① **직권 전동기**
　㉠ 전기자 코일과 계자 코일이 직렬로 접속되어 있다.
　㉡ 기동 회전력이 크기 때문에 기동 전동기에 사용된다.

② **분권 전동기**
　㉠ 전기자 코일과 계자 코일이 병렬로 접속되어 있다.
　㉡ 계자 코일에 흐르는 전류가 일정하기 때문에 회전 속도가 거의 일정하다.

③ **복권 전동기**
　㉠ 전기자 코일과 계자 코일이 직병렬로 접속되어 있다.
　㉡ 회전력이 크고 회전 속도가 거의 일정하기 때문에 와이퍼 모터에 사용된다.
　㉢ 직권 전동기에 비하여 구조가 복잡하다.

(2) 기동 전동기

1) 기동 전동기의 형식

기동 전동기는 전기자 코일과 계자 코일이 직렬로 연결되는 직류 직권식을 사용하며, 직권 전동기의 특징은 다음과 같다.
① 기전력은 회전속도에 비례한다.
② 전기자 전류는 기전력에 반비례한다.
③ 회전력은 전기자의 전류가 클수록 크다.
④ 기동회전력이 크다.

2) 기동 전동기의 구조

① **기동 전동기의 3주요 부분**
　㉠ 회전력을 발생하는 부분
　㉡ 회전력을 플라이 휠 링 기어로 전달하는 부분

ⓒ 피니언을 미끄럼 운동시켜 플라이 휠 링 기어에 물리도록 하는 부분

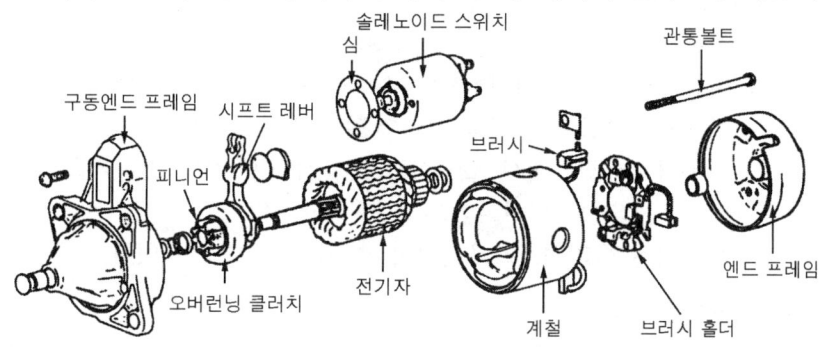

[그림] 기동 전동기의 분해도

② 회전력을 발생하는 부분
  가. 회전 부분
    ㉠ **전기자(armature)** : 전기자 축에는 스플라인을 통하여 피니언과 오버러닝 클러치가 미끄럼 운동을 하며, 전기자 철심은 자력선의 통과를 쉽게 하고, 맴돌이 전류를 감소시키기 위해 성층 철심으로 구성되어 있으며, 전기자 코일 한쪽은 N극, 다른 한쪽은 S극이 되도록 철심의 홈에 절연되어 끼워지며, 코일의 양끝은 정류자 편에 납땜되어 있다.
    ㉡ **정류자** : 브러시에서 전류를 일정한 방향으로 흐르도록 하며, 정류자 편과 편 사이에는 운모로 절연되어 있으며, 정류자 편보다 0.5~0.8mm 정도 언더 컷되어 있다.
  나. 고정 부분
    ㉠ **계자(yoke)** : 자력선의 통로와 기동 전동기의 틀이 되는 부분이며, 내부에는 계자 철심이 있고 여기에 계자 코일이 감겨져 전류가 흐르면 자화된다.
    ㉡ **브러시와 홀더** : 브러시는 정류자를 통하여 전기자 코일에 전류를 출입시키며 재질은 금속 흑연계이다. 브러시는 1/3이상 마모되면 교환하여야 하며, 브러시 스프링의 장력은 0.5~1.0kgf/cm^{2}이다.

③ 동력 전달 기구
  가. **벤딕스 방식** : 피니언의 관성과 직권 전동기가 무부하 상태에서 고속회전 하는 성질을 이용한 것이다.
  나. **피니언 섭동식**
    ㉠ 피니언 섭동식에는 수동식과 전자식이 있다.
    ㉡ 전기자가 회전하기 전에 피니언과 플라이 휠 링 기어를 미리 물림 시키는 방식이다.
    ㉢ **전자식 피니언 섭동식** : 피니언 미끄럼 운동과 기동전동기 스위치의 개폐를 전자력을 이용한 형식이다.

④ 오버런닝 클러치
　㉠ 시동시 전동기의 회전력에 의해 링 기어가 회전한다.
　㉡ 시동 후 피니언 기어가 링 기어에 물려 있는 상태에서 피니언 기어가 공전하여 엔진 회전력이 전달되는 것을 방지한다.
　㉢ 시동된 후 계속해서 스위치를 작동시키면 기동 전동기의 전기자는 무부하 상태로 공회전하고 피니언은 고속 회전한다.
　㉣ 종류에는 롤러식, 스프래그식, 다판 클러치식이 있다.

3) 기동 전동기 시험

① 전기자(armature)시험기(그로울러 시험기)로 시험할 수 있는 것은 코일의 단락, 코일의 접지, 코일의 단선이다.
② 기동전동기 시험에는 무부하 시험, 회전력 시험, 저항 시험이 있다.

(3) 시동장치의 정비

1) 기동 전동기 취급

① 전동기의 시험
　㉠ **무부하 시험** : 전류 값과 회전수를 측정하여 기동전동기의 고장 여부를 판단하는 것이다.
　　– 전류계, 전압계, 회전계, 가변 저항 등
　㉡ **회전력(토크) 시험** : 기동 전동기의 정지 회전력을 측정하는 시험이다.
　㉢ **저항 시험** : 전류의 크기로 저항을 판정한다.

② 회로 시험
　㉠ 12V 축전지일 때 기동 회로의 전압 강하가 0.2V 이하이면 정상이다.
　㉡ 6V 축전지일 때 기동 회로의 전압 강하가 0.1V 이하이면 정상이다.

3. 점화장치

(1) 개요

1) 점화장치의 원리

① **자기 유도작용** : 한 개의 코일에 흐르는 전류를 단속하면 코일에 유도전압이 발생하는 작용을 말한다.
② **상호 유도 작용** : 하나의 전기회로에 자력선의 변화가 생겼을 때 그 변화를 방해하려고 다른 전기 회로에 기전력이 발생하는 작용을 말한다.

2) 전트랜지스터식 점화장치

① 점화 코일의 1차 전류를 트랜지스터가 단속한다.

② 폐자로형 점화 코일을 사용하여 2차 전압이 저하되지 않는다.
③ 반트랜지스터식의 단속기 접점에서 발생되는 불꽃을 방지할 수 있다.
④ 반트랜지스터식의 단속기 접점에 의한 고장을 배제시킬 수 있다.
⑤ 점화 코일의 1차 전류를 제어하는 방식에 따라 신호 발전식과 컴퓨터 제어식으로 분류한다.

3) 콘덴서 방전식 점화 장치(CDI, 용량 방전식)

① 12V의 축전지 전압이 DC-DC 컨버터에 의해 200~250V 정도로 승압시켜 콘덴서에 충전시킨다.
② 배전기의 점화 신호 발생기에서 점화 신호를 발생시킨다.
③ 콘덴서에 충전된 전압을 점화 신호에 따라 점화 1차 코일에 방전시킨다.
④ 콘덴서의 방전에 의해 점화 2차 코일에 고전압이 발생된다.

4) 파워 TR을 이용하는 방식의 특징

① 원심, 진공 진각 기구를 사용하지 않아도 된다.
② 고속 회전에서 채터링 현상으로 기관부조 발생이 없다.
③ 노킹이 발생할 때 대응이 신속하다.
④ 기관 상태에 따른 적절한 점화시기 조절이 가능하다.

5) 개자로 형식의 점화코일의 특징

① 1차 코일과 2차 코일의 권수비는 1 : 60~100으로 한다.
② 1차 코일을 바깥쪽에 감는 것은 방열이 잘 되도록 하기 위함이다.
③ 1차 코일의 감기 시작은 (+)단자에, 감기 끝은 (-)단자에 접속되어 있다.
④ 1차 코일은 2차 코일에 비하여 큰 전류가 흐르기 때문에 선의 단면적도 크다.

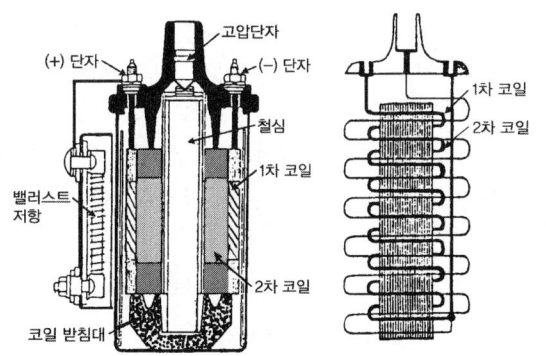

[그림] 개자로형 점화코일의 구조

6) 점화 플러그

① **자기 청정 온도**
 ㉠ 전극의 온도가 400~600℃인 경우 전극은 자기청정 작용을 한다.
 ㉡ 전극 앞부분의 온도가 950℃ 이상되면 자연발화(조기점화) 될 수 있다.
 ㉢ 전극 부분의 온도가 450℃ 이하가 되면 실화가 발생한다.

② **열값**
 ㉠ **냉형 점화 플러그** : 고압축비, 고속회전기관에 사용되며 냉각효과가 좋다.

ⓒ **열형 점화 플러그** : 저압축비, 저속회전기관에서 사용하며, 열을 받는 면적이 크다.

③ **점화 플러그에서 불꽃이 발생하지 않는 원인**
  ㉠ 점화코일 불량
  ㉡ 파워 TR 불량
  ㉢ 고압 케이블 불량
  ㉣ ECU 불량

④ **점화 플러그의 시험**
  ㉠ 절연 시험
  ㉡ 불꽃 시험
  ㉢ 기밀 시험

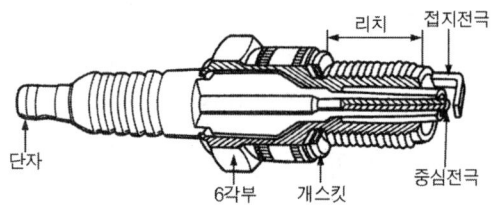

[그림] 수동 변속기(트랜스 액슬) 구조

(2) 전자제어 점화장치

1) 파워 트랜지스터

① 컴퓨터(ECU)의 신호를 받아 점화코일의 1차 전류를 단속하는 작용을 하는 부품이며, 구조는 ECU에 의해 제어되는 베이스 단자, 점화코일의 1차 코일과 연결되는 컬렉터 단자, 그리고 접지 되는 이미터 단자로 구성되어 있다.
② 트랜지스터(NPN형)에서 점화코일의 1차 전류는 컬렉터에서 이미터로 흐르게 한다.
③ 파워 TR이 불량할 때 일어나는 현상
  ㉠ 기관 시동 성능 불량
  ㉡ 공회전 상태에서 기관 부조현상 발생
  ㉢ 기관 시동이 안됨(단, 크랭킹은 가능)
④ 파워 TR의 점검할 때에는 아날로그 회로 시험기, 1.5V 건전지, 파형 분석기 등이 필요하다.
⑤ 파워 TR을 단품으로 통전 시험을 할 때 아날로그 방식 멀티미터를 사용한다.

2) HEI 점화장치

① **특징**
  ㉠ 점화 1차 코일에 흐르는 전류를 컴퓨터에 의해 제어하여 저속 성능이 향상된다.
  ㉡ 점화 1차 코일에 흐르는 전류를 신속하게 단속하여 고속 성능이 향상된다.
  ㉢ 접점이 없기 때문에 불꽃을 강하게 하여 착화성이 향상된다.
  ㉣ 엔진의 상태를 검출하여 최적의 점화시기를 컴퓨터가 조절한다.
  ㉤ 폐자로형 점화 코일을 사용하므로 완전 연소가 가능하다.
  ㉥ 노킹 발생시 점화시기를 컴퓨터가 조절하여 노킹을 제어한다.

② **HEI 점화코일(폐자로형 점화코일)의 특징**
  ㉠ 유도작용에 의해 생성되는 자속이 외부로 방출되지 않는다.
  ㉡ 1차 코일의 굵기를 크게 하여 큰 전류가 통과할 수 있다.

ⓒ 1차 코일과 2차 코일은 연결되어 있다.

점화코일에서 고전압을 얻도록 유도하는 공식

$$E_2 = \frac{N_2}{N_1} E_1$$

여기서,
E_1 : 1차 코일에 유도된 전압
E_2 : 2차 코일에 유도된 저압
N_1 : 1차 코일의 유효권수
N_2 : 2차 코일의 유효권수

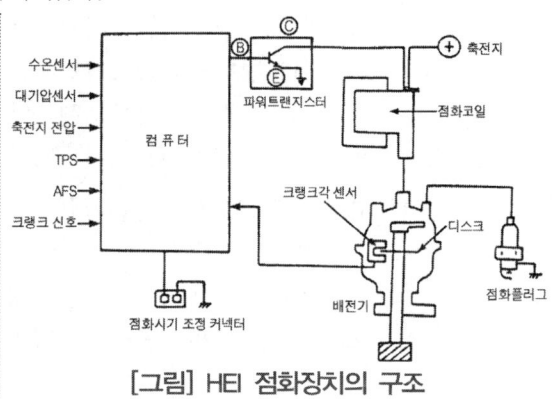

[그림] HEI 점화장치의 구조

③ 배전기의 1번 실린더 TDC센서 및 크랭크 각 센서의 작용

㉠ 크랭크 각 센서용 4개의 슬릿과 안쪽에 1번 실린더 TDC센서용 1개의 슬릿이 설치되어 있다.
㉡ 2종류의 슬릿을 검출하기 때문에 발광 다이오드 2개와 포트 다이오드 2개가 내장되어 있다.
㉢ 발광 다이오드에서 방출된 빛은 슬릿을 통하여 포토 다이오드에 전달되며, 전류는 포토 다이오드의 역 방향으로 흘러 비교기에 약 5V의 전압이 감지된다.

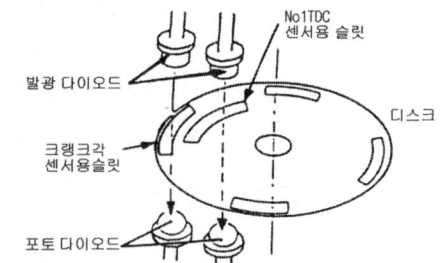

[그림] 배전기 내부 구조

㉣ 배전기 축이 회전하여 디스크가 빛을 차단하면 비교기 단자는 0볼트(V)가 된다.

④ 크랭크 각 센서의 기능

㉠ 기관 회전속도(RPM)를 컴퓨터로 입력시킨다.
㉡ 크랭크 각 센서의 신호를 컴퓨터가 받으면 연료펌프 릴레이를 구동한다.
㉢ 분사시기 및 점화시기를 설정하기 위한 기준 신호이다.
㉣ 기관을 크랭킹(시동)할 때 가장 기본적으로 작동되어야 하는 센서이다.
㉤ 크랭크 각 센서가 고장나면 연료가 분사되지 않아 시동이 되지 않는다.
㉥ No1. TDC센서가 불량하면 시동은 걸리나 공전상태가 불안하다.

3) DLI(직접점화장치, Direct Ignition System)

① 특징

㉠ 배전기가 없기 때문에 전파 장해의 발생이 없다.
㉡ 정전류 제어 방식으로 엔진의 회전 속도에 관계없이 2차 전압이 안정된다.
㉢ 전자적으로 진각시키므로 점화 시기가 정확하고 점화 성능이 우수하다.

② 고전압이 감소되어도 유효 에너지의 감소가 없기 때문에 실화가 적다.
⑩ 범위 제한이 없이 진각이 이루어지고 내구성이 크다.
⑪ 전파 방해가 없으므로 다른 전자 제어 장치에도 장해가 없다.
⑭ 고압 배전부가 없기 때문에 누전의 염려가 없다.
⑮ 실린더 별 점화 시기 제어가 가능하다.

② **DLI의 구성요소** : 컴퓨터(E.C.U), 파워 TR, 점화(이그니션)코일, 크랭크 각 센서, No1. TDC센서 등이다.
㉠ 배전기 없이 점화 코일에서 점화 플러그에 직접 고전압을 전달한다.
㉡ 2차 고전압을 압축 행정과 배기 행정 끝에 위치한 실린더의 점화 플러그에 분배한다.

③ **DLI방식의 종류**
㉠ 독립점화형 전자 배전 방식
㉡ **동시점화형 코일 분배방식** : 점화 코일의 고전압을 점화 플러그로 직접 분배 시키는 방식이다.
㉢ **동시점화형 다이오드 분배방식** : 다이오드에 의해 1개의 실린더에만 출력을 보내 점화시키는 방식이다.

(3) 점화시기 점검

1) 초기 점화시기를 점검할 때 기관의 회전속도는 공전속도로 한다.

2) 기관의 점화시기를 점검하고자 할 때에는 타이밍 라이트를 사용한다.

3) 타이밍 라이트를 기관에 설치 및 작업할 때 유의사항
① 시험기의 적색(+)클립은 축전지 (+)단자에 흑색(-)클립은 (-)단자에 연결한다.
② 고압 픽업 리드 선은 1번 점화 플러그 고압 케이블에 물린다.
③ 청색(또는 녹색)리드선 클립은 배전기 1차 단자나 점화 코일 (-)단자에 연결한다.
④ 회전계를 연결한 후 규정된 회전속도(공전속도)에서 점검을 한다.

4) 기관의 점화시기 변동 요건 : 기관의 회전속도, 기관에 가해진 부하, 사용연료의 옥탄가, 각종 센서

5) 기관의 점화시기가 너무 늦으면
① 불완전 연소가 일어나 다량의 카본이 퇴적된다.
② 기관의 동력이 감소된다.
③ 점화지연의 3가지는 기계적 지연, 전기적 지연, 화염 전파지연 등이다.

4. 충전장치

(1) 개요

플레밍의 오른손 법칙을 이용하며, 엄지는 운동방향, 인지는 자력선 방향으로 두면 중지방향으로 유도 기전력이 발생한다.

1) 필요성
① 발전기를 중심으로 전력을 공급하는 일련의 장치.
② 방전된 축전지를 신속하게 충전하여 기능을 회복시키는 역할을 한다.
③ 각 전장품에 전기를 공급하는 역할을 한다.
④ 발전기와 발전기 조정기로 구성되어 있다.

2) 발전기의 기전력
① 자극의 수가 많아지면 여자되는 시간이 짧아져 기전력이 커진다.
② 로터의 회전이 빠르면 기전력은 커진다.
③ 로터코일을 통해 흐르는 여자 전류가 크면 기전력은 커진다.
④ 코일의 권수와 도선의 길이가 길면 기전력은 커진다.

3) 종류
① **자려자 발전기** : 플레밍의 오른손 법칙을 이용하여 직류(DC) 발전기에 사용된다.
② **타려자 발전기** : 자동차용 교류 발전기로 이용된다.

4) DC 발전기(직류 발전기)

① **직류 발전기 구조**
  ㉠ **전기자(아마추어)** : 자계 내에서 회전하여 교류 전류를 발생한다.
  ㉡ **정류자(코뮤테이터)** : 전기자의 교류 전류가 브러시를 통하여 직류 전류로 정류한다.
  ㉢ **계자 철심(필드 코어)** : 계자 코일에 전류가 흐르면 강력한 전자석이 되어 자계를 형성한다.
  ㉣ **계자 코일(필드 코일)** : 전류가 흐르면 계자 철심을 자화한다.
  ㉤ 계자 코일과 전기자 코일은 병렬로 접속되어 있다.

② **발전기 조정기**
  ㉠ **컷 아웃 릴레이** : 발생 전압이 낮을 때 축전지에서 발전기로 전류가 역류되는 것을 방지 한다.
  ㉡ **전압 조정기** : 계자 코일에 흐르는 전류를 제어하여 발생 전압을 일정하게 유지시키는 역할을 한다.
  ㉢ **전류 제한기(전류 조정기)** : 발전기의 발생 전류를 제어하여 발전기의 소손을 방지한다.

(2) 교류 발전기

1) 교류 발전기의 특징
① 3상 발전기로 저속에서 충전 성능이 우수하다.
② 정류자가 없기 때문에 브러시의 수명이 길다.
③ 정류자를 두지 않아 풀리비를 크게 할 수 있다.(허용 회전속도 한계가 높다)
④ 실리콘 다이오드를 사용하기 때문에 정류 특성이 우수하다.
⑤ 발전기 조정기는 전압 조정기 뿐이다.
⑥ 경량이고 소형이며, 출력이 크다.
⑤ 다른 전원으로부터 전류를 공급받아 발전을 시작하는 타려자 방식이다.

2) 구비 조건
① 소형 경량이며, 출력이 커야 한다.
② 속도 범위가 넓고 저속에서 충전이 가능할 것.
③ 출력 전압은 일정하고 다른 전기 회로에 영향이 없을 것.
④ 불꽃 발생에 의한 전파 방해가 없을 것.
⑤ 출력 전압의 맥동이 없을 것.
⑥ 내구성이 좋고 점검, 정비가 쉬울 것.

3) 교류 발전기의 구조

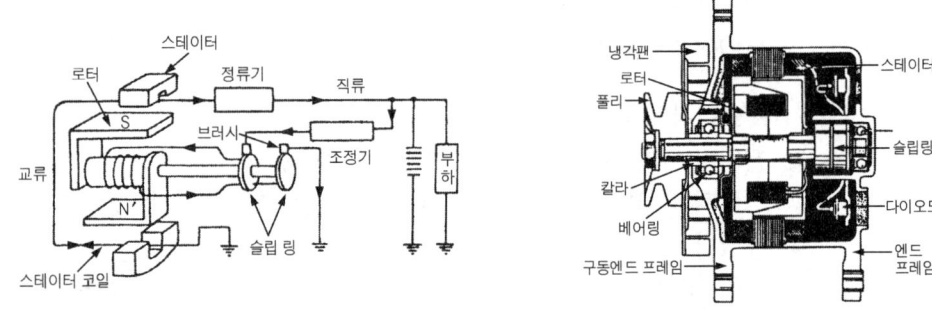

[그림] 교류 발전기의 구조

① 스테이터 코일
- 직류(DC)발전기의 전기자와 같은 역할을 하며, AC(교류) 발전기에서 전류가 발생하는 곳이다.
- 스테이터 코일에서 발생되는 전기는 삼상 교류전류이다.
- 3상 교류발전기에 Y결선을 주로 사용하는 이유는 선간 전압($\sqrt{3}$ 배)이 높기 때문이다.

가. 코일의 결선 방법
  ㉠ 스타 결선(Y결선)
    - 각 코일의 한 끝을 중성점에 접속하고 다른 한 끝 셋을 끌어낸 것.

- 선간 전압은 각 상전압의 $\sqrt{3}$ 배가 된다.
- 선간 전압이 높기 때문에 자동차용 교류 발전기에 사용된다.
- 저속 회전시 높은 전압 발생과 중성점의 전압을 이용할 수 있는 장점이 있다.
- 전압을 이용하기 위한 결선 방식이다.

ⓒ **3각형 결선(Δ 결선)**
- 각 코일 끝을 차례로 결선하여 접속점에서 하나씩 끌어낸 것.
- 각 상전압과 선간 전압이 같다.
- 선간 전류는 상전류의 $\sqrt{3}$ 배가 된다.
- 전류를 이용하기 위한 결선 방식이다.

② **로터**
ⓐ 직류 발전기의 계자 코일과 계자 철심에 상당하며, 자속을 만드는 곳이다.
ⓑ 교류(AC) 발전기에서 브러시와 슬립 링은 로터 코일을 자화시킨다.
ⓒ 교류 발전기의 출력 변화조정은 로터의 전류에 의해 이루어진다.

③ **슬립 링** : 브러시와 접촉되어 축전지의 여자 전류를 로터 코일에 공급한다.

④ **브러시** : 로터 코일에 축전지 전류를 공급하는 역할을 한다.

⑤ **정류기(실리콘다이오드)**
ⓐ 스테이터 코일에 유기된 교류를 직류로 변환시키는 정류 작용을 하여 외부로 내보낸다.
ⓑ 발전 전압이 낮을 때 축전지에서 발전기로 전류가 역류하는 것을 방지한다.
ⓒ 홀더에 ⊕ 다이오드 3개, ⊖ 다이오드 3개씩 설치하여 3상 교류를 전파 정류한다.

⑥ **발전기 조정기**
ⓐ 회전 속도 및 부하 변동이 크기 때문에 전압 조정기만 필요하다.
ⓑ 축전지 전류에 의해 여자되기 때문에 전류 조정기가 필요 없다.
ⓒ 반도체 정류기를 사용하기 때문에 컷 아웃 릴레이가 필요 없다.

(3) 충전장치 정비

1) 교류 발전기 취급 시 주의 사항

① 축전지의 극성에 주의하며, 역접속 하여서는 안된다.
② 역접속하면 발전기에 과대 전류가 흘러 다이오드가 파괴된다.
③ 급속 충전시에는 다이오드의 손상을 방지하기 위해 축전지의 ⊕케이블을 떼어낸다.
④ 발전기 B단자에서 전선을 떼어내고 기관을 회전시켜서는 안된다.
⑤ 세차시에 다이오드 손상을 방지하기 위해 발전기에 물이 뿌려지지 않도록 한다.

2) 충전 불량의 직접적인 원인

① 발전기 R(로터)단자 회로의 단선   ② 발전기 슬립링 또는 브러시의 마모
③ 스테이터 코일 1상단선   ④ 발전기 기능불량
⑤ 전압조정기 조정 불량   ⑥ 팬(fan)벨트의 이완

5. 하이브리드 장치

(1) 장단점

1) 장점
① 연료소비율을 50%정도 감소시킬 수 있고 환경 친화적이다.
② 탄화수소, 일산화탄소, 질소산화물의 배출량이 90% 정도 감소된다.
③ 이산화탄소 배출량이 50% 정도 감소된다.

2) 단점
① 구조가 복잡해 정비가 어렵고 수리비용 높고, 가격이 비싸다.
② 고전압 축전지의 수명이 짧고 비싸다.
③ 동력전달 계통이 복잡하고 무겁다.

(2) 하이브리드 시스템의 형식

하이브리드 시스템은 바퀴를 구동하기 위한 전동기, 전동기의 회전력을 바퀴에 전달하는 변속기, 전동기에 전기를 공급하는 축전지, 그리고 전기 또는 동력을 발생시키는 기관으로 구성된다. 기관과 전동기의 연결방식에 따라 다음과 같다.

1) 직렬형(series type)

직렬형은 기관을 가동하여 얻은 전기를 축전지에 저장하고, 차체는 순수하게 전동기의 힘만으로 구동하는 방식이다. 전동기는 변속기를 통해 동력을 구동바퀴로 전달한다. 전동기로 공급하는 전기를 저장하는 축전지가 설치되어 있으며, 기관은 바퀴를 구동하기 위한 것이 아니라 축전지를 충전하기 위한 것이다.

따라서 기관에는 발전기가 연결되고, 이 발전기에서 발생되는 전기는 축전지에 저장된다. 동력전달 과정은 기관 → 발전기 → 축전지 → 전동기 → 변속기 → 구동바퀴이다.

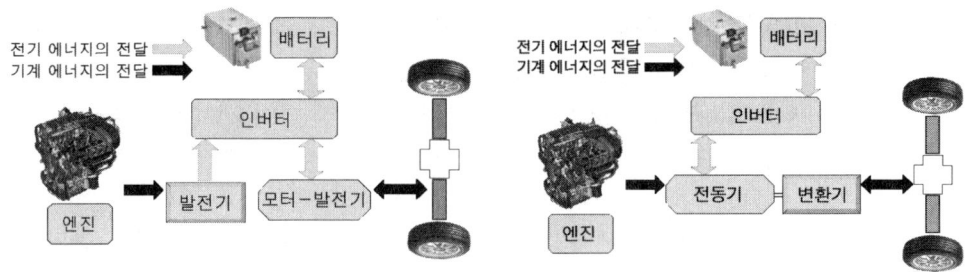

[그림] 하이브리드 시스템 (좌) 직렬형, (우) 병렬형

2) 병렬형(parallel type)

병렬형은 기관과 변속기가 직접 연결되어 바퀴를 구동한다. 따라서 발전기가 필요 없다. 병렬형의 동력전달은 축전지 → 전동기 → 변속기 → 바퀴로 이어지는 전기적 구성과 기관 → 변속기 → 바퀴의 내연기관 구성이 변속기를 중심으로 병렬적으로 연결된다.

① **소프트 하이브리드 자동차** : 모터가 플라이휠에 설치되어 있는 FMED(Flywheel Mounted Electric Device)형식으로 변속기와 모터 사이에 클러치를 배치하여 제어하는 방식으로 SHEV라 호칭한다. 출발 할 때는 엔진과 전동 모터를 동시에 이용하여 주행하고 부하가 적은 평지의 주행에서는 엔진의 동력만을 이용하며, 가속 및 등판 주행과 같이 큰 출력이 요구되는 주행 상태에서는 엔진과 모터를 동시에 이용하여 주행함으로써 연비를 향상시킨다.

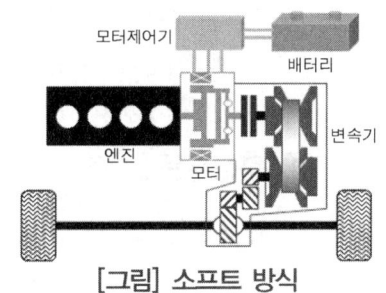

[그림] 소프트 방식

② **하드 하이브리드 자동차** : 모터가 변속기에 장착되어 있는 TMED(Transmission Mounted Electric Device) 형식으로 엔진과 모터 사이에 클러치를 배치하여 제어하는 방식으로 출발과 저속 주행 시에는 모터만을 이용하여 주행하고 부하가 적은 평지의 주행에서는 엔진의 동력만을 이용하며, 가속 및 등판 주행과 같이 큰

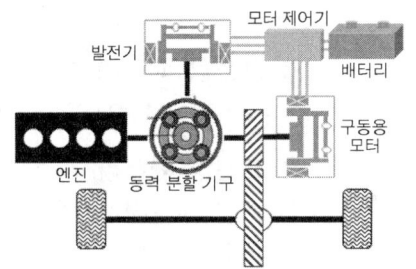

[그림] 하드 방식

출력이 요구되는 주행 상태에서는 엔진과 모터를 동시에 이용하여 주행함으로써 연비를 향상시킨다. 주행 중 엔진 시동을 위한 HSG(hybrid starter generator : 엔진의 크랭크축과 연동되어 엔진을 시동할 때에는 기동 전동기로, 발전을 할 경우에는 발전기로 작동하는 장치)가 있다.

3) 직·병렬형(series-parallel type)

출발할 때와 경부하 영역에서는 축전지로부터의 전력으로 전동기를 구동하여 주행하고, 통상적인 주행에서는 기관의 직접구동과 전동기의 구동이 함께 사용된다. 그리고 가속, 앞지르기, 등판할 때 등 큰 동력이 필요한 경우, 통상주행에 추가하여 축전지로부터 전력을 공급하여 전동기의 구동력을 증가시킨다. 감속할 때에는 전동기를 발전기로 변환시켜 감속에너지로 발전하여 축전지에 충전하여 재생한다.

4) 플러그 인 하이브리드 전기 자동차(Plug-in Hybrid Electric Vehicle)

플러그 인 하이브리드 전기 자동차(PHEV)의 구조는 하드 형식과 동일하거나 소프트 형식을 사용할 수 있으며, 가정용 전기 등 외부 전원을 이용하여 배터리를 충전할 수 있어 하이브리드 전기 자동차 대비 전기 자동차(Electric Vehicle)의 주행 능력을 확대하는 목적으로 이용된다. 하이브리드 전기 자동차와 전기 자동차의 중간 단계의 자동차라 할 수 있다.

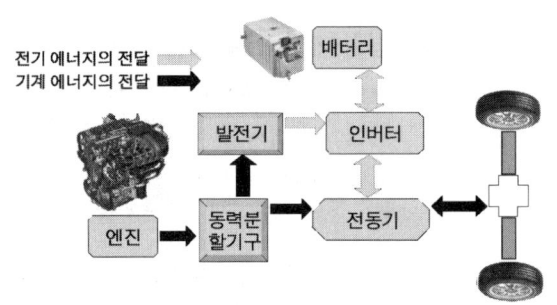

[그림] 직·병렬형 하이브리드 시스템

(4) 구성부품

1) **모터(motor)** : 약 144V의 높은 전압의 교류(AC)로 작동하는 영구자석형 동기 모터이며, 시동제어와 출발 및 가속할 때 기관의 출력을 보조한다.

2) **모터 컨트롤 유닛(MCU; Motor Control Unit)** : HCU(Hybrid Control Unit)의 구동 신호에 따라 모터에 공급되는 전류량을 제어하며, 인버터 기능(직류를 교류로 변환시키는 기능)과 배터리 충전을 위해 모터에서 발생한 교류를 직류로 변환시키는 컨버터 기능을 동시에 실행한다.

3) **고전압 배터리** : 전동기 구동을 위한 전기적 에너지를 공급하는 DC 144V의 니켈-수소(Ni-MH) 축전지이다. 최근에는 리튬계열을 축전지를 사용한다.

4) **고전압 배터리 시스템(BMS; Battery Management System)** : 축전지 컨트롤 시스템은 축전지 에너지의 입출력 제어, 축전지 성능유지를 위한 전류, 전압, 온도, 사용시간 등 각종 정보를 모니터링 하여 HCU나 MCU로 송신한다.

5) **통합 제어 유닛(HCU; Hybrid Control Unit)** : 하이브리드 고유의 시스템의 기능을 수행하기 위해 ECU(엔진 컴퓨터), BMS, MCU, TCU(변속기 컴퓨터) 등 CAN 통신을 통해 각종 작동 상태에 따른 제어 조건들을 판단하여 해당 컨트롤 유닛을 제어한다.

(5) 저전압 배터리와 HSG(기동 발전기, Hybrid Starter Generator)

1) **저전압 배터리**

오디오나 에어컨, 자동차 내비게이션, 그 밖의 등화장치 등에 필요한 전력으로 보조 배터리(12V 납산 배터리)가 별도로 탑재된다. 또한 하이브리드 모터로 시동이 불가능 할 때 엔진 시동 등이다.

2) **HSG**

HSG는 엔진의 크랭크축 풀리와 구동 벨트로 연결되어 있으며, 엔진의 시동과 발전 기능을 수행한다. 즉 고전압 배터리 충전상태(SOC : state of charge)가 기준 값

이하로 저하될 경우, 엔진을 강제로 시동하여 발전을 한다. EV(전기 자동차)모드에서 HEV(하이브리드 자동차) 모드로 전환할 때 엔진을 시동하는 기동 전동기로 작동하고, 발전을 할 경우에는 발전기로 작동하는 장치이며, 주행 중 감속할 때 발생하는 운동 에너지를 전기 에너지로 전환하여 배터리를 충전한다.

(6) 오토 스톱

오토 스톱은 주행 중 자동차가 정지할 경우 연료 소비를 줄이고 유해 배기가스를 저감시키기 위하여 엔진을 자동으로 정지시키는 기능으로 공조 시스템은 일정시간 유지 후 정지된다. 오토 스톱이 해제되면 연료 분사를 재개하고 하이브리드 모터를 통하여 다시 엔진을 시동시킨다.

오토 스톱이 작동되면 경고 메시지의 오토 스톱 램프가 점멸되고 오토 스톱이 해제되면 오토 스톱 램프가 소등된다. 또한 오토 스톱 스위치가 눌려 있지 않은 경우에는 오토 스톱 OFF 램프가 점등된다. 점화키 스위치 IG OFF 후 IG ON으로 위치시킬 경우 오토 스톱 스위치는 ON 상태가 된다.

1) 엔진 정지 조건

① 자동차를 9km/h 이상의 속도로 2초 이상 운행한 후 브레이크 페달을 밟은 상태로 차속이 4km/h 이하가 되면 엔진을 자동으로 정지시킨다.
② 정차 상태에서 3회까지 재진입이 가능하다.
③ 외기의 온도가 일정 온도 이상일 경우 재진입이 금지된다.

2) 엔진 정지 금지 조건

① 오토 스톱 스위치가 OFF 상태인 경우
② 엔진의 냉각수 온도가 45℃ 이하인 경우
③ CVT 오일의 온도가 -5℃ 이하인 경우
④ 고전압 배터리의 온도가 50℃ 이상인 경우
⑤ 고전압 배터리의 충전율이 28% 이하인 경우
⑥ 브레이크 부스터 압력이 250mmHg 이하인 경우
⑦ 액셀러레이터 페달을 밟은 경우
⑧ 변속 레버가 P, R레인지 또는 L레인지에 있는 경우
⑨ 고전압 배터리 시스템 또는 하이브리드 모터 시스템이 고장인 경우
⑩ 급 감속 시(기어비 추정 로직으로 계산)
⑪ ABS 작동 시

3) 오토 스톱 해제 조건

① 금지 조건이 발생된 경우
② D, N레인지 또는 E레인지에서 브레이크 페달을 뗀 경우
③ N레인지에서 브레이크 페달을 뗀 경우에는 오토 스톱 유지
④ 차속이 발생한 경우

13 계기 및 보안장치

1. 계기 장치

(1) 속도계

속도계는 1시간당의 주행 거리(km/H)로 표시된다.
변속기의 출력축에서 속도계의 구동 케이블을 통하여 구동된다.
1) **종류** : 원심력식과 자기식이 있으며, 현재는 자기식을 사용한다.
2) **원리** : 영구 자석의 자력에 의하여 발생한 맴돌이 전류와 영구 자석의 상호작용에 의하여 지침이 돌아가는 계기이다.

(2) 온도계

실린더 헤드 물 재킷(물통로) 내의 냉각수 온도를 표시한다.

1) **종류**
   ① 부어든 튜브식
   ② 전기식 : ㉠ 밸런싱 코일식 ㉡ 서모스탯 바이메탈식 ㉢ 바이메탈 저항식

(3) 유압계

윤활장치 내를 순환하는 오일의 압력을 표시한다.

1) **종류**
   ① 부어든 튜브식
   ② 전기식 : ㉠ 밸런싱 코일식 ㉡ 서모스탯 바이메탈식 ㉢ 바이메탈 저항식

2) **유압경고등** : 유압이 규정값 이하로 저하되면 점등된다.

(4) 연료계

연료탱크의 연료량을 표시
① **연료계 형식** : 밸런싱 코일식, 서미스터식, 바이메탈 저항식

(5) 전류계

축전지의 충·방전 상태와 크기를 표시한다.

2. 전기 회로(각종 전기장치)

(1) 배선 회로도

1) 배선 기호와 색

기호	색	기호	색	기호	색
W	흰색	G	녹색	Gr	회색
B	검정색	L	청색	Br	갈색
R	적색	Y	노랑		

2) 배선의 표시

0.85RW 0.85 : 전선의 단면적(㎠), R : 바탕색, W : 줄색

3) 배선

① **단선식 배선** : 적은 전류가 흐르는 회로에 이용한다.
② **복선식 배선** : 전조등과 같이 큰 전류가 흐르는 회로에 이용한다.

(2) 전기회로의 보호장치

1) 퓨저블 링크

2) 퓨즈

① 전기회로에 직렬로 설치된다.
② 단락 및 누전에 의해 과대 전류가 흐르면 차단되어 전류의 흐름을 방지한다.
③ 회로에 합선이 되면 퓨즈가 단선되어 전류의 흐름을 차단한다.
④ 퓨즈는 납과 주석의 합금으로 만들어진다.

3) 퓨즈 단선 원인

① 회로의 합선에 의해 과도한 전류가 흘렀을 때
② 퓨즈가 부식되었을 때
④ 퓨즈가 접촉이 불량할 때

(3) 전기배선 작업에서 주의할 점

① 배선을 차단할 때에는 먼저 어스(earth)를 떼고 차단한다.
② 배선을 연결할 때에는 먼저 절연선(+)을 연결하고 어스(접지)를 나중에 연결한다.
③ 배선 작업장은 건조해야 한다.
④ 배선작업에서의 접속과 차단은 신속히 하는 것이 좋다.
⑤ 배선에서 저항, 전압, 전류를 측정 하고자 할 경우에는 멀티 미터를 사용한다.

(4) 전자계통 취급방법

① 전장부품을 정비할 때에는 축전지 (-)단자를 분리한 상태에서 한다.
② 배선 연결부분을 분리할 때에는 배선을 잡아 당겨서 분리해서는 안 된다.
③ 연결 커넥터를 고정할 때는 연결부분이 결합되었는지 확인한다.
④ 각종 센서나 릴레이는 떨어뜨리지 않도록 한다.

3. 등화 장치

(1) 조도

① 등화의 밝기를 나타내는 척도이다.
② 조도의 단위는 룩스(LUX)이다.
③ 조도는 광도에 비례하고 광원의 거리의 2승에 반비례한다.

(2) 전조등

1) 전조등의 구조

① 전조등 회로는 안전을 고려하여 병렬 복선식으로 연결되어 있다.
② 필라멘트, 반사경, 렌즈의 3요소로 구성되어 있다.

2) 전조등의 종류

① 실드빔 전조등
  ㉠ 렌즈, 반사경, 필라멘트의 3요소가 1개의 유닛으로 된 전구이다.
  ㉡ 내부에 불활성 가스가 봉입되어 있다.
  ㉢ 대기조건에 따라 반사경이 흐려지지 않는다.
  ㉣ 사용에 따르는 광도의 변화가 적다.
  ㉤ 필라멘트가 끊어지면 전조등 전체를 교환한다.

② 세미 실드빔 전조등
  ㉠ 렌즈와 반사경이 일체로 되어 있는 전조등이다.
  ㉡ 필라멘트가 끊어지면 전구만 교환한다.
  ㉢ 반사경이 흐려지기 쉽다.

③ 할로겐 전조등
  ㉠ 필라멘트가 텅스텐으로 되어 있다.
  ㉡ 내부의 질소 가스에 미소량의 할로겐을 혼합시킨 불활성 가스가 봉입되어 있다.
  ㉢ 동일의 용량보다 밝고 광도가 안정된다.

④ 고휘도 방전(HID : High Intensity Discharge) 전조등
  ㉠ 방전관 내에 제논(Xenon)가스, 수은가스, 금속할로겐 성분 등이 봉입된다.

ⓛ 플라즈마 방전을 이용하는 장치이다.
ⓒ 광도 및 조사거리가 향상된다.
㉣ 햇빛의 색 온도에 가까운 밝은 흰색이다.
㉤ 일반 전조등보다 전력 소모량이 낮고 수명이 길다.
㉥ 가격이 비싸고 화재의 위험이 있어 개조가 불가능하다.

(3) 오토라이트

주위의 밝기를 조도(포토)센서로 감지하여 오토(Auto)모드에서 헤드램프 등의 라이트를 자동으로, 어두우면 점등시키고 밝아지면 소등시킨다.

1) 조도센서
① **광량센서(cds)(광도전 셀)** : 빛이 강할 때는 저항값이 적고 빛이 약할 때는 저항값이 커져 광도전 셀에 흐르는 전류의 변화를 외부 회로에 보내어 검출한다.

14 안전 및 편의 장치

1. 안전장치

(1) 경음기

1) 종류
① **전기방식** : 전자석에 의해 진동판을 진동시킨다.
② **공기방식** : 압축공기에 의해 진동판을 진동시킨다.

2) 음질 불량의 원인
① 다이어프램의 균열이 발생한다.
② 전류 및 스위치 접촉이 불량하다.
③ 가동판 및 코어의 헐거운 현상이 있다.

(2) 윈드실드 와이퍼

1) 구조
① **와이퍼전동기, 링크기구, 블레이드의 3요소**로 구성된다.
② **와이퍼전동기** : 직류복권식전동기로 전기자 코일과 계자코일이 직·병렬 연결
③ **자동 정위치 정지장치** : 캠판을 이용하여 블레이드의 정지위치를 일정하게 한다.
④ **타이머** : 와이퍼의 작동속도를 조절한다.

2) 오토 와이퍼

① 레인센서(rain sensor)
  ㉠ 앞창 유리 상단의 강우량을 감지하여 자동으로 와이퍼 속도를 제어한다.
  ㉡ 컨트롤러가 작동시켜 와이퍼 모터에 전류를 공급함으로써 운전자가 스위치를 조작하지 않고도 와이퍼의 작동시간 및 저속 또는 고속의 속도를 자동적으로 조절한다.

2. 편의장치

(1) 에탁스(ETACS: Electronic, Time, Alarm, Control, System)

에탁스는 자동차 전기장치 중 시간에 의하여 작동되는 장치와 경보를 발생시켜 운전자에게 알려주는 장치 등을 종합한 장치라 할 수 있다. 에탁스에 의해 제어되는 기능은 다음과 같다.

① 와셔연동 와이퍼 제어
② 간헐와이퍼 및 차속감응 와이퍼 제어
③ 점화스위치 키 구멍 조명제어
④ 파워윈도 타이머 제어
⑤ 안전벨트 경고등 타이어 제어
⑥ 열선 타이머 제어(사이드 미러 열선 포함)
⑦ 점화스위치(키) 회수 제어
⑧ 미등 자동소등 제어
⑨ 감광방식 실내등 제어
⑩ 도어 잠금 해제 경고 제어
⑪ 자동 도어 잠금 제어
⑫ 중앙 집중방식 도어 잠금장치 제어
⑬ 점화스위치를 탈거할 때 도어 잠금(lock)/잠금 해제(un lock) 제어
⑭ 도난경계 경보제어
⑮ 충돌을 검출하였을 때 도어 잠금/잠금 해제제어
⑯ **원격관련 제어**
  ㉠ 원격시동 제어
  ㉡ 키 리스(keyless) 엔트리 제어
  ㉢ 트렁크 열림 제어
  ㉣ 리모컨에 의한 파워윈도 및 폴딩 미러 제어

(2) 도난방지 장치

도난방지 차량에서 경계상태가 되기 위한 입력요소는 후드 스위치, 트렁크 스위치, 도어 스위치 등이다. 그리고 다음의 조건이 1개라도 만족하지 않으면 도난방지 상태로 진입하지 않는다.
① 후드스위치(hood switch)가 닫혀있을 때
② 트렁크스위치가 닫혀있을 때
③ 각 도어스위치가 모두 닫혀있을 때
④ 각 도어 잠금 스위치가 잠겨있을 때

(3) 이모빌라이저

이모빌라이저는 무선통신으로 점화스위치(IG 키)의 기계적인 일치뿐만 아니라 점화스위치와 자동차가 무선통신을 하여 암호코드가 일치할 경우에만 기관이 시동되도록 한 도난방지 장치이다. 이 장치의 점화스위치 손잡이(트랜스폰더)에는 자동차와 무선통신을 할 수 있는 반도체가 내장되어 있다.

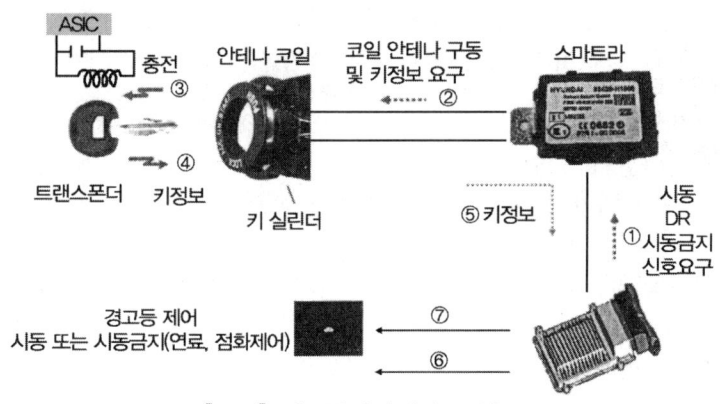

[그림] 이모빌라이저의 구성

(4) 통합 메모리 시스템(IMS: Integrated Memory System)

IMS는 운전자 자신이 설정한 최적의 시트 위치를 IMS 스위치 조작에 의하여 파워 시트 유닛에 기억시켜 시트 위치가 변해도 IMS 스위치로 자신이 설정한 시트의 위치에 재생시킬 수 있다. 안전상 주행 시의 재생 동작은 금지하고 재생 및 연동 동작을 긴급 정지하는 기능을 가지고 있다.

(5) 타이어 압력 모니터링 장치(TPMS: Tire Pressure Monitoring System)

자동차의 운행 조건에 영향을 줄 수 있는 타이어 내부의 압력 변화를 경고하기 위해 타이어 내부의 압력 및 온도를 지속적으로 감시한다. TPMS 컨트롤 모듈은 각각의 휠 안쪽에 장착된 TPMS 센서로부터의 정보를 분석하여 타이어 상태를 판단한 후 경고등 제어에 필요한 신호를 출력한다. 타이어의 압력이 규정값 이하이거나 센서가 급격한 공기의 누출을 감지하였을 경우에 타이어 저압 경고등(트레드 경고등)을 점등하여 경고한다.

1) TPMS 센서

타이어의 휠 밸런스를 고려하여 약 30~40g 정도의 센서로서 휠의 림(Rim)에 있는 공기 주입구에 각각 장착되며, 바깥쪽으로 돌출된 알루미늄 재질부가 센서의 안테나 역할을 한다. 센서 내부에는 소형의 배터리가 내장되어 있으며, 배터리의 수명은 약 5~7년 정도이지만 타이어의 사이즈와 운전조건에 따른 온도의 변화 때문에 차이가 있다.

타이어의 위치를 감지하기 위해 이니시에이터로부터 LF(Low Frequency) 신호를 받는 수신부가 센서 내부에 내장되어 있으며, 압력 센서는 타이어의 공기 압력과 내부의 온도를 측정하여 TPMS(Tire Pressure Monitoring System) 리시버로

RF(Radio Frequency)전송을 한다. 배터리의 수명 연장과 정확성을 위하여 온도와 압력을 항시 리시버로 전송하는 것이 아니라 주기적인 시간을 두고 전송한다.

2) 이니시에이터(initiator)
이니시에이터는 TPMS(Tire Pressure Monitoring System)의 리시버와 타이어의 압력 센서를 연결하는 무선통신의 중계기 역할을 한다. 차종에 따라 다르지만 자동차의 앞·뒤에 보통 2개~4개 정도가 장착되며, 타이어의 압력 센서를 작동시키는 기능과 타이어의 위치를 판별하기 위한 도구이다.

3) 리시버(receiver)
리시버는 TPMS의 독립적인 ECU로서 다음과 같은 기능을 수행한다.
① 타이어 압력 센서로부터 압력과 온도를 RF(무선 주파수) 신호로 수신한다.
② 수신된 데이터를 분석하여 경고등을 제어한다.
③ LF(저주파) 이니시에이터를 제어하여 센서를 Sleep 또는 Wake Up 시킨다.
④ 시동이 걸리면 LF 이니시에이터를 통하여 압력 센서들을 '정상모드' 상태로 변경시킨다.
⑤ 차속이 20km/h 이상으로 연속 주행 시 센서를 자동으로 학습(auto learning)한다.
⑥ 차속이 20km/h 이상이 되면 매 시동시 마다 LF 이니시에이터를 통하여 자동으로 위치의 확인(auto location)과 학습(auto learning)을 수행한다.
⑦ 자기진단 기능을 수행하여 고장코드를 기억하고 진단장비와 통신을 하지만 차량 내의 다른 장치의 ECU들과 데이터 통신을 하지 않는다.

4) 경고등
타이어 압력 센서에서 리시버에 입력되는 신호가 타이어의 공기 압력이 규정 이하일 경우 저압 경고등을 점등시켜 운전자에게 위험성을 알려주는 역할을 한다. 히스테리시스 구간을 설정하여 두고 정해진 압력의 변화 이상으로 변동되지 않으면 작동하지 않는다.

(6) 라디오 글라스 안테나
글라스의 실내쪽 상부에 디포거와 같이 프린트한 라디오 안테나
① 유리 중간층에 0.3mm 이하의 도선 안테나를 삽입하는 방식도 사용된다.
② 유리 안쪽 면에 도체선을 프린트 한 것도 사용된다.
③ 디포거용 발열 도체선을 병용하여 AM수신 감도를 향상 시킨다.
④ 상·하 조작이나 풍절음도 없다.

3. 주행 안전 보조장치

(1) 에어백 시스템

1) 개 요
① 에어백은 자동차가 충돌할 때 조향 핸들 또는 앞 유리에 충돌하는 것을 방지한다.
② 자동차가 충돌시 운전자 및 승객의 머리와 가슴을 보호한다.

2) 에어백 시스템의 구성
① **에어백 모듈** : 조향 핸들 하단 중앙에 설치되어 제어 모듈의 제어 신호에 의해 에어백을 작동시킨다.
- 에어백, 패트커버, 인플레이터로 구성된다.
- **안전벨트 프리텐셔너** : 에어백이 작동하기 전에 충돌로 인한 승객의 움직임을 고정시킨다.

② **제어 모듈** : 자동차가 충돌할 때 충격 에너지를 판정하고 인플레이터를 제어한다.
③ **세이핑 충격 센서** : 제어 모듈 내에 설치되어 정면 충돌 시 감속도에 의한 점화 신호를 제어 모듈에 입력시킨다.
④ **앞 충격 센서** : 자동차의 좌우측 사이드 멤버 하단에 설치되어 측면 충돌 시 충격의 감속도에 의한 점화 신호를 제어 모듈에 입력시킨다.

3) 에어백을 작업할 때 주의사항
① 에어백 관계의 정비 작업을 할 때에는 반드시 축전지 전원을 차단 할 것
② 에어백 부품은 절대로 떨어뜨리지 말 것
③ 스티어링 휠(조향 핸들)을 장착할 때 클럭 스프링의 중립을 확인 할 것
④ 인플레이터를 테스터로 저항 측정하지 말 것

4) 에어백 진단기기를 사용할 때 안전 및 유의사항
① 인플레이터에 직접적인 전원 공급을 삼가 해야 한다.
② 에어백 모듈의 분해, 수리, 납땜 등의 작업을 하지 않아야 한다.
③ 미 전개된 에어백은 모듈의 커버 면을 바깥쪽으로 하여 운반하여야 한다.
④ 에어백 장치에 대한 부품을 떼어 내든지 점검할 때에는 축전지 단자를 분리하여야 한다.

(2) 후진 경고 장치
① 후진할 때 운전자의 편의성 및 안정성을 확보하기 위하여 변속레버의 위치가 후진일 때 초음파 센서를 이용하여 경고음을 울린다.
② 차량 후방의 장애물을 감지하여 운전자에게 알려주는 장치이다.
③ 차량 후방의 장애물은 초음파 센서를 이용하여 감지한다.
④ 차량 후방의 장애물 형상에 따라 감지되지 않을 수도 있다.

(3) 후방 주차 보조 시스템(RPAS: Rear Paring Assist System)

① 후방 주차 보조 시스템은 초음파의 특성을 이용하여 주차 시 또는 주차하기 위해 전방 저속 주행 시 자동차 측면 및 후방 시야의 사각지대 장애물을 감지하여 운전자에게 경고하는 안전 운전 보조 장치이다.
② 4개의 전방 센서와 4개의 후방 센서로 구성되며, 8개의 센서를 통해 물체를 감지하고 그 결과를 거리별로 1차(전방 61~100cm±15cm, 후방 61~120cm±15cm), 2차(31~60cm±15cm), 3차(30cm 이하 ±10cm) 경보로 나누어 LIN 통신을 통해 BCM으로 전달한다. BCM은 센서에서 받은 통신 메시지를 판단하여 경보 단계를 판단하고 각 차종별 시스템의 구성에 따라 버저를 구동하거나 디스플레이를 위한 데이터를 전송한다.

(4) 전방 충돌방지 보조장치(FCA: Front Collision-avoidance Assist)

전방 레이더와 전방 카메라에서 감지하는 신호를 종합적으로 판단하여 선행 차량 및 보행자와의 추돌 위험 상황이 감지될 경우 운전자에게 경고를 하고 필요시 자동으로 브레이크를 작동시켜 충돌을 방지하거나 충돌 속도를 늦춰 운전자와 차량의 피해를 경감하는 장치이다.

(5) 차선유지 보조장치(LKA: Lane Keeping Assist)

① 차선 유지 보조 장치는 전동 조향 장치(MDPS: Motor Driven Power Steering)가 장착된 차량에서 60~180km/h 범위에서 작동하며, 전방 카메라 센서를 통해 운전자의 의도 없이 차선을 벗어날 경우 조향 핸들을 조종하여 주행 중인 차선을 벗어나지 않도록 보조하는 장치이다.
② 자동차가 운전자의 의도 없이 차로를 이탈하려고 할 경우 경고를 한 후 3초 이내에 운전자의 응대가 없다고 판단되면 컴퓨터의 제어 신호에 의해 스스로 모터를 구동하여 조향 핸들을 조종하여 자동차 전용도로 및 일반도로에서도 스마트 크루즈 컨트롤(SCC ; Smart Cruise control)과 연계하여 자동차의 속도, 차간거리 유지 제어 및 차로 중앙 주행을 보조하는 한다.

(6) 급제동 경보 시스템(ESS: Emergency Stop Signal)

운전자가 일정속도 이상에서 급제동을 하거나 ABS가 작동될 경우 브레이크 램프 또는 비상등을 자동으로 점멸하여 후방 차량에게 위험을 경보하여 사고를 미연에 방지할 수 있는 장치이다.

(7) 후측방 경보 시스템(BSD: Blind Spot Detection system)

① 후측방 경보 시스템은 레이더 센서 2개가 리어 범퍼에 장착하고 전파 레이더를 이용하여 뒤 따라오는 자동차와의 거리 및 속도를 측정하여 주행 중 후측방 사각 지역의 장애물 감지 및 경보(시각, 청각)를 운전자에게 제공하는 시스템이다. 경고음은 외장 스피커 또는 외장 앰프 적용 시 방향성 경고음은 외장 앰프를 통하여 출

력한다.

② 후측방 경보 시스템에서의 기능은 후방 사각 지역에 있는 자동차를 감지하여 사이드 미러 경고 표시를 통해 운전자에게 경고를 하며, 차선 변경 보조 시스템에서의 기능은 자동차 양쪽의 후측방에서 고속으로 접근하는 자동차를 감지하여 운전자에게 경고를 한다. 또한 후측방 접근 경보 시스템에서의 기능은 자신의 자동차를 후진할 때 후방 측면에서 접근하는 대상 차량에 대해서 경보를 발생한다.

(8) 차선 이탈 경보 시스템(LDWS: Lane Departure Warning System)

차선 이탈 경보 시스템은 카메라 영상과 차량 정보(CAN 통신)를 이용하여 2가지의 기능을 지원한다. 차선 이탈 경보 시스템에서의 기능은 전방의 차선을 인식하여 차선을 이탈 할 위험이 예측되는 경우 경보를 수행하며, 상향등 자동 제어에서의 기능은 주행 차량 전방의 선행(앞서 주행하는) 차량 및 대향(반대 차로에서 주행하는) 차량의 헤드라이트 광원을 인지하여 상향등의 점등 및 소등을 제어하는 시스템이다.

CHAPTER 03 | CBT 출제예상문제(200제)

001 기관에서 윤활유 소비가 과다한 원인에 해당되지 않는 것은?

① 수온조절기의 열림 유지
② 밸브시스템 및 가이드 마모
③ 실린더의 마모
④ 피스톤링의 마모

002 점화플러그의 간극이 클 때 일어나는 현상은?

① 역화　　　② 실화
③ 착화　　　④ 점화

003 추진축의 길이를 변환시켜주는 것은?

① 파이콘 드라이브　② 슬립 이음
③ 십자형 이음　　　④ 트랜스미션

004 다음 중 전자제어 현가장치(ECS)의 특징으로 볼 수 없는 것은?

① 급제동시 제동거리를 단축한다.
② 고속주행시 차체의 높이를 낮추어 공기저항을 작게 한다.
③ 스프링 상수 및 댐핑력을 제어한다.
④ 조종 안전성을 향상시킨다.

005 4행정 가솔린엔진의 점화순서가 1-3-4-2일때 2에서 실린더가 흡입하는 경우 4에서의 실린더 행정은?

① 흡입　　　② 압축
③ 폭발　　　④ 배기

006 다음 중 자동차에 사용되는 기동전동기는?

① 교류분권식　② 교류직권식
③ 직류분권식　④ 직류직권식

007 승용차에 부착되어 브레이크와 관련 뒷바퀴의 유압을 앞바퀴보다 감소시켜 뒷바퀴가 먼저 고착화되는 것을 막는 밸브는?

① U 밸브
② 타이어 밸브
③ 림 밸브
④ 프로포지셔닝 밸브

008 다음 중 CNG 기관의 장점에 해당하지 않은 것은?

① 기관의 옥탄가의 감소
② 기관의 작동소음 감소
③ 오존물질의 70% 감소
④ 매연의 100% 감소

009 자동차의 자동공조장치에 대한 설명으로 틀린 것은?

① 유해가스 차단 장치는 활성탄과 여과층이 여러 겹으로 이루어져 부착된 필터로 차량의 내부, 외부에서 발생하고 있는 냄새 등을 걸러내는 역할을 한다.
② '유해가스 차단 장치' 버튼과 '공기 정화 시스템' 버튼이 있다.
③ 자동차 공조장치에는 내부순환기능이 있다.
④ 자동차에 있는 유해한 공기를 막아주고 정화하는 역할을 하는 장치이다

정답 001. ① 002. ② 003. ② 004. ① 005. ② 006. ④ 007. ④ 008. ① 009. ①

010 강자성체에 자장을 작용시켜 이것을 자화한 다음 자장을 제거하여도 자화된 물체에는 자력이 남는데 이때 남아 있는 것을 무엇이라 하는가?

① 자기포화　② 임피던스
③ 여자전류　④ 잔류자기

011 기관에서 배출되는 NOx가 가장 많이 배출되는 경우는?

① 공연비가 이론혼합비 부근의 경우
② 공연비가 이론혼합비보다 매우 농후한 경우
③ 공연비가 이론혼합비보다 약간 희박한 경우
④ 공연비와는 관련이 없다.

> **해설** 이론 공연비보다 약간 희박한 혼합비를 공급하면 NOx 발생량은 증가하고, CO와 HC 발생량은 감소한다.

012 디젤기관에서 열효율이 좋은 연소실의 형태는?

① 공기실식　② 와류실식
③ 예연소실식　④ 직접분사실식

013 냉각장치에서 냉각수의 비등점을 높이기 위한 장치는?

① 진공식 캡　② 방열기
③ 정온기　④ 압력식 캡

014 유압식 브레이크 장치에 있어서 하이드로백의 역할로 옳은 것은?

① 이물질 및 패드가루를 표면에서 청소하기 위한 역할을 한다.
② 발생한 열에너지를 효율적으로 제거한다.
③ 운동에너지를 열에너지로 전환시켜 준다.
④ 엔진의 진공력을 이용하여 페달에 가해지는 힘을 증폭시켜 준다.

015 실린더와 피스톤의 간극이 클 때 나타나는 현상으로 옳은 것은?

① 기관출력 증가
② 실린더 소결
③ 압축 압력 증가
④ 엔진오일의 소비증가

016 축전지의 설페이션(sulfation) 현상의 발생 원인으로 다음 중 적당하지 않은 것은?

① 전해액이 부족하여 극판이 노출된 경우
② 전해액의 비중이 너무 높거나 낮은 경우
③ 축전지의 과방전
④ 축전지의 과충전

017 다음 중 전자제어 현가장치(ECS)의 기능으로 틀린 것은?

① 차량 자세제어
② 급제동시 바퀴 고착 방지
③ 차량 높이 제어
④ 스프링 상수와 감쇠력 제어

018 HEV(Hybrid Electric Vehicle) 자동차에서 충전이 잘되지 않는 원인으로 부적합한 것은?

① 발전기가 제대로 작동하지 않은 경우
② 부싱 및 슬립링의 불량
③ 구동 벨트의 장력이 강할 경우
④ 전압 조정기의 회로 불량

정답 010. ④　011. ③　012. ④　013. ④　014. ④　015. ④　016. ④　017. ②　018. ③

019 노후된 타이어에 높은 하중이 부과되고 열이 발생하여 전환부가 분리되는 현상은?

① 세퍼레이션 ② 끌림
③ 수막현상   ④ 크랙

020 다음 중 앞바퀴 정렬(front wheel alignment)의 요소로 볼 수 없는 것은?

① 캐스터(caster)
② 추진축(propeller shaft)
③ 킹 핀 경사각(king pin angle)
④ 캠버 각(camber angle)

021 다음 중 플레밍의 오른손법칙이 적용된 것으로 볼 수 있는 것은?

① 전동기   ② 트랜지스터
③ 발전기   ④ 축전기

022 디젤엔진에서 사용되는 과급기의 주된 사용목적으로 옳은 것은?

① 배기의 정화 ② 냉각효율의 증대
③ 윤활성의 증대 ④ 출력의 증대

023 다음 중 ABS의 구성부품에 해당하지 않는 것은?

① 조향각 센서   ② 유압 모듈 레이터
③ 전자 제어장치 ④ 휠 스피드 센서

024 다음 중 전자제어 동력 조향장치의 장점에 대한 설명으로 잘못된 것은?

① 회전력이 강해 대형차량에 적합하다.
② 조향 특성 변경이 용이하다.
③ 친환경 주행이 가능하다.
④ 연료소비율이 줄여 에너지 소모를 줄일 수 있다.

025 앞바퀴가 하중을 받았을때 아래쪽이 벌어지는 것을 방지하기 위해 둔 각도는?

① 캠버   ② 캐스터
③ 킹핀경사각 ④ 토인

026 다음 중 디젤기관에서 시동이 잘 걸리지 않게 되는 원인으로 볼 수 있는 것은?

① 연료계통에 공기가 들어 있을 때
② 낮은 점도의 기관오일을 사용할 때
③ 보조탱크의 냉각수량이 부족할 때
④ 냉각수의 온도가 높은 것을 사용할 때

027 다음 중 엔진이 과열되는 원인으로 볼 수 없는 것은?

① 엔진오일 부족
② 냉각수 부족
③ 팬벨트의 손상
④ 자동 공조장치의 하자

028 다음 중 조향 핸들의 유격이 커지는 원인과 관계없는 것은?

① 앞바퀴 베어링 과대 마모
② 조향기어, 링키지 조정불량
③ 타이어 공기압 과대
④ 피트먼 암의 헐거움

029 하이브리드 자동차의 전기충전시의 주의사항으로 다음 중 바르지 못한 것은?

① 충전 중 세차, 정비 등 차량유지보수 작업을 금지할 것
② 충전 중에는 차량을 이동시키거나 작동하지 말 것
③ 폭풍, 천둥, 번개가 심하게 칠 때는 충전기 사용을 금지 할 것
④ 전기자동차의 스위치가 on 상태에서 반드시 충전할 것

정답 019. ①　020. ②　021. ③　022. ④　023. ①　024. ①　025. ①　026. ①　027. ④　028. ③　029. ④

030 크랭크에서 진동센서(바이브레이션 센서)가 하는 기능은?

① 크랭크 축의 지지
② 피스톤 운동의 활성화
③ 크랭크 소음의 감소
④ 진동의 감지

031 자동차 와이퍼의 작동과 관련하여 작동이 잘 되지 않는 원인으로 볼 수 없는 것은?

① 와이퍼 작동시의 워셔액 사용
② 컴비네이션 스위치 불량
③ 와이퍼 모터 불량
④ 와이퍼 모터에 공급되는 전원불량

032 다음 중 수동변속기에서 기어가 이탈하는 원인으로 볼 수 없는 것은?

① 각 기어의 과도한 마멸
② 싱크로나이저 허브의 마모
③ 클러치의 차단 불량
④ 기어오일의 부족

033 '자동차 타이어 공기압 경고장치'에 대한 설명으로 다음 중 틀린 것은?

① 타이어 공기압이 부족하면 경고등이 점등된다.
② 타이어 직경이 작아지면 차륜속도센서의 출력 값이 감소한다.
③ 타이어 공기압이 부족하면 타이어 직경이 작아진다.
④ 차륜속도 센서의 출력 값이 증가하면 공기압 부족으로 판단한다.

034 자동차 바퀴가 불균형할 경우 발생하는 현상으로 볼 수 없는 것은?

① 타이어 이상마모 및 조기마모
② 핸들 및 차체의 떨림 현상이 발생
③ 운전 중에 차가 한쪽으로 쏠림
④ 일산화탄소의 과다배출

035 자동차의 운전석 전자계기판에 나타나지 않는 사항은?

① 실내 공기 오염정도
② 회전속도계
③ 주행거리
④ 주행속도

036 자동차 주행 시 조향핸들이 한쪽으로 치우치는 원인으로 부적합한 것은?

① 쇽업쇼바의 불량
② 앞바퀴 얼라인먼트 불량
③ 타이어 공기압이 높은 경우
④ 조향너클의 불량

037 전자제어 설비에서 산소센서에 하자가 있는 경우 발생하는 현상으로 옳은 것은?

① 주행중 차량 흔들림 발생
② 핸들의 유격현상 발생
③ 유해배출가스의 방출
④ 엔진의 과열

038 자동차 히터에서 냉각수를 사용하지 않는 방식으로 볼 수 있는 것은?

① 열교환식 ② 순환식
③ 공랭식   ④ 수냉식

정답 030. ④ 031. ① 032. ③ 033. ② 034. ④ 035. ① 036. ③ 037. ③ 038. ③

039 자동변속기의 타임래그(time lag)로 인하여 발생하는 차량의 문제점으로 적당한 것은?

① 차체의 떨림
② 조향핸들의 치우침
③ 브레이크의 고장
④ 차량의 급출발

040 자동차 타이어의 공기압이 낮을 경우 발생할 수 있는 현상으로 볼 수 없는 것은?

① 제동거리가 길어진다.
② 트레드 수명이 늘어난다.
③ 배출가스가 더 많이 배출한다.
④ 권장압력보다 낮은 타이어압력은 연비를 저하 시킨다.

041 자동차 검사에서 일산화탄소가 지나치게 많이 배출된다는 지적을 받은 경우의 정비 방법은?

① 실린더 피스톤의 교체
② 자동차 오일의 교체
③ 타이어 공기압 조정
④ 점화플러그 교환

042 다음 중 엔진 과열 시 일어나는 현상이 아닌 것은?

① 연비소비율이 줄고 효율이 향상된다.
② 유압 조절밸브를 조인다.
③ 윤활류의 점도 저하로 유막이 파괴될 수 있다.
④ 각 작동부분이 열팽창으로 고착될 수 있다.

043 클러치 페달의 자유간극이 넓을 경우 발생할 수 있는 현상은?

① 떨림   ② 차단불량
③ 슬립   ④ 소음

044 자동차 에어컨에서 찬바람이 나오지 않는 원인으로 볼 수 없는 것은?

① 자동차 실내공기의 건조
② 에어컨 가스가 새는 경우
③ 퓨즈의 단락
④ 냉각팬에 문제 발생

045 물체의 가로방향(Y축 방향)을 중심으로 물체가 회전 진동하는 현상으로서 앞쪽이 내려가면 뒤쪽이 올라가게 되고, 뒤쪽이 내려가면 앞쪽이 올라가게 되는 것을 나타내는 것은?

① 바운싱   ② 롤링
③ 요잉   ④ 피칭

046 자동차 뒷면의 제동등이 수시로 off되는 이유로 볼 수 있는 것은?

① 장거리 운전
② 전구의 교환
③ 전동램프의 수시점검
④ 퓨즈의 불량

047 클러치 페달을 밟아 동력이 차단될 때 소음이 나타나는 원인으로 가장 적합한 것은?

① 릴리스 베어링 마모
② 클러치 스프링 장력 부족
③ 변속기어의 백래시 작음
④ 클러치 디스크 마모

048 배터리 축전지의 정전 용량에 대한 사항이다. 틀린 것은?

① 금속판 사이의 거리에 반비례
② 금속판 사이의 절연물의 절연 정도에 반비례
③ 마주보는 금속판의 면적에 정비례
④ 가한 전압에 정비례

정답 039. ④ 040. ② 041. ④ 042. ① 043. ② 044. ① 045. ④ 046. ④ 047. ① 048. ②

049 유압식 제동장치에서 제동력이 떨어지는 원인이 아닌 것은?

① 유압장치에 공기 침입
② 패드 및 라이닝의 마멸
③ 엔진 출력 저하
④ 브레이크 오일의 누설

050 매연저감장치(DPF)을 장착한 차량의 기능으로 맞지 않는 것은?

① 필터가 꽉 차서 막히게 되며 배압이 생겨 연비와 출력이 동시에 상승한다.
② 디젤엔진에서 나오는 매연의 미세먼지를 포집하는 장치와 포집한 먼지를 태워 없애는 장치로 이루어진다.
③ 기본적으로 연료를 더 뿜는 구조이기에 포집된 먼지를 태울 때 연비는 나빠지게 된다.
④ DPF용 엔진오일은 엔진 보호능력이 상대적으로 떨어지고 수명이 짧거나, 그렇지 않으면 상재적으로 비싸다.

051 디젤기관과 비교하여 가솔린 기관의 장점으로 볼 수 있는 것은?

① 운전중 소음이 작다
② 전기장치가 복잡하다.
③ 연료소비율이 낮아 이산화탄소 배출량이 적음
④ 열효율이 높음

052 다음 중 윤활유가 갖추어야 할 성질에 해당하지 않는 것은?

① 접촉면에서의 마찰을 증가한다.
② 기밀을 유지하고 세척작용을 한다.
③ 발열 부분의 냉각과 마찰을 감소시킨다.
④ 방청작용과 충격을 완화한다.

053 자동차 타이어의 양쪽 바퀴가 불균형할 경우 발생할 수 있는 현상은?

① 스탠딩 웨이브(standing wave)
② 호핑(hopping)
③ 시미(shimmy)
④ 트램핑(tramping)

054 전자제어식 ABS 제동 시스템의 구성품의 아닌 것은?

① 전자제어장치(electronic unit)
② 유압 모듈 레이터(hydraulic unit)
③ 프로 포셔닝 밸브(proportioning valve)
④ 바퀴속도센서(wheel speed sensor)

055 주로 휘발유 엔진과 전기 모터를 함께 쓰는 방식을 사용하는 하이브리드(HEV) 차량으로 하이브리드 시스템 자동차가 정상적일 경우 기관을 시동하는 방법은?

① 하이브리드 전동기와 기동전동기를 동시에 가동시킨다.
② 기동 전동기만을 이용하여 기관을 시동한다.
③ 주행관성을 이용하여 기관을 시동한다.
④ 하이브리드 전동기를 이용하여 기관을 시동한다.

056 다음 중 전류의 3대 기능에 해당하지 않는 것은?

① 분사작용 ② 화학작용
③ 자기작용 ④ 발열작용

정답 049. ③ 050. ① 051. ① 052. ① 053. ④ 054. ③ 055. ④ 056. ①

057 차량의 자동공조장치의 에어컨 매니폴드 게이지 접속 시 주의사항이 아닌 것은?

① 에어컨이 충전완료가 되면 모든 밸브를 반드시 잠근 후 분리한다.
② 황색 호스를 진공펌프나 냉매회수기 또는 냉매 통에 연결한다.
③ 매니폴드 게이지를 연결시 모든 밸브를 반드시 잠금 후 실시 한다.
④ 밸브를 개방한 상태로 에어컨 사이클에 접속한다.

058 차량의 제동장치의 종류 및 역할이 아닌 것은?

① 브레이크 오일에 의해 각 부품에 윤활되므로 마찰 손실이 많다.
② 마찰력을 이용하여 운동 에너지를 열 에너지로 바꾸는 역할을 한다.
③ 자동차의 주차상태를 유지한다.
④ 주행중의 자동차를 감속 또는 정지시키는 역할을 한다.

059 자동차 윈드실드 와이퍼의 작동과 관련하여 작동이 잘 되지 않는 원인으로 볼 수 없는 것은?

① 컴비네이션 스위치 불량
② 와이퍼 작동시의 워셔액 사용
③ 와이퍼 모터 불량
④ 와이퍼 모터에 공급되는 전원 불량

060 하이브리드(HEV) 차량의 전기장치 정비 전 지킬 사항으로 가장 부적절한 것은?

① 준비(Ready) 표시등이 꺼져 있는 상태가 시스템 정지 상태이다.
② 엔진이 정지하였다면 하이브리드 시스템이 정지 상태하고 판단해도 무관하다.
③ 해당 차종의 매뉴얼 및 안전수칙을 반드시 참고하여 정비 및 구조에 들어가야 한다.
④ 오렌지색의 고전압 케이블과 고전압 부품에 접촉하지 않도록 각별히 주의해야 한다.

061 자동차 타이어의 마모에 따른 원인과 대책으로 잘못된 것은?

① 휠 발란스 틀어짐 및 허브베어링, 타이로드 앤드 이완시 발생
② 휠 얼라이먼트나 적정시기에 타이어 위치 교환 이행시 발생
③ 충격 완충기능 상실로 주행 중 충격시 절상될 수 있음
④ 타이어 각부의 움직임이 커지므로 세퍼레이션 현상 발생

062 전자제어 제동장치 ABS의 장착목적으로 볼 수 없는 것은?

① 선회할 때 방향 안정성 및 차체의 안전성을 확보할 수 없다.
② 제동거리 단축효과
③ 주행 안전성 확보
④ 조향 안정성 확보

063 로드 센싱 프로포지셔닝 밸브(LSPV, Load Sensing Proportioning Valve)의 설명으로 맞는 것은?

① 조향성 확보가 가능해지며 차량 중심이 바르게 된다.
② 하중이 가벼울 때에는 높은 압력, 무거울 때에는 낮은 압력의 유압을 뒷바퀴로 공급한다.
③ 후륜에 충분한 제동력 확보가 가능하게 한다.
④ 차량 주행 중에 노면의 상태를 감지하여 적정한 제동압을 유지하는 장치

정답 057. ④ 058. ① 059. ② 060. ② 061. ② 062. ① 063. ④

064 냉각장치에서 냉각수의 비등점을 상승시키는 팽창 축이 밸브를 열게 하는 온도 조절기 장치는?

① 바이메탈형　② 바이패스 밸브형
③ 펠릿형　　　④ 벨로즈형

065 보행자 사고에서 충돌속도를 분석하는데 필요한 자료로 가장 거리가 먼 것은?

① 차와 보행자의 충돌형태
② 차량의 바퀴 반경
③ 차와 보행자의 충돌지점
④ 보행자의 최종전도위치

066 브레이크 시스템 내의 잔압을 두는 이유와 가장 관계가 적은 설명은?

① 브레이크 오일의 증발을 방지하기 위해
② 휠 실린더 내의 오일 누설을 방지하기 위해
③ 베이퍼 록(vaper lock) 현상을 방지하기 위해
④ 제동의 지연을 방지하기 위해

067 NOx 배출량을 감소시키는 부품은?

① 과급기　　② 촉매 컨버터
③ 캐니스터　④ EGR 장치

068 자동차에 사용되는 퓨즈에 대한 설명으로 틀린 것은?

① 회로에 합선이 되면 퓨즈가 단선되어 전류를 차단한다.
② 재질은 알루미늄+주석+구리 등으로 구성된다.
③ 단락 및 누전에 의해 과대 전류가 흐르면 차단한다.
④ 전기회로에 직렬로 설치되어 있다.

069 타이어 공기압 부족 경보 장치의 설명으로 틀린 것은?

① 공기압이 높을 경우 타이어의 트레드가 동일하게 감모된다.
② 차륜 속도 센서의 출력 값이 상대적으로 증가하면 공기압 부족으로 판단한다.
③ 타이어 공기압 부족으로 판단되면 경고등을 점등한다.
④ 운행 중 바퀴의 유효직경이 작아지면 공기압 부족으로 판단한다.

070 차동기어장치를 바르게 설명한 것은?

① 필요시 양쪽 바퀴의 회전 속도의 차이를 발생시킨다.
② 회전력을 앞 차축에 전달하고, 동시에 감속하는 일을 한다.
③ 회전하는 두 축이 일직선상에 있지 않고 어떤 각도를 가지고 있는 경우, 두 축 사이에 동력을 전달하기 위한 장치이다.
④ 변속기로부터 최종 감속 기어까지 동력을 전달하는 축을 말한다.

071 LPI(Liquefied Petroleum Injection) 장치의 특징으로 볼 수 없는 것은?

① 인젝터를 냉각시켜 과열을 방지한다.
② 직접분사를 실시하여 기화 과정에서 생기는 타르 발생이 감소
③ 각종 센서의 압력신호를 바탕으로 최적 분사하여 출력과 연비가 향상
④ 흡기 다기관에 직접 분사하므로 냉 시동성이 향상된다.

정답 064. ③　065. ②　066. ②　067. ④　068. ②　069. ①　070. ①　071. ①

072 좌우 등화회로 연결방식을 맞게 설명한 것은 어느 것인가?

① 조사 각도를 상향으로 제어하여 정상상태로 한다.
② 장치 주변에는 다른 장치를 설치해서는 안 된다.
③ 빛이 집광이 되지 않으므로 조도가 균일하다.
④ 등화회로는 안전을 고려하여 병렬 복선 식으로 연결한다.

073 자동차에서 발전기가 하는 역할을 설명한 것 중 가장 관련이 적은 것은?

① 전원공급장치에 필요한 전류를 공급한다.
② 운행 중 지속적으로 충전해 준다.
③ 축전기만 충전한다.
④ 주행하기 위해 반드시 전원이 필요하다.

074 연비향상을 위한 친환경 자동차에서 차량 정지 시 자동으로 엔진을 멈추었다가 필요에 따라 자동적으로 시동이 걸리게 하는 기능을 무엇이라고 하는가?

① 원격 운전기능
② 페스트 아이들링 기능
③ 아이들링 업 기능
④ 아이들링 스톱 기능

075 ISG(Idle Stop& Go) 시스템의 기능에 해당하는 것은?

① 연료절감을 위하여 자동차가 정차할 때 자동적으로 기관의 작동을 정지시키는 시스템
② 기관의 운전 이전, 등판 주행 등에서는 액티브 에코가 작동하지 않는다.
③ 일정 값 이상의 급경사에서는 아이들 스톱 진입을 금지시킨다.
④ 브레이크 페달을 놓으면 밀림 방지 밸브를 원위치 시킨다.

076 엔진오일 유압이 낮아지는 원인과 거리가 먼 것은?

① 윤활유 공급 라인에 공기가 유입되었다.
② 오일 팬 내의 윤활유 양이 적다.
③ 유압조절밸브의 스프링 장력이 크다.
④ 오일이 희석되어 점도가 낮거나 조절 밸브의 접촉이 불량하다.

077 실린더 헤드 가스켓이 불량한 경우 나타나는 현상인 것은?

① 냉각수량 과다
② 서모스탯 기능 불량
③ 크랭크 케이스에 압축누설
④ 엔진은 과열하지 않고 있는데 방열기 내에 기포가 생긴다.

078 차량 주행 중 ABS 작동조건에 해당되지 않았음에도 불구하고 페달 진동이 전해지는 현상이 발생될 때 어떤 부품의 결함으로 예상을 할 수 있는가?

① 차속센서 불량
② 휠 스피드 센서에서 갭의 간격 불량
③ 하이드로릭 유닛 내부 밸브 릴레이 불량
④ 제동 등 스위치 커넥터 접촉 불량

079 공차 상태라 함은 다음 중 어떠한 상태인가?

① 차량 검사관이 운행일지에 기록 후 대기상태인 차량
② 운행에 필요한 운행안전점검에 합격한 차량
③ 연료, 냉각수, 윤활유를 만재하고 예비 타이어를 비치하여 운행할 수 있는 상태
④ 연료, 냉각수, 예비공구를 만재하고 운행할 수 있는 상태

정답 072. ④ 073. ③ 074. ④ 075. ① 076. ③ 077. ④ 078. ② 079. ③

080 자동차 검사에서 일산화탄소가 지나치게 많이 배출된다는 지적을 받은 경우 정비방법은?

① 실린더 피스톤의 교체
② 자동차 오일의 교체
③ 타이어 공기압 조정
④ 점화플러그 교환

081 고속도로 장거리 운행시 타이어 공기압을 10~15% 높이는 이유는?

① 주행거리 증가
② 스탠딩 웨이브(standing wave) 현상 방지
③ 하중의 증가
④ 주행속도 증가

082 앞바퀴 정렬에서 토인은 어떤 부품을 조정하는 것인가?

① 조향기어   ② 드래그 링크
③ 타이로드   ④ 피트먼 암

083 전자제어장치에서 ECU 입력신호에 해당하지 않는 것은?

① 흡기온도센서   ② 휠 스피드 센서
③ 대기압 센서   ④ 공기유량 센서

084 냉각수 용량이 50리터인데 35리터 밖에 들어가지 않은 경우 방열기 코어 막힘률은 얼마인가?

① 10%   ② 20%
③ 30%   ④ 40%

085 기동 전동기가 정상회전인데 엔진이 시동이 안 걸리는 원인과 관련이 있는 것은?

① 산소센서의 작동이 불량일 때
② 현가장치에 문제가 있을 때
③ 조향 핸들 유격이 맞지 않을 때
④ 밸브 타이밍이 맞지 않을 때

086 배출가스 정밀검사에서 휘발유 사용 자동차의 부하검사 항목은?

① 일산화탄소, 탄화수소, 질소산화물
② 일산화탄소, 탄화수소, 이산화탄소
③ 일산화탄소, 이산화탄소, 황산
④ 일산화탄소, 황산, 탄화수소

087 주행 중 기관이 과열되는 원인이 아닌 것은?

① 냉각수가 부족하다.
② 라디에이터 캡이 불량하다.
③ 서모스탯이 열려있다.
④ 워터펌프가 불량하다.

088 전자제어 가솔린 기관 인젝터에서 연료가 분사되지 않는 이유 중 틀린 것은?

① 파워 TR불량
② 인젝터 불량
③ ECU 불량
④ 크랭크각 센서 불량

089 디젤 기관에서 연료분사 시기가 과도하게 빠를 경우 발생할 수 있는 현상으로 틀린 것은?

① 분사 압력이 증가한다.
② 기관의 출력이 저하된다.
③ 노트를 일으킨다.
④ 배기가스가 흑색이다.

정답 080. ④ 081. ② 082. ③ 083. ② 084. ③ 085. ④ 086. ① 087. ③ 088. ① 089. ①

090 산소센서에 카본이 많이 오염 되었을 때의 현상으로 맞는 것은?

① 공회전시 기관 부조현상이 일어날 수 있다.
② 출력신호를 제어하므로 엔진에 미치는 영향이 없다.
③ 피드백제어로 공연비를 정확하게 제어한다.
④ 출력전압이 낮아진다.

091 클러치 디스크의 런 아웃(run out)이 클 때 나타날 수 있는 현상으로 가장 적합한 것은?

① 클러치 스프링이 파손된다.
② 주행 중 소리가 난다.
③ 클러치 페달의 유격에 변화가 생긴다.
④ 클러치의 단속이 불량해 진다.

092 빈번한 브레이크 조작으로 인해 온도가 상승하여 마찰계수 저하로 제동력이 떨어지는 현상은?

① 시미 현상   ② 피칭 현상
③ 페이드 현상   ④ 베리퍼록 현상

093 주행 중 브레이크 드럼과 슈가 접촉하는 원인에 해당하는 것은?

① 드럼과 라이닝의 간극이 과대하다.
② 브레이크액의 양이 부족하다.
③ 슈의 리턴 스프링이 소손되어 있다.
④ 마스터 실린더의 리턴 포트가 열려 있다.

094 주행 중인 차량에서 트램핑 현상이 발생하는 원인으로 적당하지 않은 것은?

① 파워펌프의 불량
② 휠 허브의 불량
③ 타이어의 불량
④ 앞 브레이크 디스크의 불량

095 주행 중 조향 휠의 떨림 현상 발생 원인으로 틀린 것은?

① 브레이크 패드 또는 라이닝 간격 과다
② 타이로드 앤드의 손상
③ 허브 너트의 풀림
④ 휠 얼라인먼트 불량

096 기관에 설치된 상태에서 시동 시 기동전동기에 흐르는 전류와 회전수를 측정하는 시험은?

① 부하시험   ② 접지시험
③ 단락시험   ④ 단선시험

097 발광 다이오드(LED)의 특징을 설명한 것이 아닌 것은?

① 역방향으로 전류를 흐르게 하면 빛이 발생한다.
② 가시광선으로부터 적외선까지 다양한 빛을 발생한다.
③ 발광할 때는 10mA 정도의 전류가 필요하다.
④ 배전기의 크랭크각 센서 등에서 사용된다.

098 계기판의 충전경고등은 어느 때 점등되는가?

① 배터리 전압이 14.7 V 이상일 때
② 배터리 전압이 10.5 V 이하일 때
③ 알터네이터에서 충전이 안 될 때
④ 알터네이터에서 충전되는 전압이 높을 때

099 기관을 점검시 운전상태에서 점검해야 할 것이 아닌 것은?

① 급유상태   ② 기어의 소음상태
③ 매연상태   ④ 클러치의 상태

정답 090. ① 091. ④ 092. ③ 093. ③ 094. ① 095. ① 096. ① 097. ① 098. ③ 099. ①

100 타이어 압력 모니터링 장치(TPMS)의 점검 및 정비 시 잘못된 것은?

① 타이어 압력센서용 배터리 수명은 약 10년이다.
② 타이어 분리시 타이어 압력센서가 파손되지 않게 한다.
③ 타이어 압력센서 장착용 휠은 일반 휠과 다르다.
④ 타이어 압력센서는 공기 주입밸브와 일체로 되어 있다.

101 배터리를 충전할 때 음극에서 발생하는 폭발 위험성이 있는 가스는?

① H_2 ② CO_2
③ CO ④ SO_4

102 전기회로에서 전위차는 무엇의 차이를 뜻하는가?

① 용량 ② 전자
③ 전류 ④ 전압

103 재해 조사목적을 가장 올바르게 설명한 것은?

① 적절한 예방대책을 수립
② 재해를 당한 당사자의 책임을 추궁
③ 작업능률 향상과 근로 기강 확립
④ 재해 발생 상태의 통계자료 확보

104 인화성 액체 또는 기체가 아닌 것은?

① 프로판 가스 ② 가솔린
③ 산소 ④ 솔벤트

105 엔진의 유압이 낮아지는 경우가 아닌 것은?

① 유압조절 밸브 스프링이 약화되었을 때
② 오일 압력 경고등이 소등되어 있을 때
③ 오일 펌프가 마멸된 때
④ 오일이 부족할 때

106 쇽업소버에서 오일이 상,하 실린더로 이동할 때 통과하는 구멍은?

① 오리피스 ② 밸브 하우징
③ 스템 구멍 ④ 로터리 밸브

107 플레밍의 오른손 법칙과 관계있는 것은?

① 전류계 ② 발전기
③ 시동 전동기 ④ 전압계

108 12V-100A의 발전기에서 나오는 출력은?

① 1.43 PS ② 1.63 PS
③ 1.73 PS ④ 1.53 PS

> **해설** 1 PS = 735 W,
> 출력(PS) = 12 × 100 / 735 = 1.63

109 가솔린 전자제어 엔진에는 칼만 와류방식을 사용하는 흡입 공기량 센서가 있다. 흡입 공기량 센서 내에 없는 구성품은?

① 대기압 센서 ② 모터 포지션 센서
③ 공기 유량 센서 ④ 흡기 온도 센서

110 수동변속기에서 싱크로 메시(synchro mesh) 기구의 기능이 작용하는 시기는?

① 클러치 페달을 밟을 때
② 변속기어가 물릴 때
③ 클러치 페달을 놓을 때
④ 변속기어가 물려있을 때

정답 100. ① 101. ① 102. ④ 103. ① 104. ③ 105. ② 106. ① 107. ② 108. ② 109. ② 110. ②

111 다음 중 캠축의 캠 형상이 아닌 것은?

① 직선 캠　　② 볼록 캠
③ 접선 캠　　④ 오목 캠

112 전자제어 가솔린 엔진에서 흡기다기관의 압력과 인젝터에 공급되는 연료 압력 편차를 일정하게 유지시키는 것은?

① 연료 압력 레귤레이터
② 연료 샌더
③ 맵 센서
④ 릴리프 밸브

113 렌치 작업의 주의사항으로 틀린 것은?

① 렌치의 크기는 너트보다 조금 큰 치수를 사용한다.
② 렌치를 놓치지 않도록 미끄럼 방지에 유의한다.
③ 해머로 렌치를 타격하여 작업하지 않는다.
④ 작업장소가 협소하거나 높은 경우 안전을 확보한 수 작업한다.

114 자동차 높이의 최대 허용기준으로 옳은 것은?

① 3.5m　　② 3.8m
③ 4.0m　　④ 4.5m

115 다이얼 게이지 사용시 유의사항으로 틀린 것은?

① 게이지 설치시 지지대의 암을 가능한 짧고 견고하게 고정한다.
② 스핀들에 주유를 하거나 그리스를 발라서 보관한다.
③ 게이지에 충격을 가하지 않는다.
④ 분해 청소나 조정을 임의로 하지 않는다.

116 드릴작업의 안전사항 중 틀린 것은?

① 머리카락이 긴 경우, 흘러내리지 않도록 작업모를 착용한다.
② 작업 중 쇳가루를 입으로 불어서는 안된다.
③ 작업효율을 위해 항상 고속회전 작업을 한다.
④ 공작물을 단단히 고정시킨다.

117 배터리에 대한 설명으로 틀린 것은?

① 온도가 높으면 자기 방전량이 많아진다.
② 전해액 온도가 올라가면 비중은 낮아진다.
③ 극판수가 많으면 용량은 증가한다.
④ 전해액 온도가 낮으면 황산의 확산이 활발해진다.

118 다음 중 가솔린 엔진에서 고속 회전 시 토크가 낮아지는 원인으로 가장 적합한 것은?

① 혼합기가 농후해지기 때문이다.
② 점화시기가 빨라지기 때문이다.
③ 화염전파 속도가 상승하기 때문이다.
④ 체적효율이 낮아지기 때문이다.

119 산소센서 고장으로 인해 발생되는 현상으로 옳은 것은?

① 유해 배출가스 증가
② 변속 불능
③ 가속력 향상
④ 연비 향상

120 전기자 코일과 계자 코일을 병렬로 접속한 전동기 형식은?

① 복권 전동기　　② 분권 전동기
③ 차동 전동기　　④ 직권 전동기

정답 111. ① 112. ① 113. ① 114. ③ 115. ② 116. ③ 117. ④ 118. ④ 119. ① 120. ②

121 주행 중 자동차의 조향 휠이 한쪽 방향으로 쏠리는 원인과 가장 거리가 먼 것은?

① 타이어 공기압력 불균일
② 엔진 출력 불량
③ 휠 얼라인먼트 조정 불량
④ 쇽업소버 한쪽 파손

122 변속기에서 제3속의 감속비가 1.5:1, 구동 피니언의 잇수가 7개, 링기어의 잇수가 42개인 경우 최종 감속비는?

① 9 : 1
② 10 : 1
③ 12 : 1
④ 14 : 1

> **해설** 최종 감속비 = 변속비 × 종감속비
> = 1.5 × 42/7 = 9

123 배력장치가 장착된 자동차에서 브레이크 페달의 조작이 무겁게 되는 원인이 아닌 것은?

① 하이드로릭 피스톤 컵이 손상되었다.
② 릴레이 밸브 피스톤의 작동이 불량하다.
③ 푸시로드의 부트가 파손되었다.
④ 진공용 체크 밸브의 작동이 불량하다.

124 유압식 브레이크는 어떤 원리를 이용한 것인가?

① 파스칼의 원리
② 뉴턴의 원리
③ 베르누이의 원리
④ 애커먼 장토의원리

125 공냉식 엔진에서 냉각효과를 증대시키기 위한 장치로서 적합한 것은?

① 방열 핀
② 방열 밸브
③ 방열 쵸크
④ 방열 탱크

126 작업장의 안전점검을 실시 할 때 유의사항이 아닌 것은?

① 안전 점검자는 점검사항을 충분히 확인한다.
② 점검내용을 서로가 이해하고 숙지한다.
③ 과거 재해 요인이 해결되었는지 확인한다.
④ 안전점검 후 강평하고 사소한 사항은 묵인한다.

127 엔진 분해, 조립할 때 주의사항이 아닌 것은?

① 캐스팃은 신품으로 교환한다.
② 접촉면은 바닥으로 향하게 한다.
③ 알맞은 공구를 사용한다.
④ 분해된 순서로 정리정돈 한다.

128 엔진의 회전속도가 2,500rpm, 연소시간이 1/600초라고 하면 연소시간 동안에 크랭크축의 회전각도는?

① 20도
② 25도
③ 30도
④ 35도

> **해설** 크랭크축 회전각도
> = 회전속도/60 × 360 × 연소지연 시간
> = (2500/60) × 360 × (1/600)

129 전자제어 엔진 점화장치의 파워 TR에서 ECU에 의해 제어되는 단자는?

① 접지 단자
② 콜렉터 단자
③ 베이스 단자
④ 이미터 단자

130 자동차 배출가스의 분류에 속하지 않는 것은?

① 배기가스
② 할로겐 가스
③ 블로바이 가스
④ 증발가스

정답 121. ② 122. ① 123. ③ 124. ① 125. ① 126. ④ 127. ② 128. ② 129. ③ 130. ②

131 LPG 차량에서 공전시 에어컨 부하, 파워 스티어링 등의 전기부하가 걸릴 때 공전회전수 저하를 방지하기 위해 혼합기를 추가로 공급하는 것은?

① 산소센서
② 아이들 업 솔레노이드 밸브
③ 스로틀 위치 센서
④ 크랭크 축 센서

132 냉각장치에서 왁스실에 왁스를 넣어 온도가 높아지면 팽창축을 열게 하는 온도 조절기는?

① 바이메탈형 ② 벨로즈형
③ 펠릿형 ④ 바이패스 밸브형

133 자동 헤드라이트 장치의 구성부품이 아닌 것은?

① 라이트 스위치 ② 조도센서
③ 헤드램프 릴레이 ④ 아이들 스위치

134 차동장치 링 기어의 흔들림(런 아웃)을 측정하는데 사용되는 것은?

① 간극 게이지 ② 마이크로미터
③ 실린더 게이지 ④ 다이얼 게이지

135 변속기가 필요한 이유로 틀린 것은?

① 필요에 따라 엔진을 무부하로 하기 위해서
② 바퀴의 회전속도를 항상 일정하게 유지하기 위해서
③ 엔진의 회전력을 바퀴에 필요한 회전력으로 증대시키기 위해서
④ 자동차의 후진을 가능하게 하기 위해서

136 공기식 현가장치에서 공기 스프링의 종류가 아닌 것은?

① 다이어프램식 ② 텔레스코픽식
③ 복합형식 ④ 벨로우즈식

137 동력 조향장치의 주요 3부로 옳은 것은?

① 작동부, 제어부, 동력부
② 작동부, 제어부, 링키지부
③ 작동부, 동력부, 링키지부
④ 동력부, 링키지부, 조향부

138 실린더 안지름 83mm, 행정이 78mm 인 4 실린더 엔진의 총 배기량은?

① 약 1,200cc ② 약 1,580cc
③ 약 1,688cc ④ 약 1,800cc

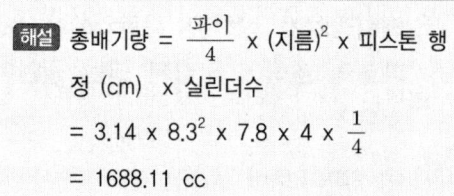

해설 총배기량 = $\frac{파이}{4}$ x (지름)² x 피스톤 행정 (cm) x 실린더수
= 3.14 x 8.3² x 7.8 x 4 x $\frac{1}{4}$
= 1688.11 cc

139 엔진 점화장치 파워 TR 불량시 나타나는 현상이 아닌 것은?

① 시동이 불량하다.
② 크랭킹이 불가능 하다.
③ 연료 소모가 많다.
④ 주행시 가속력이 저하된다.

140 추진축의 자재이음은 어떤 변화를 가능하게 하는가?

① 회전 토크 ② 회전축의 각도
③ 회전 속도 ④ 축의 길이

정답 131. ② 132. ③ 133. ④ 134. ④ 135. ② 136. ② 137. ① 138. ③ 139. ② 140. ②

141 엔진의 타이밍 벨트 교환작업으로 틀린 것은?

① 타이밍 벨트 교환시 엔진 회전 방향에 유념한다.
② 타이밍 벨트의 정렬과 장력을 정확히 맞춘다.
③ 타이밍 벨트의 텐셔너도 함께 교환한다.
④ 타이밍 벨트의 소음을 줄이기 위해 윤활을 한다.

142 내연기관 사이클에서 가솔린 엔진의 표준 사이클은?

① 복합 사이클
② 정압 사이클
③ 정적 사이클
④ 사바테 사이클

143 가솔린 엔진의 밸브 간극이 규정 값보다 클 때 어떤 현상이 일어나는가?

① 정상 작동 분포에서 밸브가 완전하게 개방되지 않는다.
② 엔진의 체적 효율이 증대된다.
③ 소음이 감소하고 밸브기구에 충격을 준다.
④ 흡입 밸브 간극이 크면 흡입량이 많아진다.

144 차륜 정렬에서 킹핀 오프셋이란?

① 직진 위치에서 좌우 바퀴를 위에서 보았을 때 임의의 각도를 두고 설치되어 있는 상태이다.
② 킹핀의 중심선이 노면이 수직인 직선에 대해 어느 한쪽으로 기울어진 상태이다.
③ 앞뒤 차축 타이어의 접지 중심으로부터 세로 중심면에 내린 수직선 사이의 거리이다.
④ 차륜의 중심선과 킹핀 중심선의 연장선이 노면에서 만나는 거리이다.

145 가솔린 연료에서 옥탄가의 정의로 옳은 것은?

① 노멀헵탄 / (이소옥탄+노멀헵탄) × 100
② (이소옥탄+노멀헵탄) / 노멀헵탄 × 100
③ 이소옥탄 / (이소옥탄+노멀헵탄) × 100
④ (이소옥탄+노멀헵탄) / 이소옥탄 × 100

146 병렬형 하이브리드 자동차의 특징에 대한 설명으로 틀린 것은?

① 회생제동이 가능하다.
② 내연기관에 비해 배기가스 저감이 가능하다.
③ 고속영역에서 최고의 효율을 목표로 할 수 있다.
④ 순수 전기차 주행 기능을 구현하기는 어렵다.

147 유압식 동력 조향장치의 구성요소로 틀린 것은?

① 압력 스위치
② 스티어링 기어박스
③ 오일 펌프
④ 브레이크 스위치

148 수동변속기 차량에서 클러치의 필요조건으로 틀린 것은?

① 회전부분의 평형이 좋아야 한다.
② 방열이 잘되어 과열되지 않아야 한다.
③ 내열성이 좋아야 한다.
④ 회전관성이 커야 한다.

149 삼원촉매에 대한 설명으로 옳은 것은?

① HC, CO, NOx를 저감하는 촉매이다.
② 매연을 저감하는 촉매이다.
③ O_3, CO_2, 감마를 저감하는 촉매이다.
④ HC, CO_2, 감마를 저감하는 촉매이다.

정답 141. ④ 142. ③ 143. ① 144. ④ 145. ③ 146. ④ 147. ④ 148. ④ 149. ①

150 자동차 VIN(Vehicle Identification Number) 의 정보에 포함되지 않는 것은?

① 엔진의 종류　② 제동장치 구분
③ 안전벨트 구분　④ 자동차 종별

151 자동차 문이 닫히자마자 실내가 어두워지는 것을 방지해 주는 램프는?

① 감광식 룸램프　② 패널 램프
③ 테일 램프　④ 도어 램프

152 클러치가 미끄러지는 원인 중 틀린 것은?

① 클러치 압력스프링 쇠약, 절손
② 압력판 및 플라이휠 손상
③ 마찰 면의 경화, 오일 부착
④ 페달 자유 간극 과대

153 엔진정비 작업시 피스톤 링의 이음 간극을 측정할 때 측정 도구로 가장 알맞은 것은?

① 다이얼 게이지　② 버니어 캘리퍼스
③ 마이크로미터　④ 시크니스 게이지

154 가솔린 차량의 배출가스 중 Nox의 배출을 감소시키기 위한 방법으로 적당한 것은?

① DPF시스템 채택
② EGR장치 채택
③ 간접연료 분사 방식 채택
④ 캐니스터 설치

155 디스크 브레이크에서 패드 접촉면에 오일이 묻었을 때 나타나는 영향은?

① 디스크 표면의 마찰이 증대된다.
② 브레이크 작동이 원활하게 되어 제동이 잘 된다.
③ 브레이크가 잘 듣지 않는다.
④ 패드가 과냉되어 제동력이 증가된다.

156 냉각수 온도 센서 고장시 엔진에 미치는 영향으로 틀린 것은?

① 냉간 시동성이 양호하다.
② 배기가스 중에 CO 및 HC가 증가된다.
③ 워밍업 시기에 검은 연기가 배출될 수 있다.
④ 공회전 상태가 불안정하게 된다.

157 디젤 연소실의 구비조건 중 틀린 것은?

① 디젤노크가 적을 것
② 평균유효 압력이 낮을 것
③ 열효율이 높을 것
④ 연소시간이 짧을 것

158 가솔린 노킹(knocking)의 방지책에 대한 설명 중 잘못된 것은?

① 착화지연을 짧게 한다.
② 화염전파 거리를 짧게 한다.
③ 냉각수의 온도를 낮게 한다.
④ 압축비를 낮게 한다.

159 연료의 온도가 상승하여 외부에서 불꽃을 가까이 하지 않아도 자연히 발화되는 최저 온도는?

① 확산점　② 발열점
③ 착화점　④ 인화점

160 점화순서가 1-3-4-2인 4행정 엔진의 3번 실린더가 압축행정을 할 때 1번 실린더는?

① 흡입행정　② 압축행정
③ 폭발행정　④ 배기행정

정답　150. ②　151. ①　152. ④　153. ④　154. ②　155. ③　156. ①　157. ②　158. ①　159. ③　160. ③

161 엔진의 윤활유 유압이 높을 때의 원인과 관계없는 것은?

① 윤활유의 점도가 높을 때
② 오일 파이프의 일부가 막혔을 때
③ 유압 조정 밸브 스프링의 장력이 강할 때
④ 베어링과 축의 간격이 클 때

162 연소실 체적이 40cc이고, 총배기량이 1,280cc인 4기통 기관의 압축비는?

① 6 : 1   ② 9 : 1
③ 18 : 1   ④ 33 : 1

> 해설 배기량 = 총배기량/실린더수 = 1280/4
>   = 320cc
>   압축비 = (연소실체적+실린더 배기량)/연소실 체적
>   = (40+320)/40 = 9

163 내연기관의 일반적인 내용으로 다음 중 맞는 것은?

① 가압식 라디에이터 부압밸브가 밀착불량이면 라디에이터가 손상하는 원인이 된다.
② 크롬 도금한 라이너에는 크롬 도금된 피스톤 링을 사용하지 않는다.
③ 엔진 오일은 일반적으로 계절마다 교환한다.
④ 2행정 사이클 엔진의 인젝션 펌프 회전속도는 크랭크축 회전속도의 2배이다.

164 디젤 엔진의 연료분사 장치에서 연료의 분사량을 조절하는 것은?

① 연료 공급펌프   ② 연료 분사펌프
③ 연료 분사노즐   ④ 연료 여과기

165 블로다운(blow down) 현상에 대한 설명으로 옳은 것은?

① 배기행정 초기에 배기밸브가 열려 배기가스 자체의 압력에 의하여 배기가스가 배출되는 현상
② 피스톤이 상사점 근방에서 흡배기 밸브가 동시에 열려 배기 잔류가스를 배출시키는 현상
③ 압축행정시 피스톤과 실린더 사이에서 공기가 누출되는 현상
④ 밸브와 밸브시트 사이에서의 가스 누출 현상

166 LPG 차량에서 연료를 충전하기 위한 고압 용기는?

① 연료 유니온   ② 슬로 컷 솔레노이드
③ 베이퍼라이저   ④ 봄베

167 가솔린을 완전 연소시키면 발생되는 화합물은?

① 일산화탄소와 물
② 일산화탄소와 이산화탄소
③ 이산화탄소와 물
④ 이산화탄소와 아황산

168 가솔린 엔진에서 발생되는 질소산화물에 대한 특징을 설명한 것 중 틀린 것은?

① 엔진의 압축비가 낮은 편이 발생 농도가 낮다.
② 혼합비가 일정할 때 흡기 다기관의 부압은 강한 편이 발생 농도가 낮다.
③ 점화시기가 빠르면 발생 농도가 낮다.
④ 혼합비가 농후하면 발생 농도가 낮다.

정답 161. ④ 162. ② 163. ② 164. ② 165. ① 166. ④ 167. ③ 168. ③

169 피스톤 간극이 크면 나타나는 현상이 아닌 것은?

① 엔진의 시동이 어려워진다.
② 피스톤 슬랩이 발생한다.
③ 압축압력이 상승한다.
④ 블로바이가 발생한다.

170 가솔린 엔진의 연료 펌프에서 연료라인 내의 압력이 과도하게 상승하는 것을 방지하기 위한 장치는?

① 사일런서(silencer)
② 니들밸브(needle valve)
③ 릴리프 밸브(relief valve)
④ 체크 밸프(check valve)

171 중 · 고속 주행시 연료 소비율의 향상과 엔진의 소음을 줄일 목적으로 변속기의 입력 회전수보다 출력 회전수를 빠르게 하는 장치는?

① 킥다운
② 히스테리시스
③ 오버 드라이브
④ 클러치 포인트

172 현가장치가 갖추어야 할 기능이 아닌 것은?

① 구동력 및 제동력 발생시 적당한 강성이 있어야 한다.
② 주행 안정성이 있어야 한다.
③ 원심력이 발생되어야 한다.
④ 승차감의 향상을 위해 상하 움직임이 적당한 유연성이 있어야 한다.

173 휠 얼라인먼트를 사용하여 점검할 수 있는 것으로 가장 거리가 먼 것은?

① 휠 밸런스
② 킹핀 경사각
③ 캠버
④ 토우 (toe)

174 동력 조향장치의 스티어링 휠 조작이 무겁다. 의심되는 고장부위 중 가장 거리가 먼 것은?

① 오일펌프 결함
② 오일탱크 오일 부족
③ 스티어링 기어 박스의 과다한 백래시
④ 랙 피스톤 손상으로 인한 내부 유압작동

175 클러치 작동기구 중에서 세척유로 세척하여서는 안 되는 것은?

① 클러치 스프링
② 릴리스 베어링
③ 클러치 커버
④ 릴리스 포크

176 조향 유압계통에 고장이 발생되었을 때 수동조작을 이행하는 것은?

① 오리피스
② 유압펌프
③ 볼 조인트
④ 컨트롤 밸브

177 브레이크 페달의 유격이 과다한 이유로 틀린 것은?

① 마스터 실린더의 파손 피스톤과 브레이크 부스터 푸시로드의 간극 불량
② 타이어 공기압의 불균형
③ 브레이크 페달의 조정 불량
④ 드럼 브레이크 형식에서 브레이크 슈의 조정 불량

178 싱크로나이저 슬리브 및 허브 검사에 대한 설명이다. 가장 거리가 먼 것은?

① 싱크로나이저 허브와 슬리브는 이상 있는 부위만 교환한다.
② 허브 앞쪽 끝부분이 마모되지 않았는지를 점검한다.
③ 슬리브의 안쪽 앞부분과 뒤쪽 끝이 손상되지 않았는지 점검한다.
④ 싱크로나이저와 슬리브를 끼우고 부드럽게 돌아가는지 점검한다.

정답 169. ③ 170. ③ 171. ③ 172. ③ 173. ① 174. ③ 175. ② 176. ④ 177. ② 178. ①

179 동력 조향장치 정비 시 안전 및 유의사항으로 틀린 것은?

① 각종 볼트 너트는 규정 토크로 조인다.
② 제작사의 정비지침서를 참고하여 점검 정비한다.
③ 공간이 좁으므로 다치지 않게 주의한다.
④ 자동차 하부에서 작업할 때는 시야확보를 위해 보안경을 벗는다.

180 변속기의 변속비(기어비)를 구하는 식은?

① 카운터 기어 잇수를 변속단 카운터 기어잇수로 곱한다.
② 입력축의 회전수를 엔진의 회전수로 나눈다.
③ 부축의 회전수를 엔진의 회전수로 나눈다.
④ 엔진의 회전수를 추진축의 회전수로 나눈다.

181 다음 중 브레이크 드럼이 갖추어야 할 조건과 관계가 없는 것은?

① 동적, 정적 평형이 되어야 한다.
② 강성과 내마모성이 있어야 한다.
③ 방열이 잘 되어야 한다.
④ 무거워야 한다.

182 다음에서 스프링의 진동 중 스프링 위 질량의 진동과 관계없는 것은?

① 롤링(rolling)
② 휠 트램프(wheel tramp)
③ 피칭(pitching)
④ 바운싱(bouncing)

> 해설 스프링 아래 질량의 진동: 휠 홉(Z축 방향으로 회전), 휠 트램프(X축을 중심으로 회전), 와인드 업(Y축 중심으로 회전)

183 변속장치에서 동기물림 기구에 대한 설명으로 옳은 것은?

① 변속하려는 기어와 슬리브와의 회전수에는 관계없다.
② 주축기어와 부축기어의 회전수를 같게 한다.
③ 주축기어의 회전속도를 부축기어의 회전속도보다 빠르게 한다.
④ 변속하려는 기어와 메인 스프라인과의 회전수를 같게 한다.

184 다음은 배터리 격리판에 대한 설명이다. 틀린 것은?

① 극판에서 이물질을 내뿜지 않아야 한다.
② 전해액의 확산이 잘되어야 한다.
③ 전해액에 부식되지 않아야 한다.
④ 격리판은 전도성이어야 한다.

185 자동차용 납산 배터리를 급속충전 할 때 주의사항으로 틀린 것은?

① 전해액의 온도가 약 45℃가 넘지 않도록 한다.
② 충전 중 배터리에 충력을 가하지 않는다.
③ 통풍이 잘 되는 곳에서 충전한다.
④ 충전시간을 가능한 길게 한다.

186 배터리 전해액의 비중을 측정하였더니 1.180 이었다. 이 배터리의 방전률은? (단, 비중값이 완전충전시 1.280이고, 완전 방정시의 비중 값은 1.080 이다.)

① 20%   ② 30%
③ 50%   ④ 70%

정답 179. ④ 180. ④ 181. ④ 182. ② 183. ④ 184. ④ 185. ④ 186. ③

해설 방전률 = (완전충전시의 비중 − 측정한 비중) / (완전충전시의 비중 − 완전 방전 비 비중)
= (1.280−1.180)/ (1.280−1.080) x 100
= 50%

187 연료 탱크의 연료량을 표시하는 연료계의 형식 중 계기식의 형식에 속하지 않는 것은?

① 바이메탈 저항식 ② 서미스터식
③ 연료면 표시기식 ④ 밸런싱 코일식

188 AC 발전기의 출력 변화 조정은 무엇에 의해 이루어지는가?

① 다이오드 전류 ② 로터의 전류
③ 배터리의 전압 ④ 엔진의 회전수

189 플레밍의 왼손 법칙을 이용한 것은?

① 전동기   ② DC 발전기
③ AC 발전기   ④ 충전기

190 반도체의 장점으로 틀린 것은?

① 예열을 요구하지 않고 곧바로 작동을 한다.
② 고온에서도 안정적으로 동작한다.
③ 내부 전력 손실이 매우 적다.
④ 극히 소형이고 경량이다.

191 드릴링 머신 작업을 할 때 주의사항으로 틀린 것은?

① 드릴의 날이 무디어 이상한 소리가 날 때는 회전을 멈추고 드릴을 교환하거나 연마한다.
② 가공중에 드릴이 관통했는지를 손으로 확인한 후 기계를 멈춘다.
③ 공작물을 제거할 때는 회전을 완전히 멈추고 한다.
④ 드릴은 주축에 튼튼하게 장치하여 사용한다.

192 산업체에서 안전을 지킴으로서 얻을 수 있는 이점으로 틀린 것은?

① 회사 내 규율과 안전수칙이 준수되어 질서 유지가 실현된다.
② 기업의 투자 경비가 늘어난다.
③ 상하 동료 간에 인간관계가 개선된다.
④ 직장의 신뢰도를 높여준다.

193 작업 안전상 드라이버 사용시 유의사항이 아닌 것은?

① 전기 작업시 금속부분이 자루 밖으로 나와 있지 않아야 한다.
② 작은 부품은 한 손으로 잡고 사용한다.
③ 날 끝이 수평이어야 한다.
④ 날 끝이 홈의 폭과 길이가 같은 것을 사용한다.

194 지랫대를 사용할 때 유의사항으로 틀린 것은?

① 파이프를 철제 대신 사용한다.
② 화물의 치수나 중량에 적합한 것을 사용한다.
③ 손잡이가 미끄러지지 않도록 조치를 취한다.
④ 깨진 부분이나 마디 부분에 결함이 없어야 한다.

195 수동변속기 작업과 관련된 사항 중 틀린 것은?

① 싱크로나이저 허브와 슬리브는 일체로 교환한다.
② 로크너트는 재사용 가능하다.
③ 세척이 필요한 부품은 반드시 세척한다.
④ 분해와 조립순서에 준하여 작업한다.

정답 187. ③ 188. ② 189. ① 190. ② 191. ② 192. ② 193. ② 194. ① 195. ②

196 물건을 운반 작업할 대 안전하지 못한 경우는?

① LPG 봄베, 드럼통을 굴려서 운반한다.
② 무리한 자세나 몸가짐으로 물건을 운반하지 않는다.
③ 공동 운반에서는 서로 협조하여 운반한다.
④ 긴 물건을 운반할 때는 앞쪽을 위로 올린다.

197 전동기나 조정기를 청소한 후 점검하여야 할 사항으로 옳지 않은 것은?

① 단자부 주유상태 여부
② 아크 발생 여부
③ 과열 여부
④ 연결의 견고성 여부

198 자동차 엔진이 과열된 상태에서 냉각수를 보충할 때 적합한 것은?

① 주행하면서 조금씩 보충한다.
② 엔진을 가·감속하면서 보충한다.
③ 시동을 끄고 냉각시킨 후 보충한다.
④ 시동을 끄고 즉시 보충한다.

199 연료 파이프나 연료 펌프에서 가솔린이 증발해서 일으키는 현상은?

① 앤티 록 ② 베이퍼 록
③ 연로 록 ④ 엔진 록

200 커넥팅 로드 대단부의 배빗메탈의 주재료는?

① 주석(Sn) ② 납(Pb)
③ 구리(Cu) ④ 안티몬(Sb)

정답 196. ① 197. ① 198. ③ 199. ② 200. ①

일주일 만에 끝내는 도로교통 안전관리자

일주일 만에 끝내는
도로교통 안전관리자

과목 **03**

교통 심리학

- 핵심용어정리
- 요점정리
- CBT 출제예상문제[100제]

CHAPTER 01 핵심용어정리

No	용어	설명	비고
1	교통심리학 (traffic psychology)	심리학적 과정들과 도로 이용자 행동 간 관계를 연구하는 심리학의 분야이다. 행동은 충돌이 수반되는 상황에서 원인과 차이를 평가하기 위해 충돌 연구와 결부시켜 연구된다.	
2	정지시력	정지한 상태에서 물체를 구분해 내는 눈의 능력	
3	동체시력	움직이는 물체를 정확하고 빠르게 인지하는 능력이다.	
4	암순응	밝은 곳에서 어두운 곳에서 들어갔을 때, 처음으로 보이지 않던 것이 시간이 지남에 따라 차차 보이기 시작하는 현상	
5	명순응	어두운 곳으로부터 밝은 곳으로 갑자기 나왔을 때 점차로 밝은 빛에 순응하게 되는 것을 말한다. 이때 처음에 잘 보이지 않다가 시간이 어느 정도 지나면 정상적으로 보이는데 영화관에서 밖으로 나왔을 때 명순응을 경험하게 된다.	
6	현혹현상	야간운전을 하거나 어두운 공간에서 전조등 불빛에 눈부심으로 교행 직후 거의 시력을 상실하는 것을 말한다.	
7	적성	어떤 일에 알맞은 성질이나 적응 능력 또는 그와 같은 소질이나 성격	
8	정지거리	위험을 인지한 순간부터 차량이 정지할 때까지의 거리 (= 공주거리(위험인지 ~ 라이닝작동) + 제동거리(라이닝작동 ~ 정지)	
9	반응시간	위험인지에서 브레이크 밟기까지의 시간 (= 반사시간 + 동작시간)	

† 두산백과 두피디아, 나무위키, 국어사전, 인터넷 참조

CHAPTER 02 요점정리

01 도로교통

1. **도로교통의 3요소** : 운전자, 차량, 도로
2. **대표적인 교통위반사항** : 전방주시태만, 운전부주의, 안전거리 미확보, 과속, 중앙선 침범, 음주운전, 과로운전 등
3. **교통의 조건** : 안전성, 원활성, 쾌적성
4. **인간의 착오 3단계**
   ① **제1단계** : 착오가 시스템 동작에 영향을 미치지 않을 경우
   ② **제2단계** : 착오가 시스템 동작에 대하여 잠재적인 영향 또는 위험을 가지고 있는 경우
   ③ **제3단계** : 착오가 시스템 동작에 현재적인 영향을 보일 경우.

02 교통사고

1. **자동차 교통사고 구성요소** : 인적요소, 차량요소, 환경요소
2. **사고를 자주 발생하는 운전자의 성향**: 정서불안, 충동적이고 비협조적, 과도한 긴장유지
3. **무사고 운전자의 성향** : 정서안정, 불만이 적고 협조적, 긴장이나 동요하지 않음
4. **교통사고의 배경으로 서의 인간의 특성** : 선천적 특성, 후천적 특성, 동기와 사회적 태도, 생활배경
5. **보행자 사고 다발생 유형**
   ① **장소** : 횡단보도가 아닌 곳에서의 횡단(제일 많이 발생) > 차도 보행 > 횡단보도
   ② **연령** : 고령자(제일 많이 발생) > 아동기 > 장년층

6. 피로운전의 요인

① **운전 중 요인** : 환경(차내, 차외), 운행조건 등
② **운전자의 조건** : 경험, 연령, 성격, 성별, 신체조건 등
③ **운전자의 생활 요인** : 주거, 가정, 수면, 여가 등

7. 사고운전자의 특성

① 운전자는 1회 1행동만을 한다.
② 운전자는 도로에 대하여 신뢰를 한다.
③ 자신의 차량속도보다 다른 차량의 속도에 민감하다.
④ 장시간 운전은 운전자에게 반응속도를 느리게 한다.
⑤ 운전자는 중요한 안전요소에 무지하다.

8. 사고요인의 종류

① **시각에 의한 사고요인** : 암순응 효과, 현혹 효과, 명도대비 차이에 의한 인지 부족, 동체시력의 저하
② **주의 부족에 의한 사고요인** : 의식수준의 저하, 무경험으로 인한 부주의, 상황의 급격한 변화
③ **착오에 의한 사고요인** : 선정의 착오, 반대의 착오, 속도감의 착오
④ **착각에 의한 사고요인** : 판단의 착각, 원근의 착각, 경사의 착각, 속도의 착각
⑤ **피로에 의한 사고요인** : 장시간 운전, 수면 부족, 변화가 없는 도로

9. 음주 운전사고의 특징

① 중대사고 발생
② 주행중인 차량이나 정지물체에 충돌
③ 시력회복이 늦어 마주 오는 차량에 충돌
④ 도로 밖으로 이탈

CHAPTER 03 | CBT 출제예상문제(100제)

001 다음 중 '다수안전설'에 대한 설명으로 적절하지 못한 것은?

① 자전거 인구가 많을수록 자동차와 충돌할 가능성이 줄어든다.
② 자전거가 많을 수로 자동차 운전자들이 자전거를 이용할 확률이 높아진다.
③ 운전자가 운전을 천천히 함으로써 보행자들이 운전자의 시선에 오래 머무르기 때문에 안전하다.
④ 자전거가 많을수록 자동차 운전자들이 자전거를 더 의식하며 배려한다.

002 다음 중 운전자의 시선행동 분석결과에 대한 설명으로 옳지 않은 것은?

① 시력은 주시점을 벗어남에 따라 급격히 저하되는 바 주시점을 2도 벗어나면 시력은 1/2로 저하되고, 10도 벗어나면 시력은 1/5로 저하된다고 한다.
② 운전중인 운전자의 시력은 정지시력에 속한다.
③ 움직이면서 물체나 상황을 바라볼 때의 동체시력은 동일한 조건하에서의 정지시력보다 저하된다.
④ 시력은 정지상태에서 대상물을 보는 정지시력과 움직이는 대상물을 보는 동체시력으로 구분된다.

003 교통시스템의 4대요소 중 하나로 사람이나 물자를 실제로 이동시키는 것은 무엇인가?

① 속도제한
② 도로교통
③ 교통규칙
④ 교통수단

004 초보운전자의 운전 중 시야와 관련하여 주시범위에 대한 설명으로 다음 중 잘못된 것은?

① 주시의 수평범위가 중앙에 집중되고 우측에 편중되는 경우가 많다.
② 주시할 수 있는 수평범위가 넓다.
③ 속도계를 쳐다보는 횟수가 많다.
④ 사이드 미러를 보는 횟수가 많다.

005 사업용 자동차 운영자의 운전 적성검사 관련하여 운영사업자의 업무로 옳지 않은 것은?

① 특별검사 대상자가 발생한 때에는 해당 대상자가 검사 및 교정교육을 받을 수 있도록 조치
② 교육훈련 담당자로 하여금 운전자에 대한 교정교육계획을 수립, 실시하게 함
③ 운전적성검사를 해고수단 등 직무이외의 용도에 사용
④ 운전적성검사를 교육용 자료로 활용

006 다음 중 운전자가 방향, 속도, 환경 등에 관한 정보를 가장 잘 얻을 수 있는 감각은?

① 촉각
② 후각
③ 청각
④ 시각

007 운전면허 취득에 연령제한을 두는 이유는 학습상 어떤 법칙과 관련이 있는가?

① 기억
② 연습
③ 동기
④ 준비

정답 01. ③ 02. ② 03. ④ 04. ② 05. ③ 06. ④ 07. ④

008 과속운전시 속도에 익숙해져 운전자가 그 속도에서 벗어나지 못하는 현상을 의미하는 것은?

① 플라시보 효과
② 급가속 효과
③ 대기 행렬 효과
④ 러닝 머신 효과

009 다음 중 괄호 안에 들어갈 용어로 적당한 것은?

> 도로와 교통시설에 있어서 (　　) 에 따라서는 부적응적 행동을 저지시키고, (　　) 에 따라서는 적응적 행동을 육성해 나갈 수 있다.

① 완벽원리, 완화원리
② 규제원리, 주도원리
③ 규제원리, 지도원리
④ 안전원리, 규칙원리

010 방어운전 기법에 대한 설명으로 옳지 못한 것은?

① 운전자는 앞차의 전방까지 시야를 멀리 두지 않아도 된다.
② 과속을 하지 않는다.
③ 흥분된 상태에서는 운전을 하지 않는다.
④ 사이드 미러를 자주 본다.

011 운전 스트레스와 운전자 스트레스에 대한 설명으로 다음 중 옳은 것은?

① 운전자 스트레스는 운전자에 대한 사회적 평가와 관련해서 나타난다.
② 운전자 스트레스는 객관적으로 파악되는 스트레스이다.
③ 운전자 스트레스는 운전을 마친 후에 나타나는 상태나 결과를 포함한다.
④ 운전 스트레스는 운전상태 하에서 주로 나타난다.

012 에러의 유형 및 설명에 대한 것으로 다음 중 잘못된 것은?

① 양식 에러(mode error) : 사용자가 같은 기기에 대해 다양한 방식으로 반응하는 과정에서 원하지 않는 반응이 일어나는 경우
② 랩스(lapse): 중대하고 장기적인 잘못이나 과실
③ 슬립(sleep): 컴퓨터의 소비전력을 줄이기 위해서 일정 시간 입력이 없는 경우 CPU나 하드디스크, 표시 장치 등의 동작을 일시 정지하는 것
④ 미스테이크(mistake): 의도한 것이 아닌 결과를 발생시키는 인간의 행동

013 다음 중 무사고 운전자의 특징으로 볼 수 없는 것은?

① 높은 지적능력
② 통제력
③ 적절한 판단력
④ 상대방에 대한 배려

014 시속 100km로 운전하는 경우 운전자의 시야 범위는?

① 약 40도
② 약 60도
③ 약 80도
④ 약 120도

015 브레이크를 밟아야겠다고 생각한 시간에서 실제 정지할 때까지의 거리를 무엇이라 하는가?

① 여유거리
② 공주거리
③ 정지거리
④ 제동거리

> **해설** 정지거리 = 공주거리(위험인지~라이닝 작동) + 제동거리(라이닝 작용~정지)
> 반응시간: 위험인지에서 브레이크 밟기까지의 시간

정답 08. ④　09. ③　10. ①　11. ④　12. ②　13. ①　14. ①　15. ③

016 경쟁의식이 높은 운전자가 주로 위반하는 교통위반 사례에 해당하는 것은?

① 안전거리 위반 ② 신호위반
③ 주차위반 ④ 속도위반

017 다음 중 '인지발달 단계이론'을 주장한 학자는?

① 페스팅거 ② 하인리히
③ 맥그리거 ④ 피아제

018 다음 중 도로 안내표지의 구성요소로 적합하지 않은 것은?

① 필요한 정보를 적절한 시기에 운전자에게 제공할 수 있어야 한다.
② 안내되는 정보는 먼저 제공된 정보와 연계되지 않은 새로운 정보이어야 한다.
③ 안내되는 내용은 현재 이용가능한 정보이어야 한다.
④ 도로관련 정보가 눈에 띌 수 있어야 한다.

019 교통신호의 기본적인 기능으로 볼 수 없는 것은?

① 다양한 교통류에 우선권을 할당하는 기능
② 교통의 안전과 원활한 소통의 확보
③ 도로에서의 위험 방지
④ 교통신호의 처리 관련 경찰인력의 추가를 위한 시스템의 구성

020 교통사고 발생의 심리적 인자를 평가하여 운전자 채용 및 교육에 활용하고자 하는 것은?

① 안전교육 ② 운전체험
③ 신체검사 ④ 운전적성검사

021 다음 중 터널 운전의 위험에 관한 설명으로 옳지 못한 것은?

① 터널 안에서는 어둡고 시야가 좁은 데다 속도감각이 떨어져 긴급한 상황 대처에 불리하다.
② 터널 조명에 대한 장시간의 노출로 착시현상이 발생할 수 있다.
③ 터널을 빨리 벗어나기 위해 과속을 하는 경향이 있다.
④ 터널 진입시 운전자의 감각이 서서히 변화한다.

022 주거지나 생활 근거지에서 교통사고가 발생하는 원인으로 적절하지 못한 것은?

① 주거지나 생활 근거지의 경우 일반도로에 비해 어린이들의 노출빈도가 크기 때문
② 주거지의 경우 골목길이 많아 인도와 차도의 구분이 어렵기 때문
③ 주거지나 생활 근거지에서는 운전시 집중력이 떨어질 수 있기 때문
④ 익숙한 도로보다는 익숙하지 않은 도로에서 교통법규를 위반할 확률이 크기 때문

023 교통사고에 있어 운전자의 요인 중 환경적 요인에 해당하지 않는 것은?

① 졸음 ② 피로
③ 공격성 ④ 스트레스

024 교통안전에 영향을 주는 운전자의 요소에 대한 설명으로 옳지 않은 것은?

① 정신적 장애 – 조작실수의 증가
② 무관심 – 교통법규의 무시
③ 사회적 부적응 – 공격적인 운전
④ 신체적 장애 – 판단능력의 부재

정답 16. ④ 17. ④ 18. ② 19. ④ 20. ④ 21. ④ 22. ④ 23. ③ 24. ④

025 야간 운전에 대한 설명으로 다음 중 옳지 못한 것은?

① 야간 운전자의 시력과 가시거리는 물리적으로 차량의 전조등 불빛에 제한될 수 밖에 없다.
② 야간에 과속하면 저하된 시력으로 인해 주변 상황을 원활하게 보기 어렵다.
③ 상대방이 전조등을 켰을 때 일몰 전과 비교하여 동체시력에서의 차이는 없다.
④ 일몰 전보다 운전자의 시야가 50% 감소한다.

026 다음 중 운전피로에 대한 설명으로 바르지 못한 것은?

① 심리적 요인은 생리적인 요인보다 더 운전피로에 직접적인 영향을 미친다.
② 운전은 일반적으로 신체적인 피로 뿐만 아니라 심리적 피로까지 야기하는 작업이라고 볼 수 있다.
③ 피로는 눈이나 발 등을 혹사했을 경우라도 그 증상은 전신에 나타나는 경향이 있다.
④ 운전피로는 운전 중 실제 발생하는 신체변화, 피로감, 객관적으로 측정되는 운전기능의 저하 등을 말한다.

027 도로에서 운전 중인 운전자에 직접적으로 영향을 주는 요인으로 볼 수 있는 것은?

① 운전경력   ② 교통시설
③ 운전피로   ④ 운전적성

028 운전자의 시각특성 중 명순응반응에 대해 바르게 설명하고 있는 것은?

① 눈이 순간적으로 피로한 현상을 말한다.
② 밝은 곳에서 어두운 곳으로 들어가면 조금 있다가 눈이 익숙해지는 현상을 말한다.
③ 눈부심으로 순간적으로 시력을 잃어버리는 현상을 말한다.
④ 어두운 곳에서 밝은 곳으로 들어가면 조금 있다 눈이 익숙해지는 현상을 말한다.

029 다음 중 교통사고에 직접 영향을 미치는 성격적 특성이 아닌 것은?

① 감정이입성   ② 모험성
③ 충동성   ④ 독립성

030 화물자동차 운수사업법령상 운전적성 정밀검사에서 특별검사의 대상에 해당하는 자는?

① 교통사고를 일으켜 사람을 사망하게 하거나 5주 이상의 치료가 필요한 상해를 입힌 사람
② 70세 이상인 사람
③ '화물자동차 운수사업법'에 따른 화물자동차 운송사업용 자동차의 운전업무에 종사하다가 퇴직한 사람으로서 신규검사 또는 자격유지검사를 받은 날부터 3년이 지난 후 재 취업하려는 사람
④ 화물운송 종사자격증을 취득하려는 사람

031 초보운전자의 운전 중 행동분석으로 다음 중 틀린 것은?

① 차선변경, 무신호 교차로에서 심적 부담을 느낀다.
② 다양한 운전상황에서의 상황판단 훈련이 부족하다.
③ 정방주시의 수평분포가 넓다.
④ 초보운전자는 운전시작 후 첫해에 사고율이 가장 높게 나타난다.

정답 25. ③ 26. ① 27. ③ 28. ④ 29. ④ 30. ① 31. ③

032 타인의 교통법규를 위반하는 경우에 이에 동조하여 교통법규를 위반하게 되는 심리적 배경이 아닌 것은?

① 자신의 판단에 대한 확신이 들지 않는 심리상태에 기인한다.
② 집단과 같이 행동함으로써 인정을 받고, 불인정을 피하려는 동기에 기인한다.
③ 익명성이 보장되지 않는 상황에서의 불안한 심리상태에 기인한다.
④ 따돌림을 피하기 위한 심리상태에 기인한다.

033 다음 중 고령자의 운전 특성에 대한 설명으로 틀린 것은?

① 운전 중 주변정보의 입수범위가 좁아진다.
② 빠르게 움직이는 차량에 대한 정확한 인지가 저하된다.
③ 망막에 도달하는 빛의 양이 감소하여 물체 식별 능력이 증가된다.
④ 시각적 식별능력이 저하되어 운전 중 도로의 표지판 등을 판별하는 능력이 감퇴된다.

034 교통사고의 심리적 인자를 평가하여 미래의 사고경향을 추정하고자 하는 것은?

① 안전교육　② 운전체험
③ 신체검사　④ 운전적성검사

035 집근처 동네 등의 익숙한 도로에서 자동차 사고가 자주 발생하는 원인으로 가장 적합한 것은?

① 주거지나 생활 근거지의 경우 일반도로에 비해 보행자들의 노출빈도가 적기 때문이다.
② 주거지나 생활 근거지에서는 운전시 집중력이 떨어질 수 있기 때문이다.
③ 익숙한 도로보다는 익숙하지 않은 도로에서 교통법규를 위반할 확률이 크기 때문이다.
④ 집 근처 동네 등의 도로의 경우 인도와 차도의 구분이 명확하게 되어 있기 때문이다.

036 다음 중 사업용 자동차 운전자의 운전적성 정밀검사에 대한 설명으로 잘못된 것은?

① 운송사업자 및 검사자는 신규검사 및 자격유지 검사를 받은 사람에게 검사를 받은 날로부터 14일 이내에 다시 검사를 받게 하여야 한다.
② 신규검사 및 자격유지검사 판정기준에 따라 평가한 검사항목의 점수를 요인별로 합산하여 각각 50점 이상을 얻은 때에 적합한 것으로 한다.
③ 특별검사는 재직 중 일정 이상의 인사사고 야기와 행정벌점 과다인 운전자를 대상으로 하는 교육적인 기능을 한다.
④ 운전적성 정밀검사는 검출된 결함사항에 대해 교정 및 교육 기회를 제공함으로써 운전자의 적성상의 결함요인에 의한 교통사고 발생을 미연에 방지하는데 그 목적이 있다.

037 다음 중 차량의 정지거리 등에 대한 설명으로 틀린 것은?

① 정지거리는 위험인지로부터 정지지점까지의 거리
② 공주거리는 위험인지로부터 라이닝 작동까지의 거리
③ 반응시간은 위험인지로부터 브레이크 밟기까지의 시간
④ 정지거리 = 공주거리 + 반응시간

038 교통 심리학의 의미로 적당한 것은?

정답　32. ③　33. ③　34. ④　35. ②　36. ①　37. ④

① 교통안전에 관한 시책 등을 종합적, 계획적으로 추진함으로써 교통안전 증진에 이바지함을 연구하는 실천적 과학행동이다.
② 교통안전에 관한 국가 또는 지방자치단체의 의무, 추진체계 및 시책 등을 규정하고 이를 연구하는 실천적 과학행동이다.
③ 운전자가 운전 중 받는 물리적, 심리적 스트레스를 관리해주는 실천적 과학 행동이다.
④ 주어진 교통상황이나 환경 하에서 운전자가 주체적, 선택적으로 의사결정과정을 거쳐 목적지까지 이동하는 인간의 행동에 대해 연구하는 실천적 과학행동이다.

039 여객자동차 운수사업법령상 운전적성 정밀검사에서 신규검사의 대상에 해당하는 자는?

① 65세 이상 70세 미만인 사람
② 과거 1년간 '도로교통법 시행규칙'에 따른 운전면허 행정처분기준에 따라 계산한 누산 점수가 81점 이상인 자
③ 중상 이상의 사상 사고를 일으킨 자
④ 신규로 여객자동차 운송사업용 자동차를 운전하려는 자

040 초보 운전자나 운전 미숙자들의 운전 행동이라고 보기 어려운 것은?

① 주시의 수평범위가 중앙에 집중되고 우측에 편중되는 경우가 많다.
② 주시할 수 있는 수평범위가 넓다.
③ 속도계를 쳐다보는 횟수가 많다.
④ 사이드 미러를 보는 횟수가 많다.

041 음주 운전자의 운전특성에 대한 설명으로 다음 중 틀린 것은?

① 반사회성   ② 공격성
③ 충동성   ④ 순응성

042 다음 중 운전과 관련한 고령자의 특성으로 바르지 못한 것은?

① 순발력의 저하
② 주의력의 증가
③ 시간적 식별능력 저하
④ 청각능력의 감소

043 다음 중 과로운전의 증세로서 가장 적합하지 못한 것은?

① 주의력 상실
② 운전조작 내용의 증가
③ 졸음운전의 야기
④ 운전리듬의 상실

044 다음 중 요주의 운전자에 대한 사후교육 방법으로서 가장 적절하지 않은 것은?

① 집단면접   ② 해고
③ 경고   ④ 개별면접

045 다음 중 도로에 표시된 지시 등을 보는 것만으로도 운전방식을 알 수 있는 도로에 해당하는 것은?

① 지시 도로   ② 경계 도로
③ 현황 도로   ④ 자체 설명도로

정답 38. ④ 39. ④ 40. ② 41. ④ 42. ② 43. ② 44. ② 45. ④

046 운전적성 정밀검사에서 자격유지검사에 대한 설명으로 잘못된 것은?

① 택시운송사업 운수종사자는 의료적성검사로 대체 가능하다.
② 자격유지검사의 적합판정을 받고 1년이 지나지 아니한 70세 이상인 사람은 자격유지검사의 대상에서 제외한다.
③ 사업용 자동차와 관련 55세 이상 고령운전자가 자격유지 검사의 대상이다.
④ 운전적성 정밀검사는 신규검사, 특별검사 및 자격유지 검사로 구분된다.

047 운전자의 행동과 기본적인 자세가 아닌 것은?

① 실제로 차를 운전하면서 변화하는 주위상황에 맞추어 자신 있게 운전한다.
② 운전자는 자기에게 유리한 판단이나 행동은 삼가야 한다.
③ 심신상태를 안정시킨다.
④ 여유 있고 양보하는 마음으로 운전한다.

048 교통사고의 비율이 높은 행동이 아닌 것은?

① 졸음운전으로 인한 부족한 잠을 보충해 주어 사고를 예방한다.
② 운전 중 잡념에 빠져 운전 시 집중력이 떨어지기 때문에 순발력이 떨어진다.
③ 운전할 때에 경쟁심과 승부욕이 강하다.
④ 운전자가 운전을 장기간 하다 보면 집중력이 낮아진다.

049 고속도로 운전자의 시야의 착각으로 볼 수 없는 것은?

① 대형차 운전자가 내다보는 시점은 노면을 올려다보는 것같이 된다.
② 승용차는 쳐다보면서 먼 곳을 내다보는 것 같은 운전 자세가 된다.
③ 안전거리를 가깝게 유지하고 주행하는 관계로 앞차가 갑자기 정지하면 추돌 사고를 일으키기 된다.
④ 안전거리를 좁혀서 주행하여도 위험하다고 느끼지 않는다.

050 중간관리자의 주요한 역할로 보기 어려운 것은?

① 전문가로서의 역할
② 소관부분의 종합조정자
③ 상하간의 소통채널
④ 현장 최일선의 지도자

051 다음 중 운전자의 방어운전기법에 대한 설명으로 잘못된 것은?

① 뒤차의 움직임을 룸미러나 사이드미러로 끊임없이 확인한다.
② 주택가에서는 속도를 줄여 충돌을 피할 시간적, 공간적인 여유를 확보한다.
③ 심리적으로 흥분된 상태에서는 운전을 자제한다.
④ 앞차에 대한 시야를 멀리 두지 않는다.

052 명순응과 암순응에 대하여 잘못 기술된 것은?

① 순응은 홍체의 감광도가 광범위하게 변하는 데 기인한다.
② 명순응은 좀 더 빨라서 수초에서 1분 정도에 불과하다.
③ 완전한 암순응에는 30분 혹은 그 이상 걸린다.
④ 암순응은 일반적으로 명순응보다 장시간 요한다.

정답 46. ③ 47. ① 48. ① 49. ① 50. ④ 51. ④ 52. ①

053 운전자의 전방부주의 행위에 대한 설명으로 잘못된 것은?

① 자동차의 주행속도 규정을 지키는 행위
② 운전자가 운전 중 DMB를 시청하는 행위
③ 주행 도중 목적지를 입력하기 위해 내비게이션을 조작하는 행위
④ 운전 중 휴대전화를 사용하는 행위

054 도로운전시 시각적 특성에 대한 설명으로 잘못된 것은?

① 시야의 범위에 가장 큰 영향을 미치는 것은 자동차의 주행속도이다.
② 먼 곳을 바라보면서 운전을 하게 되면 도로 최면에 걸려서 주의력이 산만해진다.
③ 동체시력은 운전자의 연령이 많을수록 더 떨어지게 된다.
④ 운전자가 앞을 볼 수 있는 시야의 범위도 제한된다는 점을 고려하면서 운전을 해야 한다.

055 상대 운전자에게 자극을 받더라도 그 자극에 대해 집중하지 않으려고 대처하는 방법이 아닌 것은?

① 무의식적으로 반응하는 행동을 한다.
② 이기주의적인 마음을 없애야 한다.
③ 자신의 인격을 쌓도록 한다.
④ 좋은 습관을 지니도록 항상 노력한다.

056 운전자가 위험을 인식하고 브레이크가 실제로 작동하기까지 걸리는 시간을 의미하는 것은?

① 제동거리   ② 원심력
③ 공주거리   ④ 정지거리

057 주행하는 도로에서 안전한 야간운전 방법으로 옳지 않은 것은?

① 뒤차의 불빛에 현혹되지 않도록 룸미러를 조정한다.
② 앞차를 따라 주행할 때 전조등은 상향으로 비추고 주행한다.
③ 도로의 상태나 차로 등을 확인하면서 주행한다.
④ 중앙선으로부터 조금 떨어져서 주행한다.

058 다음 중 도로의 안전표지판에 대한 설명으로 잘못된 것은?

① 교통안전표지 : 교통안전표지는 보행자에게 필요한 정보를 사전 제공하고 도로의 원활한 소통과 안전을 보장
② 보조표지 : 주의표지, 규제표지 또는 지시표지의 주 기능을 보충
③ 지시표지 : 도로의 통행방법, 통행구분등 도로교통의 안전을 위하여 필요한 지시를 알림
④ 주의표지 : 도로상태가 위험하거나 도로 부근에 위험물이 있을 때 필요한 안전조치를 알림

059 다음 중 운전자 교육방법에 대한 설명으로 부적절한 것은?

① 교육대상이나 교육방법 선택시 신중을 기해야 한다.
② 집체식 교육방법이 개별교육보다 항상 효과적이다.
③ 교육방법뿐만 아니라 교육 후 나타나는 효과도 중요하다.
④ 교육의 객체가 누구인가에 따라 교육방법도 달라야 한다.

정답 53. ① 54. ② 55. ① 56. ③ 57. ② 58. ① 59. ②

060 터널 안에서 운전하는 경우 운전자의 심리와 관련한 설명으로 잘못된 것은?

① 터널 내에서는 앞차와의 간격을 좁혀 불빛에 현혹되지 않도록 룸미러를 조정한다.
② 터널 내에는 신경이 피로해져서 앞차를 따라 주행할 때 전조등은 아래로 비추고 안전한 속도로 주행한다.
③ 터널 내에 운전할 때에는 중앙선을 침범해 오는 차나 차선을 변경하려고 하는 차와 충돌하기 쉬우므로 안전거리를 두고 방어운전을 한다.
④ 고속으로 터널에 들어가면 시력이 급격하게 저하되므로 미리 터널 바로 앞에서 속도를 낮추고 전조등을 켜고 통행하도록 하여야 한다.

061 도로안내 문자표지에 관한 설명으로 잘못된 것은?

① 안내 표지문자의 획이 가늘수록 효과가 크다.
② 안전을 확보하기 위하여 통제한다.
③ 원활한 소통과 안전을 보장해주는 기능을 한다.
④ 필요한 정보를 사전에 전달하기도 한다.

062 다수안전설 이론에 의하면 자전거 이용자나 보행자가 증가하는 경우 이에 대한 사고율은 감소한다고 하는 이유로 가장 적절한 것은?

① 자전거나 보행자의 안전을 위해 교통법규를 더 엄격하게 하기 때문이다.
② 자전거 전용도로나 보행자 전용도로가 확대되기 때문이다.
③ 자전거나 보행자의 안전장치가 발달되기 때문이다.
④ 자전거나 보행자가 많을수록 자동차 운전자들이 자전거나 보행자를 더 의식하며 배려하게 되기 때문이다.

063 다음 중 야간운전 방법이 아닌 것은?

① 중앙선에 바짝 붙어서 주행한다.
② 도로의 상태나 차로 등을 확인하면서 주행한다.
③ 뒤차의 불빛에 현혹되지 않도록 룸미러를 조정한다.
④ 타인에게 자신을 드러낸다.

064 장거리 운전에서 피로를 줄이기 위한 방법으로 잘못된 것은?

① 휴게소나 쉼터에서 휴식을 취한다.
② 시선을 한곳으로 고정하고 운전한다.
③ 교대로 운전을 한다.
④ 창문을 열고 바람을 쐰다.

065 파동을 일으키는 물체와 관측자가 가까워질수록 커지고, 멀어질수록 작아지는 효과는?

① 도플러 효과   ② 반응 효과
③ 나비 효과   ④ 운전 효과

066 운전 중 피곤한 상태에서 운전자의 운전반응시간에 대한 설명으로 틀린 것은?

① 정지거리와 제동거리가 짧아진다.
② 음주운전만큼 운전자의 판단 능력이 떨어져 사고로 이어지기 쉽다.
③ 정상 운전보다 반응 속도는 2배, 정지거리도 30% 이상 늘어난다.
④ 운전자의 판단력이 떨어지고 반응 속도가 현저히 느려진다.

정답 60. ① 61. ① 62. ④ 63. ① 64. ② 65. ① 66. ①

067 운전 중 운전자간 의사소통의 수단으로 볼 수 없는 것은?

① 동작, 고함, 등화장치
② 비상등 표시로 내차에 이상이 있을 때 주변 차량에게 알리는 것
③ 수신호로 감사와 사과 양해를 구할 때
④ 방향지시등 표시로 끼어들기나 차선을 변경할 때

068 차량 운행 중 안전운전의 기본적 자세의 필요조건이 아닌 것은?

① 운전기술을 과신하여 추측 운전
② 심신상태 안정 된 운전자세
③ 여유 있고 양보하는 마음으로 운전
④ 교통규칙 준수

069 사업용 자동차운전자의 운전 적성 정밀검사에 대한 설명으로 잘못된 것은?

① 운전 적성 정밀검사 대상자가 검사를 받지 않은 경우의 처벌규정은 없다.
② 신규검사는 검사결과 적합이나 부적합 판정이 있으며, 특별검사는 검사결과에 따른 적합이나 부적합 판정이 있다.
③ 특별검사는 재직 중 일정 이상의 인사사고 야기와 행정벌점 과다인 운전자를 대상으로 하는 교육적인 기능을 한다.
④ 사업용 운전자는 국민의 생명과 재산을 담보로 영리활동을 하는 사람이므로 운전 적성 정밀검사 제도가 필요하다.

070 교통신호기에 대한 설명으로 틀린 것은?

① 신호기의 점멸속도가 빠를수록 효과가 더 크다.
② 녹색, 황색, 적색의 세 가지 색 전등불로 진행, 주의, 정지 따위의 교통신호를 나타내는 장치이다.
③ 교통 주변 지역의 교통 상황을 감지하여 신호 주기를 적절하게 조절하는 장치이다.
④ 교통 도로 교통에 관하여 문자, 기호, 등화로 진행, 정지, 방향전환, 주의 등의 신호를 표시하기 위하여 설치한 장치이다.

071 사소하게 인지할 사항이라도 지속적으로 주의하지 않으면 인지하지 못한다는 것을 의미하는 것은?

① 인지반응
② 판단착오
③ 무주의 맹시
④ 무의식 추론

072 운전 중 피로에 의한 사고 요인이 아닌 것은?

① 수면부족
② 졸음운전
③ 장시간 운전
④ 변화 있는 도로

073 운전 중 야간시력에 관한 설명으로 잘못된 것은?

① 전조등을 자주 사용하는 게 좋다.
② 야간에는 주간보다 50% 정도 시력이 저하된다.
③ 시야는 시속 40km 때보다 반 이하로 좁아지게 된다.
④ 보통 시속 100km인 경우 통상시력 1.0인 사람은 0.6으로 된다.

정답 67. ① 68. ① 69. ① 70. ① 71. ③ 72. ④ 73. ①

074 운전 예절 교육의 훈련받지 않고 돌출행동을 하는 사람들의 특징은?

① 운전이라도 자부심과 고귀성을 추구하며 최선의 노력과 미덕을 발휘한다.
② 운전자는 행동보다는 생각을 먼저 하는 습성을 익히면서 잘못된 운전습관을 스스로 고치려고 노력할 때 유능한 운전자가 될 수 있다.
③ 나쁜 운전습관이 몸에 베어 나중에는 고치기 어렵다.
④ 올바른 운전 습관을 통해 훌륭한 인격을 쌓는다.

075 교통심리학의 실제 조건으로 대상과 방법에 대하여 잘못된 것은?

① 실제장면에서는 그 조건의 통제가 비교적 용이하다.
② 교통심리학이 과학으로서 성립하기 위해서는 통제된 조건하에서 항상 같은 결과를 예측할 수 있다.
③ 심리학은 눈으로 관찰 할 수 없기 때문에 행동을 통하여 알 수밖에 없다.
④ 교통심리학은 행동의 과학이다.

076 도로교통의 3요소로 교통현상의 발생요소가 아닌 것은?

① 공간   ② 도로
③ 차량   ④ 인간

077 교통심리학에 대하여 잘못 설명한 것은?

① 인간의 행동은 제외
② 인간의 특성을 연구
③ 도로교통을 구성하는 요소에 대하여 연구
④ 응용심리학의 한 영역

078 다음 중 교통심리학의 과제가 아닌 것은?

① 운전적성 검사법과 운전자의 특성
② 사고다발 운전자의 심리적 특성
③ 인적요인에 기초한 교통사고의 분석
④ 도로구조

079 예비적 모델이란 점을 전제하고 운전행동 분석의 예비적 '모델'을 개발한 사람은?

① 마이어   ② 플랫트
③ 코오헨   ④ 겔라

080 시스템 동작에 있어서의 인간의 착오는 3가지로 분류할 수 있다. 다음 중 해당하지 않는 것은?

① 미래적 영향   ② 현재적 영향
③ 잠재적 영향   ④ 무 영향

081 인간 – 기계 – 환경 관계에 있어서의 인간이란 고정된 상식적인 시스템이 아니고 유기적으로 (   )되는 존재로서 파악하지 않으면 안 된다. (   )에 들어갈 말은?

① 수준저하   ② 변용화
③ 생성   ④ 응용

082 다음 중 운전환경으로 잘못 기술된 것은?

① 운전자가 그 환경에 대하여 어떠한 위험행위를 할 수 있다.
② 도로와 도로가 만나는 환경에서 운전자 사이에 어떠한 상관관계가 있다.
③ 운전에는 개개인의 차이가 있다.
④ 완벽에 가까운 환경에서는 사고가 일어나지 않는다.

정답 74. ③ 75. ① 76. ① 77. ① 78. ④ 79. ④ 80. ① 81. ② 82. ④

083 운전경험이 풍부한 운전자의 일반적인 특징으로 맞지 않는 것은?

① 자기운전능력을 과대평가한다.
② 보다 적은 운전행동을 한다.
③ 보다 적은 잠재성 위험을 야기한다.
④ 보다 적은 모험을 한다.

084 의사결정 후의 운전행동이 성공인지 실패인지의 예측의 확률에 의한 의사결정에 의하여 행해지는 것은?

① 기술적 판단
② 물리적 판단
③ 심리적 판단
④ 위험부담 행동에 의한 판단

085 다음 중 지각적 위험운전이 아닌 항목은?

① 신호작동 위반
② 피로운전
③ 음주운전
④ 사각지대(blind spot)

086 지각되지 않는 이유 중 외부적 제약이라 보기 어려운 것은?

① 욕구   ② 장애물
③ 차량고장   ④ 전기장식

087 다음 중 자동차가 주행 중에 교통환경에 의한 사물이 아닌 것은?

① 브레이크   ② 운전자
③ 경찰   ④ 교량

088 다음 중 운전면허 취득의 결격자가 아닌 것은?

① 간질병   ② 청력부족
③ 정신박약   ④ 정신병자

089 다음 중 위반사고의 배경이 되는 인간특성이 아닌 것은?

① 장래희망   ② 생활배경
③ 후천적 능력   ④ 선천적 능력

090 겔라(Goeller. B.F.)는 일반 운전자의 위험운전율을 산출하였다. 위험운전을 구성하는 인자가 아닌 것은?

① 확률적 위험운전   ② 기술적 위험운전
③ 판단적 위험운전   ④ 지각적 위험운전

091 다음 중 인간욕구를 충족시키는 대상을 무엇이라 하는가?

① 행동   ② 욕구
③ 유인   ④ 동인

092 "급커브가 갑자기 나타날 줄을 몰랐기 때문에 감속하지 않은 채 주행했다"거나 차선을 바꿀 때에 "신호"를 하지 않고 끼어드는 것과 같은 나쁜 운전습관은 무엇 때문인가?

① 의사결정의 과오   ② 인지지연
③ 운전기능 부족   ④ 판단착오

093 다음 중 정보처리 착오의 원인이라고 볼 수 있는 것은?

① 의사결정의 착오   ② 정보 억제력 부족
③ 인지지연   ④ 조작 잘못

094 (   ) 능력의 결함 혹은 부족은 교육과 지도, 훈련에 의하여 개선될 수 있는 것이다. (   )에 들어갈 용어는?

① 환경적   ② 생활적
③ 후천적   ④ 선천적

정답 83. ① 84. ④ 85. ① 86. ① 87. ② 88. ② 89. ① 90. ① 91. ③ 92. ③ 93. ② 94. ③

095 합리적인 운전기능 측면에서 (   ) 감정은 촉진하고, (   ) 감정은 억제하는 경향이 있다. (   )에 들어갈 말은?

① 성공 – 확신 ② 억제 – 촉진
③ 유쾌 – 불쾌 ④ 행복 – 질투

096 사고운전자의 심리적 태도로 볼 수 없는 것은?

① 타인 중심적인 태도
② 자기 중심적인 태도
③ 사회규범의 경시적 태도
④ 현저히 생명무시적 태도

097 다음 중 벌칙을 효과적으로 하는 방법이 아닌 것은?

① 벌칙은 적게 하고 포상을 적게 하는 기본방침을 세울 것
② 벌칙은 정서적 색채를 적게 하고 이지적 벌칙을 부여할 것
③ 벌칙은 행위 후 즉시 행할 것
④ 벌칙을 운전자의 행위에 결부시키되 운전자 자신과 결부시키지 말 것

098 다음은 동체시력에 대한 설명이다. 틀린 것은?

① 장시간 운전에 의한 피로상태에서도 저하된다.
② 일반적으로 동체시력은 정지시력에 비하여 30% 낮다.
③ 동체시력은 눈의 조정, 망막, 중추기능에 의하여 극히 개인차가 심하지 않다.
④ 속도가 증가하면 시야는 좁아질 뿐만 아니라 시력도 떨어진다.

099 야간주행시에 운전자에게 인식되는 색깔에 대하여 잘못 기술한 것은?

① 사람확인은 흑색이 가장 안된다.
② 방향확인은 적색이 가장 잘된다.
③ 사람확인은 적색이 가장 잘된다.
④ 물체확인은 흑색이 가장 잘된다.

100 시각에 의한 사고요인으로 볼 수 없는 것은?

① 동체시력의 향상
② 명도대비차에 대한 차이
③ 시표의 크기 및 시력
④ 암순응 저하

정답 95. ③ 96. ① 97. ① 98. ③ 99. ④ 100. ①

일주일 만에 끝내는 도로교통 안전관리자

일주일 만에 끝내는
도로교통 안전관리자

과목 **04**

자동차 공학

- 핵심용어정리
- 요점정리
- CBT 출제예상문제[200제]

CHAPTER 01 핵심용어정리

No	용어	설명
1	MAP센서 (Mainfold Absolute Pressure sensor)	엔진 부하와 속도 변화에 기인하는 흡입 매니폴드 압력의 변화를 측정한다.
2	단절비	실제 사이클에서의 연료의 분사지속 시간이 길고 짧음에 대한 비율이다.
3	습식 압축 압력시험	밸브 불량, 실린더 벽 및 피스톤 링, 헤드개스킷 불량 등의 상태를 판단하기 위하여 점화 플러그 구멍으로 엔진오일을 10cc 정도 넣고 1분후에 다시 하는 시험이다.
4	인터쿨러	공기를 압축하여 실린더에 공급하고 흡입 효율을 높여 출력 향상을 도모하는 것이 과급기이지만 이 가압된 공기는 단열 압축되기 때문에 고온이 되어 팽창하여 공기 밀도가 낮아지고 흡입 효율이 감소하게 된다. 이를 위한 대책으로 가압 후 고온이 된 공기를 냉각시켜 온도를 낮추고 공기 밀도를 높여 실린더로 공급되는 혼합기의 흡입 효율을 더욱 높이고 출력 향상을 도모하는 장치이다.
5	대기압력 센서 (BPS, Barometric Pressure Sensor)	대기압력 센서는 스트레인 게이지의 저항 값이 압력에 비례하여 변화하는 것을 이용하여 전압으로 변환시키는 반도체 피에조(piezo) 저항형 센서이다.
6	흡기온도 센서 (ATS, Air Temperature Sensor)	이 센서는 흡기온도를 검출하는 부특성 서미스터이며, 온도가 상승하면 저항 값이 감소하여 출력 전압이 낮아지고 이 출력 전압을 컴퓨터로 보내면 컴퓨터는 흡기 온도를 감지하여 흡입 공기 온도에 대응하는 연료 분사량을 조정한다.
7	히스테리시스 (Hysteresis)	스로틀밸브의 열림 정도가 같아도 업 시프트와 다운 시프트 사이의 변속점에서는 7~15km/h 정도의 차이가 나는 현상이며, 이것은 주행중 변속점 부근에서 빈번히 변속되어 주행이 불안전하게 되는 것을 방지하기 위해 두고 있다.
8	킥 다운 (kick down)	톱기어 또는 제2속 기어로 주행을 하다가 급가속이 필요한 경우에 가속 페달을 힘껏 밟으면 변속 점을 지나서 다운 시프트 되어 소요의 가속력이 얻어지게 된다. 이와 같이 가속 페달을 전 스로틀 부근까지 밟는 것에 의해 강제적으로 다운 시프트 되는 현상이다.
9	시미 (shimmy)	바퀴의 좌우 진동을 말하며 고속 시미와 저속 시미가 있다. 바퀴의 동적 불 평형일 때 고속 시미가 발생한다.
10	코너링 포스 (conering force)	자동차가 선회할 때 원심력과 평형을 이루는 힘

11	언더 스티어링 (under steering)	자동차의 주행속도가 증가함에 따라 조향 각도가 커지는 현상
12	오버 스티어링 (over steering)	조향 각도가 감소하는 현상
13	안전 체크밸브 (safety check valve)	제어밸브 속에 들어 있으며 엔진이 정지된 경우 또는 오일펌프의 고장, 회로에서의 오일 누출 등의 원인으로 유압이 발생하지 못할 때 조향핸들의 조작을 수동으로 할 수 있도록 해주는 밸브이다.
14	잔압	피스톤 리턴 스프링은 항상 체크 밸브를 밀고 있기 때문에 이 스프링의 장력과 회로 내의 유압이 평행이 되면 체크 밸브가 시트에 밀착되어 어느 정도의 압력이 남게 되는데 이를 잔압이라고 한다.
15	베이퍼 록 (vapor lock)	브레이크 회로 내의 오일이 비동기화하여 오일의 압력 전달 작용을 방해하는 현상이다.
16	트랙션 컨트롤 시스템(TCS, Traction Control System)	타이어가 공회전하지 않도록 차량의 구동력을 제어하는 시스템
17	차량자세 제어 장치 ESP (Electronic Stability Program)	차량속도, 회전, 미끄러짐을 스스로 감지, 브레이크와 엔진을 제어해 사고를 방지하는 제동 시스템
18	차체 자세 제어 VDC (Vehicle Dynamic Control)	차량 스스로 미끄럼을 감지해 각각의 바퀴 브레이크 압력과 엔진 출력을 제어하는 장치
19	부특성 서미스터 (NTC 서미스터)	온도가 올라감에 따라 저항 계수가 적어지는 소자. 냉각수 수온센서

† 두산백과 두피디아, 나무위키, 국어사전, 인터넷 참조

CHAPTER 02 요점정리

01 자동차 엔진

1. 기계학적 사이클에 따른 분류

(1) 4행정 사이클 엔진(4 stroke cycle engine)

1) 4행정 사이클 엔진의 개요

4행정 사이클 엔진은 크랭크축이 2회전하고, 피스톤은 흡입 → 압축 → 폭발 → 배기의 4행정(4 stroke)을 하여 1사이클(1cycle)을 완성한다. 4행정 사이클 엔진이 1사이클을 완료하면 크랭크축은 2회전하며, 캠축은 1회전하고, 각 흡입·배기 밸브는 1번 개폐한다.

2) 4행정 사이클 엔진의 작동순서

① **흡입행정(intake stroke)** : 흡입행정은 사이클의 맨 처음행정이며, 흡입밸브는 열리고 배기 밸브는 닫혀 있으며, 피스톤은 상사점(TDC)에서 하사점(BDC)으로 내려간다. 피스톤이 내려감에 따라 실린더 내에 혼합가스가 흡입된다.

② **압축행정(compression stroke)** : 압축행정은 피스톤이 하사점에서 상사점으로 올라가며, 흡입·배기 밸브는 모두 닫혀 있다.

③ **폭발행정(power stroke)** : 가솔린엔진은 압축된 혼합가스에 점화플러그에서 전기불꽃 방전으로 점화하고, 디젤엔진은 압축된 공기에 분사노즐에서 연료(경유)를 분사시켜 자기착화(自己着火)하여 실린더 내의 압력을 상승시켜 피스톤에 내려 미는 힘을 가하여 커넥팅로드를 거쳐 크랭크축을 회전시키므로 동력을 얻는다.

④ **배기행정(exhaust stroke)** : 배기행정은 배기 밸브가 열리면서 폭발행정에서 일을 한 연소가스를 실린더 밖으로 배출시키는 행정이다. 이때 피스톤은 하사점에서 상사점으로 올라간다.

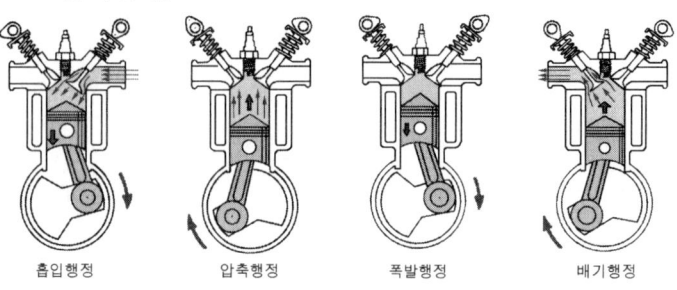

[그림] 4행정 사이클 엔진의 작동 순서

(2) 2행정 사이클 엔진(2 stroke cycle engine)

2행정 사이클 엔진은 크랭크축 1회전으로 1사이클을 완료 한다. 흡입 및 배기를 위한 독립된 행정이 없으며, 포트(port)를 두고 피스톤이 상하운동 중에 개폐하여 흡입 및 배기 행정을 수행한다.

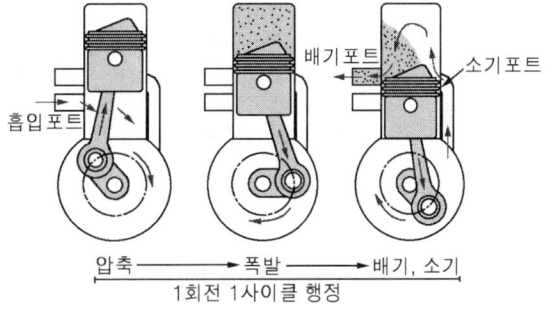

[그림] 2행정 사이클 엔진의 작동순서

2. 점화방식에 따른 분류

(1) 전기점화엔진

압축된 혼합가스에 점화플러그에서 고압의 전기불꽃을 방전시켜서 점화·연소시키는 방식이며 가솔린·LPG 엔진의 점화 방식이다.

(2) 압축착화엔진(자기착화엔진)

순수한 공기만을 흡입하고 고온·고압으로 압축한 후 고압의 연료(경유)를 미세한 안개모양으로 분사시켜 자기(自己)착화시키는 방식이며 디젤엔진의 점화방식이다.

3. 열역학 사이클에 의한 분류

(1) 오토 사이클(정적 사이클)

오토 사이클은 가솔린엔진의 기본 사이클이며, 이 사이클의 이론 열효율은 다음과 같다.

$$\eta_o = 1 - \left(\frac{1}{\epsilon}\right)^{k-1}$$

η_o : 오토 사이클의 이론 열효율, ϵ : 압축비,
k : 비열비(정압 비열/정적 비열)

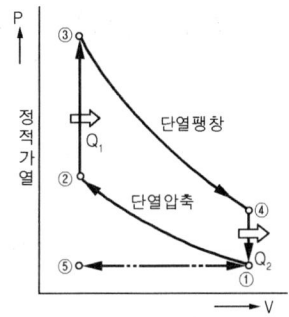

[그림] 오토사이클의 지압(P-V)선도

(2) 디젤 사이클(정압 사이클)

디젤 사이클은 저·중속 디젤엔진의 기본 사이클이며, 이 사이클의 이론열효율은 다음과 같다.

$$\eta_d = 1 - \left[\left(\frac{1}{\epsilon}\right)^{k-1} \cdot \frac{\sigma^k - 1}{k(\sigma - 1)}\right]$$

σ : 단절비(정압 팽창비)

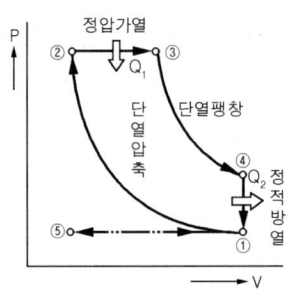

[그림] 디젤 사이클의 지압(P-v)선도

(3) 사바테 사이클(복합 사이클)

사바테 사이클은 고속 디젤엔진의 기본 사이클이며, 이 사이클의 이론 열효율은 다음과 같다.

$$\eta s = 1 - \left[\left(\frac{1}{\epsilon}\right)^{k-1} \cdot \frac{\rho\sigma^k - 1}{(\rho - 1) + k\cdot\rho(\sigma - 1)}\right]$$

ρ : 폭발비(압력비)

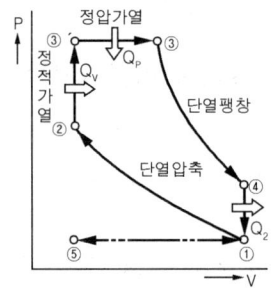

[그림] 사바테 사이클의 지압(P-v)선도

① **사바테 사이클** : 폭발비가 1에 가까워지면 정압 사이클에, 그리고 단절비가 1에 가까워지면 정적 사이클에 가까워진다.
② **압축비** : 피스톤이 하사점에 있을 때 실린더 총 체적과 피스톤이 상사점에 도달하였을 때 연소실 체적과의 비율이며 다음과 같이 나타낸다.

$$\epsilon = \frac{V_c + V_s}{V_c} \text{ 또는 } 1 + \frac{V_s}{V_c}$$

e : 압축비, V_c : 연소실 체적, V_s : 행정 체적(배기량)

4. 밸브 배열에 의한 분류

(1) I-헤드형(I head type or Over Head Valve type) : 실린더 헤드에 흡입·배기 밸브를 모두 설치한 형식

(2) L-헤드형(L head type) : 실린더 블록에 흡입·배기 밸브를 일렬로 나란히 설치한 형식

(3) F-헤드형(F head type) : 실린더 헤드에 흡입 밸브를 실린더 블록에 배기 밸브를 설치한 형식

(4) T-헤드형(T head type) : 실린더 블록에 실린더를 중심으로 양쪽에 흡입·배기 밸브가 설치된 형식

5. 실린더 안지름과 행정비율에 따른 분류

(1) 장행정 엔진(under square engine)

실린더 안지름(D)보다 피스톤 행정(L)이 큰 형식 즉, L/D > 1.0 이다. 이 엔진의 특징은 저속에서 큰 회전력을 얻을 수 있고, 측압을 감소시킬 수 있다.

(2) 정방형 엔진(square engine)

실린더 안지름(D)과 피스톤 행정(L)의 크기가 똑같은 형식이다. 즉, L/D = 1.0 이다.

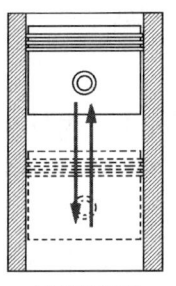
(a) 장행정엔진

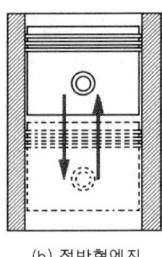
(b) 정방형엔진

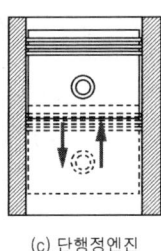
(c) 단행정엔진

[그림] 실린더 안지름/행정 비율에 따른 분류

(3) 단행정 엔진(over square engine)

실린더 안지름(D)이 피스톤 행정(L)보다 큰 형식 즉, L/D < 1.0이며 다음과 같은 특징이 있다.

단행정 엔진의 장점	단행정 엔진의 단점
① 피스톤 평균 속도를 올리지 않고도 회전속도를 높일 수 있으므로 단위 실린더 체적 당 출력을 크게 할 수 있다.	① 피스톤이 과열하기 쉽다.
② 흡기, 배기 밸브의 지름을 크게 할 수 있어 체적 효율을 높일 수 있다.	② 폭발 압력이 커 엔진 베어링의 폭이 넓어야 한다.
③ 직렬형에서는 엔진의 높이가 낮아지고, V형에서는 엔진의 폭이 좁아진다.	③ 회전속도가 증가하면 관성력의 불평형으로 회전 부분의 진동이 커진다.
	④ 실린더 안지름이 커 엔진의 길이가 길어진다.

6. 엔진 공학

(1) 단위 환산

① 일　　W = F × s　　일(kg.m) = 힘(kgf) × 거리(m)
② 회전력　T = F × r　　회전력(kg.m) = 하중(kgf) × 길이(m)

- 1kgf = 9.8N
- 1kcal = 427kgf.m
- 1[J] = 1[N · m] = 1[W · s]

(2) 이상기체

1) 보일의 법칙 : 온도가 일정할 때 이상기체의 압력은 체적에 반비례한다.

2) 샤를의 법칙 : 압력(체적)이 일정하면 이상기체의 체적(압력)은 절대온도에 비례한다.

(3) 열역학

1) 열역학 제1법칙 : 밀폐계가 임의의 사이클을 이룰 때 열전달의 총합은 이루어진 일의 총합과 같다.

2) 열역학 제2법칙 : 하나의 열원에서 얻어지는 열을 모두 역학적인 일로 바꿀 수 없다는 것. 열은 저온계로부터 고온계로 계의 상태 변화를 수반하지 않고서는 이동할 수 없다는 법칙을 말한다.

열효율은 기관에 공급된 연료가 연소하여 얻어진 열량과 이것이 실제의 동력으로 변한 열량과의 비를 말한다.

(4) 엔진의 마력

1) 도시마력(지시마력) : 엔진 연소실의 압력(지압선도)에서 구한 엔진의 작업률을 마력으로 나타낸 것으로, 엔진의 출력축에서 인출할 수 있는 제동마력과 엔진 내부에서 소비되는 마찰마력을 더한 것이다.

$$IPS = \frac{P \times A \times L \times R \times N}{75 \times 60}$$

IPS : 도시마력(지시마력),　　A : 단면적(cm^2),　　L : 행정(m)
R : 회전수(4행정=R/2, 2행정=R),　N : 실린더 수

2) 축마력(제동마력) : 연소된 열에너지가 기계적 에너지로 변한 에너지 중에서 마찰에 의해 손실된 손실 마력을 제외한 크랭크축에서 실제 활용될 수 있는 마력으로서 엔진의 정격 속도에서 전달할 수 있는 동력의 양이다. 크랭크축에서 직접 측정한

마력으로 축 마력 또는 정미 마력이라고도 한다.

$$BPS = \frac{2 \times \pi \times T \times R}{75 \times 60} = \frac{T \times R}{716}$$

BPS : 축마력(PS),   T : 회전력(kgf-m),   R : 회전수(rpm)

3) 정격마력 : 엔진의 정격 출력을 마력의 단위로 나타낸 것을 말한다.

4) 마찰마력 : 엔진의 각부 마찰과 발전기·물 펌프 및 에어컨 압축기 등에 의해 동력이 손실되는 마력으로 마찰 손실이 적어야 성능이 좋은 엔진이다.

5) SAE 마력

- 실린더 안지름의 단위가 in일 때 $\frac{D^2 N}{2.5}$
- 실린더 안지름의 단위가 mm일 때 $\frac{D^2 N}{1613}$

D : 실린더 지름, N : 실린더 수

6) 기계효율

$$\eta_m = BPS \div IPS$$
$$= 제동열효율 / 도시열효율$$
$$= 제동평균 \text{ 유효압력} / 도시평균 \text{ 유효압력}$$

BPS : 제동(축)마력, IPS : 지시(도시)마력

$$\eta_b = \frac{632.3 \times BPS}{f_b \times H_\ell} \times 100$$

η_b : 제동 열효율,   BPS : 제동마력,
f_b : 연료소비율(kgf/PS-h), H_ℓ : 연료의 저발열량(kcal/kgf)

7) 기관 제동 출력

$$N_b = \frac{2 \times \pi \times n \times T}{60 \times 1000} \text{ (kw)}$$

N_b : 동력(kW), n : 회전수(rpm), T : 회전력(N·m)

02 자동차 섀시

1. 성능기준 및 검사

(1) 공차상태

자동차에 사람이 승차하지 아니하고 물품(예비부품 및 공구 기타 휴대물품을 포함한다)을 적재하지 아니한 상태로서 연료·냉각수 및 윤활유를 만재하고 예비타이어(예비타이어를 장착할 수 있는 자동차에 한한다)를 설치하여 운행할 수 있는 상태를 말한다.

(2) 길이·너비 및 높이

1) 자동차의 길이·너비 및 높이는 다음의 기준을 초과하여서는 아니 된다.
① 길이 : 13m(연결자동차의 경우에는 16.7m를 말한다)
② 너비 : 2.5m(후사경·환기장치 또는 밖으로 열리는 창의 경우 이들 장치의 너비는 승용 자동차에 있어서는 25cm, 기타의 자동차에 있어서는 30cm. 다만, 피견인자동차의 너비가 견인자동차의 너비보다 넓은 경우 그 견인자동차의 후사경에 한하여 피 견인자동차의 가장 바깥쪽으로 10cm를 초과할 수 없다)
③ 높이 : 4m

2) 자동차의 길이·너비 및 높이는 다음 각 호의 상태에서 측정하여야 한다.
① 공차상태
② 직진상태에서 수평면에 있는 상태
③ 차체 밖에 부착하는 후사경, 안테나, 밖으로 열리는 창, 긴급자동차의 경광등 및 환기장치 등의 바깥 돌출부분은 이를 제거하거나 닫은 상태

(3) 최저 지상고

공차상태의 자동차에 있어서 접지부분 외의 부분은 지면과의 사이에 12cm 이상의 간격이 있어야 한다.

(4) 차량 총중량

자동차의 차량 총중량은 20ton(승합자동차의 경우에는 30ton, 화물자동차 및 특수자동차의 경우에는 40ton), 축중은 10ton, 윤중은 5ton을 초과하여서는 아니 된다.

(5) 최대안전경사각도

자동차(연결자동차를 포함한다)는 다음 각 호에 따라 좌우로 기울인 상태에서 전복되지 아니하여야 한다. 다만, 특수용도형 화물자동차 또는 특수작업형 특수자동차로서 고소작업·방송중계·진공흡입청소 등의 특정작업을 위한 구조장치를 갖춘 자동차의 경우에는 그러하지 아니하다.

① **승용자동차, 화물자동차, 특수자동차 및 승차정원 10명 이하인 승합자동차** : 공차상태에서 35°(차량총중량이 차량중량의 1.2배 이하인 경우에는 30°)
② **승차정원 11명 이상인 승합자동차** : 적차상태에서 28°

2. 주행저항

(1) 구름 저항

구름 저항은 바퀴가 노면 위를 굴러갈 때 발생되는 것이며 구름 저항이 발생하는 원인에는 도로와 타이어와의 변형, 도로 위의 요철과의 충격, 타이어 미끄럼 등이며 다음 공식으로 나타낸다.

$$Rr = \mu r \times W$$

Rr : 구름 저항(kgf), μr : 구름 저항 계수, W : 차량 총중량(kgf)

(2) 공기 저항

공기저항은 자동차가 주행할 때 진행 방향에 방해하는 공기의 힘이며, 다음 공식으로 표시한다.

$$Ra = \mu a \times A \times V^2 \quad \text{또는} \quad Ra = C\frac{\rho}{2g}AV^2$$

Ra : 공기저항(kgf),
A : 자동차 전면 투영 면적(m²),
C : 차체의 형상계수,
μa : 공기저항 계수,
V : 자동차의 공기에 대한 상대 속도(m/s),
ρ : 공기밀도

(3) 구배(등판) 저항

구배 저항은 자동차가 언덕길을 올라갈 때 노면에 대한 평행한 방향의 분력(W×sinθ)이 저항과 같은 효과를 내므로 이것을 구배 저항이라고 하며 다음 공식으로 표시된다.

$$Rg = W \times \sin\theta \quad \text{또는} \quad Rg = \frac{WG}{100}$$

Rg : 구배 저항(kgf), W : 차량 총중량(kgf), $\sin\theta$: 노면 경사각도, G : 구배(%)

(4) 가속 저항

가속 저항은 자동차의 주행속도의 변화를 주는데 필요한 힘으로 관성 저항이라고도 부른다.

$$Ri = \frac{W + \triangle W}{g} \times a$$

Ri : 가속 저항, $\quad a$: 가속도(m/sec^2), $\quad W$: 차량 총중량(kgf),
g : 중력 가속도(9.8m/sec^2), $\quad\quad\quad\quad \triangle W$: 회전부분 상당중량

03 자동차 전기 · 전자

1. 전기 기초

(1) 전류의 3작용 : 전류는 발열작용, 화학작용, 자기작용 등 3대 작용을 한다.

(2) 저항(R)

① 전자가 이동할 때 물질 내의 원자와 충돌하여 일어난다.
② 원자핵의 구조, 물질의 형상, 온도에 따라 변한다.
③ 크기를 나타내는 단위는 옴(Ohm)을 사용한다.
④ 도체의 저항은 그 길이에 비례하고 단면적에 반비례한다.
⑤ 금속은 온도 상승에 따라 저항이 증가하지만 탄소, 반도체, 절연체 등은 감소한다.

(3) 전기회로

1) 옴의 법칙(Ohm's Law)

옴의 법칙이란 도체에 흐르는 전류(I)는 전압(E)에 정비례하고, 그 도체의 저항(R)에는 반비례한다는 법칙을 말한다. 즉,

$$I = \frac{E}{R} \quad\quad E = IR \quad\quad R = \frac{E}{I}$$

I : 전류(A), $\quad E$: 전압(V), $\quad R$: 저항(Ω)

2) 키르히호프의 법칙(Kirchhoff's Law)

① **제1법칙** : 전류의 법칙으로 회로 내의 "어떤 한 점에 유입한 전류의 총합과 유출한 전류의 총합은 같다"는 법칙이다.
② **제2법칙** : 전압의 법칙으로 "임의의 폐회로에 있어서 기전력의 총합과 저항에 의한 전압 강하의 총합은 같다"는 법칙이다.

3) 전력산출 공식

$$P = EI, \quad P = I^2 R, \quad P = \frac{E^2}{R}$$

P : 전력, $\quad E$: 전압, $\quad I$: 전류, $\quad R$: 저항

4) 줄의 법칙(Joule' law)

이 법칙은 저항에 의하여 발생되는 열량은 전류의 2승과 저항을 곱한 것에 비례한다. 즉, 저항 $R(\Omega)$의 도체에 전류 $I(A)$가 흐를 때 1초마다 소비되는 에너지 $I^2 R$ (W)은 모두 열이 된다. 이때의 열을 줄 열이라 하며, $H ≒ 0.24 I^2 Rt$의 관계식으로 표시한다.

(4) 전기회로 정비 시 주의사항

① 전기회로 배선 작업을 할 때 진동, 간섭 등에 주의하여 배선을 정리한다.
② 차량에 외부 전기장치를 장착 할 때는 전원 부분에 반드시 퓨즈를 설치한다.
③ 배선 연결 회로에서 접촉이 불량하면 열이 발생하므로 주의한다.

(5) 암전류 측정

① 점화스위치를 OFF한 상태에서 점검한다.
② 전류계는 축전지와 직렬로 접속하여 측정한다.
③ 암 전류 규정 값은 약 20~40mA이다.
④ 암 전류가 과다하면 축전지와 발전기의 손상을 가져온다.

2. 반도체

(1) 반도체(semi conductor)

게르마늄(Ge)이나 실리콘(Si) 등은 도체와 절연체의 중간인 고유저항을 지닌 것이다.

(2) 불순물 반도체

1) P(Positive)형 반도체

실리콘의 결정(4가)에 알루미늄(Al)이나 인듐(In)과 같은 3가의 원자를 매우 작은 양으로 혼합하면 공유결합을 한다.

2) N(Negative)형 반도체

실리콘에 5가의 원소인 비소(As), 안티몬(Sb), 인(P) 등의 원소를 조금 섞으면 5가의 원자가 실리콘 원자 1개를 밀어내고 그 자리에 들어가 실리콘 원자와 공유결합을 한다.

3) 다이오드(diode)

P형 반도체와 N형 반도체를 마주 대고 접합한 것이며, PN 정션(PN junction)이라고도 하며, 정류작용 및 역류 방지작용을 한다. 다이오드의 특성은 다음과 같다.

① 한쪽 방향의 흐름에서는 낮은 저항으로 되어 전류를 흐르게 하지만, 역 방향으로는 높은 저항이 되어 전류의 흐름을 저지하는 성질이 있다.
② 순방향 바이어스의 정격 전류를 얻기 위한 전압은 1.0~1.25V정도이지만, 역 방향 바이어스는 그 전압을 어떤 값까지 점차 상승시키더라도 적은 전류밖에는 흐르지 못한다.

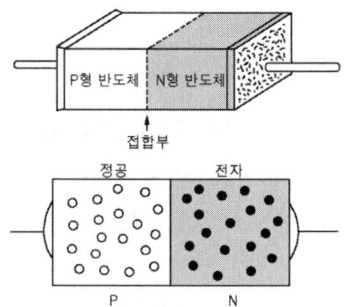

[그림] 다이오드의 구조

4) 제너 다이오드(zener diode)

① 실리콘 다이오드의 일종이며, 어떤 전압 하에서 역 방향으로 전류가 통할 수 있도록 제작한 것이다.
② 역 방향 전압이 점차 감소하여 제너 전압 이하가 되면 역 방향 전류가 흐르지 못한다.
③ 자동차용 교류 발전기의 전압 조정기 전압 검출이나 정전압 회로에서 사용한다.
④ 어떤 값에 도달하면 전류의 흐름이 급격히 커진다. 이 급격히 커진 전류가 흐르기 시작할 때를 강복 전압(브레이크 다운전압)이라 한다.

5) 발광 다이오드(LED ; Light Emission Diode)

① 순 방향으로 전류를 흐르게 하면 빛이 발생되는 다이오드이다.
② 가시광선으로부터 적외선까지 다양한 빛을 발생한다.
③ 발광할 때는 순방향으로 10mA 정도의 전류가 필요하며, PN형 접합면에 순방향 바이어스를 가하여 전류를 흐르게 하면 캐리어(carrier)가 지니고 있는 에너지 일부가 빛으로 변화하여 외부로 방사시킨다.
④ 용도는 각종 파일럿램프, 배전기의 크랭크 각 센서와 TDC센서, 차고 센서, 조향핸들 각속도 센서 등에서 사용한다.

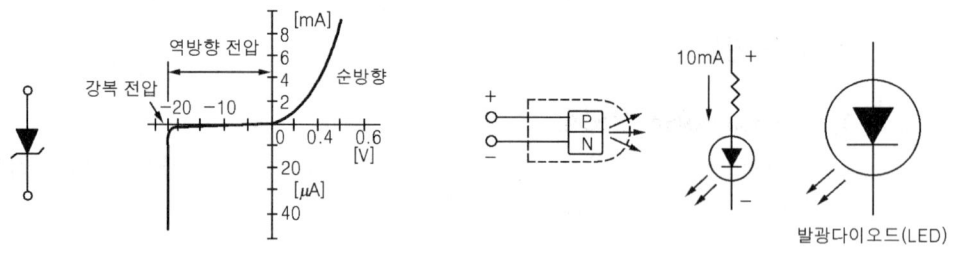

[그림] 제너 다이오드   [그림] 발광 다이오드

6) 포토 다이오드(photo diode)

① PN형을 접합한 게르마늄(Ge)판에 입사광선이 없을 경우에는 N형에 정전압이 가해져 있으므로 역방향 바이어스로 되어 전류가 흐르지 않는다.
② 입사광선을 접합부에 쪼이면 빛에 의해 전자가 궤도를 이탈하여 자유전자가 되어 역 방향으로 전류가 흐르게 된다.
③ 입사광선이 강할수록 자유전자 수도 증가하여 더욱 많은 전류가 흐른다. 용도는 배전기 내의 크랭크 각 센서와 TDC센서에서 사용한다.

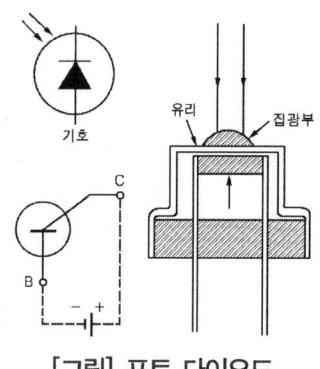

[그림] 포토 다이오드

7) 트랜지스터(transistor)

① PN형 다이오드의 N형 쪽에 P형을 덧붙인 PNP형과, P형 쪽에 N형을 덧붙인 NPN형이 있으며, 3개의 단자부분에는 리드 선이 붙어 있다.
② 중앙부분을 베이스(B, Base : 제어 부분), 양쪽의 P형 또는 N형을 각각 이미터(E ; Emitter) 및 컬렉터(C ; Collector)라 한다.
③ 스위칭 작용, 증폭작용 및 발진작용이 있다.

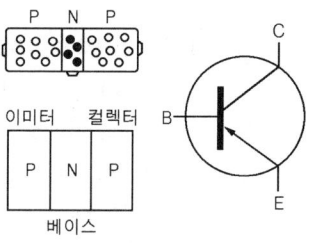

[그림] PNP형 트랜지스터

8) 다링톤 트랜지스터(Darlington TR)

높은 컬렉터 전류를 얻기 위하여 2개의 트랜지스터를 1개의 반도체 결정에 집적하고 이를 1개의 하우징에 밀봉한 것이다. 특징은 1개의 트랜지스터로 2개분의 증폭 효과를 발휘할 수 있으므로 매우 적은 베이스 전류로 큰 전류를 조절할 수 있다.

9) 포토 트랜지스터(photo transistor)

① PN접합부에 빛을 쪼이면 빛 에너지에 의해 발생한 전자와 정공이 외부로 흐른다.
② 입사광선에 의해 전자와 정공이 발생하면 역전류가 증가하고, 입사광선에 대응하는 출력 전류가 얻어지는데 이를 광전류라 한다.
③ PN접합의 2극 소자형과 NPN의 3극 소자형이 있으며, 빛이 베이스 전류 대용으로 사용되므로 전극이 없고 빛을 받아서 컬렉터 전류를 조절한다.
④ **포토 트랜지스터의 특징**
  ㉠ 광출력 전류가 매우 크다.
  ㉡ 내구성과 신호성능이 풍부하다.
  ㉢ 소형이고, 취급이 쉽다.

10) 사이리스터(thyrister)

① SCR(silicon control rectifier)이라고도 하며, PNPN 또는 NPNP 접합으로 되어 있으며 스위칭 작용을 한다.

② 단방향 3단자를 사용한다. 즉 (+)쪽을 애노드(anode), (-)쪽을 캐소드(cathode), 제어단자를 게이트(gate)라 부른다.
③ 애노드에서 캐소드로의 전류가 순방향 바이어스이며, 캐소드에서 애노드로 전류가 흐르는 방향을 역 방향이라 한다.
④ 순방향 바이어스는 전류가 흐르지 못하는 상태이며, 이 상태에서 게이트에 (+)를, 캐소드에는 (-)를 연결하면 애노드와 캐소드가 순간적으로 통전되어 스위치와 같은 작용을 하며, 이후에는 게이트 전류를 제거하여도 계속 통전상태가 되며 애노드의 전압을 차단하여야만 전류흐름이 해제된다.

11) 홀 효과(hall effect)

홀 효과란 2개의 영구 자석 사이에 도체를 직각으로 설치하고 도체에 전류를 공급하면 도체의 한 면에는 전자가 과잉되고 다른 면에는 전자가 부족하게 되어 도체 양면을 가로질러 전압이 발생되는 현상을 말한다.

12) 서미스터(thermistor)

① 니켈, 구리, 망간, 아연, 마그네슘 등의 금속 산화물을 적당히 혼합하여 1,000℃ 이상에서 소결시켜 제작한 것이다.
② 온도가 상승하면 저항 값이 감소하는 부특성(NTC)서미스터와 온도가 상승하면 저항 값도 증가하는 정특성(PTC)서미스터가 있다.
③ 일반적으로 서미스터라고 함은 부특성 서미스터를 의미하며, 용도는 전자 회로의 온도 보상용, 수온 센서, 흡기 온도 센서 등에서 사용된다.

13) 반도체 장·단점

반도체의 장점	반도체의 단점
① 매우 소형이고, 가볍다. ② 내부 전력 손실이 매우 적다. ③ 예열 시간을 요하지 않고 곧 작동한다. ④ 기계적으로 강하고, 수명이 길다.	① 온도가 상승하면 그 특성이 매우 나빠진다. (게르마늄은 85℃, 실리콘은 150℃이상 되면 파손되기 쉽다.) ② 역내압(역 방향으로 전압을 가했을 때의 허용 한계)이 매우 낮다. ③ 정격 값 이상 되면 파괴되기 쉽다.

3. 컴퓨터(ECU)

(1) 컴퓨터의 기능

흡입 공기량과 회전속도로부터 기본 분사시간을 계측하고, 이것을 각 센서로부터의 신호에 의한 보정(補整)을 하여 총 분사시간(분사량)을 결정하는 일을 한다. 컴퓨터는 센서로부터의 정보입력, 출력신호의 결정, 액추에이터의 구동 등 3가지 기본성능이 있다.

(2) 컴퓨터의 논리회로

1) 기본 회로

① **논리합 회로(logic OR)**

㉠ A, B 스위치 2개를 병렬로 접속한 것이다.

㉡ 입력 A, B 중에서 어느 하나라도 1이면 출력 Q도 1이 된다. 여기서 1이란 전원이 인가된 상태, 0은 전원이 인가되지 않은 상태를 말한다.

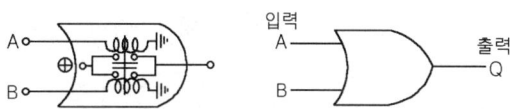

[그림] 논리합 회로의 기호와 구조

② **논리적 회로(logic AND)**

㉠ A, B 스위치 2개를 직렬로 접속한 것이다.

㉡ 입력 A, B가 동시에 1이 되어야 출력 Q도 1이 되며, 1개라도 0이면 출력 Q는 0이 되는 회로이다.

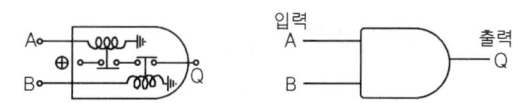

[그림] 논리적 회로의 기호와 구조

③ **부정 회로(logic NOT)**

㉠ 입력 스위치 A와 출력이 병렬로 접속된 회로이다.

㉡ 입력 A가 1이면 출력 Q는 0이 되고 입력 A가 0일 때 출력 Q는 1이 되는 회로이다.

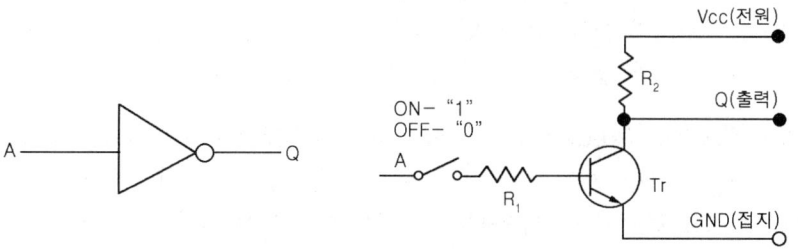

[그림] 부정 회로의 기호

2) 복합 회로

① **부정 논리합 회로(logic NOR)**

㉠ 논리합 회로 뒤쪽에 부정 회로를 접속한 것이다.

㉡ 입력 스위치 A와 입력 스위치 B가 모두 OFF되어야 출력이 된다.

㉢ 입력 스위치 A 또는 입력 스위치 B 중에서 1개가 ON이 되거나 입력 스위치 A와 입력 스위치 B가 모두 ON이 되면 출력은 없다.

② **부정 논리적 회로(logic NAND)**
㉠ 논리적 회로 뒤쪽에 부정 회로를 접속한 것이다.
㉡ 입력 스위치 A와 입력 스위치 B가 모두 ON이 되면 출력은 없다.
㉢ 입력 스위치 A 또는 입력 스위치 B 중에서 1개가 OFF되거나, 입력 스위치 A와 입력 스위치 B가 모두 OFF되면 출력된다.

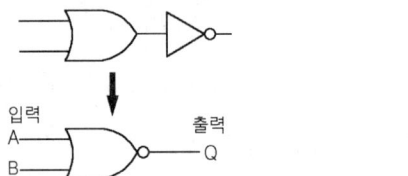
[그림] 부정 논리합 회로의 기호

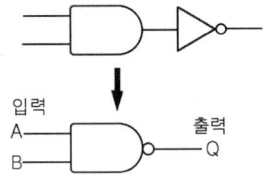
[그림] 부정 논리적 회로의 기호

(3) 컴퓨터의 구조

1) **RAM(Random Access Memory ; 일시 기억장치)** : 임의의 기억 저장 장치에 기억되어 있는 데이터를 읽던가 기억시킬 수 있다. 그러나 전원이 차단되면 기억된 데이터가 소멸되므로 처리 도중에 나타나는 일시적인 데이터의 기억 저장에 사용된다.

2) **ROM(Read Only Memory ; 영구 기억장치)** : 읽어내기 전문의 메모리이며 한번 기억시키면 내용을 변경시킬 수 없다. 또 전원이 차단되어도 기억이 소멸되지 않으므로 프로그램 또는 고정 데이터의 저장에 사용된다.

3) **I/O(In Put/Out Put ; 입·출력 장치)** : I/O는 입력과 출력을 조절하는 장치이며 입·출력포트라고도 한다. 입·출력포트는 외부 센서들의 신호를 입력하고 중앙처리장치(CPU)의 명령으로 액추에이터로 출력시킨다.

4) **CPU(Central Precession Unit ; 중앙 처리장치)** : CPU는 데이터의 산술 연산이나 논리 연산을 처리하는 연산 부분, 기억을 일시 저장해 놓는 장소인 일시 기억 부분, 프로그램 명령, 해독 등을 하는 제어 부분 등으로 구성되어 있다.

4. 전기장치 성능기준

자동차의 전기장치는 다음 각호의 기준에 적합하여야 한다.
① 자동차의 전기배선은 모두 절연물질로 덮어씌우고, 차체에 고정시킬 것
② 차실 안의 전기단자 및 전기개폐기는 적절히 절연물질로 덮어씌울 것
③ 축전지는 자동차의 진동 또는 충격 등에 의하여 이완되거나 손상되지 아니하도록 고정시키고, 차실 안에 설치하는 축전지는 절연물질로 덮어씌울 것

04 친환경 자동차

1. 하이브리드 전기장치 개요 및 점검 진단

(1) KS R 0121에 의한 하이브리드 동력원의 종류에 따른 분류

1) 연료 전지 하이브리드 전기 자동차(FCHEV; Fuel Cell Hybrid Electric Vehicle)

연료 전지 하이브리드 전기 자동차란 자동차의 추진을 위한 동력원으로 재충전식 전기 에너지 저장 시스템(RESS; Rechargeable Energy Storage System, 재생가능 에너지 축적 시스템)을 비롯한 전기 동력원을 갖추고 차량 내에서 전기 에너지를 생성하기 위하여 연료 전지 시스템을 탑재한 하이브리드 자동차를 말한다.

2) 유압식 하이브리드 자동차(Hydraulic Hybrid Vehicle)

유압식 하이브리드 자동차란 자동차의 추진 장치와 에너지 저장 장치 사이에서 커플링으로 작동유(Hydraulic Fluid)가 사용되는 하이브리드 자동차를 말한다.

3) 플러그 인 하이브리드 전기 자동차(PHEV; Plug-in Hybrid Electric Vehicle)

플러그 인 하이브리드 전기 자동차란 차량의 추진을 위한 동력원으로 연료에 의한 동력원과 재충전식 전기 에너지 저장 시스템(RESS; Rechargeable Energy Storage System, 재생가능 에너지 축적 시스템)을 비롯한 전기 동력원을 갖추고 자동차 외부의 전기 공급원으로부터 재충전식 전기 에너지 저장 시스템(RESS)을 충전하여 차량에 전기 에너지를 공급할 수 있는 장치를 갖춘 하이브리드 자동차를 말한다.

4) 하이브리드 전기 자동차(HEV; Hybrid Electric Vehicle)

하이브리드 전기 자동차란 자동차의 추진을 위한 동력원으로 연료에 의한 동력원과 재충전식 전기 에너지 저장 시스템(RESS; Rechargeable Energy Storage System, 재생가능 에너지 축적 시스템)을 비롯한 전기 동력원을 갖춘 하이브리드 자동차를 말한다.

(2) KS R 0121에 의한 하이브리드의 동력전달 구조에 따른 분류

1) 병렬형 하이브리드 자동차(parallel hybrid vehicle)

병렬형 하이브리드 자동차는 2개의 동력원이 공통으로 사용되는 동력 전달장치를 거쳐 각각 독립적으로 구동축을 구동시키는 방식의 하이브리드 자동차

2) 직렬형 하이브리드 자동차(series hybrid vehicle)

직렬형 하이브리드 자동차는 2개의 동력원 중 하나는 다른 하나의 동력을 공급하는 데 사용되나 구동축에는 직접 동력 전달이 되지 않는 구조를 갖는 하이브리드 자동

차. 엔진-전기를 사용하는 직렬형 하이브리드 자동차의 경우 엔진이 직접 구동축에 동력을 전달하지 않고 엔진은 발전기를 통해 전기 에너지를 생성하고 그 에너지를 사용하는 전기 모터가 구동하여 차량을 주행시킨다.

3) 복합형 하이브리드 자동차(compound hybrid vehicle)

복합형 하이브리드 자동차는 직렬형과 병렬형 하이브리드 자동차를 결합한 형식의 하이브리드 자동차로 동력 분기형 하이브리드(Power Split Hybrid Vehicle) 라고도 한다. 엔진-전기를 사용하는 자동차의 경우 엔진의 구동력이 기계적으로 구동축에 전달되기도 하고 그 일부가 전동기를 거쳐 전기 에너지로 변환된 후 구동축에서 다시 기계적 에너지로 변경되어 구동축에 전달되는 방식의 동력 분배 전달 구조를 갖는다.

(3) KS R 0121에 의한 하이브리드 정도에 따른 분류

1) 소프트 하이브리드 자동차(soft hybrid vehicle)

소프트 하이브리드 자동차란 하이브리드 자동차의 두 동력원이 서로 대등하지 않으며, 보조 동력원이 주 동력원의 추진 구동력에 보조적인 역할만 수행하는 것으로 대부분의 경우 보조 동력만으로는 자동차를 구동시키기 어려운 하이브리드 자동차를 말하며, 소프트 하이브리드를 마일드 하이브리드라고도 한다.

2) 하드 하이브리드 자동차(hard hybrid vehicle)

하드 하이브리드 자동차란 하이브리드 자동차의 두 동력원이 거의 대등한 비율로 자동차 구동에 기능하는 것으로 대부분의 경우 두 동력원 중 한 동력만으로도 자동차의 구동이 가능한 하이브리드 자동차를 말하며, 스트롱 하이브리드라고도 한다.

3) 풀 하이브리드 자동차(full hybrid vehicle)

풀 하이브리드 자동차란 모터가 전장품 구동을 위해 작동하고 주행 중 엔진을 보조하는 기능 외에 자동차 모드로도 구현할 수 있는 하이브리드 자동차를 말한다.

(4) 하이브리드 자동차(HEV, hybrid electric vehicle)

하이브리드 자동차란 2종류 이상의 동력원을 설치한 자동차를 말하며, 엔진의 동력과 전기 모터를 함께 설치하여 연비를 향상시킨 자동차이다.

1) 하이브리드 자동차의 장점

① 연료 소비율을 50% 정도 감소시킬 수 있고 환경 친화적이다.
② 탄화수소, 일산화탄소, 질소산화물의 배출량이 90% 정도 감소된다.
③ 이산화탄소 배출량이 50% 정도 감소된다.
④ 엔진의 효율을 증대시킬 수 있다.

2) 하이브리드 시스템의 단점

① 구조가 복잡하여 정비가 어렵다.

② 수리비용이 높고, 가격이 비싸다.
② 고전압 배터리의 수명이 짧고 비싸다.
③ 동력전달 계통이 복잡하고 무겁다.

(5) 하이브리드 자동차의 형식

하이브리드 자동차는 바퀴를 구동하기 위한 모터, 모터의 회전력을 바퀴에 전달하는 변속기, 모터에 전기를 공급하는 배터리, 그리고 전기 또는 동력을 발생시키는 엔진으로 구성된다. 엔진과 모터의 연결 방식에 따라 다음과 같이 분류한다.

1) 직렬형 하이브리드 자동차(series hybrid vehicle)

직렬형은 엔진을 가동하여 얻은 전기를 배터리에 저장하고, 차체는 순수하게 모터의 힘만으로 구동하는 방식이다. 모터는 변속기를 통해 동력을 구동바퀴로 전달한다. 모터에 공급하는 전기를 저장하는 배터리가 설치되어 있으며, 엔진은 바퀴를 구동하기 위한 것이 아니라 배터리를 충전하기 위한 것이다.

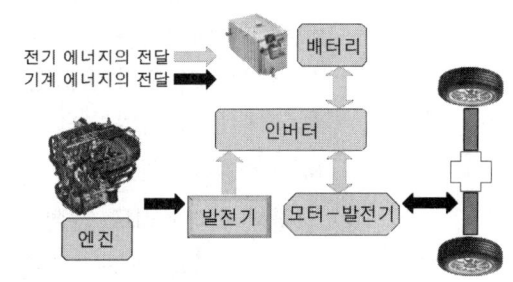

[그림] 직렬형 하이브리드 시스템

따라서 엔진에는 발전기가 연결되고, 이 발전기에서 발생되는 전기는 배터리에 저장된다. 동력전달 과정은 엔진 → 발전기 → 배터리 → 모터 → 변속기 → 구동바퀴이다.

① 직렬 하이브리드의 장점
  ㉠ 엔진의 작동 영역을 주행 상황과 분리하여 운영이 가능하다.
  ㉡ 엔진의 작동 효율이 향상된다.
  ㉢ 엔진의 작동 비중이 줄어들어 배기가스의 저감에 유리하다.
  ㉣ 전기 자동차의 기술을 적용할 수 있다.
  ㉤ 연료 전지의 하이브리드 기술 개발에 이용하기 쉽다.
  ㉥ 구조 및 제어가 병렬형에 비해 간단하며 특별한 변속장치를 필요로 하지 않는다.

② 직렬형 하이브리드 단점
  ㉠ 엔진에서 모터로의 에너지 변환 손실이 크다.
  ㉡ 주행 성능을 만족시킬 수 있는 효율이 높은 전동기가 필요하다.
  ㉢ 출력 대비 자동차의 무게 비가 높은 편으로 가속 성능이 낮다.
  ㉣ 동력전달 장치의 구조가 크게 바뀌므로 기존의 자동차에 적용하기는 어렵다.

2) 병렬형 하이브리드 자동차(parallel hybrid vehicle)

병렬형은 엔진과 변속기가 직접 연결되어 바퀴를 구동한다. 따라서 발전기가 필요 없다. 병렬형의 동력전달은 배터리 → 모터 → 변속기 → 바퀴로 이어지는 전기적 구성과 엔진 → 변속기 → 바퀴의 내연기관 구성이 변속기를 중심으로 병렬적으로 연결된다.

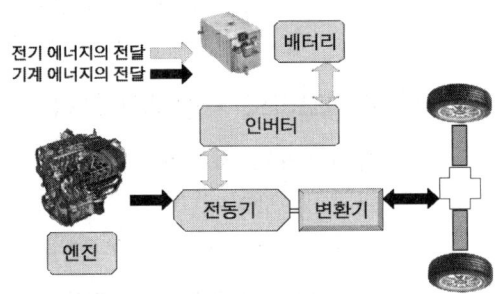

[그림] 병렬형 하이브리드 시스템

① 병렬형 하이브리드 장점
㉠ 기존 내연기관의 자동차를 구동장치의 변경 없이 활용이 가능하다.
㉡ 저성능의 모터와 용량이 적은 배터리로도 구현이 가능하다.
㉢ 모터는 동력의 보조 기능만 하기 때문에 에너지의 변환 손실이 적다.
㉣ 시스템 전체 효율이 직렬형에 비하여 우수하다.

② 병렬형 하이브리드 단점
㉠ 유단 변속 기구를 사용할 경우 엔진의 작동 영역이 주행 상황에 연동이 된다.
㉡ 자동차의 상태에 따라 엔진과 모터의 작동점을 최적화하는 과정이 필요하다.

③ 소프트 하이브리드 자동차(soft hybrid vehicle)

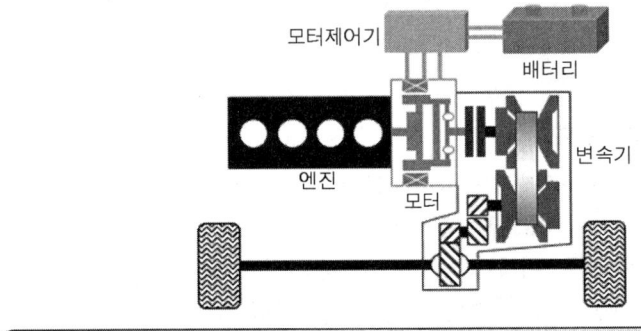

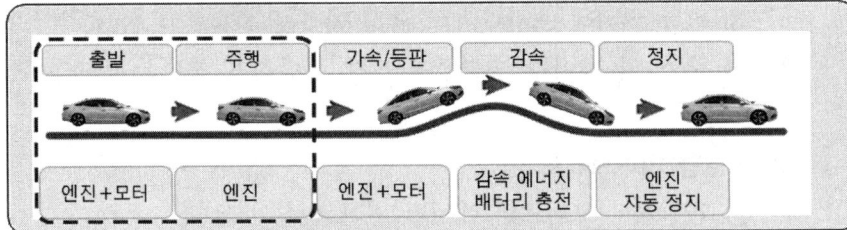

[그림] 소프트 하이브리드

㉠ FMED(Flywheel Mounted Electric Device)은 모터가 엔진 플라이휠에 설치되어 있다.
㉡ 모터를 통한 엔진 시동, 엔진 보조, 회생 제동 기능을 한다.
㉢ 출발할 때는 엔진과 전동 모터를 동시에 이용하여 주행한다.

ⓔ 부하가 적은 평지의 주행에서는 엔진의 동력만을 이용하여 주행한다.
ⓜ 가속 및 등판 주행과 같이 큰 출력이 요구되는 상태에서는 엔진과 모터를 동시에 이용하여 주행한다.
ⓗ 엔진과 모터가 직결되어 있어 전기 자동차 모드의 주행은 불가능 하다.
ⓢ 비교적 작은 용량의 모터 탑재로 마일드(mild) 타입 또는 소프트(soft) 타입 HEV 시스템이라고도 불린다.

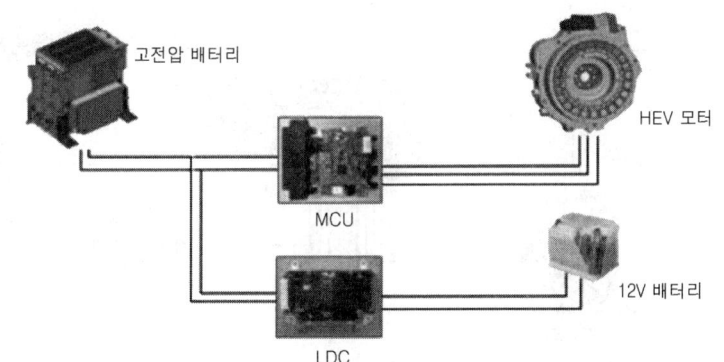

[그림] 소프트 타입 고전압 회로

④ 하드 하이브리드 자동차(hard hybrid vehicle)

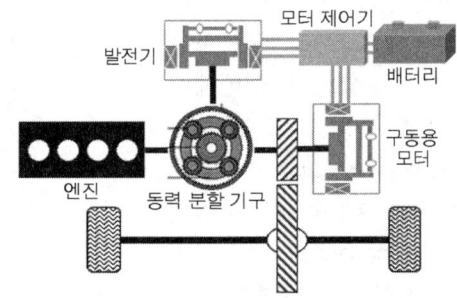

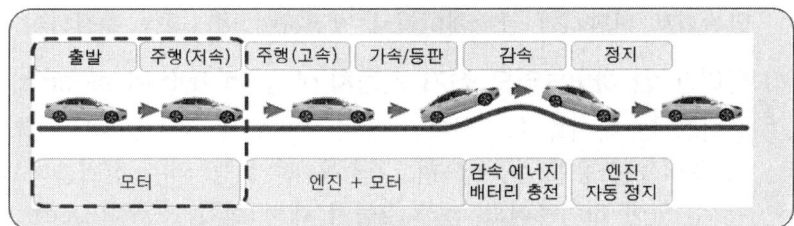

[그림] 하드 하이브리드

㉠ TMED(Transmission Mounted Electric Device) 방식은 모터가 변속기에 직결되어 있다.
㉡ 전기 자동차 주행(모터 단독 구동) 모드를 위해 엔진과 모터 사이에 클러치로 분리되어 있다.
㉢ 출발과 저속 주행 시에는 모터만을 이용하는 전기 자동차 모드로 주행한다.
㉣ 부하가 적은 평지의 주행에서는 엔진의 동력만을 이용하여 주행한다.

㉥ 가속 및 등판 주행과 같이 큰 출력이 요구되는 주행 상태에서는 엔진과 모터를 동시에 이용하여 주행한다.

㉦ 풀 HEV 타입 또는 하드(hard) 타입 HEV시스템이라고 한다.

㉧ 주행 중 엔진 시동을 위한 HSG(hybrid starter generator : 엔진의 크랭크 축과 연동되어 엔진을 시동할 때에는 기동 전동기로, 발전을 할 경우에는 발전기로 작동하는 장치)가 있다.

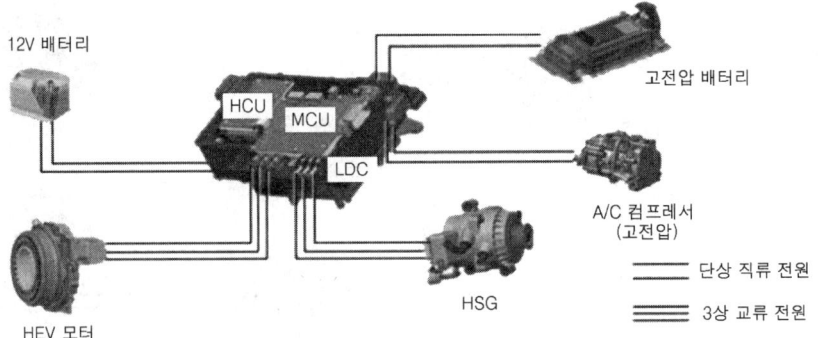

[그림] 하드 타입 고전압 회로

3) 직·병렬형 하이브리드 자동차(series parallel hybrid vehicle)

출발할 때와 경부하 영역에서는 배터리로부터의 전력으로 모터를 구동하여 주행하고, 통상적인 주행에서는 엔진의 직접 구동과 모터의 구동이 함께 사용된다. 그리고 가속, 앞지르기, 등판할 때 등 큰 동력이 필요한 경우, 통상주행에 추가하여

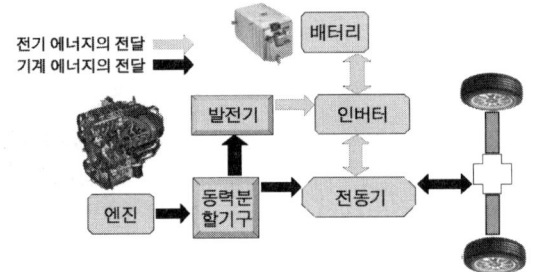

배터리로부터 전력을 공급하여 모터의 구동력을 증가시킨다. 감속할 때에는 모터를 발전기로 변환시켜 감속에너지로 발전하여 배터리를 충전하여 재생한다.

4) 플러그 인 하이브리드 전기 자동차(plug-in hybrid electric vehicle)

플러그 인 하이브리드 전기 자동차(PHEV)의 구조는 하드 형식과 동일하거나 소프트 형식을 사용할 수 있으며, 가정용 전기 등 외부 전원을 이용하여 배터리를 충전할 수 있어 하이브리드 전기 자동차 대비 전기 자동차(Electric Vehicle)의 주행 능력을 확대하는 목적으로 이용된다. 하이브리드 전기 자동차와 전기 자동차의 중간 단계의 자동차라 할 수 있다.

(6) 하이브리드 시스템의 구성부품

1) 모터(Motor) : 고전압의 교류(AC)로 작동하는 영구자석형 동기 모터이며, 시동제어와 발진 및 가속할 때 엔진의 출력을 보조한다.

2) **모터 컨트롤 유닛(motor control unit)** : HCU(Hybrid Control Unit)의 구동 신호에 따라 모터로 공급되는 전류량을 제어하며, 인버터 기능(직류를 교류로 변환시키는 기능)과 배터리 충전을 위해 모터에서 발생한 교류를 직류로 변환시키는 컨버터 기능을 동시에 실행한다.

3) **고전압 배터리** : 모터 구동을 위한 전기적 에너지를 공급하는 DC의 니켈-수소(Ni-MH) 배터리이다. 최근에는 리튬계열의 배터리를 사용한다.

4) **배터리 컨트롤 시스템(BMS; Battery Management System)** : 배터리 컨트롤 시스템은 배터리 에너지의 입출력 제어, 배터리 성능 유지를 위한 전류, 전압, 온도, 사용시간 등 각종 정보를 모니터링 하여 하이브리드 컨트롤 유닛이나 모터 컨트롤 유닛으로 송신한다.

5) **하이브리드 컨트롤 유닛(HCU; Hybrid Control Unit)** : 하이브리드 고유 시스템의 기능을 수행하기 위해 각종 컨트롤 유닛들을 CAN 통신을 통해 각종 작동상태에 따른 제어조건들을 판단하여 해당 컨트롤 유닛을 제어한다.

(7) 고전압(구동용) 배터리

1) **니켈 수소 배터리(Ni-mh battery)**

전해액 내에 양극(+극)과 음극(-극)을 갖는 기본 구조는 같지만 제작비가 비싸고 고온에서 자기 방전이 크며, 충전의 특성이 악화되는 단점이 있지만 에너지의 밀도가 높고 방전 용량이 크다. 또한 안정된 전압(셀당 전압 1.2V)을 장시간 유지하는 것이 장점이다. 에너지 밀도는 일반적인 납산 배터리와 동일 체적으로 비교하였을 때 니켈 카드뮴 배터리는 약 1.3배 정도, 니켈 수소 배터리는 1.7배 정도의 성능을 가지고 있다.

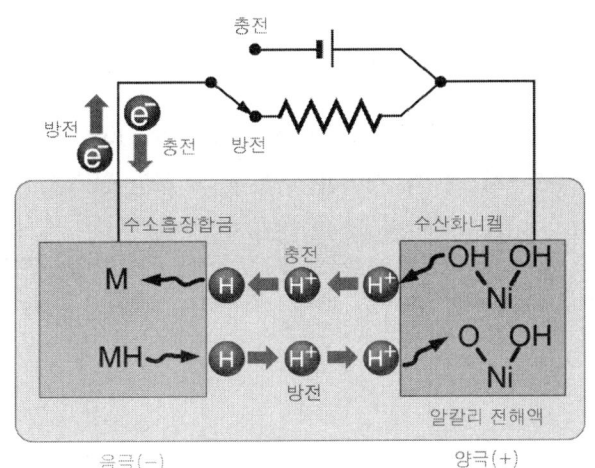

[그림] 니켈 수소 배터리의 원리

2) 리튬이온 배터리(Li-ion battery)

양극(+극)에 리튬 금속산화물, 음극(-극)에 탄소질 재료, 전해액은 리튬염을 용해시킨 재료를 사용하며, 충·방전에 따라 리튬이온이 양극과 음극 사이를 이동한다. 발생 전압은 3.6~3.8V 정도이고 에너지 밀도를 비교하면 니켈 수소 배터리의 2배 정도의 고성능이 있으며, 납산 배터리와 비교하면 3배를 넘는 성능을 자랑한다.

동일한 성능이라면 체적을 3분의 1로 소형화하는 것이 가능하지만 제작 단가가 높은 것이 단점이다. 또 메모리 효과가 발생하지 않기 때문에 수시로 충전이 가능하며, 자기방전이 작고 작동 범위도 -20℃ ~ 60℃로 넓다.

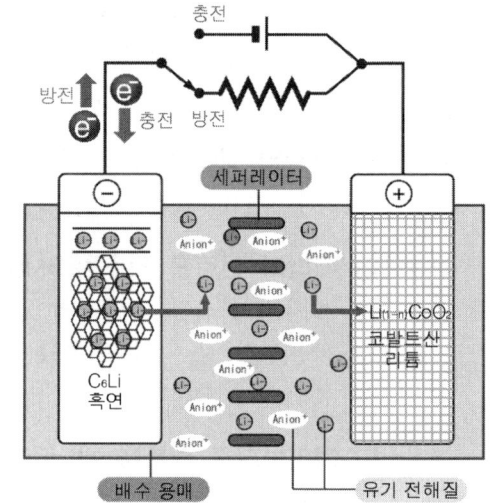

[그림] 리튬이온 배터리의 원리

3) 커패시터(capacitor)

① 커패시터는 축전기(Condenser)라고 표현할 수 있으며, 전기 이중층 콘덴서이다.
② 커패시터는 짧은 시간에 큰 전류를 축적, 방출할 수 있기 때문에 발진이나 가속을 매끄럽게 할 수 있다는 점이 장점이다.
③ 시가지 주행에서 효율이 좋으며, 고속 주행에서는 그 장점이 적어진다.
④ 내구성은 배터리보다 약하고 장기간 사용에는 문제가 남아있다.
⑤ 제작비는 배터리보다 유리하지만 축전 용량이 크지 않기 때문에 모터를 구동하려면 출력에 한계가 있다.

(8) 고전압 배터리 시스템(BMS; Battery Management System)

1) 하이브리드 컨트롤 시스템(hybrid control system)

하이브리드 시스템의 제어용 컨트롤 모듈인 HPCU를 중심으로 엔진(ECU), 변속기(TCM), 고전압 배터리(BMS ECU), 하이브리드 모터(MCU), 저전압 직류 변환장치(LDC) 등 각 시스템의 컨트롤 모듈과 CAN 통신으로 연결되어 있다. 이 외에도 HCU는 시스템의 제어를 위해 브레이크 스위치, 클러치 압력 센서 등의 신호를 이용한다.

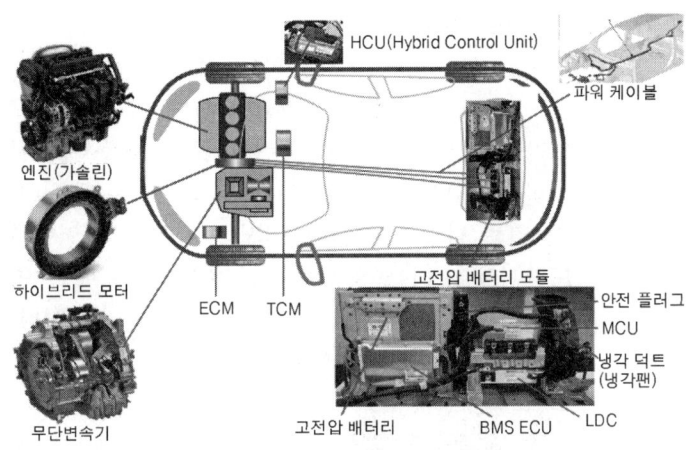

[그림] 하이브리드 컨트롤 시스템의 구성

2) 하이브리드 모터 시스템(hybrid motor system)

① **구동 모터** : 구동 모터는 높은 출력으로 부드러운 시동을 가능하게 하고 가속 시 엔진의 동력을 보조하여 자동차의 출력을 높인다. 또한 감속 주행 시 발전기로 구동되어 고전압 배터리를 충전하는 역할을 한다.

② **인버터(MCU, Motor Contrpl Unit)** : 인버터는 HCU(하이브리드 컨트롤 유닛)로부터 모터 토크의 지령을 받아서 모터를 구동함으로써 엔진의 동력을 보조 또는 고전압 배터리의 충전 기능을 수행하며, MCU(모터 컨트롤 유닛)라고도 부른다.

③ **리졸버** : 모터의 회전자와 고정자의 절대 위치를 검출하여 모터 제어기(MCU)에 입력하는 역할을 한다. MCU는 회전자의 위치 및 속도 정보를 기준으로 구동 모터를 큰 토크로 제어한다.

④ **온도 센서** : 모터의 성능 변화에 가장 큰 영향을 주는 요소는 모터의 온도이며, 모터의 온도가 규정 값 이상으로 상승하면 영구자석의 성능 저하가 발생한다. 이를 방지하기 위해 모터 내부에 온도 센서를 장착하여 모터의 온도에 따라 모터를 제어하도록 한다.

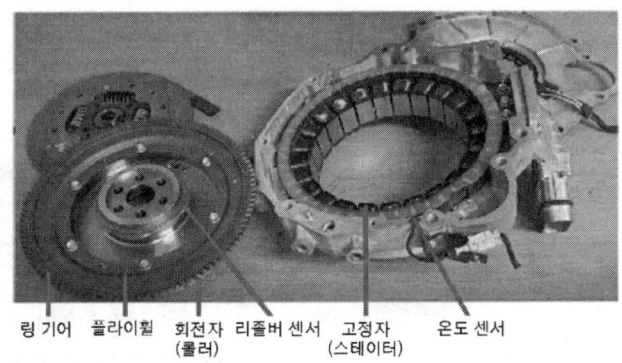

[그림] 하이브리드 모터 시스템의 구성

가. 하이브리드 모터

㉠ 하이브리드 모터 어셈블리는 2개의 전기 모터(드라이브 모터와 하이브리드 스타터 제너레이터)를 장착하고 있다.
㉡ 드라이브 모터 : 구동 바퀴를 돌려 자동차를 이동시킨다.
㉢ 스타터 제너레이터(HSG)는 감속 또는 제동 시 고전압 배터리를 충전하기 위해 발전기 역할과 엔진을 시동하는 역할을 한다.
㉣ 드라이브 모터는 소형으로 효율이 높은 매립 영구자석형 동기 모터이다.
㉤ 드라이브 모터는 큰 토크를 요구하는 운전이나 광범위한 속도 조절이 가능한 영구자석 동기 모터이다.

[그림] HSG(스타터 제너레이터)와 하이브리드 모터

나. 모터 컨트롤 유닛(MCU, Motor Control Unit)

㉠ 하이브리드 컨트롤 유닛(HCU)의 구동 신호에 따라 모터에 공급되는 전류량을 제어한다.
㉡ 인버터 기능(직류를 교류로 변환시키는 기능)과 배터리 충전을 위해 모터에서 발생한 교류를 직류로 변환시키는 컨버터 기능을 동시에 실행한다.

다. 하이브리드 엔진 클러치(TMED 하이브리드용)

㉠ 엔진 클러치는 하이브리드 구동 모터 내측에 장착되어 유압에 의해 작동된다.
㉡ 엔진의 구동력을 변속기에 기계적으로 연결 또는 해제하며, 클러치 압력 센서는 이 때의 오일 압력을 감지한다.
㉢ HCU는 이 신호를 이용하여 자동차의 구동 모드(EV 모드 또는 HEV 모드)를 인식한다.

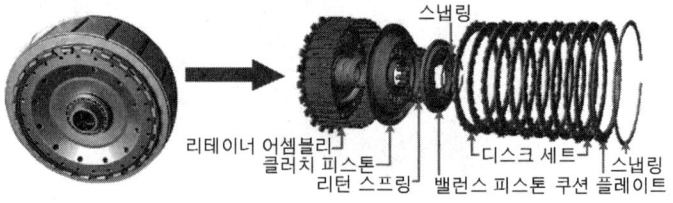

[그림] 하이브리드 엔진 클러치

3) 고전압 배터리 시스템(BMS; Battery Management System)

① 고전압 배터리 시스템의 개요
- ㉠ 고전압 배터리 시스템은 하이브리드 구동 모터, HSG(하이브리드 스타터 제너레이터)와 전기식 에어컨 컴프레서에 전기 에너지를 제공한다.
- ㉡ 회생 제동으로 발생된 전기 에너지를 회수한다.
- ㉢ 고전압 배터리의 SOC(배터리 충전 상태), 출력, 고장 진단, 배터리 밸런싱, 시스템의 냉각, 전원 공급 및 차단을 제어한다.
- ㉣ 배터리 팩 어셈블리, BMS ECU, 파워 릴레이 어셈블리, 케이스, 컨트롤 와이어링, 쿨링 팬, 쿨링 덕트로 구성되어 있다.
- ㉤ 배터리는 리튬이온 폴리머 타입으로 72셀(8셀 × 9모듈)이다.
- ㉥ 각 셀의 전압은 DC 3.75V이며, 배터리 팩의 정격 용량은 DC 270V이다.

② 고전압 배터리 시스템의 구성
컨트롤 모듈인 BMS ECU, 파워 릴레이 어셈블리, 냉각 시스템으로 구성되어 있다. 고전압 배터리의 SOC(State Of Charge), 출력, 고장 진단, 배터리 밸런싱(Balancing), 시스템 냉각, 전원 공급 및 차단을 제어한다.

- ㉠ **파워 릴레이(PRA; Power Realy Assembly)** : 고전압 차단(고전압 릴레이, 퓨즈), 고전압 릴레이 보호(초기 충전회로), 배터리 전류 측정
- ㉡ **냉각 팬** : 고전압 부품 통합 냉각(배터리, 인버터, LDC(DC-DC 변환기))
- ㉢ **고전압 배터리** : 출력 보조 시 전기 에너지 공급, 충전 시 전기 에너지 저장
- ㉣ **고전압 배터리 관리 시스템(BMS; Battery Management System)** : 배터리 충전 상태(SOC, State Of Charge) 예측, 진단 등 고전압 릴레이 및 냉각 팬 제어
- ㉤ **냉각 덕트** : 냉각 유량 확보 및 소음 저감
- ㉥ **통합 패키지 케이스** : 하이브리드 전기 자동차 고전압 부품 모듈화, 고전압 부품 보호

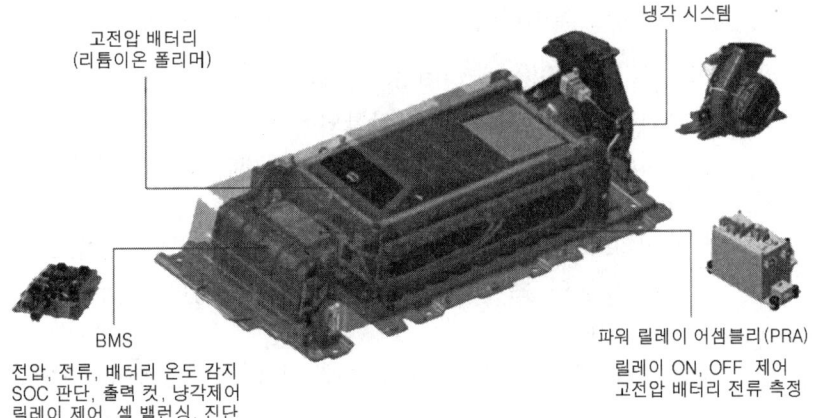

[그림] 고전압 배터리 시스템의 구성

③ 파워 릴레이 어셈블리(PRA ; Power Relay Assembly)
  ㉠ 파워 릴레이 어셈블리는 (+), (-) 메인 릴레이, 프리 차지 릴레이, 프리 차지 레지스터, 배터리 전류 센서, 메인 퓨즈, 안전 퓨즈로 구성되어 있다.
  ㉡ 파워 릴레이 어셈블리는 부스 바를 통하여 배터리 팩과 연결되어 있다.
  ㉢ 파워 릴레이 어셈블리는 배터리 팩 어셈블리 내에 배치되어 있다.
  ㉣ 고전압 배터리와 BMS ECU의 제어 신호에 의해 인버터의 고전압 전원 회로를 제어한다.

[그림] 고전압 배터리 시스템의 구성

④ 메인 릴레이(main relay)
  ㉠ 파워 릴레이 어셈블리의 통합형으로 고전압 (+)라인을 제어하기 위해 연결된 메인 릴레이와 고전압 (-)라인을 제어하기 위해 연결된 2개의 메인 릴레이로 구성되어 있다.
  ㉡ 고전압 배터리 시스템 제어 유닛의 제어 신호에 의해 고전압 조인트 박스와 고전압 배터리 간의 고전압 전원, 고전압 접지 라인을 연결시켜 배터리 시스템과 고전압 회로를 연결하는 역할을 한다.
  ㉢ 고전압 시스템을 분리시켜 감전 및 2차 사고를 예방하고 고전압 배터리를 기계적으로 분리하여 암 전류를 차단하는 역할을 한다.

⑤ 프리 차지 릴레이(pre-charge relay)
  ㉠ 파워 릴레이 어셈블리에 장착되어 있다.
  ㉡ 인버터의 커패시터를 초기에 충전할 때 고전압 배터리와 고전압 회로를 연결하는 역할을 한다.
  ㉢ 스위치의 IG ON을 하면 프리 차지 릴레이와 레지스터를 통해 흐른 전류가 인버터 내의 커패시터에 충전이 되고 충전이 완료 되면 프리 차지 릴레이는 OFF 된다.
  ㉣ 초기에 커패시터의 충전 전류에 의한 고전압 회로를 보호한다.

⑥ 프리 차지 레지스터(pre-charge resistor)
  ㉠ 프리 차지 레지스터는 파워 릴레이 어셈블리에 설치되어 있다.
  ㉡ 인버터의 커패시터를 초기 충전할 때 충전 전류를 제한하여 고전압 회로를 보호하는 역할을 한다.

⑦ 고전압 릴레이 차단 장치(VPD; Voltage Protection Device)
  ㉠ 고전압 릴레이 차단장치는 모듈 측면에 장착되어 있다.
  ㉡ 고전압 배터리 셀이 과충전에 의해 부풀어 오르는 상황이 되면 VPD에 의해 메인 릴레이(+), 메인 릴레이(−), 프리차지 릴레이 코일 접지 라인을 차단한다.
  ㉢ 과충전 시 메인 릴레이 및 프리차지 릴레이 작동을 금지시킨다.
  ㉣ 고전압 배터리가 정상일 경우는 항상 스위치는 닫혀 있다.
  ㉤ 셀이 과충전 되면 스위치가 열리며, 주행이 불가능하게 된다.

⑧ 배터리 전류 센서(battery current sensor)
  ㉠ 배터리 전류 센서는 파워 릴레이 어셈블리에 설치되어 있다.
  ㉡ 고전압 배터리의 충전 및 방전 시 전류를 측정하는 역할을 한다.
  ㉢ 배터리에 입·출력되는 전류를 측정한다.

⑨ 메인 퓨즈(main fuse)
메인 퓨즈는 안전 플러그 내에 설치되어 있으며, 고전압 배터리 및 고전압 회로를 과대 전류로부터 보호하는 역할을 한다. 즉, 고전압 회로에 과대 전류가 흐르는 것을 방지하여 보호한다.

⑩ 배터리 온도 센서(battery temperature sensor)
  ㉠ 배터리 온도 센서는 각 모듈의 전압 센싱 와이어와 통합형으로 구성되어 있다.
  ㉡ 배터리 팩의 온도를 측정하여 BMS ECU에 입력시키는 역할을 한다.
  ㉢ BMS ECU는 배터리 온도 센서의 신호를 이용하여 배터리 팩의 온도를 감지하고 배터리 팩이 과열될 경우 쿨링팬을 통하여 배터리의 냉각 제어를 한다.

⑪ 배터리 외기 온도 센서(battery ambient temperature Sensor)
  ㉠ 배터리 외기 온도 센서는 보조 배터리에 설치되어 있다.
  ㉡ 고전압 배터리의 외기 온도를 측정한다.

⑫ 안전 플러그(safety plug)
  ㉠ 안전 플러그는 고전압 배터리의 뒤쪽에 배치되어 있다.
  ㉡ 하이브리드 시스템의 정비 시 고전압 배터리 회로의 연결을 기계적으로 차단하는 역할을 한다.
  ㉢ 안전 플러그 내부에는 과전류로부터 고전압 시스템의 관련 부품을 보호하기 위해서 고전압 메인 퓨즈가 장착되어 있다.

② **고전압 계통의 부품** : 고전압 배터리, 파워 릴레이 어셈블리, HPCU(하이브리드 출력 제어 유닛), BMS ECU(고전압 배터리 시스템 제어 유닛), 하이브리드 구동 모터, 인버터, HSG(하이브리드 스타터 제너레이터), LDC, 파워 케이블, 전동식 컴프레서 등이 있다.

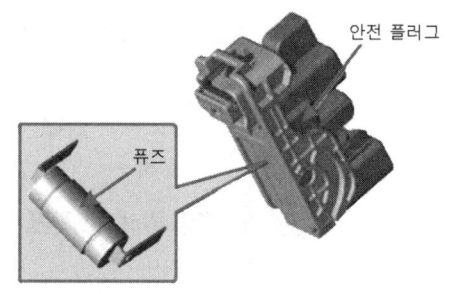

[그림] 안전플러그

⑬ **저전압 DC/DC 컨버터(LDC; Low DC/DC converter)**

㉠ 직류 변환 장치로 고전압의 직류(DC) 전원을 저전압의 직류 전원으로 변환시켜 자동차에 필요한 전원으로 공급하는 장치이다.

㉡ 하이브리드 파워 컨트롤 유닛(HPCU)에 포함되어 있다.

㉢ DC 200~310V의 고전압 입력 전원을 DC 12.8~14.7V의 저전압 출력 전원으로 변환하여 교류 발전기와 같이 보조 배터리를 충전하는 역할을 한다.

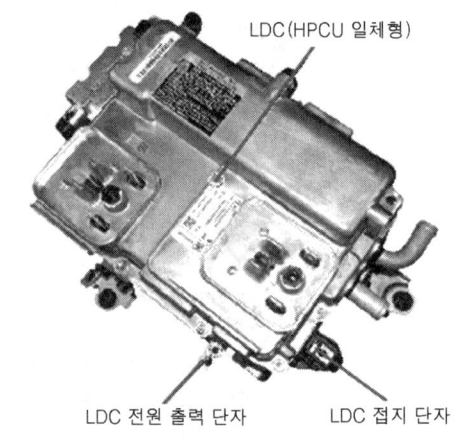

[그림] 저전압 DC/DC 컨버터

⑭ **리졸버 센서(resolver sensor)**

㉠ 구동 모터를 효율적으로 제어하기 위해 모터 회전자(영구자석)와 고정자의 절대 위치를 검출한다.

㉡ 리졸버 센서는 엔진의 리어 플레이트에 설치되어 있다.

㉢ 모터의 회전자와 고정자의 절대 위치를 검출하여 모터 제어기(MCU)에 입력하는 역할을 한다.

㉣ 회전자의 위치 및 속도 정보를 기준으로 MCU는 구동 모터를 큰 토크로 제어한다.

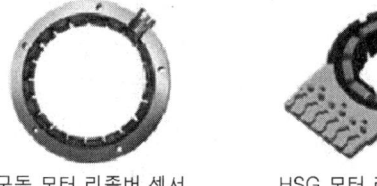

[그림] 리졸버 센서

⑮ **모터 온도 센서 (motor temperature sensor)**

모터의 성능에 큰 영향을 미치는 요소는 모터의 온도이며, 모터가

[그림] 모터 온도 센서

과열될 때 IPM(Interior Permanent Magnet ; 매립 영구자석)과 스테이터 코일이 변형 및 성능의 저하가 발생된다. 이를 방지하기 위하여 모터의 내부에 온도 센서를 장착하여 모터의 온도에 따라 토크를 제어한다.

(9) 저전압 배터리

오디오나 에어컨, 자동차 내비게이션, 그 밖의 등화장치 등에 필요한 전력을 공급하기 위하여 보조 배터리(12V 납산 배터리)가 별도로 탑재된다. 또한 하이브리드 모터로 시동이 불가능 할 때 엔진 시동 등이다.

(10) HSG(시동 발전기, hybrid starter generator)

① HSG는 엔진의 크랭크축 풀리와 구동 벨트로 연결되어 있다.
② 엔진의 시동과 발전 기능을 수행한다.
③ 고전압 배터리 충전상태(SOC)가 기준 값 이하로 저하될 경우 엔진을 강제로 시동하여 발전을 한다.
④ EV(전기 자동차)모드에서 HEV(하이브리드 자동차) 모드로 전환할 때 엔진을 시동하는 시동 전동기로 작동한다.
⑤ 발전을 할 경우에는 발전기로 작동하는 장치이며, 주행 중 감속할 때 발생하는 운동 에너지를 전기 에너지로 전환하여 배터리를 충전한다.

(11) 회생 브레이크 시스템(regeneration brake system)

① 감속 제동 시에 전기 모터를 발전기로 이용하여 자동차의 운동 에너지를 전기 에너지로 변환시켜 배터리로 회수(충전)한다.
② 회생 브레이크를 적용함으로써 에너지의 손실을 최소화 한다.
③ 회생 제동량은 차량의 속도, 배터리의 충전량 등에 의해서 결정된다.
④ 가속 및 감속이 반복되는 시가지 주행 시 큰 연비의 향상 효과가 가능하다.

(12) 오토 스톱

오토 스톱은 주행 중 자동차가 정지할 경우 연료 소비를 줄이고 유해 배기가스를 저감시키기 위하여 엔진을 자동으로 정지시키는 기능으로 공조 시스템은 일정시간 유지 후 정지된다. 오토 스톱이 해제되면 연료 분사를 재개하고 하이브리드 모터를 통하여 다시 엔진을 시동시킨다.

오토 스톱이 작동되면 경고 메시지의 오토 스톱 램프가 점멸되고 오토 스톱이 해제되면 오토 스톱 램프가 소등된다. 또한 오토 스톱 스위치가 눌려 있지 않은 경우에는 오토 스톱 OFF 램프가 점등된다. 점화키 스위치 IG OFF 후 IG ON으로 위치시킬 경우 오토 스톱 스위치는 ON 상태가 된다.

1) 엔진 정지 조건

① 자동차를 9km/h 이상의 속도로 2초 이상 운행한 후 브레이크 페달을 밟은 상태로 차속이 4km/h 이하가 되면 엔진을 자동으로 정지시킨다.

② 정차 상태에서 3회까지 재진입이 가능하다.
③ 외기의 온도가 일정 온도 이상일 경우 재진입이 금지된다.

2) 엔진 정지 금지 조건
① 오토 스톱 스위치가 OFF 상태인 경우
② 엔진의 냉각수 온도가 45℃ 이하인 경우
③ CVT 오일의 온도가 -5℃ 이하인 경우
④ 고전압 배터리의 온도가 50℃ 이상인 경우
⑤ 고전압 배터리의 충전율이 28% 이하인 경우
⑥ 브레이크 부스터 압력이 250mmHg 이하인 경우
⑦ 액셀러레이터 페달을 밟은 경우
⑧ 변속 레버가 P, R레인지 또는 L레인지에 있는 경우
⑨ 고전압 배터리 시스템 또는 하이브리드 모터 시스템이 고장인 경우
⑩ 급 감속시(기어비 추정 로직으로 계산)
⑪ ABS 작동시

3) 오토 스톱 해제 조건
① 금지 조건이 발생된 경우
② D, N레인지 또는 E레인지에서 브레이크 페달을 뗀 경우
③ N레인지에서 브레이크 페달을 뗀 경우에는 오토 스톱 유지
④ 차속이 발생한 경우

(13) 하이브리드 자동차의 전기장치 정비 시 반드시 지켜야 할 내용
① 고전압 케이블의 커넥터 커버를 분리한 후 전압계를 이용하여 각 상 사이(U, V, W)의 전압이 0V인지를 확인한다.
② 전원을 차단하고 일정시간이 경과 후 작업한다.
③ 절연장갑을 착용하고 작업한다.
④ 서비스 플러그(안전 플러그)를 제거한다.
⑤ 작업 전에 반드시 고전압을 차단하여 감전을 방지하도록 한다.
⑥ 전동기와 연결되는 고전압 케이블을 만져서는 안 된다.
⑦ 이그니션 스위치를 OFF 한 후 안전 스위치를 분리하고 작업한다.
⑧ 12V 보조 배터리 케이블을 분리하고 작업한다.

2. 전기자동차 고전압 배터리 개요 및 정비

(1) 전기 자동차의 개요

1) 용어의 정의
① **1차 전지(Primary Cell)** : 1차 전지란 방전한 후 충전에 의해 원래의 상태로 되

돌릴 수 없는 전지를 말한다.
② **2차 전지(rechargeable cell)** : 2차 전지란 충전시켜 다시 쓸 수 있는 전지를 말한다. 2차 전지는 납산 축전지, 알칼리 축전지, 기체 전지, 리튬 이온 전지, 니켈-수소 전지, 니켈-카드뮴 전지, 폴리머 전지 등이 있다.
③ **납산 배터리(lead-acid battery)** : 납산 배터리란 양극에 이산화납, 음극에 해면 상납, 전해액에 묽은 황산을 사용한 2차 전지를 말한다.
④ **방전 심도(depth of discharge)** : 방전 심도란 배터리 팩이나 시스템으로부터 회수할 수 있는 암페어시 단위의 양을 시험 전류와 온도에서의 정격 용량으로 나눈 것으로 백분율로 표시하는 것을 말한다.
⑤ **잔여 운행시간(remaining run time)** : 잔여 운행시간은 배터리가 정지 기능 상태가 되기 전까지의 유효한 방전상태에서 배터리가 이동성 소자들에게 전류를 공급할 수 있는 것으로 평가되는 시간을 말한다.
⑥ **잔존 수명(SOH; State Of Health)** : 잔존 수명은 초기 제조 상태의 배터리와 비교하여 언급된 성능을 공급할 수 있는 능력이 있고 배터리 상태의 일반적인 조건을 반영하여 측정된 상황을 말한다.
⑦ **안전 운전 범위** : 셀이 안전하게 운전될 수 있는 전압, 전류, 온도 범위. 리튬 이온 셀의 경우에는 그 전압 범위, 전류 범위, 피크 전류 범위, 충전 시의 온도 범위, 방전 시의 온도 범위를 제작사가 정의한다.
⑧ **사이클 수명** : 규정된 조건으로 충전과 방전을 반복하는 사이클의 수로 규정된 충전과 방전 종료 기준까지 수행한다.
⑨ **배터리 관리 시스템(BMS; Battery Management System)** : 배터리 관리 시스템이란 배터리 시스템의 열적, 전기적 기능을 제어 또는 관리하고, 배터리 시스템과 차량의 다른 제어기와의 사이에서 통신을 제공하는 전자장치를 말한다.
⑩ **배터리 모듈(battery module)** : 배터리 모듈이란 단일, 기계적인 그리고 전기적인 유닛 내에 서로 연결된 셀들의 집합을 말하며, 배터리 모노 블록이라고도 한다.
⑪ **배터리 셀(battery cell)** : 배터리 셀이란 전극, 전해질, 용기, 단자 및 일반적인 격리판으로 구성된 화학에너지를 직접 변환하여 얻어지는 전기 에너지원으로 재충전할 수 있는 에너지 저장 장치를 말한다.
⑫ **배터리 팩(battery pack)** : 배터리 팩이란 여러 셀이 전기적으로 연결된 배터리 모듈, 전장품의 어셈블리(제어기 포함 어셈블리)를 말한다.

2) KS R 1200에 따른 엔클로저(enclosure)의 종류

엔클로저는 울타리를 친 장소를 말하며, 다음 중 하나 이상의 기능을 지닌 교환형 배터리의 일부분을 말한다.
① **방화용 엔클로저** : 내부로부터의 화재나 불꽃이 확산되는 것을 최소화 하도록 설계된 엔클로저
② **기계적 보호용 엔클로저** : 기계적 또는 기타 물리적 원인에 의한 손상을 방지하기 위해 설계된 엔클로저

③ **감전 방지용 엔클로저** : 위험 전압이 인가되는 부품 또는 위험 에너지가 있는 부품과의 접촉을 막기 위해 설계된 엔클로저

3) 고전압 배터리의 종류

① **니켈-카드뮴 배터리(nickle-cadmium battery)** : 니켈-카드뮴 배터리란 양극에 니켈 산화물, 음극에 카드뮴, 전해액에 수산화칼륨 수용액을 사용한 2차 전지를 말한다.

② **니켈-수소 배터리(nickel-metal hydride battery)** : 니켈-수소 배터리란 양극에 니켈 산화물, 음극에 수소를 전기 화학적으로 흡장 및 방출할 수 있는 수소 흡장 합금, 전해액에 수산화칼륨 수용액을 사용한 2차 전지를 말한다.

③ **리튬 이온 배터리(lithium Ion battery)** : 리튬 이온 배터리란 일반적으로 양극에 리튬산화물(코발트산 리튬, 니켈산 리튬, 망간산 리튬 등)과 같은 리튬을 포함한 화합물을, 음극에 리튬을 포함하지 않은 탄소 재료를, 전해액에 리튬염을 유기 용매에 용해시킨 것을 사용하여 리튬을 이온으로 사용하는 2차 전지를 말한다.

④ **리튬 고분자 배터리(lithium polymer battery)** : 리튬 고분자 배터리란 리튬 이온 배터리와 동일한 전기 화학반응을 가진 배터리로 폴리머 겔(Polymer Gell) 상의 전해질과 박막형 알루미늄 파우치를 외장재로 적용한 2차 전지를 말한다.

(2) 전기 자동차의 특징

전기 자동차는 차량에 탑재된 고전압 배터리의 전기 에너지로부터 구동 에너지를 얻는 자동차이며, 일반 내연기관 차량의 변속기 역할을 대신할 수 있는 감속기가 장착되어 있다. 또한 내연기관 자동차에서 발생하게 되는 유해가스가 배출되지 않는 친환경 차량으로서 다음과 같은 특징이 있다.

① 대용량 고전압 배터리를 탑재한다.
② 전기 모터를 사용하여 구동력을 얻는다.
③ 변속기가 필요 없으며, 단순한 감속기를 이용하여 토크를 증대시킨다.
④ 외부 전력을 이용하여 배터리를 충전한다.
⑤ 전기를 동력원으로 사용하기 때문에 주행 시 배출가스가 없다
⑥ 배터리에 100% 의존하기 때문에 배터리 용량 따라 주행거리가 제한된다.

(3) 전기 자동차의 주행 모드

1) 출발 · 가속

① 시동키를 ON시킨 후 가속 페달을 밟으면 전기 자동차는 고전압 배터리에 저장된 전기 에너지를 이용하여 구동 모터로 주행한다.
② 가속 페달을 더 밟으면 모터는 더 빠르게 회전하여 차속이 높아진다.
③ 큰 구동력을 요구하는 출발과 언덕길 주행 시는 모터의 회전속도는 낮아지고 구동 토크를 높여 언덕길을 주행할 때에도 변속기 없이 순수 모터의 회전력을 조절하여 주행한다.

2) 감속

① 감속이나 브레이크를 작동할 때 구동 모터는 발전기의 역할로 변환된다.
② 주행 관성 운동 에너지에 의해 구동 모터는 전류를 발생시켜 고전압 배터리를 충전한다.
③ 구동 모터는 감속 시 발생하는 운동 에너지를 이용하여 발생된 전류를 고전압 배터리 팩 어셈블리에 충전하는 것을 회생 제동이라고 한다.

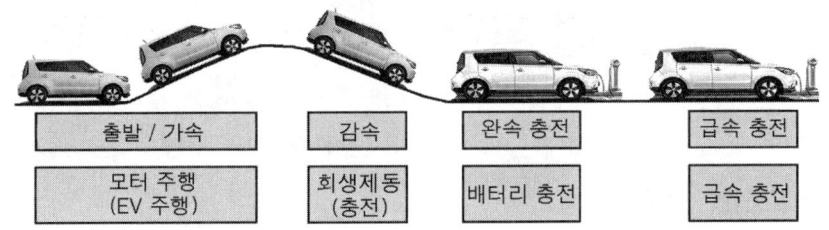

[그림] 전기 자동차의 주행 모드

3) 완속 충전

① AC 100·220V의 전압을 이용하여 고전압 배터리를 충전하는 방법이다.
② 표준화된 충전기를 사용하여 차량 앞쪽에 설치된 완속 충전기 인렛을 통해 충전하여야 한다.
③ 급속 충전보다 더 많은 시간이 필요하다.
④ 급속 충전보다 충전 효율이 높아 배터리 용량의 90%까지 충전할 수 있다.

4) 급속 충전

① 외부에 별도로 설치된 급속 충전기를 사용하여 DC 380V의 고전압으로 고전압 배터리를 빠르게 충전하는 방법이다.
② 연료 주입구 안쪽에 설치된 급속 충전 인렛 포트에 급속 충전기 아웃렛을 연결하여 충전한다.
③ 충전 효율은 배터리 용량의 80%까지 충전할 수 있다.

(4) 전기 자동차의 구성

1) 전기 자동차의 원리

① 360V 27kWh의 배터리 팩의 고전압을 이용해 모터를 구동한다.
② 모터의 속도로 자동차의 속도를 제어할 수 있어 변속기는 필요 없다.
③ 모터의 토크를 증대시키기 위해 감속기가 설치된다.
④ PE룸(내연기관의 엔진룸)에는 고전압을 PTC 히터, 전동 컴프레서에 공급하기 위한 고전압 정션박스, 그 아래로 완속 충전기(OBC), 전력 제어장치(EPCU)가 배치되어 있다.
⑤ 통합 전력 제어장치(EPCU)는 VCU, MCU(인버터), LDC가 통합된 구조이다.

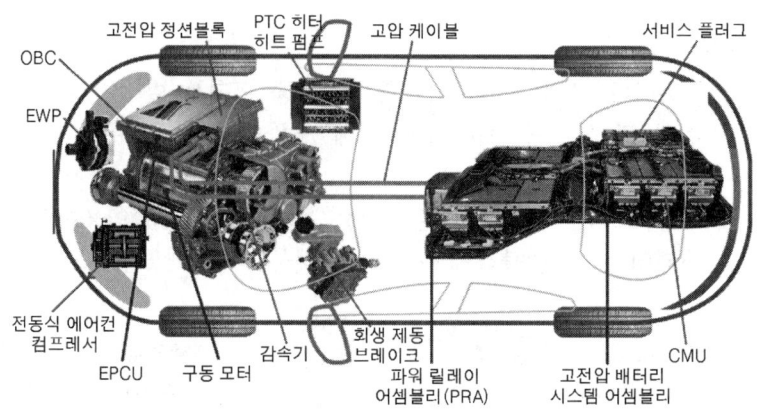

[그림] 전기 자동차의 구성

2) 고전압 회로

① 고전압 배터리, PRA(Power Relay Assembly)1, 2, 전동식 에어컨 컴프레서, LDC(Low DC/DC Converter), PTC(Positive Temperature Coefficient) 히터, 차량 탑재형 배터리 완속 충전기(OBC, On-Board battery Charger), 모터 제어기(MCU, Motor Control Unit), 구동 모터가 고전압으로 연결되어 있다.

② 배터리 팩에 고전압 배터리와 파워 릴레이 어셈블리 1, 2 및 고전압을 차단할 수 있는 안전 플러그가 장착되어 있다.

③ 파워 릴레이 어셈블리 1은 구동용 전원을 차단 및 연결하는 역할을 한다.

④ 파워 릴레이 2는 급속 충전기에 연결될 때 BMU(Battery Management Unit)의 신호를 받아 고전압 배터리에 충전할 수 있도록 전원을 연결하는 기능을 한다.

⑤ 전동식 에어컨 컴프레서, PTC 히터, LDC, OBC에 공급되는 고전압은 정션 박스를 통해 전원을 공급 받는다.

⑥ MCU는 고전압 배터리에 저장된 DC 단상 고전압을 파워 릴레이 어셈블리 1과 정션 박스를 거쳐 공급받아 전력 변환기구(IGBT, Insulated Gate Bipolar Transistor) 제어로 교류 3상 고전압으로 변환하여 구동 모터에 고전압을 공급하고 운전자의 요구에 맞게 모터를 제어한다.

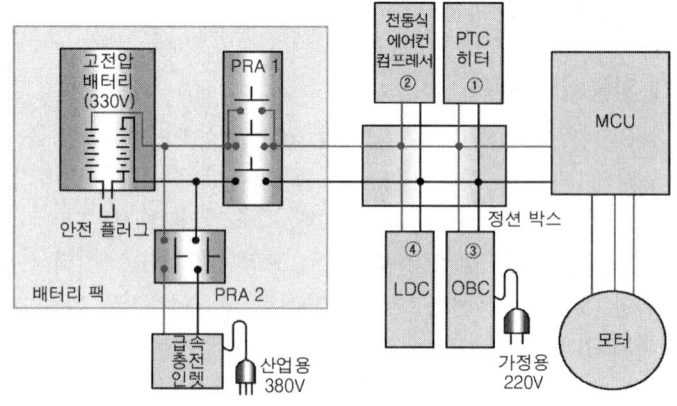

[그림] 고전압 흐름도

3) 고전압 배터리

① 리튬이온 폴리머 배터리(Li-ion Polymer)는 리튬 이온 배터리의 성능을 그대로 유지하면서 화학적으로 가장 안정적인 폴리머(고체 또는 젤 형태의 고분자 중합체) 상태의 전해질을 사용하는 배터리를 말한다.
② 정격 전압 DC 360V의 리튬이온 폴리머 배터리는 DC 3.75V의 배터리 셀 총 96개가 직렬로 연결되어 있고 총 12개의 모듈로 구성되어 있다.
③ 고전압 배터리 쿨링 시스템은 공랭식으로 실내의 공기를 쿨링 팬을 통하여 흡입하여 고전압 배터리 팩 어셈블리를 냉각시키는 역할을 한다.
④ 시스템 온도는 1번~12번 모듈에 장착된 12개의 온도 센서 신호를 바탕으로 BMU(Battery Management Unit)에 의해 계산된다.
⑤ 고전압 배터리 시스템이 항상 정상 작동 온도를 유지할 수 있도록 제어되며, 쿨링 팬은 차량의 상태와 소음·진동 상태에 따라 9단으로 제어된다.

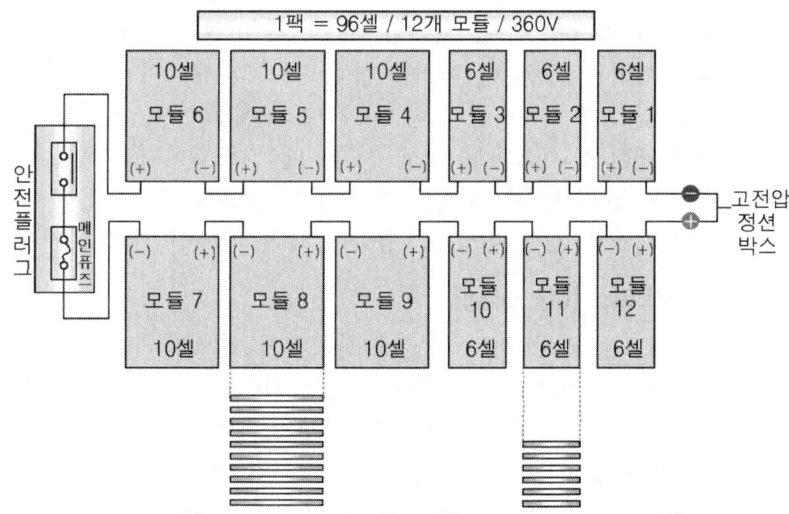

[그림] 고전압 배터리의 구성

(5) 고전압 배터리 시스템(BMU; Battery Management Unit)

고전압 배터리 컨트롤 시스템은 컨트롤 모듈인 BMU, 파워 릴레이 어셈블리(PRA, Power Relay Assembly)로 구성되어 있으며, 고전압 배터리의 SOC(State Of Charge), 출력, 고장 진단, 배터리 셀 밸런싱(Cell Balancing), 시스템 냉각, 전원 공급 및 차단을 제어한다.
파워 릴레이 어셈블리는 메인 릴레이(+, -), 프리차지 릴레이, 프리차지 레지스터, 배터리 전류 센서, 고전압 배터리 히터 릴레이로 구성되어 있으며, 부스바(Busbar)를 통해서 배터리 팩과 연결되어 있다.
SOC(배터리 충전율)는 배터리의 사용 가능한 에너지를 표시한다.

1) 고전압 배터리 시스템의 구성

셀 모니터링 유닛(CMU, Cell Monitoring Unit)은 각 고전압 배터리 모듈의 측면에 장착되어 있으며, 각 고전압 배터리 모듈의 온도, 전압, 화학적 상태(VDP, Voronoi-Dirichlet partitioning)를 측정하여 BMU(Battery Management Unit)에 전달하는 기능을 한다.

2) 고전압 배터리 시스템의 주요 기능

① **배터리 충전율 (SOC) 제어** : 전압·전류·온도의 측정을 통해 SOC를 계산하여 적정 SOC 영역으로 제어한다.
② **배터리 출력 제어** : 시스템의 상태에 따른 입·출력 에너지 값을 산출하여 배터리 보호, 가용 파워 예측, 과충전·과방전 방지, 내구 확보 및 충·방전 에너지를 극대화한다.
③ **파워 릴레이 제어** : IG ON·OFF 시 고전압 배터리와 관련 시스템으로의 전원 공급 및 차단을 하며, 고전압 시스템의 고장으로 인한 안전사고를 방지한다.
④ **냉각 제어** : 쿨링 팬 제어를 통한 최적의 배터리 동작 온도를 유지(배터리 최대 온도 및 모듈 간 온도 편차 량에 따라 팬 속도를 가변 제어함)한다.
⑤ **고장 진단** : 시스템의 고장 진단, 데이터 모니터링 및 소프트웨어 관리, 페일-세이프(Fail-Safe) 레벨을 분류하여 출력 제한치 규정, 릴레이 제어를 통하여 관련 시스템 제어 이상 및 열화에 의한 배터리 관련 안전사고를 방지한다.

3) 안전 플러그(safety plug)

안전 플러그는 리어 시트 하단에 장착되어 있으며, 기계적인 분리를 통하여 고전압 배터리 내부의 회로 연결을 차단하는 장치이다. 연결 부품으로는 고전압 배터리 팩, 파워 릴레이 어셈블리, 급속 충전 릴레이, BMU, 모터, EPCU, 완속 충전기, 고전압 조인트 박스, 파워 케이블, 전기 모터식 에어컨 컴프레서 등이 있다.

[그림] 안전 플러그

4) 파워 릴레이 어셈블리(PRA; Power Relay Assembly)

파워 릴레이 어셈블리는 고전압 배터리 시스템 어셈블리 내에 장착되어 있으며 (+) 고전압 제어 메인 릴레이, (−) 고전압 제어 메인 릴레이, 프리차지 릴레이, 프리차지 레지스터, 배터리 전류 센서로 구성되어 있다.

BMU의 제어 신호에 의해 고전압 배터리 팩과 고전압 조인트 박스 사이의 DC 360V 고전압을 ON, OFF 및 제어 하는 역할을 한다.

5) 고전압 배터리 히터 릴레이 및 히터 온도 센서

고전압 배터리 히터 릴레이는 파워 릴레이 어셈블리 내부에 장착 되어 있다. 고전압 배터리에 히터 기능을 작동해야 하는 조건이 되면 제어 신호를 받은 히터 릴레이는 히터 내부에 고전압을 흐르게 함으로써 고전압 배터리의 온도가 조건에 맞추어서 정상적으로 작동 할 수 있도록 작동된다.

6) 고전압 배터리 인렛 온도 센서

인렛 온도 센서는 고전압 배터리 1번 모듈 상단에 장착되어 있으며, 배터리 시스템 어셈블리 내부의 공기 온도를 감지하는 역할을 한다. 인렛 온도 센서 값에 따라 쿨링 팬의 작동 유무가 결정 된다.

7) 프리차지 릴레이(pre-charge relay)

프리차지 릴레이(Pre-Charge Relay)는 파워 릴레이 어셈블리에 장착되어 있으며, 인버터의 커패시터를 초기 충전할 때 고전압 배터리와 고전압 회로를 연결하는 기능을 한다.

IG ON을 하면 프리차지 릴레이와 레지스터를 통해 흐른 전류가 인버터 내에 커패시터에 충전이 되고, 충전이 완료되면 프리차지 릴레이는 OFF 된다.

8) 메인 퓨즈(main fuse)

메인 퓨즈(250A 퓨즈)는 안전 플러그 내에 장착되어 있으며, 고전압 배터리 및 고전압 회로를 과전류로부터 보호하는 기능을 한다.

9) 프리차지 레지스터(pre-charge resistor)

프리차지 레지스터는 파워 릴레이 어셈블리에 장착되어 있으며, 인버터의 커패시터를 초기 충전할 때 충전 전류를 제한하여 고전압 회로를 보호하는 기능을 한다.

10) 급속 충전 릴레이 어셈블리(QRA; Quick Charge Relay Assembly)

급속 충전 릴레이 어셈블리는 파워 릴레이 어셈블리 내에 장착되어 있으며, (+) 고전압 제어 메인 릴레이, (−) 고전압 제어 메인 릴레이로 구성되어 있다. 그리고 BMU 제어 신호에 의해 고전압 배터리 팩과 고압 조인트 박스 사이에서 DC 360V 고전압을 ON, OFF 및 제어한다. 급속 충전 릴레이 어셈블리 작동 시 에는 파워 릴레이 어셈블리는 작동한다.

급속 충전 시 공급되는 고전압을 배터리 팩에 공급하는 스위치 역할을 하고, 과충전 시 과충전을 방지하는 역할을 한다.

11) 메인 릴레이(main relay)

메인 릴레이는 파워 릴레이 어셈블리에 장착되어 있으며, 고전압 (+) 라인을 제어하는 메인 릴레이와 고전압 (−) 라인을 제어하는 2개의 메인 릴레이로 구성되어 있다. 그리고 BMU의 제어 신호에 의해 고전압 조인트 박스와 고전압 배터리 팩 간의 고전압 전원, 고전압 접지 라인을 연결시켜 주는 역할을 한다. 단, 고전압 배터리 셀이 과충전에 의해 부풀어 오르는 상황이 되면 고전압 보호 장치인 OPD(Overvoltage Protection Device)에 의해 메인 릴레이 (+), 메인 릴레이(−), 프리차지 릴레이 코일 접지 라인을 차단함으로써 과충전 시엔 메인 릴레이 및 프리차지 릴레이의 작동을 금지시킨다. 고전압 배터리가 정상적인 상태일 경우에는 VPD는 작동하지 않고 항상 연결되어 있다. OPD 장착 위치는 12개 배터리 모듈 상단에 장착되어 있다.

12) 배터리 온도 센서(battery temperature sensor)

배터리 온도 센서는 각 고전압 배터리 모듈에 장착되어 있으며, 각 배터리 모듈의 온도를 측정하여 CMU(Cell Monitoring Unit)에 전달하는 역할을 한다.

13) 배터리 전류 센서(battery current sensor)

배터리 전류 센서는 파워 릴레이 어셈블리에 장착되어 있으며, 고전압 배터리의 충전·방전 시 전류를 측정하는 역할을 한다.

14) 고전압 차단 릴레이(OPD; Over Voltage Protection Device)

고전압 릴레이 차단 장치(OPD)는 각 모듈 상단에 장착되어 있으며, 고전압 배터리 셀이 과충전에 의해 부풀어 오르는 상황이 되면 OPD에 의해 메인 릴레이 (+), 메인 릴레이 (−), 프리차지 릴레이 코일의 접지 라인을 차단함으로써 과충전 시 메인 릴레이 및 프리차지 릴레이의 작동을 금지시킨다.

고전압 배터리가 정상일 경우에는 항상 스위치는 붙어 있으며, 셀이 과충전이 될 때 스위치는 차단되면서 차량은 주행이 불가능하다.

병렬형은 엔진과 변속기가 직접 연결되어 바퀴를 구동한다. 따라서 발전기가 필요 없다. 병렬형의 동력전달은 배터리 → 모터 → 변속기 → 바퀴로 이어지는 전기적 구성과 엔진 → 변속기 → 바퀴의 내연기관 구성이 변속기를 중심으로 병렬적으로 연결된다.

3. 수소 공급장치 개요 및 정비

(1) 수소 연료 전지 전기 자동차

연료 전지 전기 자동차(FCEV, Fuel Cell Electric Vehicle)는 연료 전지(Stack)라는 특수한 장치에서 수소(H_2)와 산소(O_2)의 화학 반응을 통해 전기를 생산하고 이 전기 에너지를 사용하여 구동 모터를 돌려 주행하는 자동차이다.

① 연료 전지 시스템은 연료 전지 스택, 운전 장치, 모터, 감속기로 구성된다.
② 연료 전지는 공기와 수소 연료를 이용하여 전기를 생산한다.
③ 연료 전지에서 생산된 전기는 인버터를 통해 모터로 공급된다.
④ 연료 전지 자동차가 유일하게 배출하는 배기가스는 수분이다.

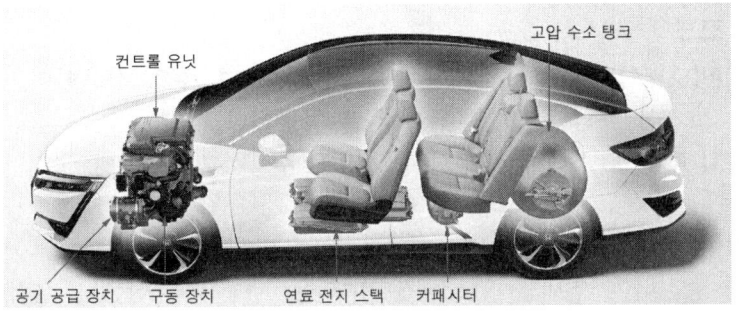

[그림] 연료 전지 자동차의 구성

1) 고체 고분자 연료 전지(PEFC; Polymer Electrolyte Fuel Cell)

① 특징
  ㉠ 전해질로 고분자 전해질(polymer electrolyte)을 이용한다.
  ㉡ 공기 중의 산소와 화학반응에 의해 백금의 전극에 전류가 발생한다.
  ㉢ 발전 시 열을 발생하지만 물만 배출시키므로 에코 자동차라 한다.
  ㉣ 출력의 밀도가 높아 소형 경량화가 가능하다.
  ㉤ 운전 온도가 상온에서 80℃까지로 저온에서 작동하다.
  ㉥ 기동·정지 시간이 매우 짧아 자동차 등 전원으로 적합하다
  ㉦ 전지 구성의 재료 면에서 제약이 적고 튼튼하여 진동에 강하다.

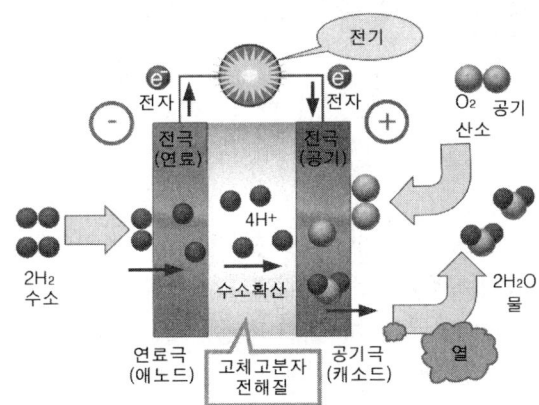

[그림] 고체 고분자 연료 전지

② 작동 원리
  ㉠ 하나의 셀은 (−) 극판과 (+) 극판이 전해질 막을 감싸는 구조이다.
  ㉡ 양 바깥쪽에서 세퍼레이터(separator)가 감싸는 형태로 구성되어 있다.
  ㉢ 셀의 전압이 낮아 자동차용의 스택은 수백 장의 셀을 겹쳐 고전압을 얻고 있다.

ⓔ 세퍼레이터는 홈이 파져 있어 (-)쪽에는 수소, (+)쪽은 공기가 통한다.
ⓜ 수소는 극판에 칠해진 백금의 촉매작용으로 수소 이온이 되어 (+)극으로 이동한다.
ⓗ 산소와 만나 다른 경로로 (+)극으로 이동된 전자도 합류하여 물이 된다.

2) 주행 모드
① **등판(오르막) 주행** : 스택에서 생산한 전기를 주로 사용하며, 전력이 부족할 경우 고전압 배터리의 전기를 추가로 공급한다.
② **평지 주행** : 스택에서 생산된 전기로 주행하며, 생산된 전기가 모터를 구동하고 남을 경우 고전압 배터리를 충전한다.
③ **강판(내리막) 주행** : 구동 모터를 통해 발생된 회생 제동을 통해 고전압 배터리를 충전하여 연비를 향상시킨다. 회생 제동으로 생산된 전기는 스택으로 가지 않고 고전압 배터리 충전에 사용된다. 또한 긴 내리막으로 인해 고전압 배터리가 완충된다면 COD(Cathode Oxygen Depletion) 히터를 통해 회생 제동량을 방전시킨다.

3) 수소 연료 전지 자동차의 구성

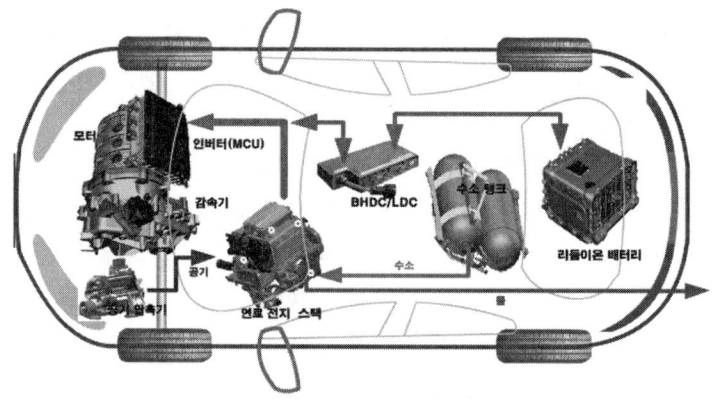

[그림] 수소 연료 전지 자동차의 구조

① **수소 저장 탱크** : 탱크 내에 수소를 저장하며, 스택(stack)으로 공급한다.
② **공기 공급 장치(APS)** : 스택 내에서 수소와 결합하여 물(H_2O)을 생성하며, 순수한 산소의 형태가 아니며 대기의 공기를 스택으로 공급한다.
③ **스택(stack)** : 주행에 필요한 전기를 발생하며, 공급된 수소와 공기 중의 산소가 결합되어 수증기를 생성한다.
④ **고전압 배터리** : 스택에서 발생된 전기를 저장하며, 회생제동 에너지(전기)를 저장하여 시스템 내의 고전압 장치에 전원을 공급한다.
⑤ **인버터** : 스택에서 발생된 직류 전기를 모터가 필요로 하는 3상 교류 전기로 변환하는 역할을 한다.
⑥ **모터 & 감속기** : 차량을 구동하기 위한 모터와 감속기

⑦ **연료 전지 시스템 어셈블리** : 연료 전지 룸 내부에는 스택을 중심으로 수소 공급 시스템과 고전압 회로 분배, 공기를 흡입하여 스택 내부로 불어 넣을 수 있는 공기 공급하며, 스택의 온도 조절을 위해 냉각을 한다.

(2) 파워트레인 연료 전지(PFC; Power Train Fuel Cell)

연료 전지 전기 자동차의 동력원인 전기를 생산하고 이를 통해 자동차를 구동하는 시스템이 구성된 전체 모듈을 PFC라고 한다. 파워트레인 연료 전지는 크게 연료 전지 스택, 수소 공급 시스템(FPS; Fuel Processing System), 공기 공급 시스템(APS; Air Processing System), 스택 냉각 시스템(TMS; Thermal Management System)으로 구성된다. 이 시스템에 의해 전기가 생산되면 고전압 정션 박스에서 전기가 분배되어 구동 모터를 돌려 주행한다.

1) 연료 전지용 전력 변환 장치

연료 전지로부터 출력되는 DC 전원을 AC 전원으로 변환하여 전원 계통에 연계시키는 연계형 인버터이다.

2) 연료 전지 스택

연료 전지 스택은 연료 전지 시스템의 가장 핵심적인 부품이며, 연료 전지는 수소 전기 자동차에 요구되는 출력을 충족시키기 위해 단위 셀을 층층이 쌓아 조립한 스택 형태로 완성된다. 하나의 셀은 화학 반응을 일으켜 전기 에너지를 생산하는 전극 막, 수소와 산소를 전극 막 표면으로 전달하는 기체 확산층, 수소와 산소가 섞이지 않고 각 전극으로 균일하게 공급되도록 길을 만들어 주는 금속 분리판 등의 부품으로 구성되어 있다.

3) 수소 공급 시스템

연료 전지 스택의 효율적인 전기 에너지의 생성을 위해서는 운전 장치의 도움이 필요하다. 이 중에서 수소 공급 시스템은 수소 탱크에 안전하게 보관된 수소를 고압 상태에서 저압 상태로 바꿔 연료 전지 스택으로 이동시키는 역할을 담당한다. 또한 재순환 라인을 통해 수소 공급 효율성을 높여준다.

4) 공기 공급 시스템

공기 공급 시스템은 외부 공기를 여러 단계에 걸쳐 정화하고 압력과 양을 조절하여 수소와 반응시킬 산소를 연료 전지 스택에 공급하는 장치이며, 외부의 공기를 그대로 사용할 경우 대기 공기 중 이물질로 인한 연료 전지의 손상이 발생할 수 있어 여러 단계로 공기를 정화한 후 산소를 전달한다.

5) 열관리 시스템

열관리 시스템은 연료 전지 스택이 전기 화학 반응을 일으킬 때 발생하는 열을 외부로 방출시키고 냉각수를 순환시켜 연료 전지 스택의 온도를 일정하게 유지하는 장치이다. 열관리 시스템은 연료 전지 스택의 출력과 수명에 영향을 주기 때문에 수소 연료 전지 전기 자동차의 성능을 좌우하는 중요한 기술이다.

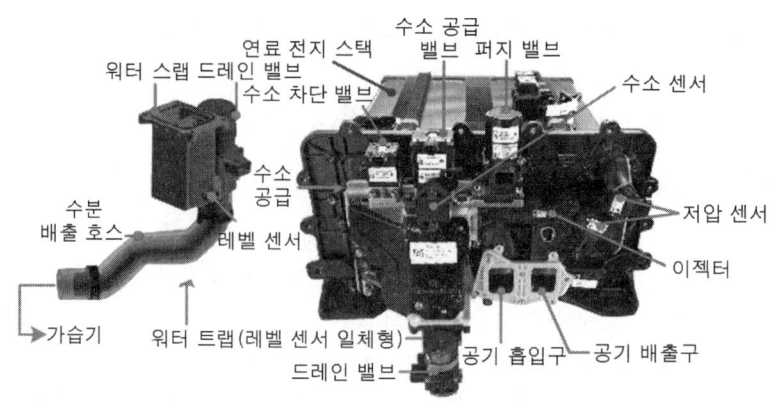

[그림] 파워 트레인 연료 전지의 구성

(3) 수소 가스의 특징

① 수소는 가볍고 가연성이 높은 가스이다.
② 수소는 매우 넓은 범위에서 산소와 결합될 수 있어 연소 혼합가스를 생성한다.
③ 수소는 전기 스파크로 쉽게 점화할 수 있는 매우 낮은 점화 에너지를 가지고 있다.
④ 수소는 누출되었을 때 인화성 및 가연성, 반응성, 수소 침식, 질식, 저온의 위험이 있다.
⑤ 가연성에 미치는 다른 특성은 부력 속도와 확산 속도이다.
⑥ 부력 속도와 확산 속도는 다른 가스보다 매우 빨라서 주변의 공기에 급속하게 확산되어 폭발할 위험성이 높다.

(4) 수소 가스 저장 시스템

1) 수소 가스의 충전

① **수소 충전소의 충전 압력**
　㉠ 수소를 충전할 때 수소가스의 압축으로 인해 탱크의 온도가 상승한다.
　㉡ 충전 통신으로 탱크 내부의 온도가 85℃를 초과되지 않도록 충전 속도를 제어한다.

② **충전 최대 압력**
　㉠ 수소 탱크는 875bar의 최대 충전 압력으로 설정되어 있다.
　㉡ 탱크에 부착된 솔레노이드 밸브는 체크 밸브 타입으로 연료 통로를 막고 있다.
　㉢ 수소의 고압가스는 체크 밸브 내부의 플런저를 밀어 통로를 개방하고 탱크에 충전된다.
　㉣ 충전하는 동안에는 전력을 사용하지 않는다.
　㉤ 수소는 압력차에 의해 충전이 이루어지며, 3개의 탱크 압력은 동시에 상승한다.

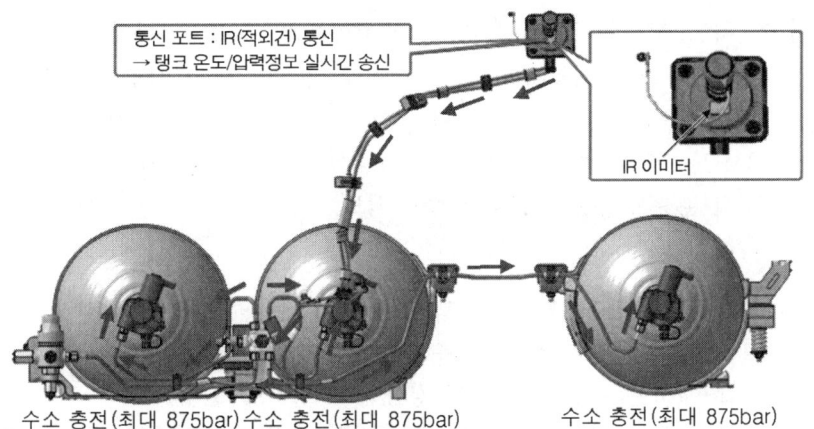

[그림] 수소 가스의 탱크

2) 주행 중 수소 가스의 소비

① 전력이 감지 될 경우
㉠ 수소가 공급되고 수소 탱크의 밸브가 개방된다.
㉡ 압력 조정기는 수소 가스의 압력을 감압시켜 연료 공급 시스템에 필요한 압력 & 유량을 제공한다.

② 3개 탱크 사이의 소비 분배
㉠ 연료 전지 파워 버튼을 누르면 수소 저장 시스템 제어기는 동시에 3개의 탱크 밸브(솔레노이드 밸브)에 전력을 공급하여 밸브가 개방된다.
㉡ 3개 탱크 내의 수소는 자동차가 구동될 때 함께 고비되어 내부 압력은 균등하게 낮아진다.

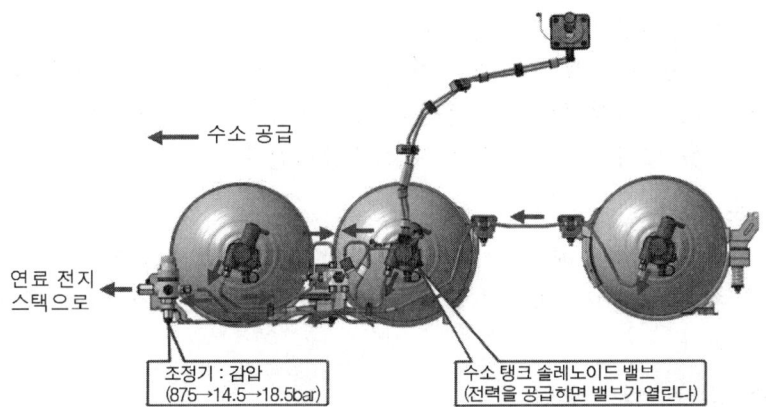

[그림] 수소 가스의 소비

3) 수소 저장 시스템 제어기(HMU; Hydrogen Module Unit)
① HMU는 남은 연료를 계산하기 위해 각각의 센서 신호를 사용한다.
② HMU는 수소가 충전되고 있는 동안 연료 전지 기동 방지 로직을 사용한다.
③ HMU는 수소 충전 시에 충전소와 실시간 통신을 한다.
④ HMU는 수소 탱크 솔레노이드 밸브, IR 이미터 등을 제어한다.

4) 고압 센서
① 고압 센서는 프런트 수소 탱크 솔레노이드 밸브에 장착된다.
② 고압 센서는 탱크 압력을 측정하여 남은 연료를 계산한다.
③ 고압 센서는 고압 조정기의 장애를 모니터링 한다.
④ 고압 센서는 다이어프램 타입으로 출력 전압은 약 0.4~0.5V이다.
⑤ 계기판의 연료 게이지는 수소 압력에 따라 변경된다.

5) 중압 센서
① 중압 센서는 고압 조정기(HPR; High Pressure Regulator)에 장착된다.
② 고압 조정기는 탱크로부터 공급되는 수소 압력을 약 16bar로 감압한다.
③ 중압 센서는 공급 압력을 측정하여 연료량을 계산한다.
④ 중압 센서는 고압 조정기의 장애를 감지하기 위해 수소 저장 시스템 제어기에 압력 값을 보낸다.

6) 솔레노이드 밸브
① 솔레노이드 밸브 어셈블리
  ㉠ 수소의 흡입·배출의 흐름을 제어하기 위해 각각의 탱크에 연결되어 있다.
  ㉡ 솔레노이드 밸브 어셈블리는 솔레노이드 밸브, 감압장치, 온도 센서와 과류 차단 밸브로 구성되어 있다.
  ㉢ 솔레노이드 밸브는 수소 저장 시스템 제어기에 의해 제어된다.
  ㉣ 밸브가 정상적으로 작동되지 않는 경우 수소 저장 시스템 제어기는 고장 코드를 설정하고 서비스 램프를 점등시킨다.

② 온도 센서
  ㉠ 탱크 내부에 배치되어 탱크 내부의 온도를 측정한다.
  ㉡ 수소 저장 시스템 제어기는 남은 연료를 계산하기 위해 측정된 온도를 이용한다.

③ 열 감응식 안전 밸브
  ㉠ 3적 활성화 장치라고도 한다.
  ㉡ 밸브 주변의 온도가 110℃를 초과하는 경우 안전 조치를 위해 수소를 배출한다.
  ㉢ 감압 장치는 유리 벌브 타입이며, 한 번 작동 후 교환하여야 한다.

④ 과류 차단 밸브
　㉠ 고압 라인이 손상된 경우 대기 중에 수소가 과도하게 방출되는 것을 기계적으로 차단하는 과류 플로 방지 밸브이다.
　㉡ 밸브가 작동하면 연료 공급이 차단되고 연료 전지 모듈의 작동은 정지된다.
　㉢ 과류 차단 밸브는 탱크의 솔레노이드 밸브에 배치되어 있다.

7) 고압 조정기(수소 압력 조정기)

① 고압 조정기
　㉠ 탱크 압력을 16bar로 감압시키는 역할을 한다.
　㉡ 감압된 수소는 스택으로 공급된다.
　㉢ 고압 조정기는 압력 릴리프 밸브, 서비스 퍼지 밸브를 포함하여 중압 센서가 장착된다.

② 중압 센서
　중압 센서는 고압 조정기에 장착되어 조정기에 의해 감압된 압력을 수소 저장 시스템 제어기에 전달한다.

③ 서비스 퍼지 밸브
　㉠ 수소 공급 및 저장 시스템의 부품 정비 시는 스택과 탱크 사이의 수소 공급 라인의 수소를 배출시키는 밸브이다.
　㉡ 서비스 퍼지 밸브의 니플에 수소 배출 튜브를 연결하여 공급 라인의 수소를 배출할 수 있다.

8) 리셉터클(receptacle)

수소 충전용 리셉터클은 수소가스 충전소 측의 충전 노즐 커넥터의 역할을 수행하는 리셉터클 본체와 내부는 리셉터클 본체를 통과하는 수소가스에 이물질을 필터링하는 필터부와 일방향으로 흐름을 단속하는 체크부로 구성되어 있다.

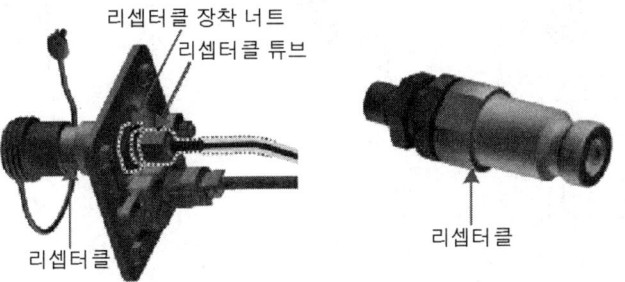

[그림] 리셉터클

9) IR(Infraed; 적외선) 이미터

① 적외선(IR) 이미터는 수소 저장 시스템 내부의 온도 및 압력 데이터를 송신하여 안전성을 확보하고 수소 충전 속도를 제어하기 위해 상시 적외선 통신을 실시한다.

② 키 OFF 상태에서 수소 충전 이후 일정 시간이 경과하거나 단순 키 OFF 상태에서 적외선 송신기 및 각종 센서에 전원 공급을 자동으로 차단한다.
③ 기존 배터리의 방전으로 인한 시동 불능 상황의 발생을 방지하기 위해 자동 전원 공급 및 차단한다.

(5) 공기 · 수소 공급 시스템 부품의 기능

1) 에어 클리너
① 에어 클리너는 흡입 공기에서 먼지 입자와 유해물(아황산가스, 부탄)을 걸러내는 화학 필터를 사용한다.
② 필터의 먼지 및 유해가스 포집 용량을 고려하여 주기적으로 교환하여야 한다.
③ 필터가 막힌 경우 필터의 통기 저항이 증가되어 공기 압축기가 빠르게 회전하고 에너지가 소비되며, 많은 소음이 발생한다.

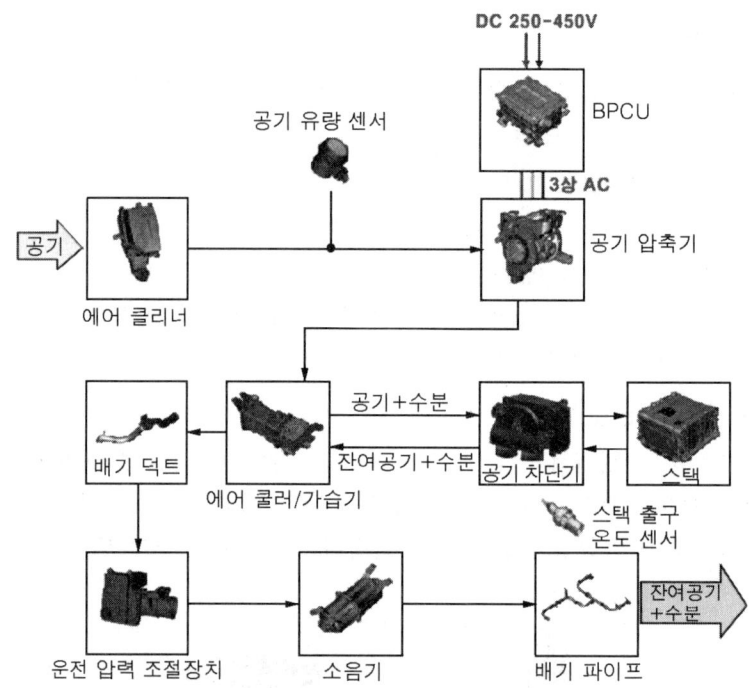

[그림] 공기 공급 시스템의 구성

2) 공기 유량 센서
① 공기 유량 센서는 스택에 유입되는 공기량을 측정한다.
② 센서의 열막은 공기 압축기에서 얼마나 많은 공기가 공급되는지 공기 흡입 통로에서 측정한다.
③ 지정된 온도에서 열막을 유지하기 위해 공급되는 전력 신호로 변환된다.

3) 공기 차단기
① 공기 차단기는 연료 전지 스택 어셈블리 우측에 배치되어 있다.

② 공기 차단기는 연료 전지에 공기를 공급 및 차단하는 역할을 한다.
③ 공기 차단 밸브는 키 ON 상태에서 열리고 OFF 시 차단되는 개폐식 밸브이다.
④ 공기 차단 밸브는 키를 OFF시킨 후 공기가 연료 전지 스택 안으로 유입되는 것을 방지한다.
⑤ 공기 차단 밸브는 모터의 작동을 위한 드라이버를 내장하고 있으며, 연료 전지 차량 제어 유닛(FCU)과의 CAN 통신에 의해 제어된다.

4) 공기 압축기
① 연료 전지 스택의 반응에 필요한 공기를 적정한 유량·압력으로 공급한다.
② 공기 압축기는 임펠러·볼류트 등의 압축부와 이를 구동하기 위한 고속 모터부로 구성되어 연료 전지 스택의 반응에 필요한 공기를 공급한다.
③ 모터의 회전수에 따라 공기의 유량을 제어하게 되며, 모터 축에 연결된 임펠러의 고속 회전에 의해 공기가 압축된다.
④ 모터에서 발생하는 열을 냉각하기 위한 수냉식으로 외부에서 냉각수가 공급된다.

5) 가습기
① 연료 전지 스택에 공급되는 공기가 내부의 가습 막을 통해 스택의 배기에 포함된 열 및 수분을 스택에 공급되는 공기에 공급한다.
② 연료 전지 스택의 안정적인 운전을 위해 일정 수준 이상의 가습이 필수적이다.
③ 스택의 배출 공기의 열 및 수분을 스택의 공급 공기에 전달하여 스택에 공급되는 공기의 온도 및 수분을 스택의 요구 조건에 적합하도록 조절한다.

6) 스택 출구 온도 센서
스택 출구 온도 센서는 스택에 유입되는 흡입 공기 및 배출되는 공기의 온도를 측정한다.

7) 운전 압력 조절 장치
① 운전 압력 조절장치는 연료 전지 시스템의 운전 압력을 조절하는 역할을 한다.
② 외기 조건(온도, 압력)에 따라 밸브의 개도를 조절하여 스택이 가압 운전이 될 수 있도록 한다.
③ FCU(Fuel Cell Control Unit)와 CAN 통신을 통하여 지령을 받고 모터를 구동하기 위한 드라이버를 내장하고 있다.

8) 소음기 및 배기 덕트
① 소음기는 배기 덕트와 배기 파이프 사이에 배치되어 있다.
② 소음기는 스택에서 배출되는 공기의 흐름에 의해 생성된 소음을 감소시킨다.

9) 블로어 펌프 제어 유닛(BPCU; Blower Pump Control Unit)
① 블로어 펌프 제어 유닛은 공기 블로어를 제어하는 인버터이다.
② 블로어 펌프 제어 유닛은 CAN 통신을 통해 연료 전지 제어 유닛으로부터 속도의 명령을 수신하고 모터의 속도를 제어한다.

(6) 수소 공급 시스템

1) 수소 차단 밸브
① 수소 차단 밸브는 수소 탱크에서 스택으로 수소를 공급하거나 차단하는 개폐식 밸브이다.
② 밸브는 시동이 걸릴 때는 열리고 시동이 꺼질 때는 닫힌다.

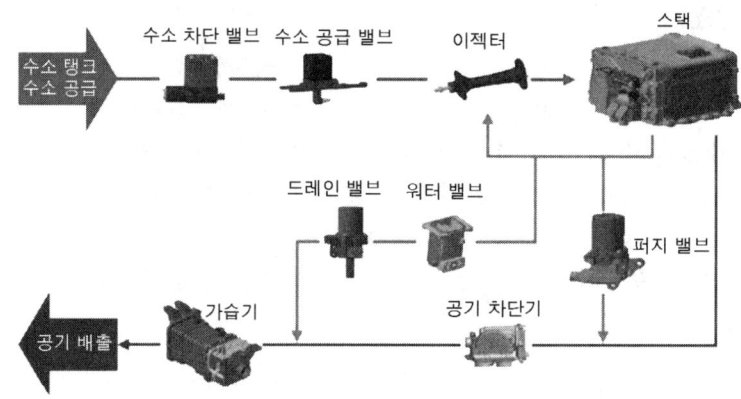

[그림] 수소 공급 시스템

2) 수소 공급 밸브
① 수소 공급 밸브는 수소가 스택에 공급되기 전에 수소 압력을 낮추어 스택의 전류에 맞춰 수소를 공급한다.
② 더 좋은 스택의 전류가 요구되는 경우 수소 공급 밸브는 더 많이 스택으로 공급될 수 있도록 제어한다.

3) 수소 이젝터
① 수소 이젝터는 노즐을 통해 공급되는 수소가 스택 출구의 혼합 기체(수분, 질소 등 포함)을 흡입하여 미반응 수소를 재순환시키는 역할을 한다.
② 별도로 동작하는 부품은 없으며, 수소 공급 밸브의 제어를 통해 재순환을 수행한다.

4) 수소 압력 센서
① 수소 압력 센서는 연료 전지 스택에 공급되는 수소의 압력을 제어하기 위해 압력을 측정한다.
② 금속 박판에 압력이 인가되면 내부 3심 칩의 다이어프램에 압력이 전달되어 변형이 발생된다.
③ 압력 센서는 변형에 의한 저항의 변화를 측정하여 이를 압력 차이로 변환한다.

5) 퍼지 밸브
① 퍼지 밸브는 스택 내부의 수소 순도를 높이기 위해 사용된다.

② 전기를 발생시키기 위해 스택이 수소를 계속 소비하는 경우 스택 내부에 미세량의 질소가 계속 누적이 되어 수소의 순도는 점점 감소한다.
③ 스택이 일정량의 수소를 소비할 때 퍼지 밸브가 수소의 순도를 높이기 위해 약 0.5초 동안 개방된다.
④ 연료 전지 제어 유닛(FCU)이 일정 수준 이상으로 스택 내 수소의 순도를 유지하기 위해 퍼지 밸브의 개폐를 제어한다.
  ㉠ **시동 시 개방·차단 실패** : 시동 불가능
  ㉡ **주행 중 개방 실패** : 드레인 밸브에 의해 제어
  ㉢ **주행 중 차단 실패** : 전기 자동차(EV) 모드로 주행

6) 워터 트랩 및 드레인 밸브
① 연료 전지는 화학 반응을 공기 극에서 수분을 생성한다.
② 수분은 농도 차이로 인하여 막(Membrance)을 통과하여 연료 극으로 가게 된다.
③ 수분은 연료 극에서 액체가 되어 중량에 의해 워터 트랩으로 흘러내린다.
④ 워터 트랩에 저장된 물이 일정 수준에 도달하면 물이 외부로 배출되도록 드레인 밸브가 개방된다.
⑤ 워터 트랩은 최대 200cc를 수용할 수 있으며, 레벨 센서는 10단계에 걸쳐 120cc까지 물의 양을 순차적으로 측정한다.
⑥ 물이 110cc 이상 워터 트랩에 포집되는 경우 드레인 밸브가 물을 배출하도록 개방한다.

7) 레벨 센서
① 레벨 센서는 감지면 외부에 부착된 전극을 통해 물로 인해 발생되는 정전 용량의 변화를 감지한다.
② 레벨 센서는 워터 트랩 내에 물이 축적되면 물에 의해 하단부의 전극부터 정전 용량의 값이 변화되는 원리를 이용하여 총 10단계로 수위를 출력한다.

8) 수소 탱크
수소 저장 탱크는 수소 충전소에서 약 875bar로 충전시킨 기체 수소를 저장하는 탱크이다. 고압의 수소를 저장하기 때문에 내화재 및 유리섬유를 적용하여 안전성 확보, 경량화, 위급 상황 시 발생할 수 있는 안전도를 확보하여야 한다.
주요 부품은 수소의 입·출력 흐름을 제어하기 위해 각각의 탱크에 연결되어 있는 솔레노이드 밸브, 탱크 압력을 16bar로 조절하는 고압 조정기, 화재 발생 시 외부에 수소를 배출하는 T-PRD, 고압 라인에 손상이 발생한 경우 과도한 수소의 대기 누출을 기계적으로 차단하는 과류 방지 밸브, 충전된 수소가 충전 주입구를 통해 누출되지 않도록 체크 밸브가 장착된다.
① 솔레노이드 밸브는 탱크 내부의 온도를 측정하는 온도 센서가 장착되어 있다.
② 압력 조정기는 각각의 흡입구 및 배출구에 압력 센서가 장착되어 있다.

③ 연료 도어 개폐 감지 센서와 IR(적외선) 통신 이미터는 연료 도아 내에 장착된다.
④ 수소 저장 시스템 제어기(HMU)는 남은 연료를 계산하기 위해 각각의 센서 신호를 사용하며, 수소가 충전되고 있는 동안 연료 전지 기동 방지 로직을 사용하고 수소 충전 시에 충전소와 실시간 통신을 한다.

(7) 연료 전지 자동차의 고전압 배터리 시스템

1) 고전압 배터리 시스템의 개요
① 연료 전지 차량은 240V의 고전압 배터리를 탑재한다.
② 고전압 배터리는 전기 모터에 전력을 공급하고, 회생제동 시 발생되는 전기 에너지를 저장한다.
③ 고전압 배터리 시스템은 배터리 팩 어셈블리, 배터리 관리 시스템(BMS), 전자 제어 장치(ECU), 파워 릴레이 어셈블리, 케이스, 제어 배선, 쿨리 팬 및 쿨링 덕트로 구성된다.
④ 배터리는 리튬이온 폴리머 배터리(LiPB)이며, 64셀(15셀 × 4모듈)을 가지고 있다. 각 셀의 전압은 DC 3.75V로 배터리 팩의 정격 전압은 DC 240V이다.

2) 고전압 배터리 컨트롤 시스템의 구성

① 고전압 배터리 시스템은 배터리 관리 시스템(BMS)
  ㉠ BMS ECU, 파워 릴레이 어셈블리, 안전 플러그, 배터리 온도 센서, 보조 배터리 온도 센서로 구성된다.
  ㉡ 배터리 관리 시스템 ECU는 SOC(충전 상태), 전원, 셀 밸런싱, 냉각 및 고전압 배터리 시스템의 문제 해결을 제어한다.

② BMS ECU
  ㉠ 고전압 배터리 컨트롤 시스템은 컨트롤 모듈인 BMS ECU, 파워 릴레이 어셈블리로 구성되어 있다.
  ㉡ 고전압 배터리의 SOC(State Of Charge), 출력, 고장 진단, 배터리 셀 밸런싱, 시스템 냉각, 전원 공급 및 차단을 제어한다.

③ 메인 릴레이
  ㉠ 메인 릴레이는 (+) 메인 릴레이와 (-) 메인 릴레이로 나누어져 있다.
  ㉡ 메인 릴레이는 파워 릴레이 어셈블리에 통합되어 있다.
  ㉢ 배터리 관리 시스템 ECU의 제어 신호에 따라 고전압 배터리와 인버터 사이에 전원 공급 라인 및 접지 라인을 연결한다.

④ 파워 릴레이 어셈블리(PRA)
파워 릴레이 어셈블리는 (+)극과 (-)극 메인 릴레이, 프리차지 릴레이, 프리차지 레지스터와 배터리 전류 센서로 구성되어 있다. 파워 릴레이 어셈블리는 배터리 팩 어셈블리 내에 배치되어 있으며, 배터리 관리 시스템(BMS) ECU의 제

어 신호에 의해 고전압 배터리와 인버터 사이의 고전압 전원 회로를 제어한다.

가. 메인 릴레이
㉠ (+) 메인 릴레이와 (-) 메인 릴레이로 나누어져 있다.
㉡ 메인 릴레이는 파워 릴레이 어셈블리(PRA)에 통합되어 있다.
㉢ BMS ECU의 제어 신호에 의해 고전압 배터리와 인버터 사이의 전원 공급 라인 및 접지 라인을 연결한다.

나. 프리 차지 릴레이
㉠ 파워 릴레이 어셈블리(PRA)에 통합되어 있다.
㉡ 점화 장치 ON 후 바로 인버터의 커패시터에 충전을 시작하고 커패시터의 충전이 완료되면 전원이 꺼진다.

다. 프리 차지 레지스터
㉠ 파워 릴레이 어셈블리(PRA)에 통합되어 있다.
㉡ 인버터의 커패시터가 충전되는 동안 전류를 제한하여 고전압 회로를 보호한다.

⑤ 안전 플러그
안전 플러그는 트렁크에 장착되어 있으며, 고전압 시스템 즉, 고전압 배터리, 파워 릴레이 어셈블리, 연료 전지 차량 제어기(FCU), BMS ECU, 모터, 인버터, 양방향 고전압 직류 변환 장치(BHDC), 저전압 직류 변환 장치(LDC), 전원 케이블 등을 점검할 때 기계적으로 고전압 회로를 차단할 수 있다. 안전 플러그는 과전류로부터 고전압 시스템을 보호하기 위한 퓨즈가 포함되어 있다.

⑥ 메인 퓨즈
메인 퓨즈는 고전압 배터리 시스템 어셈블리 내에 장착되어 있으며, 고전압 배터리 및 고전압 회로를 과전류로부터 보호하는 기능을 한다.

⑦ 배터리 온도 센서
배터리 온도 센서는 고전압 배터리 팩 및 보조 배터리(12V)에 장착되어 있으며, 배터리 모듈 1, 4 및 에어 인렛 그리고 보조 배터리 1, 2의 온도를 측정한다. 배터리 온도 센서는 각 모듈의 센싱 와이어링과 통합형으로 구성되어 있다.

3) 고전압 배터리 컨트롤 시스템의 주요 기능

① 충전 상태(SOC) 제어
고전압 배터리의 전압, 전류, 온도를 이용하여 충전 상태를 최적화한다.

② 전력 제어
차량의 상태에 따라 최적의 충전, 방전 에너지를 계산하여 활용 가능한 배터리 전력 예측, 과다 충전 또는 방전으로부터 보호, 내구성 개선 및 에너지 충전·방전을 극대화한다.

③ 셀 밸런싱 제어

비정상적인 충전 또는 방전에서 기인하는 배터리 셀 사이의 전압 편차를 조정하여 배터리 내구성, 충전 상태(SOC) 에너지 효율을 극대화한다.

④ 전원 릴레이 제어

점화장치 ON·OFF 시에 배터리 전원 공급 또는 차단하여 고전압 시스템의 고장으로 인한 안전사고를 방지한다.

⑤ 냉각 시스템 제어

시스템 최대의 온도와 전지 모듈 사이의 편차에 따라 가변 쿨링 팬 속도를 제어하여 최적의 온도를 유지한다.

⑥ 문제 해결

시스템의 고장 진단, 다양한 안전 제어를 Fail Safe 수준으로 배터리 전력을 제한, 시스템 장애의 경우 파워 릴레이를 제어한다.

(8) 고전압 분배 시스템

1) 고전압 정션 박스

① 고전압 정션 박스는 연료 전지 스택의 상부에 배치되어 있다.
② 연료 전지 스택의 단자와 버스 바에 연결된다.
③ 고전압 정션 박스의 모든 고전압 커넥터는 고전압 정션 박스에 연결되어 있다.
④ 스택이 ON되면 고전압 정션 박스는 고전압을 분배하는 역할을 한다.

2) 고전압 직류 변환 장치(BHDC; Bi-directional High Voltage)

① 고전압 직류 변환 장치(BHDC)는 수소 전기 자동차의 하부에 배치되어 있다.
② 스택에서 생성된 전력과 회생제동에 의해 발생된 고전압을 강하시켜 고전압 배터리를 충전한다.
③ 전기 자동차(EV) 또는 수소 전기 자동차(FCEV) 모드로 구동될 때 고전압 배터리의 전압을 증폭시켜 모터 제어 장치(MCU)에 전송한다.
④ 고전압 배터리의 전압은 스택 전압보다 약 200V가 낮다.
⑤ 양방향 고전압 직류 변환 장치(BHDC)는 섀시 CAN 및 F-CAN에 연결된다.

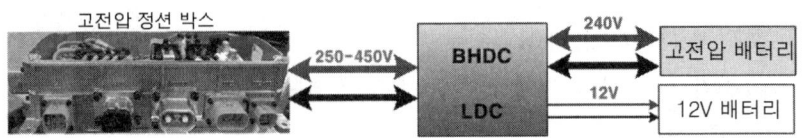

[그림] BHDC와 LDC

3) LDC(Low DC/DC Converter, 저전압 DC/DC 컨버터)

① LDC는 저전압 DC/DC 컨버터로 스택 또는 BHDC에서 나오는 DC 고전압을 DC 12V로 낮추어 저전압 배터리(12V)를 충전한다.

② 충전된 저전압 배터리는 차량의 여러 제어기 및 12V 전압을 사용하는 액추에이터 및 관련 부품에 전원을 공급한다.

4) 인버터(inverter)

① 직류(DC) 성분을 교류(AC) 성분으로 바꾸기 위한 전기 변환 장치이다.
② 변환 방법이나 스위칭 소자, 제어 회로를 통해 원하는 전압과 주파수 출력 값을 얻는다.
③ 고전압 배터리 혹은 연료 전지 스택의 직류(DC) 전압을 모터를 구동할 수 있는 교류(AC) 전압으로 변환하여 모터에 공급한다.
④ 인버터는 MCU의 지령을 받아 토크를 제어하고 가속이나 감속을 할 때 모터가 역할을 할 수 있도록 전력을 적정하게 조절해 주는 역할을 한다.

(9) 연료 전지 제어 시스템

1) 연료 전지 제어 시스템 개요

FCU(연료 전지 차량 제어기 : Fuel cell Control Unit)는 연료 전지 차량의 최상위 컨트롤러로써 연료 전지의 작동과 관련된 모든 제어 신호를 출력한다. 차량 대부분의 시스템은 각각의 컨트롤러를 가지고 있지만, 연료 전지 제어 유닛(FCU)은 최종 제어 신호를 송신하는 상위 컨트롤러로서 기능을 한다.

① **연료 전지 스택**
   산소와 수소의 이온 반응에 의해 전압을 생성한다.

② **BOP(수소, 공기 공급 · 냉각수 열관리) 주변기기**
   ㉠ FPS : 수소 연료를 공급하는 연료 공급 시스템
   ㉡ TMS : 연료 전지 스택을 냉각시키는 열 관리 시스템
   ㉢ APS : 연료 전지에 공기를 공급하는 공기 공급 시스템

③ **컨트롤러** : 차량 · 시스템 제어
   ㉠ FCU : 연료 전지 자동차의 최상위 제어기
   ㉡ SVM : 연료 전지 스택의 전압을 측정하는 스택 전압 모니터
   ㉢ BPCU : 공기 압축기(블로어 파워 유닛)를 구동하는 인버터 및 컨트롤러
   ㉣ HV J/BOX : 고전압 정션 박스는 스택에 의해 생성된 전기를 분배

④ **전력** : 변환, 전송
   ㉠ LDC : 저전압 직류 변환 장치는 고전압 전기를 변환하여 12V 보조 배터리 충전한다.
   ㉡ BHDC : 양방향 고전압 직류 변환 장치는 고전압 배터리의 전압을 충전 또는 스택으로 공급하기 위해 전압을 변환(연료 전지 ↔ 고전압 배터리)
   ㉢ 인버터 : 배터리의 직류 전압을 교류로 변환하는 장치
   ㉣ MCU : 모터 제어 유닛(인버터는 MCU를 포함)

ⓑ **감속기** : 감속기어 및 차동장치

⑤ **고전압 배터리 시스템**
㉠ 고전압 배터리 시스템은 보조 전원이며, 배터리 관리 시스템에 의해 제어된다.
㉡ 배터리 관리 시스템(BMS)은 고전압 배터리의 충전 상태(SOC)를 모니터링하고, 허용 충전 또는 방전 전력 한계를 연료 전지 차량 제어 유닛(FCU)에 전달한다.

⑥ **수소 저장 시스템**
㉠ 수소 저장 시스템은 연료 전지 차량의 필수 구성 요소 중 하나이다.
㉡ 수소 탱크의 최대 수소 연료 공급 압력은 875bar이다.

2) 연료 전지 제어 유닛(FCU; Fuel cell Control Unit)
① 연료 전지 차량의 운전자가 액셀러레이터 페달이나 브레이크 페달을 밟을 때 연료 전지 제어 유닛은 신호를 수신하고, CAN 통신을 통해 모터 제어 장치(MCU)에 가속 토크 명령 또는 제동 토크 명령을 보낸다.
② 연료 전지 제어 유닛은 과열, 성능 저하, 절연 저하, 수소 누출이 감지되면 차량을 정지시키거나 제한 운전을 하며, 상황에 따라 경고등을 점등한다.
③ 연료 전지 시스템을 제어하기 위해 연료 전지 제어 유닛은 공기 유량 센서, 수소 압력 센서, 온도 센서 및 압력 센서로부터 전송된 데이터와 운전자의 주행 요구에 기초하여 공기 압축기, 냉각수 펌프, 온도 제어 밸브 등은 운전자의 운전 요구에 상응하도록 제어한다.
④ 운전자의 가속 및 감속 요구에 따라 연료 전지 제어 유닛은 고전압 배터리를 충전 또는 방전한다.

3) 블로어 펌프 제어 유닛(BPCU; Blower Pump Control Unit)
① 블로어 펌프 제어 유닛은 공기 블로어를 제어하는 인버터이다.
② BPCU는 CAN 통신을 통해 연료 전지 제어 유닛(FCU)으로부터 속도 지령을 수신하고 모터의 속도를 제어한다.

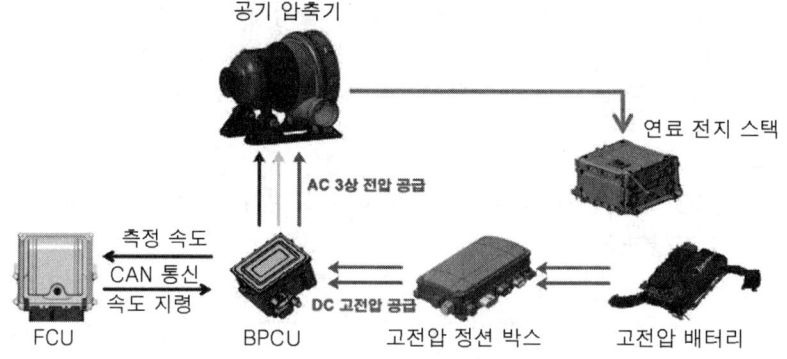

[그림] 블로어 펌프 제어 유닛

4) 수소 센서(hydrogen sensor)

① 연료 전지 차량은 수소가스 누출 시 연료 전지 제어 유닛(FCU)에 신호를 전송하는 2개의 수소 센서와 수소 저장 시스템 제어기(HMU)에 신호를 전송하는 1개의 수소 센서가 장착되어 있다.
② 3개의 수소 센서는 연료 전지 스택 후면, 연료 공급 시스템(FPS) 상단, 수소 탱크 모듈 주변에 각각 장착된다.
③ 수소의 누출로 인해 수소 센서 주변의 수소 함유량이 증가하면, 연료 전지 제어 유닛(FCU)은 수소 탱크 밸브를 차단하고 연료 전지 스택의 작동을 중지시킨다.
④ 이 경우 차량의 주행 모드는 전기 자동차(EV) 모드로 전환되며, 차량은 고전압 배터리에 의해서만 구동된다.

5) 후방 충돌 유닛(RIU; Rear Impact Unit)

① 후방 충돌 센서는 차량의 후방에 장착된다.
② 차량의 후방에서 충돌이 발생하면 충돌 센서는 연료 전지 제어 유닛(FCU)에 신호를 보낸다.
③ 연료 전지 제어 유닛(FCU)은 즉시 수소 탱크 밸브를 닫기 위해 수소 저장 시스템 제어기(HMU)에 수소 탱크 밸브 닫기 명령을 전송한다.
④ 연료 전지 시스템 및 차량을 정지시킨다.

6) 액셀러레이터 포지션 센서(APS; Accelerator Position Sensor)

① 액셀러레이터 위치 센서는 액셀러레이터 페달 모듈에 장착되어 액셀러레이터 페달의 회전 각도를 감지한다.
② 액셀러레이터 위치 센서는 연료 전지 제어 시스템에서 가장 중요한 센서 중 하나이며, 개별 센서 전원 및 접지선을 적용하는 2개의 센서로 구성된다.
③ 2번 센서는 1번 센서를 모니터링 하고 그 출력 전압은 1번 센서의 1/2 값이어야 한다.
④ 1번 센서와 2번 센서의 비율이 약 1/2에서 벗어나는 경우 진단 시스템은 비정상으로 판단한다.

7) 콜드 셧 다운 스위치(CSD; Cold Shut Down Switch)

① 연료 전지 스택에 남아 있는 수분으로 인해 스택 내부가 빙결될 경우 스택의 성능에 문제를 유발시킬 수 있다.
② 연료 전지 차량은 이를 예방하기 위해 저온에서 연료 전지 시스템이 OFF되는 경우, 연료 전지 스택의 수분을 제거하기 위해 공기 압축기가 강하게 작동된다.
③ 이 경우 수분이 제거되는 동안 다량의 수분이 배기 파이프를 통해 배출되며, 공기 압축기의 작동 소음이 크게 들릴 수 있다.

4. 그 밖의 친환경 자동차

(1) CNG 연료 장치

1) CNG 엔진의 분류

자동차에 연료를 저장하는 방법에 따라 압축 천연가스(CNG) 자동차, 액화 천연가스(LNG) 자동차, 흡착 천연가스(ANG) 자동차 등으로 분류된다. 천연가스는 현재 가정용 연료로 사용되고 있는 도시가스(주성분 ; 메탄)이다.

① **압축 천연가스(CNG) 자동차** : 천연가스를 약 200~250기압의 높은 압력으로 압축하여 고압 용기에 저장하여 사용하며, 현재 대부분의 천연가스 자동차가 사용하는 방법이다.

② **액화 천연가스(LNG) 자동차** : 천연가스를 -162℃이하의 액체 상태로 초저온 단열용기에 저장하여 사용하는 방법이다.

③ **흡착 천연가스(ANG) 자동차** : 천연가스를 활성탄 등의 흡착제를 이용하여 압축 천연 가스에 비해 1/5~1/3 정도의 중압(50~70 기압)으로 용기에 저장하는 방법이다.

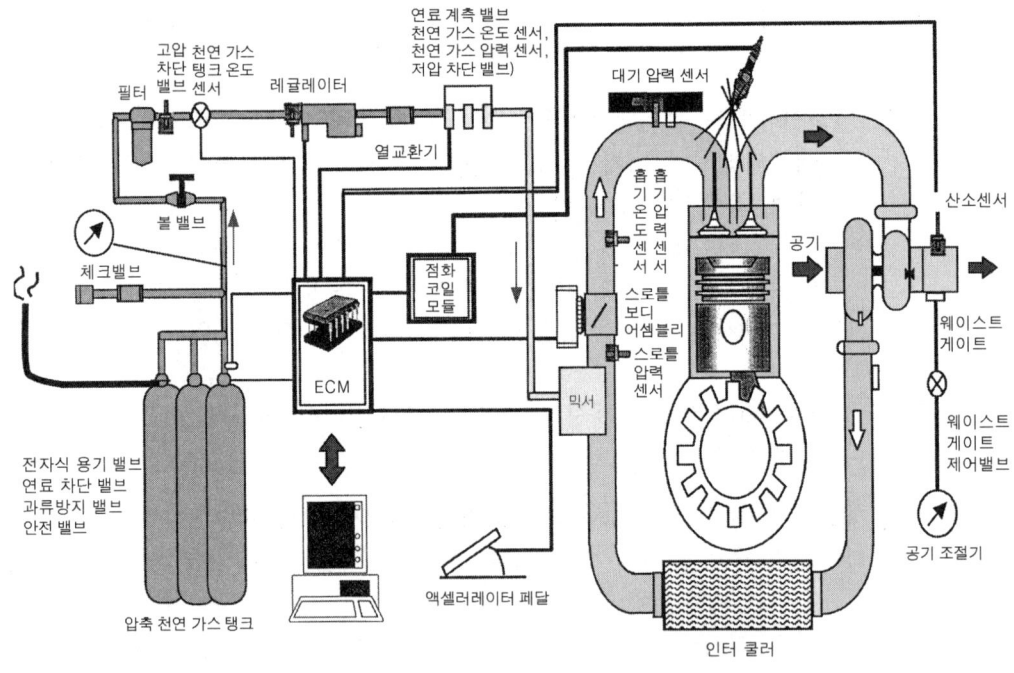

[그림] CNG 연료장치

2) CNG 엔진의 장점
① 디젤 엔진과 비교하였을 때 매연이 100% 감소된다.
② 가솔린 엔진과 비교하였을 때 이산화탄소 20~30%, 일산화탄소가 30~50% 감소한다.
③ 낮은 온도에서의 시동 성능이 좋으며, 옥탄가가 130으로 가솔린의 100보다 높다.
④ 질소산화물 등 오존영향 물질을 70% 이상 감소시킬 수 있다.
⑤ 엔진의 작동 소음을 낮출 수 있다.

3) CNG 엔진의 주요 부품
① **연료 계측 밸브(Fuel Metering Valve)** : 연료 계측 밸브는 8개의 작은 인젝터로 구성되어 있으며, 엔진 ECU로부터 구동 신호를 받아 엔진에서 요구하는 연료량을 흡기다기관에 분사한다.
② **가스 압력 센서(GPS; Gas Pressure Sensor)** : 가스 압력 센서는 압력 변환 기구이며, 연료 계측 밸브에 설치되어 있어 분사 직전의 조정된 가스 압력을 검출한다.
③ **가스 온도 센서(GTS; Gas Temperature Sensor)** : 가스 온도 센서는 부특성 서미스터를 사용하며, 연료 계측 밸브 내에 위치한다. 가스 온도를 계측하여 가스 온도 센서의 압력을 함께 사용하여 인젝터의 연료 농도를 계산한다.
④ **고압 차단 밸브** : 고압 차단 밸브는 CNG 탱크와 압력 조절 기구 사이에 설치되어 있으며, 엔진의 가동을 정지시켰을 때 고압 연료라인을 차단한다.
⑤ **CNG 탱크 압력 센서** : CNG 탱크 압력 센서는 조정 전의 가스 압력을 측정하는 압력 조절 기구에 설치된 압력 변환 기구이다. 이 센서는 CNG 탱크에 있는 연료 밀도를 산출하기 위해 CNG 탱크 온도 센서와 함께 사용된다.
⑥ **CNG 탱크 온도 센서** : CNG 탱크 온도 센서는 탱크 속의 연료 온도를 측정하기 위해 사용하는 부특성 서미스터이며, 탱크 위에 설치되어 있다.
⑦ **열 교환 기구** : 열 교환 기구는 압력 조절 기구와 연료 계측 밸브 사이에 설치되며, 감압할 때 냉각된 가스를 엔진의 냉각수로 난기시킨다.
⑧ **연료 온도 조절 기구** : 연료 온도 조절 기구는 열 교환 기구와 연료 계측 밸브 사이에 설치되며, 가스의 난기 온도를 조절하기 위해 냉각수 흐름을 ON, OFF 시킨다.
⑨ **압력 조절 기구** : 압력 조절 기구는 고압 차단 밸브와 열 교환 기구 사이에 설치되며, CNG 탱크 내 200bar의 높은 압력의 가스를 엔진에 필요한 8bar로 감압 조절한다.

(2) LPI 엔진의 연료장치

1) LPI 장치의 개요

LPI(Liquid Petroleum Injection) 장치는 LPG를 높은 압력의 액체 상태(5~15bar)로 유지하면서 ECU에 의해 제어되는 인젝터를 통하여 각 실린더로 분사하는 방식으로 장점은 다음과 같다.
① 겨울철 시동 성능이 향상된다.
② 정밀한 LPG 공급량의 제어로 이미션(emission) 규제 대응에 유리하다.
③ 고압의 액체 상태로 분사되어 타르 생성의 문제점을 개선할 수 있다.
④ 타르 배출이 필요 없다.
⑤ 가솔린 엔진과 같은 수준의 동력성능을 발휘한다.

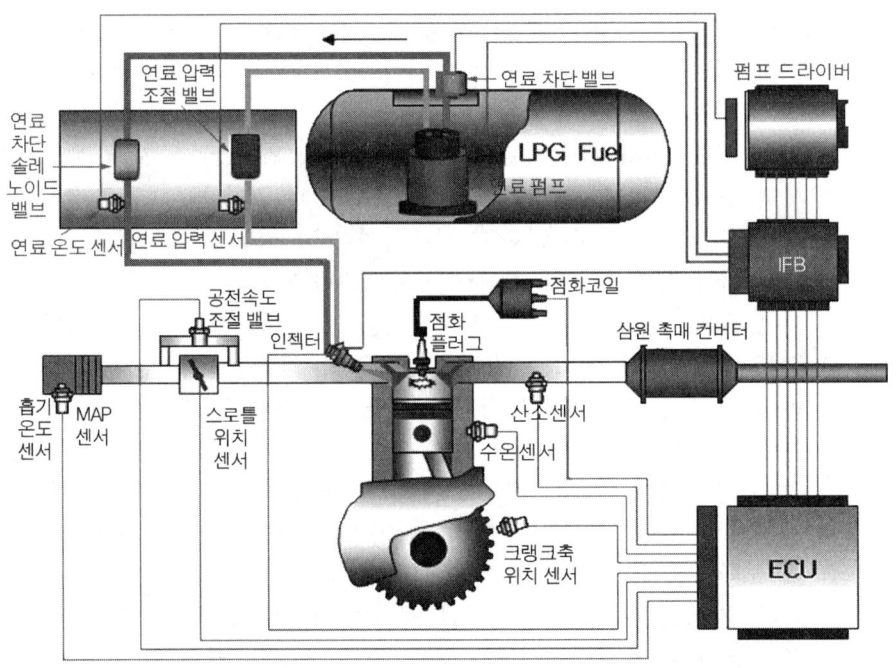

[그림] LPI 장치의 구성도

2) LPI 연료 장치의 구성

① **봄베(bombe)** : LPG를 저장하는 용기로 연료 펌프를 내장하고 있다. 봄베에는 연료 펌프 드라이버(fuel pump driver), 멀티 밸브(multi valve), 충전 밸브, 유량계 등이 설치되어 있다.
② **연료 펌프(fuel pump)** : 봄베 내에 설치되어 있으며, 액체 상태의 LPG를 인젝터로 압송하는 역할을 한다.

③ **연료 차단 솔레노이드 밸브** : 멀티 밸브에 설치되어 있으며, 엔진을 시동하거나 가동을 정지시킬 때 작동하는 ON, OFF 방식이다. 즉 엔진의 가동을 정지시키면 봄베와 인젝터 사이의 LPG 공급라인을 차단하는 역할을 한다.

④ **과류 방지 밸브** : 사고 등으로 인하여 LPG 공급라인이 파손되었을 때 봄베로부터 LPG의 송출을 차단하여 LPG 방출로 인한 위험을 방지하는 역할을 한다.

⑤ **수동 밸브(액체 상태의 LPG 송출 밸브)** : 장기간 운행하지 않을 경우 수동으로 LPG 공급라인을 차단할 수 있도록 한다.

⑥ **릴리프 밸브(relief valve)** : LPG 공급라인의 압력을 액체 상태로 유지시켜, 엔진이 뜨거운 상태에서 재시동을 할 때 시동성을 향상시키는 역할을 한다.

⑦ **리턴 밸브(return valve)** : LPG가 봄베로 복귀할 때 열리는 압력은 $0.1 \sim 0.5 kgf/cm^2$이며, $18.5 kgf/cm^2$ 이상의 공기 압력을 5분 동안 인가하였을 때 누설이 없어야 하고, $30 kgfcm^2$의 유압을 가할 때 파손되지 않아야 한다.

⑧ **인젝터(Injector)** : 액체 상태의 LPG를 분사하는 인젝터와 LPG 분사 후 기화 잠열에 의한 수분의 빙결을 방지하기 위한 아이싱 팁(icing tip)으로 구성되어 있다.

⑨ **연료 압력 조절기(fuel pressure regulator)** : 봄베에서 송출된 고압의 LPG를 다이어프램과 스프링의 균형을 이용하여 LPG 공급라인 내의 압력을 항상 5bar로 유지시키는 작용을 한다.

3) LPI 장치의 전자제어 입력요소

LPI 장치의 전자제어 입력요소 중 MAP 센서, 흡기 온도 센서, 냉각수 온도 센서, 스로틀 위치 센서, 노크 센서, 산소 센서, 캠축 위치 센서(TDC 센서), 크랭크 각 센서(CKP)의 기능은 전자제어 가솔린 엔진과 같다. 따라서 가솔린 엔진에 없는 센서들의 기능을 설명하도록 한다.

① **가스 압력 센서** : 액체 상태의 LPG 압력을 측정하여 해당 압력에 대한 출력전압을 인터페이스 박스(IFB)로 전달하는 역할을 한다.

② **가스 온도 센서** : 연료 압력 조절기 유닛의 보디에 설치되어 있으며, 서미스터 소자로 LPG의 온도를 측정하여 ECU로 보내면, ECU는 온도 값을 이용하여 계통 내의 LPG 특성을 파악 분사시기를 결정한다.

4) LPI 장치 전자제어 출력요소

LPI 장치 전자제어 출력요소에는 점화 코일(파워 트랜지스터 포함), 공전속도 제어 액추에이터(ISA), 인젝터(injector), 연료 차단 솔레노이드 밸브, 연료 펌프 드라이버(fuel pump driver) 등이 있다.

CHAPTER 03 | CBT 출제예상문제(200제)

001 가솔린 기관 차량에서 전동팬이 회전하지 않을 때 확인해야 할 사항이 아닌 것은?

① 온도 게이지 불량
② 냉각팬 휴즈 단선
③ 수온 스위치 불량
④ 전동팬 릴레이 작동 불량

002 금속재료의 기계적 성질을 옳게 설명한 것은?

① 외부로부터 힘을 가했을 때 나타나는 성질
② 금속재료가 가지고 있는 각 원소의 성질
③ 금속재료가 가지고 있는 화학적 성질
④ 금속재료가 가지고 있는 물리적 성질

003 알루미늄의 특성으로 틀린 것은?

① 전기 도전율이 구리보다 낮다.
② 열전달이 철보다 높다.
③ 무게는 철의 약 1/3 이다.
④ 철보다 높은 온도에서 녹는다.

004 FR(앞엔진 뒷바퀴 구동) 자동차에 비해 FF(앞엔진 앞바퀴) 자동차의 장점이 아닌 것은?

① 차량 중량이 감소된다.
② 자동차 앞뒤 중량배분이 균일하다.
③ 차실 바닥이 편평하므로 거주성이 좋다.
④ 연료소비율이 향상된다.

005 외력을 제거하면 원래의 상태로 돌아가지 않는 성질을 무엇이라 하는가?

① 인장강도
② 항복점
③ 소성변형
④ 탄성변형

006 모노코크 바디의 구조 설명으로 가장 적합한 것은?

① 감성 및 휨성이 대단히 양호하고 좌굴 변형이 생기 않는다.
② 각부의 강도에 큰 차이가 없고 전체 부위로 충격력을 흡수한다.
③ 프레임 붙임 구조와 다르며, 튼튼하고 긴 골격형이다.
④ 각 부위가 상자형의 조립으로 되어 있어 전체의 연결된 힘으로 강성이 유지된다.

007 차체부품 제작시 강판을 선택할 때 제일 먼저 고려해야 될 것은?

① 강판의 재질
② 강판의 모양
③ 강판의 두께
④ 강판의 크기

008 차체에서 측면 충돌시 안전성을 증가시키기 위해 도어 내부에 설치한 보강재는?

① 임팩트바
② 도어 레귤레이터
③ 힌지
④ 스트라이커

009 다음 중 차체가 갖추어야 할 일반적인 조건이 아닌 것은?

① 프레임과 차체가 반드시 일체로 된 구조일 것
② 강도와 강성이 우수할 것
③ 진동이나 소음이 작을 것
④ 방청성능이 우수할 것

정답 01. ① 02. ① 03. ④ 04. ② 05. ③ 06. ② 07. ① 08. ① 09. ①

010 차체 측면부에서 가장 큰 강성이 요구되는 부분은?

① 트렁크 ② 필러
③ 패널   ④ 후드

011 자동차 에어컨의 고장 현상과 원인을 설명한 것으로 틀린 것은?

① 마그네틱 클러치 미끄러짐 - 에어컨 릴레이 불량
② 압축기가 회전 안됨 - 저압 스위치 불량
③ 풍량 부족 - 벨트 헐거움
④ 시원하지 않음 - 냉매 부족

012 에어컨 시스템에서 작동 유체가 흐르는 순서로 맞는 것은?

① 압축기 → 증발기 → 응축기 → 팽창밸브
② 압축기 → 증발기 → 팽창밸브 → 응축기
③ 압축기 → 팽창밸브 → 증발기 → 응축기
④ 압축기 → 응축기 → 팽창밸브 → 증발기

013 냉동사이클에서 고온고압의 기체를 저온저압의 액체로 만드는 장치는?

① 팽창밸브 ② 증발기
③ 응축기   ④ 압축기

014 자동온도 조절장치(FATC)의 센서 중에서 포토다이오드를 이용하여 변환 전류를 컨트롤하는 센서는?

① 수온 센서   ② 외기온도 센서
③ 내기온도 센서 ④ 일사량 센서

015 유해가스 감지센서(AQS)가 차단하는 가스가 아닌 것은?

① CO   ② CO_2
③ NO_2 ④ SO_2

016 냉각핀에서 방열량을 결정하는 요소들이 있다. 다음 요소 중 방열량을 결정하는데 관계가 없는 사항은 어느 것인가?

① 냉각핀의 피치
② 냉각핀의 회전방향
③ 냉각핀의 형상
④ 냉각핀의 재질

017 에어컨 구성품 중 핀서모 센서에 대한 설명으로 옳지 않은 것은?

① 실내 온도와 대기온도 차이를 감지하여 에어컨 컴프레서를 제어한다.
② 냉방 중 증발기(이베퍼레이터)가 빙결되는 것을 방지하기 위하여 장착된다.
③ 부특성 서미스터로 온도에 따른 저항이 반비례하는 특성이 있다.
④ 증발기(이베퍼레이터) 코어의 온도를 감지한다.

018 자동공조장치와 관련된 구성품이 아닌 것은?

① 차고센서, 냉각수온 센서
② 이베퍼레이터, 실내온도 센서
③ 콘덴서, 일사량 센서
④ 컴프레서, 습도 센서

019 자동차의 에어컨에서 냉방효과가 저하되는 원인이 아닌 것은?

① 냉매 주입시 공기가 유입되었을 때
② 압축기의 작동시간이 길 때
③ 압축기의 작동시간이 짧을 때
④ 냉매량이 규정보다 부족할 때

정답 10. ② 11. ③ 12. ④ 13. ③ 14. ④ 15. ② 16. ② 17. ① 18. ① 19. ②

020 전자동 에어컨디셔닝 시스템의 구성부품 중 응축기에서 보내온 냉매를 일시 저장하고 수분과 먼지를 걸러 항상 액체 상태의 냉매를 팽창밸브로 보내는 역할을 하는 것은?

① 이베퍼레이터(증발기)
② 컴프레서
③ 리시버 드라이어
④ 팽창밸브

021 어떤 가솔린 기관의 점화순서가 1-3-4-2이다. 이때 4번이 폭발행정을 하면 1번은 어떤 행정을 하는가?

① 흡입   ② 압축
③ 폭발   ④ 배기

022 가솔린 연료 분사장치에서 연료계통에 대한 다음 설명 중 틀린 것은?

① 연료펌프의 체크밸브는 연료라인에 잔압을 형성시킨다.
② 엔진 회전속도에 따라 연료펌프 회전속도를 변화시킨다.
③ 인젝터에는 솔레노이드 코일을 사용한다.
④ 연료펌프는 DC모터를 많이 사용한다.

023 전자제어분사 차량의 경우 공회전 상태에서 연료압력 조절기(레귤레이터)의 진공호수를 막았을 때 설명 중 맞는 것은?

① 연료 펌프가 멈춘다.
② 기관 회전수가 계속 올라간다.
③ 시동이 꺼진다.
④ 연료 압력이 상승한다.

024 윤활유의 유압계통에서 유압이 저하하는 원인이 아닌 것은?

① 윤활유 송출량의 과다
② 윤활부분의 마멸량 증대
③ 윤활유 통로의 파손
④ 윤활유 저장량의 부족

025 전자제어 연료 분사장치의 연료 인젝터는 무엇에 의해서 연료를 분사하는가?

① 컴퓨터의 분사신호
② 연료의 규정압력
③ 로커암의 하강
④ 플런저의 하강

026 기화기 방식을 비교했을 때 전자제어 연료 분사장치의 특징이 아닌 것은?

① 강한 압축성의 향상
② 저온 시동성의 향상
③ 출력 성능의 향상
④ 운행 연료비의 절감

027 다음 중 자동차용 엔진의 피스톤 재료로서 사용되고 있는 것은?

① 화이트메탈   ② 바이메탈
③ Y-합금   ④ 켈밋

028 다음 중 2행정 사이클 기관과 비교했을 때 4행정 사이클 기관의 장점으로 틀린 것은?

① 각 행정의 작동이 확실하고 특히 흡기행정의 냉각효과로서 실린더 각 부분의 열적부하가 적다.
② 저속에서 고속까지 넓은 범위의 속도 변화가 가능하다.
③ 흡·배기를 위한 시간이 충분히 주어진다.
④ 구조가 간단하고 제작이 용이한다.

정답 20. ③ 21. ① 22. ② 23. ④ 24. ① 25. ① 26. ① 27. ③ 28. ④

029 가솔린 기관에서 블로바이 가스의 발생 원인으로 맞는 것은?

① 엔진의 실린더와 피스톤링의 마멸에 의해 발생된다.
② 흡기밸브의 밸브시트면의 접촉 불량에 의해 발생된다.
③ 실린더 헤드 가스켓의 조립불량에 의해 발생된다.
④ 엔진부조에 의해 발생된다.

030 조기점화에 대한 설명 중 틀린 것은?

① 조기점화가 일어나면 응력이 증대한다.
② 과열된 배기밸브에 의해서도 일어난다.
③ 점화플러그 전극에 카본이 부착되어도 일어난다.
④ 조기점화가 일어나면 연료 소비량이 적어진다.

031 가솔린 기관의 노크에 대한 설명으로 틀린 것은?

① 억제하는 연료를 사용하면 노크가 줄어든다.
② 화염 전파 속도를 늦추면 노크가 줄어든다.
③ 기관의 출력을 저하시킨다.
④ 실린더 벽을 해머로 두들기는 것과 같은 음이 발생한다.

032 기관오일에 캐비케이션이 발생할 때 나타나는 현상이 아닌 것은?

① 점도 지수 증가
② 윤활유의 윤활 불안정
③ 펌프 토출압력의 불규칙한 변화
④ 진동, 소음 증가

033 내연기관에서 연소에 영향을 주는 요소 중 공연비와 연소실에 대한 설명 중 옳은 것은?

① 일반적으로 가솔린 기관에서 연료를 완전히 연소시키기 위하여 가솔린1에 대한 공기의 중량비는 14.7이다.
② 연소실의 형상은 연소에 영향을 미치지 않는다.
③ 일반적으로 엔진 연소기간이 길수록 열효율이 향상된다.
④ 가솔린 기관에서 이론 공연비보다 약간 농후한 15.7~16.5영역에서 최대 출력 공연비가 된다.

034 점화플러그의 구비조건 중 틀린 것은?

① 기밀이 잘 유지되어야 한다.
② 열전도성이 좋아야 한다.
③ 내열성이 작아야 한다.
④ 전기적 절연성이 좋아야 한다.

035 자동차 기관의 피스톤과 실린더와의 간극이 클 때 일어나는 현상이 아닌 것은?

① 압축압력이 저하한다.
② 피스톤 슬랩 현상이 생긴다.
③ 피스톤과 실린더의 소결이 일어난다.
④ 오일이 연소실로 올라간다.

036 엔진의 크랭킹이 안 되거나 혹은 크랭킹이 늦게 되는 원인이 아닌 것은?

① 연소실에 연료가 과다하게 분사
② 축전지 혹은 케이블 결함
③ 한랭시 오일 점도가 높은 때
④ 기동장치 결함

정답 29. ① 30. ④ 31. ② 32. ① 33. ① 34. ③ 35. ③ 36. ①

037 내연기관에서 피스톤과 실린더의 마멸 원인으로 거리가 먼 것은?

① 연소 생성물에 의한 부식 때문에
② 피스톤 랜드부의 히트댐 때문에
③ 흡입공기 중의 먼지 및 이물질 때문에
④ 실린더와 피스톤 링의 접촉 때문에

038 다동차 기관의 점화순서가 1-5-3-6-2-4인 직렬형 6기통 기관에서 1번 실린더가 폭발행정 중일 때 3번 실린더는 어떤 행정을 하는가?

① 압축행정 초   ② 폭발행정 말
③ 배기행정 초   ④ 흡입행정 중

039 어떤 기관의 회전수가 2,500rpm 일 때 최대 토크가 8m/kgf 이고 행정 × 내경이 85mm × 85mm인 기관의 피스톤 평균속도(m/s)를 구하면?

① 3.54   ② 35.4
③ 7.08   ④ 70.8

> 해설 피스톤의 평균속도 = (2 × 행정 × 회전수) / 60 = 2 × 0.085m × 2,500 = 7.08m/s

040 실린더 안지름 85mm, 행정이 100mm 인 4기통 디젤기관의 SAE마력은?

① 16.29   ② 17.92
③ 18.94   ④ 22.38

> 해설 SAE마력 = (안지름 × 안지름 × 회전수) / 1613 = 85×85×4 / 1613 = 17.92 PS

041 정상으로 작동되고 있는 기관의 윤활장치 내의 유압은?

① 1~2 kg/cm^2 ② 3~5 kg/cm^2
③ 10~15kg/cm^2 ④ 15~20kg/com^2

042 전자제어 가솔린 연료분사장치의 인젝터에서 분사되는 연료의 양은 무엇으로 조정하는가?

① 니들밸브의 양정
② 인젝터의 유량계수와 분구의 면적
③ 연료압력
④ 인젝터 개방시간

043 삼원촉매장치의 역할 중 틀린 것은?

① HC를 저하시킨다.
② NOx를 저하시킨다.
③ CO_2를 저하시킨다.
④ 유해가스를 저하시킨다.

044 전자제어 가솔린 기관의 연료분사 방식 중 각 실린더의 인젝터마다 최적의 분사 타이밍이 되도록 하는 방식은?

① 동시 분사   ② 독립 분사
③ 그룹 분사   ④ 무효 분사

045 가솔린 기관의 배기가스 중 NOx, CO 성분이 많이 발생되는 운전 조건은?

① NOx, CO 모두 고속 희박 혼합비일 때
② NOx, CO 모두 저속 농후 혼합비일 때
③ NOx는 고속 희박 혼합비일 때, CO는 저속 농후 혼합비일 때
④ NOx는 저속으로 감속 시에, CO는 고속으로 증속 시에

정답 37. ② 38. ① 39. ③ 40. ② 41. ② 42. ④ 43. ③ 44. ② 45. ③

046 희박연소(린번) 엔진에 대한 설명 중 올바른 것은?

① 이론공연비보다 더 희박한 공연비 상태에서도 양호한 연소가 가능한 기관이다.
② 실린더로 들어가는 공기량을 줄이기 위해 매니폴드 스로틀 밸브를 사용하기도 한다.
③ 모든 운전영역에서 터보 장치가 작동될 수 있는 기관이다.
④ 기존 엔진보다 연료사용을 적게 하기 위해 실린더로 들어가는 공기와 연료량을 모두 줄인다.

047 엔진에서 발생되는 유해 배기가스 중 질소산화물의 배출을 줄이기 위한 장치는?

① EGR장치
② 캐니스터
③ PCV 장치
④ 퍼지 컨트롤 밸브

048 희박연소 엔진에서 스웰을 일으키는 밸브에 해당되는 것은?

① 과충전 밸브(OCV)
② EGR 밸브
③ 어큐뮬레이터
④ 매니폴드 스로틀 밸브(MTV)

049 하이드로백이 무엇을 이용하여 브레이크 배력 작용을 하게 한 것인지 다음 중 가장 적당한 것은?

① 배기가스 이용
② 대기 압력만을 이용
③ 대기압과 흡기다기관의 압력차
④ 배기가스 압력 이용

050 배출가스 정화 계통이 아닌 것은?

① 대기압 센서
② 삼원 촉매
③ 캐니스터
④ EGR 밸브

051 가솔린 기관의 연료 옥탄가에 대한 설명으로 옳은 것은?

① 탄화수소의 종류에 따라 옥탄가가 변화된다.
② 노크를 일으키지 않는 기준연료를 이소옥탄으로 하고 그 옥탄가를 0으로 한다.
③ 옥탄가 90이하의 가솔린은 4-에틸납을 혼합한다.
④ 옥탄가의 수치가 높은 연료일수록 노크를 일으키기 쉽다.

052 공기 과잉률이란?

① 공기흡입량 / 연료소비량
② 실제공연비 / 이론공연비
③ 실제공연비
④ 이론공연비

053 가솔린 기관에 사용되는 연료의 발열량에 대한 설명 중 증발열이 포함되지 않은 경우의 발열량으로 가장 적합한 것은?

① 연료와 질소가 혼합하여 완전연소할 때 발생하는 열량을 말한다.
② 연료와 수소가 혼합하여 완전연소할 때 발생하는 저위발열량을 말한다.
③ 연료와 산소가 혼합하여 예연소할 때 발생하는 고위발열량을 말한다.
④ 연료와 산소가 혼합하여 완전연소할 때 발생하는 저위발열량을 말한다.

054 가솔린 기관 배출가스 중 CO의 배출량이 규정보다 많을 경우 가장 적합한 조치방법은?

① 배기관을 청소한다.
② 이론 공연비값을 1이하로 한다.
③ 공연비를 농후하게 한다.
④ 이론공연비와 근접하게 맞춘다.

정답 46.① 47.① 48.④ 49.③ 50.① 51.① 52.② 53.④ 54.④

055 배기가스 중에 산소량이 많이 함유되어 있을 때 지르코니아 산소센서의 상태는 어떻게 나타나는가?

① 아무런 변화도 일어나지 않는다.
② 농후하기도 하고 희박하기도 한다.
③ 농후하다.
④ 희박하다.

056 가솔린 기관의 연소실 안이 고온, 고압이고 공기 과잉일 때 주로 발생되는 가스로 광화학 스모그의 원인이 되는 것은?

① CO   ② CO_2
③ HC   ④ NOx

057 삼원 촉매기에서 촉매물질로 사용되는 것으로 알맞은 것은?

① Mn, Ph, S   ② Al, Pt, Mn
③ Sn, Pt, S   ④ Pt, Pd, Rh

058 자동차 기관의 연소에 의한 유해 배출가스 성분이 아닌 것은?

① NOx   ② HC
③ CO   ④ R-134a

059 라디에타에 부은 물의 양은 2 리터이고 동형의 신품 라디에이터에 3 리터의 물이 들어갈 수 있다면, 이때 라이에이터 코어의 막힘을 몇 % 인가?

① 23%   ② 33%
③ 43%   ④ 53%

> **해설** 코어 막힘률(%)
> = (신품용량 – 구품용량) / 신품용량 × 100
> = (3-2) / 3 × 100 = 33%

060 전자제어 연료분사장치가 설치된 엔진에서 아이들 중 흡입구를 손으로 일부 폐쇄하면 O_2센서의 출력은 순간적으로 어떻게 되는가?

① 출력이 순간적으로 감소했다가 상승한다.
② 출력이 변화없다.
③ 출력이 감소한다.
④ 출력이 증가한다.

061 직류전동기에서 전기자코일과 계자코일을 병렬로 연결하여 사용하는 것은 다음 중 무엇인가?

① 페라이트 자석식 전동기
② 복권식 전동기
③ 분권식 전동기
④ 직권식 전동기

062 다음 중 전자제어 연료 분사장치의 페일 세이프(fail safe) 기능이 적용되지 않는 부품은?

① TCD 센서   ② 흡기온 센서
③ 냉각 수온 센서   ④ O_2 센서

063 점화시기를 정하는데 있어 고려하여야 할 사항으로 틀린 것은?

① 인접한 실린더가 연이어 점화되게 한다.
② 혼합기가 각 실린더에 균일하게 분배되게 한다.
③ 크랭크축에 비틀림 진동이 일어나지 않게 한다.
④ 연소가 등간격으로 일어나야 한다.

064 점화플러그의 자기청정온도의 범위는?

① 200~500 ℃   ② 400~850 ℃
③ 600~1,100 ℃   ④ 900~1,300 ℃

정답 55. ④ 56. ④ 57. ④ 58. ④ 59. ② 60. ④ 61. ③ 62. ① 63. ① 64. ②

065 연료가 자기착화하는 최저온도를 무엇이라 하는가?

① 발화점　　② 인화점
③ 가연한계점　④ 연소점

066 접점식 점화정치와 비교한 트랜지스터 점화방식의 장점이다. 관계가 없는 것은?

① 고속에서도 2차 전압이 급격히 저하되는 일이 없다.
② 고속에서도 비교적 점화에너지 확보가 쉽다.
③ 점화코일이 없어 비교적 구조가 간단하다.
④ 점점의 소손이나 전기손실이 없다.

067 기본 점화시기 및 연료 분사시기와 밀접한 관계가 있는 센서는?

① 흡기온 센서　② 크랭크각 센서
③ 대기압 센서　④ 수온 센서

068 가솔린 자동차에서 연료 증발가스 제어장치 중 차콜 캐니스터의 역할은?

① 연료탱크 내의 증발가스를 포집한다.
② 연료 증발가스를 대기로 방출시키는 장치다.
③ 공전시 및 워밍업시에 원활하게 작동하는 장치다.
④ 질소산화물의 배출량을 감소시킨다.

069 엔진 온도가 규정온도 이하일 때 배기가스에 나타나는 현상으로 올바른 것은?

① CO, HC, NOx 모두 증가한다.
② CO, HC 발생량이 감소한다.
③ NOx 발생량이 증가한다.
④ CO, HC, NOx 모두 증가한다.

070 점화플러그에 대한 설명으로 틀린 것은?

① 고부하 고속회전이 많은 기관에서는 열형 플러그를 사용하는 것이 좋다.
② 전극의 온도가 자기청정온도 이하가 되면 실화가 발생한다.
③ 방열효과가 낮은 특성의 플러그를 열형 플러그라고 한다.
④ 열가는 점화플러그의 열방산 정도를 수치로 나타내는 것이다.

> 해설 고부하 고속회전이 많은 기관에서는 냉각 성능이 우수한 냉형 점화플러그를 적용해야 한다.

071 전자제어 엔진에서 흡입하는 공기량 측정 방법이 아닌 것은?

① 엔진 회전속도　② 흡기 다기관 부압
③ 피스톤 직경　　④ 스로틀 밸브 열림각

072 전자제어 기관의 연료분사 제어방식 중 점화순서에 따라 순차적으로 분사되는 방식은?

① 간헐분사 방식　② 독립분사 방식
③ 그룹분사 방식　④ 동시분사 방식

073 전자제어 연료분사장치 엔진의 특성에 관한 설명으로서 관계가 없는 것은?

① 컴퓨터를 사용하기 때문에 출력이 좋다.
② 연료계통의 제어 구조가 간단하다.
③ 실린더의 혼합기 분배가 균일하다.
④ 엔진의 응답성이 좋다.

정답 65. ②　66. ③　67. ②　68. ①　69. ②　70. ①　71. ③　72. ②　73. ②

074 전자제어 엔진의 흡입 공기량 검출에서 MAP센서를 사용하고 있다. 진공도가 크면 출력 전압값이 어떻게 변하는가?

① 높아지다가 갑자기 낮아진다.
② 낮아지다가 갑자기 높아진다.
③ 높아진다.
④ 낮아진다.

075 전자제어 가솔린 기관에서 급가속시 연료를 분사할 때 어떻게 하는가?

① 간헐 분사　② 비동기 분사
③ 순차 분사　④ 동기 분사

076 전자제어 엔진에서 냉각수온이 20℃ 이하일 때 냉각수온 값으로 대치되지만 냉각수온이 20℃ 이상일 때 ECU에서 흡기온도를 20℃로 고정시키는 기능은?

① 피드백　② 페일 세이프
③ 고장진단　④ 자기진단

077 전자제어 엔진의 목적으로 가장 맞지 않는 것은?

① 노킹 상태를 회피
② 불안전 연소를 없애고 운전성 향상
③ 압축비의 증대
④ 필요한 만큼의 출력 발생

078 전자제어 가솔린 연료 분사장치에서 흡입 공기량과 엔진회전수의 입력만으로 결정되는 분사량은?

① 연료차단 분사량
② 엔진시동 분사량
③ 기본 분사량
④ 부분부하 운전 분사량

079 전자제어 연료분사 엔진에서 수온센서가 보정하는 영역에서 특히 중요한 역할을 하는 시기는?

① 가감속시
② 고속부하시
③ 웜업(warm up) 이후
④ 냉각시동에서 웜업(warm up)까지

080 전자제어 연료 분사장치 엔진의 블로바이 가스 제어와 관계있는 것은?

① EGR (Exhaust Gas Recirculation)
② PCSV (Purge Control Solenoid Valve)
③ PCV (Positive Crankcase Ventilation)
④ 차콜 캐니스터 (charcoal canister)

> 해설 EGR : 배기가스를 재순환하여 연소실의 온도를 낮춤(NOx생성 억제)
> PCSV : 캐니스터에 저장된 증발가스를 연소시킴
> PCV: 크랭크케이스내의 블로바이가스를 연소시킴
> 차콜캐니스터: 연료탱크의 증발가스를 포집시킴

081 크랭킹은 가능하지만 엔진 시동이 어렵다면 그 원인은?

① 흡기온도 센서 불량
② 산소센서 불량
③ 흡입공기량 센서 불량
④ 크랭크각 센서 불량

082 전자제어 가솔린 기관의 연료 펌프장치에서 연료 라인이 막혔을 때 연료압력이 높아지는 것을 방지하는 것은?

① 3-way 밸브　② 릴리프 밸브
③ 레귤레이터 밸브　④ 체크 밸브

정답　74. ④　75. ②　76. ②　77. ③　78. ③　79. ④　80. ③　81. ④　82. ②

083 전자제어 기술린 기관의 인젝터 분사량에 영향을 주는 것 중 컴퓨터에 의해 제어되는 것은?

① 인젝터 분사시간
② 인젝터 서지전압
③ 인젝터 저항요소
④ 분사구멍의 크기에 대한 변화

084 자동차의 앞 현가장치의 분류 중 일체식 차축 현가장치의 장점을 설명한 것은?

① 앞바퀴에 시미 현상이 일어나기 쉽다.
② 스프링 질량이 크기 때문에 승차감이 좋지 않다.
③ 스프링 정수가 너무 적은 스프링은 사용할 수 없다.
④ 차축의 위치를 점하는 링크나 로드가 필요치 않아 부품수가 적고 구조가 간단하다.

085 진동을 흡수하고 진동시간을 단축시키고 스프링의 부담을 감소시키기 위한 장치는?

① 코일스프링 ② 쇽업소버
③ 공기스프링 ④ 스테빌라이저

086 전자제어 현가장치에서 차고 높이 조정은 무엇에 의해 조절되는가?

① 특수한 고무류
② 진공
③ 플라스틱류 액추에이터
④ 공기압

087 일체의 차축의 현가 스프링이 피로해지면 바퀴의 캐스터는?

① 정(+)이 되었다가 부(-)가 된다.
② 변화가 없다.
③ 부(-)가 된다.
④ 정(+)이 된다.

088 전자제어 현가장치의 제어 중 앤티 다이브(Anti-dive) 기능을 설명한 것 중 맞는 것은?

① 급발진 시 가속으로 인한 차량의 흔들임을 억제하는 기능
② 회전주행 시 원심력에 의해 차량의 롤링을 최소로 유지하는 기능
③ 급제동 시 어큐뮬레이터의 감쇠력을 하드로 하여 차체의 앞부분이 내려가는 것을 방지하는 기능
④ 급발진 시, 급가속 시 어큐뮬레이터의 감쇠력을 소프트로 하여 차량의 뒤쪽이 내려앉는 현상

089 다음 중 독립 현가장치의 장점이 아닌 것은?

① 일체 차축 현가장치에 비해 구조가 간단하다.
② 스프링 아래 질량이 작기 때문에 승차감이 좋다.
③ 스프링 정수가 작은 스프링도 사용할 수 있다.
④ 앞바퀴에 시미가 잘 일어나지 않는다.

090 자동차가 선회시 조향각을 일정하게 하여도 선회반경이 커지는 현상을 무엇이라 하는가?

① 차축조향 ② 언더스티어링
③ 오버스티어링 ④ 코너링 포스

091 동력조향장치에서 직진할 경우 동력피스톤의 운동상태는?

① 동력피스톤은 좌·우실의 유압이 같으므로 정지하고 있다.
② 동력피스톤은 리액션 스프링을 압축하여 왼쪽으로 이동한다.
③ 동력피스톤이 오른쪽으로 움직여서 오른쪽으로 조향한다.
④ 동력피스톤이 왼쪽으로 움직여서 왼쪽으로 조향한다.

정답 83.① 84.④ 85.② 86.④ 87.② 88.③ 89.① 90.② 91.①

092 운전 중 조향핸들이 무겁다. 그 원인은?

① 타이어 공기압이 낮다.
② 드레그 링크 볼이음 스프링이 강하다.
③ 부의 캐스터가 심하다.
④ 타이어 공기압이 높다.

093 다음 중 조향 기어 기구로 사용되지 않는 것은?

① 랙 헬리컬형   ② 볼 너트형
③ 웜 섹터형   ④ 랙 피니어형

094 조향핸들을 2바퀴 돌렸을 때 피트먼암이 80도 움직였다. 이때 조향기어비는 얼마인가?

① 8 : 1   ② 9 : 1
③ 10 : 1   ④ 12 : 1

> 해설 2바퀴 = 360도 × 2 = 720도,
> 720 : 80 = 9 : 1

095 동력 조향장치의 구조 중에서 동력부가 고장 났을 때 수동 조작을 가능하게 해 주는 것은?

① 안전 체크밸브   ② 압력 조절밸브
③ 유량 조절밸브   ④ 릴리프 밸브

096 앞바퀴 구동 승용차의 경우 드라이브 샤프트가 변속기축과 차바퀴축에 2개의 조인트로 구성되어 있으며 변속기축에 있는 조인트를 무엇이라 하는가?

① 플렉시블 조인트
② 유니버설 조인트
③ 버필드 조인트
④ 더블 오프셋 조인트

097 사이드 슬립 시험기에서 지시값 '5'라고 하는 것은 주행 1km에 대해 앞바퀴와 앞 방향 미끄러짐이 얼마라는 뜻인가?

① 5 mm   ② 5 cm
③ 5 m   ④ 50 m

098 앞바퀴 얼라인먼트의 직접적인 역할이 아닌 것은?

① 조향휠에 복원성을 준다.
② 타이어의 마모를 최소화 한다.
③ 조향휠에 알맞은 유격을 준다.
④ 조향휠의 조작을 쉽게 한다.

099 공기브레이크에서 제동력을 크게 하기 위해서 조정하여야 할 밸브는?

① 언로드 밸브   ② 체크 밸브
③ 안전 밸브   ④ 압력 조절 밸브

100 ABS의 효과중 가장 적당한 것은?

① 눈길, 빗길 등의 미끄러운 노면에서는 작동되지 않는다.
② ABS 차량은 급제동 시 바퀴가 미끄러진다.
③ 차량의 코너링 상태에서만 작동한다.
④ 차량의 제동시 바퀴가 미끄러지지 않는다.

101 4행정 사이클 자동차 엔진의 열역학적 사이클 분류로 틀린 것은?

① 오토 사이클   ② 사바테 사이클
③ 디젤 사이클   ④ 클러크 사이클

정답 92. ① 93. ① 94. ② 95. ① 96. ④ 97. ③ 98. ③ 99. ① 100. ④ 101. ④

102 전자제어 가솔린 엔진에서 (−)duty 제어 타입의 액추에이터 작동 사이클 중 (−)duty가 40%일 경우의 설명으로 옳은 것은?

① 한 사이클 중 작동하는 시간의 비율이 60% 이다.
② 한 사이클 중 분사시간의 비율이 60%이다.
③ 전류 비통전시간 비율이 40%이다.
④ 전류 통전시간 비율이 40%이다.

해설 듀티(duty)란 ON, OFF 의 1사이클 중 ON 되는 시간을 백분율로 표시한 것이다.

103 LPG 자동차 봄베의 액상연료 최대 충전량은 내용적의 몇 %를 넘지 않아야 하는가?

① 75%   ② 80%
③ 85%   ④ 90%

104 점화 1차 파형으로 확인할 수 없는 사항은?

① 점화 플러그 방전시간
② 점화 코일 공급전압
③ 방전 전류
④ 드웰 시간

105 무부하 검사방법으로 휘발유 사용 운행 자동차의 배출가스 검사 시 측정 전에 확인해야 하는 자동차의 상태로 틀린 것은?

① 측정에 장애를 줄 수 있는 부속장치들의 가동을 정지한다.
② 원동기를 정지시켜 충분히 냉각시킨다.
③ 변속기를 중립위치로 놓는다.
④ 냉·난방 장치를 정지시킨다.

106 전자제어 가솔린 엔진에 대한 설명으로 틀린 것은?

① 점화시기는 크랭크 각 센서가 점화 2차 코일의 저항으로 제어한다.
② 산소 센서의 신호는 이론 공연비 제어에 사용된다.
③ 공회전 속도 제어에 스텝 모터를 사용하기도 한다.
④ 흡기 온도 센서는 공기 밀도 보정시 사용된다.

107 전자제어 디젤 엔진의 연료 분사장치에서 예비분사가 중단될 수 있는 경우로 틀린 것은?

① 예비 분사가 주분사를 너무 앞지르는 경우
② 규정된 엔진 회전수를 초과하였을 경우
③ 연료 압력이 최소 압력보다 높은 경우
④ 연료 분사량이 너무 적은 경우

108 전자제어 가솔린 엔진에서 인젝터의 연료 분사량을 결정하는 주요 인자로 옳은 것은?

① 니들 밸브의 열림 시간
② 연료 펌프 복귀 전류
③ 솔레노이드 코일 수
④ 분사 각도

109 엔진의 밸브 스프링이 진동을 일으켜 밸브 개폐시기가 불량해지는 현상은?

① 스트레치   ② 스털링
③ 서징   ④ 스텀블

110 차량에서 발생되는 배출가스 중 지구 온난화에 가장 큰 영향을 미치는 것은?

① HC   ② O_2
③ CO_2 ④ H_2

정답 102. ④ 103. ③ 104. ③ 105. ② 106. ① 107. ③ 108. ① 109. ③ 110. ③

111 엔진의 부하 및 회전속도의 변화에 따라 형성되는 흡기 다기관의 압력변화를 측정하여 흡입 공기량을 계측하는 센서는?

① 칼만 와류방식 센서
② 핫 와이어 방식 센서
③ 베인 방식 센서
④ MAP 센서

112 가솔린 엔진의 연소실 체적이 행정체적의 20%일 때 압축비는 얼마인가?

① 6 : 1
② 7 : 1
③ 8 : 1
④ 9 : 1

> 해설 압축비 = (연소실 체적 + 행정체적)/ (연소실 체적) = (20+100)/20 = 6

113 엔진오일을 점검하는 방법으로 틀린 것은?

① 오일량 게이지 F와 L 사이에 위치하는지 확인한다.
② 엔진 오일의 색상과 점도가 불량한 경우 보충한다.
③ 오일의 변색과 수분의 유입여부를 점검한다.
④ 엔진 정지 상태에서 오일량을 점검한다.

114 산소 센서의 피드백 작용이 이루어지고 있는 운전조건으로 옳은 것은?

① 통상 운전 시
② 급 감속 시
③ 연료 차단 시
④ 시동 시

115 수냉식 엔진의 과열 원인으로 틀린 것은?

① 워터재킷 내에 스케일이 많이 있는 경우
② 수온 조절기가 닫힌 상태로 고장 난 경우
③ 워터펌프 구동 벨트의 장력이 큰 경우
④ 라디에이터 코어가 30% 막힘 경우

116 전자제어 가솔린 엔진에서 인젝터 연료 분사압력을 항상 일정하게 조절하는 다이어프램 방식의 연료 압력 조절기 작동과 직접적인 관련이 있는 것은?

① 배기가스 중의 산소농도
② 실린더 내의 압축압력
③ 흡입 매니폴드의 압력
④ 바퀴의 회전속도

117 가솔린 전자제어 연료 분사장치에서 ECU로 입력되는 요소가 아닌 것은?

① 흡입 공기 온도 신호
② 냉각수 온도 신호
③ 대기 압력 신호
④ 연료 분사 신호

118 엔진회전수가 4,000rpm 이고, 연소 지연 시간이 1/600초 일 때 연소 지연시간 동안 크랭크축의 회전각도로 옳은 것은?

① 28°
② 37°
③ 40°
④ 46°

> 해설 착화시기 = 엔진 회전수/60 × 360 × 연소지연시간
> = 4000 × 6 × (1/600) = 40°

119 운행자 정기검사에서 가솔린 승용자동차의 배출가스 검사결과 CO 측정값이 2.2%로 나온 경우, 검사 결과에 대한 판정으로 옳은 것은? (단, 2007년 11월에 제작한 차량이며, 무부하 검사방법으로 측정하였다.)

① 허용기준인 1.0%를 초과하였으므로 부적합
② 허용기준인 1.5%를 초과하였으므로 부적합
③ 허용기준인 2.5% 이하이므로 적합
④ 허용기준인 3.2% 이하이므로 적합

정답 111. ④ 112. ① 113. ② 114. ① 115. ③ 116. ③ 117. ④ 118. ③ 119. ①

120 4륜 조향장치의 장점으로 틀린 것은?

① 미끄러운 노면에서의 주행 안정성이 좋다.
② 견인력이 크다.
③ 최소 회전 반경이 크다.
④ 선회 안정성이 좋다.

121 6속 더블 클러치 변속기(DCT)의 주요 구성부품이 아닌 것은?

① 클러치 액추에이터 ② 더블 클러치
③ 기어 액추에이터   ④ 토크 컨버터

122 브레이크액의 구비조건이 아닌 것은?

① 고온에서 안정성이 높을 것
② 온도에 의한 점도 변화가 적을 것
③ 비등점이 높을 것
④ 압축성일 것

123 ABS에서 펌프로부터 발생된 유압을 일시적으로 저장하고 맥동을 안정시켜 주는 부품은?

① 솔레노이드 밸브 ② 어큐뮬레이터
③ 아웃-렛 밸브   ④ 모듈레이터

124 전동식 동력 조향장치의 자기진단이 안 될 경우 점검사항으로 틀린 것은?

① Key On 상태에서 CAN 종단 저항 측정
② 컨트롤 유닛 측 배터리 접지여부 측정
③ 컨트롤 유닛 측 배터리 전원 측정
④ CAN 통신 파형 점검

125 전자제어 현가장치(ECS)의 감쇠력 제어모드에 해당되지 않는 것은?

① Soft   ② Medium
③ Hard   ④ Super Hard

126 차량의 주행성능 및 안정성을 높이기 위한 방법에 관한 설명으로 틀린 것은?

① 리어 스포일러를 부착하여 횡력의 영향을 줄인다.
② 액티브 요잉 제어장치로 안정성을 높일 수 있다.
③ 고속 주행시 언더 스티어링 차량이 유리하다.
④ 유선형 차체 형상으로 공기저항을 줄인다.

127 엔진이 2,000rpm 일 때 발생한 토크가 60kgf/m가 클러치를 거쳐, 변속기로 입력된 회전수와 토크가 1,900rpm, 56kgf/m 이다. 이때 클러치의 전달효율은 약 몇 % 인가?

① 47 %   ② 62 %
③ 89 %   ④ 94 %

> **해설** 클러치 전달 효율 = 클러치의 출력 / 엔진의 출력 × 100 = (클러치의 토크 × 회전수) / (엔진의 토크 × 회전수) × 100 = (1900 × 56) / (2000 × 60) × 100 = 89 %

128 자동변속기 차량의 셀렉트 레버 조작시 브레이크 페달을 밟아야만 레버 위치를 변경할 수 있도록 제한하는 구성부품으로 나열된 것은?

① 스타트 록 아웃 스위치, 파킹 리버스 블록 밸브
② 시프트 록 솔레노이드 밸브, 스타트 록 아웃 스위치
③ 시프트 록 케이블, 시프트 록 솔레노이드 밸브
④ 파킹 리버스 블록 밸브, 시프트 록 케이블

정답 120. ③ 121. ④ 122. ④ 123. ② 124. ① 125. ④ 126. ① 127. ③ 128. ③

129 96km/h로 주행중인 자동차의 제동을 위한 공주시간이 0.3초 일 때 공주거리는 몇 m 인가?

① 2 m ② 4 m
③ 8 m ④ 12 m

> 해설 공주거리(m) = 제동 초속도(m/s) × 공주시간(sec)
> = (V × 1000 × t) / (60 × 60)
> = V × t / 3.6
> = 96 × 0.3 / 3.6 = 8m

130 레이디얼 타이어의 특징에 대한 설명으로 틀린 것은?

① 선회시에 트레드 변형이 적어 접지 면적이 감소되는 경향이 적다.
② 로드 홀딩이 우수하며 스탠딩 웨이브가 잘 일어나지 않는다.
③ 타이어 단면의 편평율을 크게 할 수 있다.
④ 하중에 의한 트레드 변형이 큰 편이다.

131 유체 클러치와 토크 컨버터에 대한 설명 중 틀린 것은?

① 가이드 링은 유체 클러치 내부의 압력을 증가시키는 역할을 한다.
② 유체 클러치는 펌프, 터빈, 가이드 링으로 구성되어 있다.
③ 토크 컨버터는 토크를 증가시킬 수 있다.
④ 토크 컨버터에는 스테이터가 있다.

132 자동변속기에서 급히 가속페달을 밟았을 때 일정속도 범위 내에서 한단 낮은 단으로 강제 변속이 되도록 하는 것은?

① 킥 업 ② 킥 다운
③ 업 시프트 ④ 리프트 풋 업

133 조향장치에 관한 설명으로 틀린 것은?

① 조향 핸들의 조작력을 저속에서는 무겁게, 고속에서는 가볍게 한다.
② 조향 핸들의 회전과 바퀴의 선회 차이가 크지 않아야 한다.
③ 선회 후 복원성을 좋게 한다.
④ 방향 전환을 원활하게 한다.

134 동력 조향장치에서 3가지 주요부의 구성으로 옳은 것은?

① 작동부(동력 실린더), 동력부(오일펌프), 제어부(제어밸브)
② 작동부(동력 실린더), 동력부(제어밸브), 제어부(오일펌프)
③ 작동부(제어밸브), 동력부(오일펌프), 제어부(동력 실린더)
④ 작동부(오일펌프), 동력부(동력 실린더), 제어부(제어밸브)

135 구동륜 제어장치(TCS)에 대한 설명으로 틀린 것은?

① 노면과 차륜간의 마찰 상태에 따라 엔진 출력제어
② 커브 길 선회시 주행 안정성 유지
③ 눈길, 빙판길에서 미끄러짐 방지
④ 차체 높이 제어를 위한 성능유지

136 수동변속기에서 기어변속이 불량한 원인이 아닌 것은?

① 싱크로나이저 슬리브와 링의 회전속도가 동일한 경우
② 싱크로나이저 링 내부가 마모된 경우
③ 컨트롤 케이블이 단선된 경우
④ 릴리스 실린더가 파손된 경우

정답 129. ③ 130. ④ 131. ① 132. ② 133. ① 134. ① 135. ④ 136. ①

137 휠 얼라인먼트를 점검하여 바르게 유지해야 하는 이유로 틀린 것은?

① 타이어 이상 마모의 최소화
② 사이드 슬립의 방지
③ 축간 거리의 감소
④ 직진 성능의 개선

138 브레이크 회로 내의 오일이 비등기화하여 제동압력의 전달 작용을 방해하는 현상은?

① 브레이크록 현상 ② 베이퍼록 현상
③ 사이클링 현상   ④ 페이드 현상

139 점화플러그에 대한 설명으로 틀린 것은?

① 전극부분의 작동온도가 자기 청정 온도보다 낮을 때 실화가 발생할 수 있다.
② 고부하 및 고속회전의 엔진은 열형 플러그를 사용하는 것이 좋다.
③ 열가는 점화 플러그 열 방산의 정도를 수치로 나타낸 것이다.
④ 열형 플러그는 열 방산이 나쁘며 온도가 상승하기 쉽다.

140 점화장치에서 파워 TR(트랜지스터)의 B(베이스) 전류가 단속될 때 점화코일에서는 어떤 현상이 발생하는가?

① 1차 코일에 상호유도 작용이 발생한다.
② 2차 코일에 역기전력이 형성된다.
③ 2차 코일에 전류가 단속된다.
④ 1차 코일에 전류가 단속된다.

141 물체의 전기 저항 특성에 대한 설명 중 틀린 것은?

① 온도가 상승하면 전기 저항이 감소하는 소자를 부특성 서미스터(NTC)라고 한다.
② 보통의 금속은 온도 상승에 따라 저항이 감소한다.
③ 도체의 저항은 온도에 따라서 변한다.
④ 단면적이 증가하면 저항은 감소한다.

142 시동 전동기에 흐르는 전류가 160A이고, 전압이 12V일 때 시동 전동기의 출력은 약 몇 PS 인가?

① 1.3 PS   ② 2.6 PS
③ 3.9 PS   ④ 5.2 PS

> 해설 전력 = 전압 × 전류, 1PS = 0.736kw
> = 12 V × 160 A
> = 1920w×(1kw/1000w)×(1PS/0.736kw)
> = 2.6 PS

143 그로울러 시험기의 시험항목으로 틀린 것은?

① 전기자 코일의 저항시험
② 전기자 코일의 접지시험
③ 전기자 코일의 단락시험
④ 전기자 코일의 단선시험

144 논리회로 중 NOR회로에 대한 설명으로 틀린 것은?

① 입력 A 또는 입력 B 중에서 1개가 1이면 출력이 1이다.
② 입력 A와 입력 B가 모두 1이면 출력이 0이다.
③ 입력 A와 입력 B가 모두 0이면 출력이 1이다.
④ 논리합 회로에 부정회로를 연결한 것이다.

145 단위로 칸델라(cd)를 사용하는 것은?

① 조도   ② 광도
③ 광속   ④ 광원

정답 137. ③ 138. ② 139. ② 140. ④ 141. ② 142. ② 143. ① 144. ① 145. ②

146 자동차 정기검사에서 등화장치의 검사기준이다. 해당되지 않는 것은?

① 어린이 운송용 승합자동차에 설치된 표시등이 안전기준에 적합할 것
② 고전원 전기장치의 접속, 절연 및 설치 상태가 양호 할 것
③ 변환빔의 광도는 3천 칸델라 이상일 것
④ 후부반사기 및 후부반사판의 설치상태가 안전기준에 적합할 것

147 동승석 전방 미등은 작동되나 후방만 작동되지 않는 경우의 고장 원인으로 옳은 것은?

① 미등 릴레이 코일 단선
② 미등 스위치 접촉 불량
③ 후방 미등 전구 단선
④ 미등 퓨즈 단선

148 전류의 3대 작용으로 옳은 것은?

① 발열작용, 유도작용, 증폭작용
② 저장작용, 유도작용, 자기작용
③ 물리작용, 발열작용, 자기작용
④ 발열작용, 화학작용, 자기작용

149 자동 전도등에서 외부 빛의 밝기를 감지하여 자동으로 미등 및 전조등을 점등시키기 위해 적용된 센서는?

① 조향 각속도 센서   ② 중력 센서
③ 초음파 센서   ④ 조도 센서

150 발전기 B 단자의 접촉불량 및 배선 저항 과다로 발생할 수 있는 현상은?

① 과충전으로 인한 배터리 손상
② B 단자 배선 발열
③ 충전시 소음
④ 엔진 과열

151 자동차 전자제어 에어컨 시스템에서 제어 모듈의 입력요소가 아닌 것은?

① 증발기 온도센서   ② 일사량 센서
③ 외기 온도 센서   ④ 산소 센서

152 발광 다이오드에 대한 설명으로 틀린 것은?

① 자동차의 차속센서, 차고센서 등에 적용되어 있다.
② 전기적 에너지를 빛으로 변환시킨다.
③ 백열전구에 비해 수명이 길다.
④ 응답 속도가 느리다.

153 전자제어 트립(trip) 정보 시스템에 입력되는 신호가 아닌 것은?

① 현재의 연료 소비율
② 탱크 내의 연료잔량
③ 평균속도
④ 차속

154 발전기에서 IC식 전압 조정기(requlator)의 제너다이오드에 전류가 흐를 때는?

① 브레이크 다운 전압에서
② 낮은 전압에서
③ 브레이크 작동 상태에서
④ 높은 전압에서

155 바디 컨트롤 모듈(BCM)에서 타이머 제어를 하지 않는 것은?

① 뒤 유리 열선   ② 감광 룸램프
③ 후진등   ④ 파워 윈도우

정답 146. ② 147. ③ 148. ④ 149. ④ 150. ② 151. ④ 152. ④ 153. ③ 154. ① 155. ③

156 자동차에 직류 발전기보다 교류 발전기를 많이 사용하는 이유로 틀린 것은?

① 출력 전류의 제어작용을 하고 조정기의 구조가 간단하다.
② 내구성이 뛰어나고 공회전이나 저속에도 충전이 가능하다.
③ 정류자에서 불꽃 발생이 크다.
④ 크기가 작고 가볍다.

157 하이브리드 자동차의 고전압 배터리 관리 시스템에서 셀 밸런싱 제어의 목적은?

① 고전압 계통 고장에 의한 안전사고 예방
② 배터리 수명 및 에너지 효율 증대
③ 상황별 입출력 에너지 제한
④ 배터리의 적정온도 유지

158 주행 중인 하이브리드 자동차에서 제동 및 감속 시 충전 불량 현상이 발생하였을 때 점검이 필요한 곳은?

① 12V용 충전장치   ② 발진 제어장치
③ LDC 제어장치   ④ 회생 제동장치

159 하이브리드 차량 정비 시 고전압 차단을 위해 안전 플러그를 제거한 후 고전압 부품을 취급하기 전 일정시간 이상 대기시간을 갖는 이유로 가장 적절한 것은?

① 인버터 내의 콘덴서에 충전되어 있는 고전압 방전
② 저전압(12V) 배터리에 서지 전압 차단
③ 제어 모듈 내부의 메모리 공간의 확보
④ 고전압 배터리 내의 셀의 안정화

160 하이브리드의 동력 전달 구분에 따른 분류 (KS R 0121)가 아닌 것은?

① 병렬형 HV   ② 직렬형 HV
③ 집중형 HV   ④ 복합형 HV

161 하이브리드 자동차의 연비 향상 요인이 아닌 것은?

① 회생 제동(배터리 충전)을 통해 에너지를 흡수하여 재사용한다.
② 연비가 좋은 영역에서 작동되도록 동력 분배를 제어한다.
③ 정차시 엔진을 정지(오토 스톱)시켜 연비를 향상시킨다.
④ 주행시 자동차의 공기저항을 높여 연비가 향상된다.

162 전기 자동차에 적용하는 배터리 중 자기방전이 없고 에너지 밀도가 높으며, 전해질이 겔타입이고 내 진동성이 우수한 방식은?

① 리튬 이온 배터리
② 니켈 카드뮴 배터리
③ 니켈 수소 배터리
④ 리튬 이온 폴리머 배터리

163 고전압 배터리의 전기에너지로부터 구동 에너지를 얻는 전기 자동차의 특징을 설명한 것으로 거리가 먼 것은?

① 전기를 동력원으로 사용하기 때문에 주행 시 배출가스가 없다.
② 변속기를 이용하여 토크를 증대시킨다.
③ 전기 모터를 사용하여 구동력을 얻는다.
④ 대용량 고전압 배터리를 탑재한다.

정답 156. ③ 157. ② 158. ④ 159. ① 160. ③ 161. ④ 162. ④ 163. ②

164 전기 자동차의 완속 충전에 대한 설명으로 해당되지 않는 것은?

① 급속 충전보다 충전 효율이 높아 배터리 용량의 80%까지 충전할 수 있다.
② 급속 충전보다 더 많은 시간이 필요하다.
③ 표준화된 충전기를 사용하여 차량 앞쪽에 설치된 완속 충전기 인렛을 통해 충전하여야 한다.
④ AC 100, 200V의 전압을 이용하여 고전압 배터리를 충전하는 방법이다.

165 전기 자동차용 전동기에 요구되는 조건으로 틀린 것은?

① 취급 및 보수가 간편해야 한다.
② 속도제어가 용이해야 한다.
③ 고출력 및 소형화해야 한다.
④ 구동 토크가 작아야 한다.

166 전기 자동차 고전압 배터리 시스템의 제어 특성에서 모터 구동을 위하여 고전압 배터리가 전기 에너지를 방출하는 동작모드로 맞는 것은?

① 충전모드   ② 정지모드
③ 방전모드   ④ 제동모드

167 수소 연료 전지 전기자동차에서 저전압(12V) 배터리가 장착된 이유로 틀린 것은?

① 구동 모터 작동   ② 네비게이션 작동
③ 등화장치 작동   ④ 오디오 작동

168 친환경 자동차의 고전압 배터리 충전상태(SOC)의 일반적인 제한영역은?

① 20~80%   ② 50~80%
③ 80~100%   ④ 100~120%

169 수소 연료 전기 전기자동차에서 직류(DC) 전압을 다른 직류(DC) 전압으로 바꾸어 주는 장치는 무엇인가?

① 리졸버   ② DC-DC 컨버터
③ DC-AC 컨버터 ④ 커패시티

170 친환경 자동차에서 PRA(Power Relay Assembly)기능에 대한 설명으로 틀린 것은?

① 고전압 배터리 암전류 차단
② 고전압 회로 과전류 보호
③ 전장품 보호
④ 승객 보호

171 수소 연료 전지 전기자동차의 구동모터를 작동하기 위한 전기에너지를 공급 또는 저장하는 기능을 하는 것은?

① 엔진 제어기   ② 고전압 배터리
③ 변속기 제어기   ④ 보조 배터리

172 CNG 엔진의 분류에서 자동차에 연료를 저장하는 방법에 따른 분류가 아닌 것은?

① 압축 천연가스 자동차
② 액화 천연가스 자동차
③ 흡착 천연가스 자동차
④ 부탄 천연가스 자동차

173 자동차 연료로 사용하는 천연가스에 관한 설명으로 맞는 것은?

① 경유를 착화보조 연료로 사용하는 천연가스 자동차를 전소엔진 자동차라 한다.
② 상온에서 높은 압력으로 가압하여도 기체 상태로 존재하는 가스이다.
③ 부탄이 주성분인 가스 상태의 연료이다.
④ 약 200기압으로 압축시켜 액화한 상태로만 사용한다.

정답 164. ① 165. ④ 166. ③ 167. ① 168. ① 169. ② 170. ④ 171. ② 172. ④ 173. ②

174 압축 천연가스(CNG)의 특징으로 거리가 먼 것은?

① 기체 연료이므로 엔진 체적효율이 낮다.
② 분진 유황이 거의 없다.
③ 옥탄가가 매우 낮아 압축비를 높일 수 없다.
④ 전 세계적으로 매장량이 풍부하다.

175 LPI(Liquid Petroleum Injection) 연료장치의 특징이 아닌 것은?

① 연료펌프가 있다.
② 믹서에 의해 연소실로 연료가 공급된다.
③ 연료 압력 레귤레이터에 의해 일정 압력을 유지하여야 한다.
④ 가스 온도 센서와 가스 압력 센서에 의해 연료 조성비를 알 수 있다.

176 전자제어 LPI 엔진의 구성품이 아닌 것은?

① 베이퍼라이저
② 가스 온도 센서
③ 연료 압력 센서
④ 레귤레이터 유닛

177 전자제어 디젤 엔진의 제어 모듈(ECU)로 입력되는 요소가 아닌 것은?

① 흡기 온도   ② 연료 분사량
③ 엔진 회전속도   ④ 가솔 페달의 개도

178 디젤 엔진의 노크 방지법으로 옳은 것은?

① 압축비를 낮춘다.
② 흡기 온도를 낮춘다.
③ 분사 초기에 연료 분사량을 증가시킨다.
④ 착화 지연시간이 짧은 연료를 사용한다.

179 수냉식 엔진과 비교한 공냉식 엔진의 장점으로 틀린 것은?

① 정상 작동온도에 도달하는 데 소요되는 시간이 짧다.
② 단위 출력 당 중량이 무겁다.
③ 냉각수 누수 염려가 없다.
④ 구조가 간단하다.

180 LPG 엔진에서 주행 중 사고로 인해 봄베 내의 연료가 급격히 방출되는 것을 방지하는 밸브는?

① 긴급차단 솔레노이드 밸브
② 액, 기상 솔레노이드 밸브
③ 과류 방지 밸브
④ 체크 밸브

181 밸브 스프링의 공진현상을 방지하는 방법으로 틀린 것은?

① 밸브 스프링의 고유 진동수를 낮춘다.
② 부동 피치 스프링을 사용한다.
③ 원뿔형 스프링을 사용한다.
④ 2중 스프링을 사용한다.

182 전자제어 엔진에서 지르코니아 방식 후방 산소센터와 전방 산소센서의 출력파형이 동일하게 출력된다면, 예상되는 고장 부위는?

① 정상
② 촉매 컨버터
③ 전방 산소 센서
④ 후방 산소 센서

정답 174. ③ 175. ② 176. ① 177. ② 178. ④ 179. ② 180. ③ 181. ① 182. ②

183 디젤 엔진의 연료 분사량을 측정하였더니 최대 분사량이 25cc이고, 최소 분사량이 23cc, 평균 분사량이 24cc이다. 분사량의 (+) 분균율은?

① 약 2.1% ② 약 4.2%
③ 약 8.3% ④ 약 8.7%

> 해설 (+)불균율 = (최대분사량 − 평균분사량) / 평균분사량 × 100
> = (25 − 24) / 24 × 100 = 4.16%

184 디젤 엔진에서 착화지연의 원인으로 틀린 것은?

① 지나치게 빠른 분사시기
② 분사 노즐의 후적
③ 압축 압력 부족
④ 높은 세타가

185 전자제어 가솔린 엔진에서 패스트 아이들 기능에 대한 설명으로 옳은 것은?

① 급 감속 시 연료 비등 활성
② 냉간 시 웜업 시간 단축
③ 연료 계통 내 빙결 방지
④ 정차 시 시동 꺼짐 방지

186 냉각수 온도 센서의 역할로 틀린 것은?

① 점화시기 보정
② 연료 분사량 보정
③ 냉각수 온도 계측
④ 기본 연료 분사량 결정

187 앞바퀴 얼라인먼트 검사를 할 때 예비점검 사항이 아닌 것은?

① 조향 핸들 유격 상태
② 킹핀 마모 상태
③ 차축 휨 상태
④ 타이어 상태

188 전자제어 제동장치(ABS)에서 페일 세이프(fail safe) 상태가 되면 나타나는 현상은?

① ABS 기능이 작동되지 않아도 평상시 브레이크는 작동된다.
② ABS 기능이 작동되지 않아서 주차 브레이크가 자동으로 작동된다.
③ 모듈레이터 솔레노이드 밸브로 전원을 공급한다.
④ 모듈레이터 모터가 작동한다.

189 전자제어 현가장치 제어모듈의 입·출력 요소가 아닌 것은?

① 가솔 페달 스위치 ② 휠 스피드 센서
③ 조향각 센서 ④ 차속 센서

190 자동차의 휠 얼라인먼트에서 캠버의 역할은?

① 주행 중 조향 바퀴에 방향성 부여
② 하중으로 인한 앞차축의 휨 방지
③ 조향 바퀴에 동일한 회전수 유도
④ 제동 효과 상승

191 브레이크 라이닝 표면이 과열되어 마찰계수가 저하되고 브레이크 효과가 나빠지는 현상은?

① 하이드로 플래닝 ② 언더 스티어링
③ 캐비테이션 ④ 페이드

정답 183. ② 184. ④ 185. ② 186. ④ 187. ② 188. ① 189. ② 190. ② 191. ④

192 차제의 롤링을 방지하기 위한 현가부품으로 옳은 것은?

① 스태빌라이저 ② 쇼크 업쇼버
③ 컨트롤 암   ④ 로어 암

193 자동차 제동성능에 영향을 주는 요소가 아닌 것은?

① 타이어의 미끄럼비 ② 차량 총중량
③ 제동 초속도   ④ 여유 동력

194 자동차 전자제어 모듈 통신방식 중 고속 CAN통신에 대한 설명으로 틀린 것은?

① 종단 저항 값으로 통신라인의 이상 유무를 판단할 수 있다.
② 제어 모듈 간의 정보를 데이터 형태로 전송할 수 있다.
③ 차량용 통신으로 적합하나 배선수가 현저하게 많아진다.
④ 진단장비로 통신라인의 상태를 점검할 수 있다.

195 자동차에 사용되는 에어컨 리시버 드라이버의 기능으로 틀린 것은?

① 냉매의 기포 분리 ② 냉매의 수분 제거
③ 냉매 압축 송출   ④ 액체 냉매 저장

196 광전소자 레인 센서가 적용된 와이퍼 장치에 대한 설명으로 틀린 것은?

① 빗물의 양에 따라 알맞은 속도로 와이퍼 모터를 제어한다.
② 발광다이오드와 포토다이오드로 구성된다.
③ 레인 센서를 통해 빗물의 양을 감지한다.
④ 방광다이오드로부터 초음파를 방출한다.

197 하이브리드 전기 자동차와 일반 자동차와의 차이점에 대한 설명 중 틀린 것은?

① 차량 감속 시 하이브리드 모터가 발전기로 전환되어 배터리를 충전하게 된다.
② 차량의 출발이나 가속 시 하이브리드 모터를 이용하여 엔진의 동력을 보조하는 기능을 수반한다.
③ 하이브리드 차량은 정상적인 상태일 때 항상 엔진 시동 전동기를 이용하여 시동을 건다.
④ 하이브리드 차량은 주행 또는 정지 시 엔진의 시동을 끄는 기능을 수반한다.

198 하드타입 하이브리드 구동모터의 주요 기능으로 틀린 것은?

① 변속 시 동력 차단
② 감속 시 배터리 충전
③ 가속 시 구동력 증대
④ 출발 시 전기모드 주행

199 친환경 자동차에서 고전압 관련 정비 시 고전압을 해제하는 장치는?

① 프리차지 저항 ② 안전 플러그
③ 배터리 팩   ④ 전류센서

200 전기자동차의 배터리 시스템 어셈블리 내부의 공기 온도를 감지하는 역할을 하는 것은?

① 고전압 배터리 히터 릴레이
② 프리차지 릴레이
③ 고전압 배터리 인렛 온도 센서
④ 파워 릴레이 어셈블리

정답 192. ① 193. ④ 194. ③ 195. ③ 196. ④ 197. ③ 198. ① 199. ② 200. ③

일주일 만에 끝내는 도로교통 안전관리자

일주일 만에 끝내는
도로교통 안전관리자

과목 **05**

교통법규

- 5-1 교통안전법
- 5-2 자동차관리법
- 5-3 도로교통법

일주일 만에 끝내는 도로교통 안전관리자

일주일 만에 끝내는
도로교통 안전관리자

과목 **05-1**

교통안전법

- 핵심용어정리
- 요점정리
- CBT 출제예상문제[100제]

CHAPTER 01 핵심용어정리

No	용어	설명
1	교통수단	사람이 이동하거나 짐을 옮기는데 쓰는 수단 (차량, 선박, 항공기)
2	교통시설	자동차, 기차, 배, 비행기 등 각종 교통수단을 운행하기 위하여 설치한 시설, 도로, 철도, 수로, 역, 주차장, 항만, 공항 등의 시설이 있다.
3	교통체계	사람 또는 화물의 이동이나 운송과 관련된 활동을 수행하기 위하여 개별적으로 또는 서로 유기적으로 연계된 교통수단과 교통시설을 이용하고 관리하는 운영체계, 혹은 이와 관련된 산업과 제도
4	교통수단 운영자	교통수단을 이용하여 운송 관련 사업을 영위하는 자 (여객자동차 운수사업자, 화물자동차 운수사업자, 철도 사업자, 항공운송 사업자, 해운업자 등)
5	교통시설 설치·관리자	교통시설을 설치 및 관리 또는 운영하는 자
6	교통사업자	교통 관련사업자 (교통수단 운영자, 교통시설 설치 관리자, 교통수단 제조업자, 교통관련 교육, 연구, 조사기관 등)
7	지정행정기관	교통안전관리계획의 수립, 시행 등의 업무를 수행하기 위해서 대통령령으로 정하는 행정기관 (예 : 국토교통부, 해양수산부, 국방부, 경찰청, 산업통상자원부, 소방청 등)
8	교통행정기관	국가 또는 지방자치단체의 교통에 관한 사무를 관장하는 기관 (예 ; 국토교통부, 시·도지사, 지방경찰청 등)
9	광역자치단체	시·도지사(특별시, 광역식, 특별자치시, 도, 특별자치도)
10	기초자치단체	시장·군수·구청장(시, 군, 자치구의 구청장)
11	교통사고	자동차, 기차, 전차, 비행기, 선박 등 교통기관에 의한 인명 및 재산상의 모든 사고(충돌, 탈선, 추락, 침몰 등).
12	교통수단 안전점검	교통행정기관이 이 법 또는 관계법령에 따라 소관 교통수단에 대하여 교통안전에 관한 위험요인을 조사, 점검 및 평가하는 모든 활동을 말한다.
13	교통시설 안전진단	육상교통, 해상교통 또는 항공교통의 안전과 관련된 조사, 측정, 평가업무를 전문적으로 수행하는 교통안전 진단기관이 교통시설에 대하여 교통안전에 관한 위험요인을 조사, 측정 및 평가하는 모든 활동을 말한다.
14	단지 내 도로	공동주택관리법에 따른 공동주택 단지 등에 설치되는 통행로
15	벌금	일정금액을 국가에 납부하게 하는 형벌. 형법상 벌금은 5만원 이상으로 한다.
16	과태료	국가 또는 지방자치단체가 행정법상 질서위반행위에 대하여 부과, 징수하는 금전을 말한다. 형벌의 성질을 가지지 않는 행정상의 벌과금.

† 두산백과 두피디아, 나무위키, 국어사전, 인터넷 참조

CHAPTER 02 | 요점정리

01 국가교통안전 기본계획

1. 수립 주체 및 기간(법 제15조) : 국토교통부 장관, 5년 단위

2. 포함되어야 할 사항(법 제15조)

① 교통안전에 관한 중장기 종합정책방향
② 육상교통, 해상교통, 항공교통 등 부문별 교통사고의 발생현황과 원인의 분석
③ 교통수단, 교통시설별 교통사고 감소목표
④ 교통안전지식의 보급 및 교통문화 향상목표
⑤ 교통안전정책의 추진성과에 대한 분석, 평가
⑥ 교통안전정책의 목표달성을 위한 부문별 추진전략
⑦ 부문별·기관별, 연차별 세부 추진계획 및 투자계획
⑧ 교통안전표지, 교통관제시설, 항행안전시설 등 교통안전시설의 정비·확충에 관한 계획
⑨ 교통안전 전문인력의 양성
⑩ 교통안전과 관련된 투자사업계획 및 우선순위
⑪ 지정행정기관별 교통안전대책에 대한 연계와 집행력 보완방안
⑫ 그 밖에 교통안전수준의 향상을 위한 교통안전시책에 관한 사항

3. 대통령령으로 정하는 경미한 사항을 변경하는 경우(영 제11조)

① 국가 교통안전 기본계획 또는 국가 교통안전 시행계획에서 정한 부문별 사업규모를 100분의 10 이내에 범위에서 변경하는 경우
② 국가 교통안전 기본계획 또는 국가 교통안전 시행계획에서 정한 시행기한의 범위에서 단위 사업의 시행시기를 변경하는 경우
③ 계산착오, 오기, 누락, 그 밖에 국가 교통안전 기본계획 또는 국가 교통안전 시행계획의 기본방향에 영향을 미치지 아니하는 사항으로 그 변경 근거가 사항을 변경하는 경우

4. 국가교통안전 기본계획 일정

① 국토교통부 장관은 국가교통안전 기본계획의 수립 또는 변경을 위한 지침을 작성하여 계획연도 전전년도 6월 말까지 지정행정기관의 장에게 통보하여야 한다.
② 지정행정기관의 장은 수립지침에 따라 소관별 교통안전에 관한 계획안을 작성하여 계획연도 시작 전년도 2월 말까지 국토교통부 장관에게 제출하여야 한다.
③ 국토교통부 장관은 소관별 교통안전에 관한 계획안을 종합·조정하여 계획연도 시작 전년도 6월 말까지 국가교통안전 기본계획을 확정하여야 한다.
④ 국토교통부 장관은 국가교통안전 기본계획을 확정한 경우에는 확정한 날부터 20일 이내에 지정행정기관의 장과 시·도지사에게 이를 통보하여야 한다.

5. 소관별 교통안전 기본계획안을 종합·조정하는 경우에 검토하여야 할 사항

① 정책목표
② 정책과제의 추진시기
③ 투자규모
④ 정책과제의 추진에 필요한 해당 기관별 협의사항

6. 국가교통안전 시행계획 일정

① 지정행정기관의 장은 다음 연도의 소관별 교통안전 시행계획안을 수립하여 매년 10월 말까지 국토교통부 장관에게 제출하여야 한다.
② 국토교통부 장관은 국가교통안전 시행계획을 12월 말까지 확정하여 지정행정기관의 장과 시·도지사에게 통보하여야 한다.

7. 소관별 교통안전 시행계획안을 종합·조정하는 경우에 검토하여야 할 사항

① 국가교통안전 기본계획과의 부합여부
② 기대효과
③ 소요예산의 확보가능성

02 지역교통안전 기본계획

1. 수립 주체 및 기간(법 제17조) : 시도지사, 5년 단위

2. 포함되어야 할 사항(법 제17조, 영 제 13조)
① 해당 지역의 육상교통안전에 관한 중장기 종합정책방향
② 그 밖에 육상교통 안전수준을 향상하기 위한 교통안전 시책에 관한 사항

3. 지역교통안전 기본계획 일정
① 시·도지사가 시도 교통안전기본계획을 수립한 때에는 지방교통위원회의 심의를 거쳐 이를 확정하고, 시장·군수·구청장이 시·군·구 교통안전 기본계획을 수립한 때에는 시·군·구 교통안전위원회의 심의를 거쳐 계획연도 시작 전년도 10월 말까지 이를 확정한다.
② 시·도지사 등은 지역교통안전 기본계획을 확정한 때에는 확정한 날부터 20일 이내에 시·도지사는 국토교통부 장관에게 이를 제출하고 시장·군수·구청장은 시·도지사에게 이를 제출하여야 한다.

4. 지역교통안전 시행계획 일정
① 시·도지사 및 시장·군수·구청장은 소관 지역교통안전 기본계획을 집행하기 위하여 지역교통안전 시행계획을 매년 수립, 시행하여야 한다. 시·도지사 등은 각각 다음 연도의 지역교통안전 시행계획을 12월 말까지 수립하여야 한다.
② 시장·군수·구청장은 시·군·구 교통안전 시행계획과 전년도의 시·군·구 교통안전 시행계획 추진실적을 매년 1월 말까지 시·도지사에게 제출하고 시·도지사는 이를 종합·정리하여 그 결과를 시·도 교통안전 시행계획 및 전년도의 시·도 교통안전 시행계획 추진실적과 함께 매년 2월 말까지 국토교통부 장관에게 제출하여야 한다.

5. 지역교통안전 시행계획의 추진실적에 포함되어야 할 세부사항(시행규칙 제3조)
① 지역교통안전 시행계획의 단위 사업별 추진실적
② 지역교통안전 시행계획의 추진상 문제점 및 대책
③ 교통사고 현황 및 분석
　㉠ 연간 교통사고 발생건수 및 사상자 내역
　㉡ 교통수단별, 교통시설별 교통안전 정책 목표달성 여부
　㉢ 교통약자에 대한 교통안전정책 목표 달성 여부
　㉣ 교통사고의 분석 및 대책
　㉤ 교통문화지수 향상을 위한 노력
　㉥ 그 밖에 지역교통안전 수준의 향상을 위하여 각 지역별로 추진한 시책의 실적

03 교통안전 관리규정(교통시설설치 · 관리자 등)

1. 교통안전 관리규정의 내용(법 제21조 제1항, 영 제18조)
① 교통안전의 경영지침에 관한 사항
② 교통안전 목표수립에 관한 사항
③ 교통안전 관련조직에 관한 사항
④ 교통안전 담당자 지정에 관한 사항
⑤ 안전관리대책의 수립 및 추진에 관한 사항
⑥ 그 밖에 교통안전에 관한 중요 사항으로서 대통령령으로 정하는 사항들

2. 교통안전 관리규정 준수 여부의 확인 및 평가
매 5년이 지난날의 전후 100일 이내(규정 제출 날 기준)

3. 교통시설설치 · 관리자(도로)
① 한국도로공사법에 따른 한국도로공사
② 도로법에 따라 관리청의 허가를 받아 도로공사를 시행하거나 유지하는 관리청이 아닌 자
③ 유료도로법에 따라 유료도로를 신설 또는 개축하여 통행료를 받은 비도로관리청
④ 도로법에 따른 도로 및 도로 부속물에 대하여 사회기반시설에 대한 민간투자법에 따른 민간투자사업을 시행하고, 이를 관리 · 운영하는 민간투자법인

4. 교통수단 운영자 (자동차의 경우 20대 이상 운영)
① 여객자동차 운수사업법에 따라 여객자동차 운수사업의 면허를 받거나 등록을 한 자
② 여객자동차 운수사업법에 따라 여객자동차 운수사업의 관리를 위탁 받은 자
③ 여객자동차 운수사업법에 따라 자동차 대여사업의 등록을 한 자
④ 화물자동차 운수사업법에 따라 일반 화물자동차 운송사업의 허가를 받은 자
⑤ 궤도운송법에 따라 궤도사업의 허가를 받은 자 또는 전용궤도의 승인을 받은 전용궤도 운영자

5. 교통안전 관리규정의 제출시기(영 제17조)
① **교통시설 설치 · 관리자 :** 6개월 이내 (변경 시 3개월 이내)
② **교통수단 운영자 :** 200대 이상(6개월 이내), 100대 이상(9개월 이내), 100대 미만(12개월 이내)

04 교통안전에 관한 기본시책

1. 관련 시책
① 교통시설의 정비(법 제22조)
② 교통안전지식의 보급(법 제23조)
③ 교통안전 체험시설의 설치기준(영 제19조의2)
④ 교통수단의 안전운행 등의 확보(법 제24조)
⑤ 교통안전에 관한 정보의 수집, 전파(법 제25조)
⑥ 교통수단의 안전성 향상(법 제26조)
⑦ 교통질서의 유지(법 제27조)
⑧ 위험물의 안전운송(법 제28조)
⑨ 긴급 시의 구조체계의 정비(법 제29조)
⑩ 손해배상의 적정화(법 제30조)
⑪ 과학기술의 진흥(법 제31조)
⑫ 교통안전에 관한 시행 강구 상의 배려(법 제32조)

2. 교통안전 체험시설의 설치기준 (주체: 국가 및 시·도지사)
① 어린이 등이 교통사고 예방법을 습득할 수 있도록 교통의 위험상황을 재현할 수 있는 영상장치 등 시설·장비를 갖출 것
② 어린이 등이 자전거를 운전할 때 안전한 운전방법을 익힐 수 있는 체험시설을 갖출 것
③ 어린이 등이 교통시설의 운영체계를 이해할 수 있도록 보도·횡단보도 등의 시설을 관계 법령에 맞게 배치할 것
④ 교통안전 체험시설에 설치하는 교통안전표지 등이 관계 법령에 따른 기준과 알치 할 것

05 교통수단 안전점검

1. 교통수단 안전점검의 대상(영 제20조 제1항)
① '여객자동차 운수사업법'에 따른 여객자동차 운송사업자가 보유한 자동차 및 그 운영에 관련된 사항
② '화물자동차 운수사업법'에 따른 화물자동차 운송사업자가 보유한 자동차 및 그 운영에 관련된 사항

③ '건설기계관리법'에 따른 건설기계 사업자가 보유한 건설기계 및 그 운영에 관련된 사항 (단, 도로교통법에 따른 운전면허를 받아야 하는 건설기계에 한정)
④ '철도사업법'에 따른 철도사업자 및 전용철도 운영자가 보유한 철도차량 및 그 운영에 관련된 사항
⑤ '도시철도법'에 따른 도시철도운영자가 보유한 철도차량 및 그 운영에 관련된 사항
⑥ '항공사업법'에 따른 항공운송 사업자가 보유한 항공기 및 그 운영에 관련된 사항 (단, 항공안전법을 적용 받는 군용항공기 등과 국가기관 등 항공기는 제외한단)
⑦ 그 밖에 국토교통부령으로 정하는 어린이 통학버스 및 위험물 운반자동차 등 교통수단 안전점검이 필요하다고 인정되는 자동차 및 그 운영에 관련된 사항

2. **대통령령으로 정하는 교통수단**(영 제20조 제2항) : 자동차 보유대수가 1대인 운송사업자는 제외

① '여객자동차 운수사업법'에 따른 여객자동차 운송사업자의 면허를 받거나 등록을 한 자
② '화물자동차 운수사업법'에 따른 화물자동차 운송사업자가의 허가를 받은 자

3. **대통령령으로 정하는 기준 이상의 교통사고**(영 제20조 제3항)
① 1건의 사고로 사망자가 1명 이상 발생한 교통사고
② 1건의 사고로 중상자 3명 이상 발생한 교통사고
③ 자동차를 20대 이상 보유한 교통수단 사업자로서 교통안전도 평가지수가 국토교통부령으로 정하는 기준을 초과하여 발생한 교통사고

4. **교통수단 안전점검 항목**(영 제20조 제4항)
① 교통수단의 교통안전 위험요인 조사
② 교통안전 관계 법령의 위반 여부 확인
③ 교통안전 관리규정의 준수 여부 점검
④ 그 밖에 국토교통부 장관이 관계 교통행정기관의 장과 협의하여 정하는 사항

06 교통시설 안전진단

1. **교통시설 안전진단을 받아야 하는 교통시설**(영 별표2)
① **일반국도, 고속국도** : 총 길이 5km 이상
② **특별시도, 광역시도, 지방도** : 총 길이 3km이상
③ **시도 · 군도 · 구도** : 총 길이 1km 이상

2. 교통시설 안전진단 보고서 포함사항(영 제26조)

① 교통시설 안전진단을 받아야 하는 자의 명칭 및 소재지
② 교통시설 안전진단 대상의 종류
③ 교통시설 안전진단의 실시기간과 실시자
④ 교통 안전진단 대상의 상태 및 결함 내용
⑤ 교통 안전진단기관의 권고사항
⑥ 그 밖에 교통안전 관리에 필요한 사항

07 교통안전 진단기관

1. 교통안전 진단기관의 등록(영 제32조 제2,3항)

① 교통안전 진단기관으로 등록하려는 자는 등록신청서에 국토교통부령으로 정하는 서류를 첨부하여 시·도지사에게 제출하여야 한다.
② 시·도지사는 등록신청을 받은 경우에는 등록요건을 갖추었는지를 검토한 수 다음의 구분에 따라 교통안전 진단기관으로 등록하여야 한다. (도로분야 / 철도분야 / 공항분야)

2. 교통안전 진단기관의 결격 사유(법 제41조)

① 피 성년 후견인 또는 피 한정 후견인
② 파산선고를 받고 복권되지 아니한 자
③ 이 법을 위반하여 징역형의 실형을 선고받고 그 집행이 종료되거나 집행이 면제된 날로부터 2년이 지나지 아니한 자
④ 이 법을 위반하여 징역형의 집행유예를 선고받고 그 유예기간 중에 있는 자
⑤ 교통안전 진단기관의 등록이 취소된 후 2년이 지나지 아니한 자
⑥ 임원중에 1항에서 5항까지의 어느 하나에 해당하는 자가 있는 법인

3. 교통안전 진단기관의 등록 취소(법 제43조 제1항) : 1항~5항은 등록취소, 6~8항은 등록취소 또는 1년 영업정지

① 거짓이나 그 밖의 부정한 방법으로 등록을 한 때
② 최근 2년간 2회의 영업정지처분을 받고 새로이 영업정지처분에 해당하는 사유가 발생한 때
③ 교통안전진단지관의 결격사유에 해당하게 된 때. 다만, 법인의 임원 중에 같은 조 제1호부터 제5호까지의 어느 하나에 해당하는 자가 있는 경우 6개월 이내에 해당 임원을

개임한 때에는 그러지 아니하다.
④ 명의대여의 금지 등 규정을 위반하여 타인에게 자기의 명칭 또는 상호를 사용하게하거나 교통안전 진단기관 등록증을 대여한 때
⑤ 영업정지 처분을 받고 영업정지 처분기간 중에 새로이 교통시설 안전진단 업무를 실시한 때
⑥ 교통안전 진단기관의 등록기준에 미달하게 된 때
⑦ 교통시설 안전진단을 실시할 자격이 없는 자로 하여금 교통시설 안전진단을 수행하게 한 때
⑧ 교통시설 안전진단의 실시결과를 평가한 결과 안전의 상태를 사실과 다르게 진단하는 등 교통시설안전진단 업무를 부실하게 수행한 것으로 평가된 때

08 교통사고 조사

1. 중대한 교통사고(영 제 36조)

① 대통령이 정하는 중대한 교통사고란 교통시설 또는 교통수단의 결함으로 사망사고 또는 중상사고(의사의 최초진단결과 3주 이상의 치료가 필요한 사고)가 발생했다고 추정되는 교통사고를 말한다.
② 지방자치단체의 장은 소관 교통시설 안에서 교통수단의 결함이 원인이 되어 1항에 따른 교통사고가 발생하였다고 판단되는 경우에는 지정행정기관의 장에게 교통사고의 원인조사를 의뢰할 수 있다.
③ 교통시설(도로만 해당)를 관리하는 행정기관과 도로 교통시설 설치, 관리자를 지도·감독하는 교통행정기관은 지난 3년간 발생한 1항에 따른 교통사고를 기준으로 교통사고의 누적지점과 구간에 관한 자료를 보관, 관리하여야 한다.
④ 지방자치단체의 장은 교통안전정보 관리체계에 제출한 소관 교통시설에 대한 교통사고의 원인조사 결과는 소관 지정행정기관의 장에게 제출한 교통사고의 원인조사 결과로 본다.

2. 교통사고 원인조사의 대상 (영 제 37조 제1항)

대상도로	대상구간
최근 3년간 어느 하나에 해당하는 교통사고가 발생하여 해당 구간의 교통시설에 문제가 있는 것으로 의심되는 도로 1. 사망사고 3건 이상 2. 중상사고 이상의 교통사고 10건 이상	1. 교차로 또는 횡단보도 및 그 경계선으로부터 150m까지의 도로지점 2. 국토의 계획 및 이용에 관한 법률 제 6조 제1호에 따른 도시지역의 경우에는 600m, 도지지역 외의 경우에는 1,000m의 도로구간

3. **교통사고 원인조사의 방법** (영 제 37조 제2항) : 교통행정기관 등의 장은 교통사고의 원인을 조사하기 위하여 필요한 경우에는 다음의 다로 구성된 교통사고 원인조사반을 둘 수 있다.

   ① 교통시설의 안전 또는 교통수단의 안전기준을 담당하는 관계공무원
   ② 해당구역의 교통사고 처리를 담당하는 경찰공무원
   ③ 그 밖에 교통행정기관 등의 장이 교통사고 원인조사에 필요하다고 인정하는 자

4. **교통사고 관련자료 등을 보관, 관리하는 자** (영 제39조)

   ① 한국교통 안전공단
   ② 도로교통공단
   ③ 한국도로공사
   ④ 손해보험협회에 소속된 손해보험회사
   ⑤ 여객자동차 운송사업의 면허를 받거나 등록을 한 자
   ⑥ '여객자동차 운송사업법'에 따른 공제조합
   ⑦ 화물자동차 운수사업자로 구성된 협회가 설립한 연합회

5. **중대 교통사고의 기준 및 교육실시** (규칙 제31조의 2)

   ① '국토교통부령이 정하는 교육'이란 [별표7] 제1호의 기본교육과정을 말한다.
   ② '중대 교통사고'란 차량운전자가 교통수단 운영자의 차량을 운전하던 중 1건의 교통사고로 8주 이상의 치료를 요하는 의사의 진단을 받은 피해자가 발생한 사고를 말한다.
   ③ 차량운전자는 중대 교통사고가 발생하였을 때에는 교통사고 조사에 대한 결과를 통지받은 날부터 60일 이내에 교통안전 체험교육을 받아야 한다. 다만, 각 호에 해당하는 차량운전자의 경우에는 각 호에서 정한 기간 내에 교육을 받아야 한다.
   ④ 교통수단 운영자는 중대교통사고를 일으킨 차량운전자를 고용하려는 때에는 교통안전 체험교육을 받았는지 여부를 확인하여야 한다.

09 교통안전 관리자

1. **자격취득을 위한 시험 주체** (법 제53조 제1항, 2항) : 국토교통부 장관

2. **교통안전 관리자 자격의 결격 및 취소사유** (법 제53조 제 3항)

   ① 피 성년 후견인 또는 피 한정 후견인

② 금고 이상의 실형을 선고받고 그 집행이 종료되거나 집행이 면제된 날부터 2년이 지나지 아니한 자
③ 금고 이상의 형을 집행유예를 선고받고 그 유예기간 중에 있는 자
④ 규정에 따라 교통안전관리자 자격의 취소처분을 받은 날부터 2년이 지나지 아니한 자
⑤ 거짓이나 그 밖의 부정한 방법으로 교통안전관리자 자격을 취득한 때

3. 교통안전 관리자의 종류 (영 제41조의2)

① 도로교통 안전관리자
② 철도교통 안전관리자
③ 항공교통 안전관리자
④ 항만교통 안전관리자
⑤ 삭도교통 안전관리자 : 케이블카

4. 교통안전 담당자의 지정 등 (법 제54조의 2, 영 제44조 제2항)

① 대통령령으로 정하는 교통시설설치·관리자 및 교통수단 운영자는 다음의 어느 하나에 해당하는 사람을 교통안전 담당자로 지정하여 직무를 수행하게 하여야 한다.
  ㉠ 교통안전 관리자 자격을 취득한 사람(교통안전법 제53조)
  ㉡ 안전관리자(산업안전 보건법 제 17조)
  ㉢ 교통부장관이 교통사고 원인의 조사, 분석과 관련된 것으로 인정하는 자격을 갖춘 사람(자격기본법)
② 교통시설설치, 관리자 및 교통수단 운영자는 교통안전 담당자로 하여금 교통안전에 관한 전문지식과 기술능력을 향상시키기 위 여 교육을 받도록 하여야 한다.
③ 교통안전 담당자의 직무, 지정방법 및 교통안전 담당자에 대한 교육에 필요한 사항은 대통령령으로 정한다.

5. 교통안전 담당자의 직무 (영 제44조 제2항)

① 교통안전 담당자의 직무는 다음과 같다.
  ㉠ 교통안전 관리규정의 시행 및 그 기록의 작성, 보존
  ㉡ 교통수단의 운행, 운항 또는 항행(운행 등) 또는 교통시설의 운영, 관리와 관련된 안전점검의 지도, 감독
  ㉢ 교통시설의 조건 및 기상조건에 따른 안전 운행 등에 필요한 조치
  ㉣ 운전자 등의 운행 등 중 근무상태 파악 및 교통안전 교육,훈련의 시리
  ㉤ 교통사고 원인 조사, 분석 및 기록 유지
  ㉥ 운행기록 장치 및 차로이탈 경고장치 등의 점검 및 관리
② 교통안전 담당자는 교통안전을 위해 필요하다고 인정하는 경우에는 다음의 조치를 교통시설설치, 관리자 등에게 요청해야 한다.

㉠ 국토교통부령으로 정하는 교통수단의 운행 등의 계획 변경
㉡ 교통수단의 정비
㉢ 운전자 등의 승무계획 변경
㉣ 교통안전 관련 시설 및 장비의 설치 또는 보완
㉤ 교통안전을 해치는 행위를 한 운전자 등에 대한 징계 건의

6. 교통안전 관리자의 위반행위별 처분기준 (규칙 제27조)

위반행위	행정처분기준		
	1차위반	2차위반	3차위반
법 제 53조 제3항 각 호의 어느 하나에 해당하게 된 때	자격취소		
거짓 그 밖의 부정한 방법으로 교통안전 관리자 자격을 취득한 때	자격취소		
교통안전 관리자가 직무를 행함에 있어서 고의 또는 중대한 과실로 인하여 교통사고를 발생하게 한 때	자격정지 (30일)	자격정지 (60일)	자격취소

10 운행기록장치

1. 운행기록장치의 장착 (규칙 제29조의 3)

① "국토교통부령으로 정하는 기준에 적합한 운행기록장치"란 [별표4]에서 정하는 기준을 갖춘 전자식 운행기록장치(digital tachograph)를 말한다.
② 교통수단 제조사업자는 그가 제조하는 차량(법 제55조 제1항에 따라 운행기록장치를 장착하여야 하는 차량만 해당한다)에 대하여 1항에 따른 전자식 운행기록장치를 장착할 수 있다.

2. 운행기록장치 장착면제 차량 (규칙 제29조의 4) :
법 제 55조 제1항 단서에서 "소형 화물차량 등 국토교통부령으로 정하는 차량"이란 다음의 어느 하나에 해당하는 차량을 말한다.

① '화물자동차 운수사업법'에 따른 화물자동차 운송사업용 자동차로서 최대 적재량 1톤 이하인 화물자동차
② '자동차관리법 시행규칙'에 따른 경형, 소형 특수자동차 및 구난형, 특수작업형 특수자동차
③ '여객자동차 운수사업법'에 따른 여객자동차 운송사업에 사용되는 자동차로서 2002년 6

월30일 이전에 등록된 자동차

3. 운행기록의 보관 및 제출방법 (규칙 제30조)

① 운행기록의 보관 및 제출방법은 다음과 같다.
② 운행기록장치를 장착하여야 하는 자는 운행기록의 제출을 요청받으면 [별표5]에서 정하는 배열순서에 따라 이를 제출하여야 한다.
③ 운행기록 장착의무자는 월별 운행기록을 작성하여 다음 달 말일까지 교통행정기관에 제출하여야 한다.
④ 한국교통 안전공단은 운행기록장치 장착의무자가 제출한 운행기록을 점검하고 다음의 항목을 분석하여야 한다. (과속, 급감속, 급출발, 회전, 앞지르기, 진로변경)
⑤ 운행기록의 분석 결과는 다음의 자동차, 운전자, 교통수단 운영자에 대한 교통안전 업무 등에 활용되어야 한다.
　㉠ 자동차의 운행관리
　㉡ 차량운전자에 대한 교육, 훈련
　㉢ 교통수단 운영자의 교통안전관리
　㉣ 운행계통 및 운행경로 개선
　㉤ 그 밖에 교통수단 운영자의 교통사고 예방을 위한 교통안전정책의 수립
⑥ 1항부터 4항까지의 규정에서 정한 사항 외에 운행기록의 제출방법, 점검 및 분석 등에 필요한 세부사항은 국토교통부 장관이 정한다.

11 교통안전 체험

1. **교통안전 체험에 관한 연구, 교육시설의 설치(법 제56조 제1항)** : 교통행정기관의 장은 교통수단을 운전, 운행하는 자의 교통안전의식과 안전운전 능력을 효과적으로 향상시키고 이를 현장에서 적극적으로 실천할 수 있도록 교통안전체험에 관한 연구, 교육시설을 설치 운영할 수 있다.

12 교통문화 지수

1. 교통문화 지수의 조사항목(영 제47조 제1항)

① 운전행태   ② 교통안전   ③ 보행행태(도로교통 분야로 한정)
④ 그 밖에 국토교통부 장관이 필요하다고 인정하여 정하는 사항

13 보칙 및 벌칙

1. 청문(법 제61조) : 시·도지사는 다음에 해당하는 처분을 하고자 하는 경우에는 청문을 실시하여야 한다.

① 교통안전 진단기관 등록의 취소
② 교통안전 관리자 자격의 취소

2. 2년 이하의 징역 또는 2천만원 이하의 벌금(법 제63조) : 안전진단 기관등록, 영업정지 처분자, 비밀 누설자

① 교통안전 진단기관 등록을 하지 아니하고 교통시설 안전진단 업무를 수행한 자
② 거짓이나 그 밖의 부정한 방법으로 교통안전 진단기관 등록을 한 자
③ 타인에게 자기의 명칭 또는 상호를 사용하거나 교통안전 진단기관 등록증을 대여 받은 자
④ 영업정지 처분을 받고 그 영업정지 기간 중에 새로이 교통시설 안전진단 업무를 수행한 자
⑤ 직무상 알게 된 비밀을 타인에게 누설하거나 직무상 목적 외에 이를 사용한 자

3. 1천만원 이하의 과태료(법 제65조 제1항) : 안전진단서, 운행기록장치, 차로이탈 경고장치

① 교통시설 안전진단을 받지 아니하거나 교통시설 안전진단 보고서를 거짓으로 제출한 자
② 운행기록 장치를 장착하지 아니한 자
③ 운행기록 장치에 기록된 운행기록을 임으로 조작한 자
④ 차로이탈 경고장치를 장착하지 아니한 자

4. 500만원 이하의 과태료(법 제65조 제2항) : 기타, 업무 태만

CHAPTER 03 | CBT 출제예상문제(100제)

001 용어의 정의에 해당되지 않는 것은?

① 항공기란 항공기 등 항공교통에 사용되는 모든 운송수단을 말한다.
② 차량에는 수중의 항행에 사용되는 모든 운송수단도 포함된다.
③ 500cc 이상의 자동차도 차량에 포함된다.
④ 차량이라 함은 도로를 운행할 수 있는 중기도 포함된다.

002 교통안전법의 목적으로 적절하지 않은 것은?

① 교통안전 증진에 이바지함
② 자동차의 성능 및 안전을 확보함
③ 시책 등을 종합적, 계획적으로 추진
④ 의무, 추진체계 및 시책 등을 규정

003 국가교통 안전기본계획의 내용과 거리가 먼 것은?

① 교통 안전지식의 보급 및 교통문화 향상목표
② 교통수단, 교통시설별 소요예산의 확보방법
③ 육상교통, 해상교통, 항공교통 등 부문별 교통사고의 발생현황과 원인의 분석
④ 교통안전에 관한 중·장기 종합정책방향

004 국가 교통안전 기본계획의 수립주기는?

① 1년   ② 3년
③ 5년   ④ 10년

005 다음 중 보행자의 의무에 해당하는 것은?

① 도로를 통행할 때 법령을 준수하여야 하고, 육상교통에 위험과 피해를 주지 아니하도록 노력하여야 한다.
② 항공기의 운항 전 확인 및 항행안전시설의 기능장애에 관한 보고 등을 행하고 안전운항을 하여야 한다.
③ 기상조건, 해상조건, 항로표지 및 사고의 통보 등을 확인하고 안전운항을 하여야 한다.
④ 해당 차량이 안전운행에 지장이 없는지를 점검하고 보행자와 자전거이용자에게 위험과 피해를 주지 아니하도록 안전하게 운전하여야 한다.

006 국토교통부 장관이 소관별 교통안전에 관한 기본 계획안을 종합·조정하는 경우, 검토하여야 할 사항과 거리가 먼 것은?

① 정책과제의 추진에 필요한 해당 기관별 협의사항
② 교통안전 전문인력의 양성
③ 정책과제의 추진시기
④ 정책목표

007 교통시설설치·관리자의 교통안전 관리규정 제출시기는 교통시설 설치 관리자에 해당한 날로부터 며칠 이내인가?

① 3개월 이내   ② 6개월 이내
③ 12개월 이내   ④ 1년 6개월 이내

정답 01. ② 02. ② 03. ② 04. ③ 05. ① 06. ② 07. ②

008 교통안전법에서 국가교통 안전기본계획의 수립에 관한 설명으로 옳지 않은 것은?

① 지정행정기관의 장은 국가교통 안전기본계획을 확정한 경우에는 확정한 날부터 20일 이내에 국토교통부 장관에게 이를 통보하여야 한다.
② 국토교통부 장관은 소관별 교통안전에 관한 계획안을 종합·조정하여 계획연도 시작 전년도 6월 말까지 국가교통 안전기본계획을 확정하여야 한다.
③ 지정행정기관의 장은 수립지침에 따라 소관별 교통안전에 관한 계획안을 작성하여 계획연도 시작 전년도 2월 말까지 국토교통부 장관에게 제출하여야 한다.
④ 국토교통부 장관은 국가교통 안전기본계획의 수립 또는 변경을 위한 지침을 작성하여 계획연도 시작 전전년도 6월 말까지 지정행정기관의 장에게 통보하여야 한다.

009 지역 교통안전 기본계획의 수립에 관한 설명으로 틀린 것은?

① 지역 교통안전 기본계획을 확정한 때에는 확정한 날부터 20일 이내에 시장·군수·구청장은 국토교통부 장관에게 이를 제출하여야 한다.
② 기본계획에는 해당 지역의 육상교통안전에 관한 중·장기 종합정책방향이 포함되어야 한다.
③ 시장·군수·구청장은 시·도 교통안전기본 계획에 따라 시·군·구 교통안전 기본계획을 5년 단위로 수립하여야 한다.
④ 시·도지사는 국가 교통안전 기본계획에 따라 시·도 교통안전기본계획을 5년 단위로 수립하여야 한다.

010 교통안전법상 교통시설 설치자의 교통시설 안전진단 규정으로 옳지 않은 것은?

① 도로법에 따른 총길이 1km 이상의 시도·군도·구도를 건설시 교통시설 안전진단을 받아야 한다.
② 도로법에 따른 총길이 2km 이상의 특별시도·광역시도·지방도를 건설시 교통시설 안전진단을 받아야 한다.
③ 도로법에 따른 총길이 5km 이상의 일반국도·고속국도를 건설시 교통시설 안전진단을 받아야 한다.
④ 교통시설 설치자는 해당 교통시설의 설치 전에 교통안전 진단기관에 의뢰하여 교통시설 안전진단을 받아야 한다.

011 교통수단 안전점검에 대한 설명으로 바르지 않은 것은?

① 출입, 검사를 하는 공무원은 그 권한을 표시하는 증표를 내보이고 성명, 출입시간 및 출입목적 등이 표시된 문서를 교부하여야 한다.
② 사업장을 출입하여 검사하려는 경우에는 검사일 전까지 검사일시, 검사이유 및 검사내용 등을 교통수단 운영자에게 통지하여야 한다.
③ 교통행정기관은 교통수단 안전점검을 효율적으로 실시하기 위하여 관련 교통수단 운영자로 하여금 필요한 보고를 하게 하거나 관련 자료를 제출하게 할 수 있다.
④ 교통행정기관은 소관 교통수단에 대한 교통안전 실태를 파악하기 위하여 주기적으로 또는 수시로 교통수단 안전점검을 실시할 수 있다.

정답 08. ① 09. ① 10. ② 11. ②

012 교통수단 안전점검의 항목으로 바르지 않은 것은?

① 교통안전 관리규정의 준수 여부 점검
② 교통안전 관계법령의 위반 여부 확인
③ 교통수단, 교통시설 및 교통체계의 점검
④ 그 밖에 국토교통부 장관이 관계 교통행정 기관의 장과 협의하여 정하는 사항

013 교통안전 관리자의 결격사유가 될 수 없는 것은?

① 피성년 후견인 또는 피한정 후견인
② 파산선고를 받고 복권되지 아니한 자
③ 금고 이상의 형의 집행유예를 선고받고 그 유예기간 중에 있는 자
④ 금고 이상의 실형을 선고받고 그 집행이 종료되거나 집행이 면제된 날부터 2년이 지나지 아니한 자

014 다음 중 교통안전 관리자의 자격을 취소하여야 하거나 자격을 정지하여야 하는 사유가 아닌 것은?

① 파산 선고를 받고 복권된 자
② 금고 이상의 형의 집행유예 선고를 받고 그 유예기간 중에 있는 자
③ 자격을 부정한 방법으로 취득 했을 때
④ 교통안전관리자 직무 중 중대한 과실로 인하여 교통사고가 발생된 때

015 교통안전체험에 관한 내용으로 틀린 것은?

① 교통안전 관련 법률의 습득
② 상황별 안전운전 실습
③ 비상상황에 대한 대처능력 향상을 위한 실습 및 교정
④ 교통사고에 관한 모의실험

016 중대 교통사고의 기준 및 교육실시에 관한 설명으로 틀린 것은?

① 중대 교통사고로 인하여 운전면허가 취소 또는 정지된 차량운전자의 경우에는 운전면허를 다시 취득하거나 정지기간이 만료되어 운전할 수 있는 날부터 60일 이내에 교통안전 체험교육을 받아야 한다.
② 차량 운전자가 중대 교통사고 발생에 따른 상해를 받아 치료를 받아야 하는 경우에는 치료가 종료된 날부터 60일 이내에 교통안전 체험교육을 받아야 한다.
③ 차량 운전자는 중대 교통사고가 발생하였을 때에는 교통사고 조사에 대한 결과를 통지받은 날부터 60일 이내에 교통안전 체험교육을 받아야 한다.
④ '중대 교통사고'란 차량을 운전하던 중 1건의 교통사고로 7주 이상의 치료를 요하는 피해자가 발생한 사고를 말한다.

017 교통사고 관련자료 등의 보관 및 관리 등에 관한 설명으로 틀린 것은?

① 한국도로공사, 교통안전 관리자 등도 교통사고 관련자료 등을 보관 관리한다.
② 한국교통 안전공단, 도로교통공단 등도 교통사고 관련자료 등을 보관 관리한다.
③ 교통사고 관련자료 등을 보관, 관리하는 자는 교통사고 관련자료 등의 멸실 또는 손상에 대비하여 그 입력된 자료와 프로그램을 다른 기억매체에 따로 입력시켜 격리된 장소에 안전하게 보관, 관리하여야 한다.
④ 교통사고 관련자료 등을 보관, 관리하는 자는 교통사고가 발생한 날부터 5년간 이를 보관, 관리하여야 한다.

정답 12. ③ 13. ② 14. ① 15. ① 16. ④ 17. ①

018 교통안전 진단기관으로 등록할 수 있는 경우는?

① 파산선고를 받고 복권된 자
② 교통안전 진단기관의 등록이 취소된 후 2년이 지나지 아니한 자
③ 피한정 후견인
④ 피성년 후견인

019 교통안전 관리자의 종류로 맞는 것은?

① 도로, 철도 교통안전관리자
② 도로, 철도, 항공 교통안전관리자
③ 도로, 철도, 항공, 항만 교통안전관리자
④ 도로, 철도, 항공, 항만, 삭도 교통안전관리자

020 시 · 도지사가 교통안전 진단기관에게 1년 이내의 기간을 정하여 영업의 정지를 명할 수 있는 경우는?

① 교통안전 진단기관의 등록기준에 미달하게 된 때
② 교통안전 진단기관의 결격사유에 해당하게 된 때, 법인의 임원 중 결격사유에 해당하는 자가 있는 경우 6개월 이내에 해당 임원을 개임한 때에는 제외한다.
③ 최근 2년간 2회의 영업정지처분을 받고 새로이 영업정지 처분에 해당하는 사유가 발생할 때
④ 거짓 그 밖의 부정한 방법으로 등록을 한 때

021 교통안전관리자 자격증명서는 누가 교부하는가?

① 국토교통부 장관
② 서울시장
③ 도지사
④ 진흥공단 이사장

022 다음 중 청문을 실시하여야 하는 경우는?

① 교통안전관리자 자격의 취소
② 교통안전관리자 직무를 행함에 있어서 과실로 인한 교통사고 발생시
③ 교통안전관리자 자격의 결격사유 발생시
④ 교통안전 진단기관의 영업정지

023 교통문화지수의 조사 등에 관한 설명으로 옳지 않은 것은?

① 교통문화지수의 조사항목에는 운전행태, 교통안전, 보행 행태(철도분야 포함)등이 있다.
② 국토교통부 장관은 교통문화지수를 조사하기 위하여 필요하다고 인정되는 경우에는 해당 지방자치단체의 장에게 자료 및 의견의 제출 등 필요한 협조를 요청할 수 있다.
③ 교통문화지수는 기초지방자치단체별 교통안전실태와 교통사고 발생 정도를 조사하여 산정한다.
④ 지방행정기관의 장은 국민의 교통문화의 수준을 객관적으로 측정하기 위한 지수를 개발 · 조사 · 작성하여 그 결과를 공표할 수 있다.

024 교통안전관리자의 직무로 맞지 않는 것은?

① 교통사고 원인조사 및 대책
② 교통시설의 조건에 따른 안전 운행 등에 필요한 조치
③ 교통수단의 운행 등과 관련된 안전점검의 지도 및 감독
④ 운행장치 및 차로이탈 경고장치등의 점검 및 관리

정답 18. ① 19. ④ 20. ① 21. ① 22. ① 23. ① 24. ①

025 다음 중 과태료 처분 사항에 해당하는 것은?

① 영업정지처분을 받고 그 영업정지기간 중에 새로이 교통시설 안전진단업무를 수행한 자
② 교통수단 안전점검을 거부·방해 또는 기피한다.
③ 거짓 그 밖의 부정한 방법으로 교통안전진단기관을 등록한 자
④ 직무상 알게 된 비밀을 타인에게 누설하거나 직무상 목적 외에 이를 사용한 자

026 2년 이하의 징역 또는 2천만원 이하의 벌금에 해당하는 경우는?

① 직무상 알게 된 비밀을 타인에게 누설하거나 직무상 목적 외에 이를 사용한 자
② 교통수단 안전점검과 관련하여 교통행정기관이 지시한 보고를 하지 아니하거나 거짓으로 보고한 자
③ 교통수단 안전점검을 거부, 방해 또는 기피한자
④ 교통안전 관리규정을 제출하지 아니하거나 이를 준수하지 아니 하는 자

027 운행기록장치 장착 면제의 대상차량이 아닌 것은?

① 여객자동차 운송사업에 사용되는 자동차로서 마을버스
② 여객자동차 운송사업에 사용되는 자동차로서 2002년 6월30일 이전에 등록된 자동차
③ 경형, 소형 특수자동차 및 구난형, 특수작업형 특수자동차
④ 화물자동차 운송사업용 자동차로서 최대적재량 1톤 이하의 화물자동차

028 다음 중 교통수단 안전점검의 대상이 아닌 것은?

① 항공운송사업자가 보유한 항공기
② 건설기계사업자가 보유한 건설기계
③ 해운업자가 운행하는 선박
④ 여객자동차 운송사업자가 보유한 자동차

029 다음 중 국토교통부 장관이 소관별 교통안전시행계획의 조정 시 검토사항이 아닌 것은?

① 정책목표
② 기대효과
③ 국가교통안전 기본계획과의 부합여부
④ 소요예산의 확보 가능성

030 다음 중 정부가 장치비용을 지원하는 첨단안전장치에 해당하는 것은?

① 적응순환 제어장치
② 차로이탈 경고장치
③ 자동 제동장치
④ 지능형 최고속도 제한장치

031 교통수단 안전점검의 효율적 실시를 위해 교통행정기관이 교통수단 운영자 등에 대해 할 수 있는 조치에 해당하지 않는 것은?

① 교통수단 운영자의 사업장 등에 대한 압수수색
② 교통수단 또는 장부, 서류 등의 검사
③ 교통수단운영자의 사업장 등에 대한 출입
④ 관련 자료의 제출요구

정답 25. ② 26. ① 27. ① 28. ③ 29. ① 30. ② 31. ①

032 교통안전 관리규정에 포함될 사항이 아닌 것은?

① 안전관리대책의 수립 및 추진에 관한 사항
② 교통안전목표 수립에 관한 사항
③ 교통안전의 경영지침에 관한 사항
④ 교통수익증대를 위한 교통효율화

033 교통문화지수의 조사항목에 해당하는 것은?

① 교통안전점검
② 교통안전 관리규정
③ 운전행태
④ 교통안전도 평가지수

034 교통사고와 관련된 자료·통계 또는 정보를 보관·관리하는 자의 교통사고 발생 후 관련자료의 보관기간은?

① 교통사고가 발생한 날부터 1년간
② 교통사고가 발생한 날부터 3년간
③ 교통사고가 발생한 날부터 5년간
④ 교통사고가 발생한 날부터 10년간

035 교통행정기관이 교통수단 안전점검을 위해 교통사업자의 사업장을 출입할 경우 검사계획의 사전통지 기간은?

① 출입, 검사 3일 전
② 출입, 검사 5일 전
③ 출입, 검사 7일 전
④ 출입, 검사 10일 전

036 신호위반한 A자동차가 B자동차를 충돌하여 A자동차 승객 2인이 중상, B자동차 승객 중 1인은 중상, 1인은 경상인 경우, A자동차 운전자의 벌점은?

① 45점 ② 55점
③ 65점 ④ 75점

> **해설** 사망 1명마다(90점), 중상 1명마다(15점), 경상 1명마다(5점), 부상1명마다(2점), 신호나 지시위반(15점)

037 다음 중 교통행정기관의 제출 요청이 없더라도 주기적으로 운행기록을 제출해야 하는 업종에 해당하는 것은?

① 전세버스 ② 시외버스
③ 일반화물차 ④ 개인택시

038 교통안전법상의 용어에 대한 정의이다. 다음의 괄호 안에 들어갈 용어로 적당한 것은?

> (   )라 함은 사람 또는 화물의 이동, 운송과 관련된 활동을 수행하기 위하여 개별적으로 또는 서로 유기적으로 연계되어 있는 교통수단 및 교통시설의 이용·관리·운영체계 또는 이와 관련된 산업 및 제도 등을 말한다.

① 교통수단 ② 교통사업자
③ 교통시설 ④ 교통체계

039 다음 중 국가교통 안전기본계획의 심의기구에 해당하는 것은?

① 국가교통 위원회 ② 지방경찰청장
③ 행정안전부 ④ 국무총리실

정답 32. ④ 33. ③ 34. ③ 35. ③ 36. ③ 37. ② 38. ④ 39. ①

040 시설관리자 등의 교통안전 관리규정 준수 여부의 확인, 평가는 교통안전 관리규정을 제출한 날을 기준으로 언제 이내에 실시되어야 하는가?

① 제출한 날을 기준으로 매 3년이 지난 날의 전후 50일 이내
② 제출한 날을 기준으로 매 5년이 지난 날의 전후 100일 이내
③ 제출한 날을 기준으로 매 7년이 지난 날의 전후 100일 이내
④ 제출한 날을 기준으로 매 10년이 지난 날의 전후 150일 이내

041 교통안전담당자를 지정해야 하는 지정권자와 지정인원에 대한 설명으로 다음 중 옳은 것은?

① 지정권자: 국가교통위원회, 지정인원: 3명 이상
② 지정권자: 교통수단 운영자, 지정인원: 3명 이상
③ 지정권자: 교통행정기관, 지정인원: 1명 이상
④ 지정권자: 교통시설 설치·관리자, 지정인원: 1명 이상

042 교통시설설치·관리자등이 교통안전담당자를 지정할 경우, 알려야 하는 기관에 해당하는 것은?

① 국토교통부 ② 교통수단 운영자
③ 관할 교통행정기관 ④ 지방 경찰청장

043 교통안전도 평가지수 산정 시 교통사고 발생건수 가중치와 교통사고 사상자수의 가중치를 바르게 나열된 것은?

① 0.3, 0.7 ② 0.4, 0.6
③ 0.5, 0.5 ④ 0.6, 0.4

044 교통안전 담당자의 직무에 해당되지 않는 것은?

① 교통사고 원인 조사, 분석 및 기록유지
② 교통수단 안전점검의 실시
③ 교통시설의 운영, 관리와 관련된 안전점검의 지도·감독
④ 교통안전 관리규정의 시행 및 그 기록의 작성, 보존

045 교통행정기관이 운행기록장치 장착의무자와 차량운전자에게 분석결과를 토대로 가능한 조치에 해당하지 않는 것은?

① 교통수단 안전진단의 실시
② 속도제한장치 무단해제 확인
③ 교통수단 운영체계의 개선 권고
④ 교통수단 안전점검의 실시

046 중대교통사고를 유발한 운전자의 교통안전 체험교육의 이수기간에 대한 설명으로 틀린 것은?

① 해당 차량운전자가 중대 교통사고 발생에 따른 상해를 받아 치료를 받아야 하는 경우에는 치료가 종료된 날부터 60일 이내에 교통안전체험교육을 받아야 한다.
② 차량 운전자는 중대 교통사고가 발생하였을 때에는 교통사고조사에 대한 결과를 통지 받은 날부터 90일 이내에 교통안전 체험교육을 받아야 한다.
③ '중대 교통사고'란 차량 운전자가 교통수단 운영자의 차량을 운전하던 중 1건의 교통사고로 8주 이상의 치료를 요하는 의사의 진단을 받은 피해자가 발생한 사고를 말한다.
④ 차량의 운전자가 중대 교통사고를 일으킨 경우에는 국토교통부령으로 정하는 교육을 받아야 한다.

정답 40. ② 41. ④ 42. ③ 43. ② 44. ② 45. ① 46. ②

해설 차량운전자는 중대 교통사고가 발생하였을 때 교통사고조사에 대한 결과를 통지받은 날부터 60일 이내에 교통안전 체험교육을 받아야 한다.

047 다음 중 교통안전법상의 지방자치 단체의 의무가 아닌 것은?

① 지역개발, 교육, 문화 및 법무 등에 관한 계획 및 정책을 수립하는 경우의 교통안전에 관한 사항의 배려
② 교통시설의 설치 또는 관리
③ 주민의 생명, 신체 및 재산을 보호
④ 교통안전에 관한 시책의 수립 및 시행

048 교통안전법상 국가교통안전 기본계획의 수립권자에 해당하는 것은?

① 국토교통부 장관 ② 지방자치단체
③ 국무총리 ④ 국가교통위원회

049 교통안전법상 교통행정기관이 실시하는 교통수단 안전점검의 대상 등에 해당하지 않는 것은?

① 피견인자동차와 긴급자동차를 제외한 최대적재량 8톤 이하의 화물자동차
② 쓰레기 운반전용의 화물자동차
③ '고압가스 안전관리법 시행령'에 다른 고압가스를 운송하기 위하여 필요한 탱크를 설치한 화물자동차
④ '도로교통법'에 따른 어린이 통학버스

050 교통안전법상 교통시설 안전진단을 실시하려는 자는 누구에게 등록하여야 하는가?

① 교통안전관리 공단 ② 해당지역 경찰서장
③ 시·도지사 ④ 국토교통부 장관

051 다음 중 교통안전법상 교통수단 안전점검의 항목에 해당하지 않는 것은?

① 교통안전 관리규정의 준수 여부 점검
② 교통안전 관계 법령의 위반 여부 확인
③ 교통수단의 교통안전 위험요인 조사
④ 교통안전 확보를 위한 교통수단 운영자의 재정 건전성에 대한 확인

052 다음 중 교통안전법상 교통안전 담당자의 지정 등에 관한 설명으로 틀린 것은?

① 대통령령으로 정하는 교통시설 설치, 관리자 및 교통수단 운영자는 지정된 교통안전 담당자 지정해지 또는 퇴직한 날부터 60일 이내에 다른 교통안전 담당자를 지정해야 한다.
② 대통령령으로 정하는 교통시설설치, 관리자 및 교통수단 운영자는 교통안전 담당자를 지정 또는 지정 해지하거나 교통안전 담당자가 퇴직한 경우에는 지체없이 그 사실을 관할 교통행정기관에 알려야 한다.
③ 대통령령으로 정하는 교통시설 설치, 관리자 및 교통수단 운영자는 교통안전 담당자로 하여금 교통안전에 관한 전문지식과 기술능력을 향상시키기 위하여 교육을 받도록 하여야 한다.
④ 대통령령으로 정하는 교통시설 설치, 관리자 및 교통수단 운영자는 교통안전 담당자를 지정하여 직무를 수행하게 하여야 한다.

정답 47. ② 48. ① 49. ① 50. ③ 51. ④ 52. ①

053 다음 중 교통안전법상 전자식 운행기록장치(digital tachograph)를 장착하여야 하는 사업자에 해당하지 않는 자는?

① '화물자동차 운수사업법'에 따른 화물자동차 운송가맹사업자
② '화물자동차 운수사업법'에 따른 화물자동차 운송사업자
③ '여객자동차 운수사업법'에 따른 여객자동차 운송가맹사업자
④ '여객자동차 운수사업법'에 따른 여객자동차 운송사업자

054 다음 중 교통행정기관의 요청이 없더라도 주기적으로 운행기록을 제출하여야 하는 업종에 해당하는 것은?

① '여객자동차 운수사업법'에 따라 면허를 받은 노선 여객자동차 운송사업자
② '여객자동차 운수사업법'에 따른 개인택시 운송사업자
③ '화물자동차 운수사업법'에 따른 화물자동차 운송가맹사업자
④ '화물자동차 운수사업법'에 따른 화물자동차 운송사업자

055 다음 중 교통안전법상의 '지정행정기관'에 해당되지 않는 것은?

① 경찰청 ② 국토교통부
③ 행정안전부 ④ 국회(입법부)

056 다음 중 교통안전법상 국가교통안전 기본계획에 포함될 사항이 아닌 것은?

① 교통안전 전문인력의 양성
② 교통안전지식의 보급
③ 교통안전의 경영지침에 관한 사항
④ 교통안전에 관한 중·장기 종합정책방향

057 교통안전법상 '교통안전 관리규정'에 포함되는 사항이 아닌 것은?

① 안전관리 대책의 수립 및 추진에 관한 사항
② 교통안전 목표수립에 관한 사항
③ 교통안전의 경영지침에 관한 사항
④ 교통안전 전문인력의 양성에 관한 사항

058 다음 중 교통안전법상 국토교통부 장관이 교통수단 안전점검을 실시하여야 하는 경우가 아닌 것은?

① 1건의 사고로 경상자가 6명 이상 발생한 교통사고
② 1건의 사고로 중상자가 3명 이상 발생한 교통사고
③ 1건의 사고로 사망자가 1명 이상 발생한 교통사고
④ 자동차를 20대 이상 보유하여 '화물자동차 운수사업법'에 따라 일반 화물자동차 운송사업의 허가를 받은 자의 교통안전도 평가지수가 1을 초과하는 경우

059 다음 중 교통안전법상 교통안전관리자의 결격사유로 볼 수 없는 것은?

① 금고 이상의 형의 집행유예 선고를 받고 그 유예기간 중에 있는 자
② 교통안전 관리자 자격의 취소처분을 받은 날부터 5년이 경과되지 아니한 자
③ 금고 이상의 실형을 선고받고 그 집행이 종료된 날로부터 2년이 경과되지 아니한 자
④ 피성년 후견인

정답 53. ③ 54. ① 55. ④ 56. ③ 57. ④ 58. ① 59. ②

060 다음 중 교통안전법상 교통안전 담당자의 직무에 해당하지 않는 것은?

① 교통안전을 해치는 행위를 한 운전자등에 대한 징계
② 운행기록장치 및 차로이탈 경고장치 등의 점검 및 관리
③ 교통시설의 조건 및 기상조건에 따른 안전운행 등에 필요한 조치
④ 교통안전 관리규정의 시행 및 그 기록의 작성, 보존

061 다음 중 교통안전법상 '차로 이탈 경고장치'를 의무적으로 장착해야 하는 경우가 아닌 것은?

① 차량총중량 20톤을 초과하는 특수자동차
② 차량총중량 20톤을 초과하는 화물자동차
③ 9미터 이상의 승합자동차
④ 농어촌 버스운송사업 및 마을버스 운송사업에 사용되는 자동차

062 다음 중 교통안전법상 과태료 부과기준에 대한 설명으로 잘못된 것은?

① 어떠한 경우에도 과태료 액수의 증액은 허용되지 아니한다.
② 위반행위가 사소한 부주의나 오류로 인한 것으로 인정되는 경우에는 과태료 금액의 2분의 1의 범위에서 그 금액을 줄일 수 있다.
③ 위반행위의 횟수에 따른 과태료의 가중된 부과기준은 최근 1년간 같은 위반행위로 과태료 부과처분을 받은 경우에 적용한다.
④ 하나의 위반행위가 둘 이상의 과태료 부과기준에 해당하는 경우에는 그 중 금액이 큰 과태료 부과기준을 적용한다.

063 다음 중 교통안전법령상 교통사고와 관련하여 보관기간이 5년으로 맞는 것은?

① 중대한 교통사고의 누적지점과 구간에 관한 자료를 보관
② 교통사고와 관련된 자료, 통계 또는 정보의 보관
③ 시·군·구의 교통안전에 관한 기본계획 수립
④ 교통안전에 관한 기본계획 수립

064 교통안전법령상 다음 중 교통수단 안전점검의 항목이 아닌 것은?

① 교통안전 관리규정의 준수 여부 점검
② 교통안전 관계 법령의 위반 여부 확인
③ 교통수단의 교통안전 위험요인 조사
④ 교통수단 운행의 경제성 검토

065 시·도지사는 국가교통안전 기본계획에 따라 시·도의 교통안전에 관한 기본계획을 몇 년 단위로 수립하여야 하는가?

① 1년마다   ② 3년 마다
③ 5년 마다   ④ 10년 마다

066 지역별 교통안전에 관한 주요 정책을 심의하기 위해 시·군·구에 설치하는 기구는?

① 중앙교통 위원회
② 시·군·구 교통안전 위원회
③ 지방 교통위원회
④ 국가 교통위원회

정답   60. ①   61. ④   62. ①   63. ②   64. ④   65. ③   66. ②

067 다음 중 교통안전 담당자로 지정될 수 없는 자는?

① 자동차 정비 전문 자격증을 갖춘 사람
② '산업 안전 보건법' 제 17조에 따른 안전관리자
③ 대통령령으로 정하는 자격을 갖춘 사람
④ 제53조에 따라 교통안전 관리자 자격을 취득한 사람

068 다음 중 교통수단 안전점검의 대상이 아닌 것은?

① 항공운송 사업자가 보유한 항공기
② 건설기계 사업자가 보유한 건설기계
③ 해운업자가 운행하는 선박
④ 여객자동차 운송사업자가 보유한 자동차

069 음주 운전자의 운전특성에 대한 설명으로 다음 중 틀린 것은?

① 순응성   ② 반사회성
③ 공격성   ④ 충동성

070 다음 중 교통사고가 발생하였을 때 신고할 사항과 관계없는 것은?

① 사상자 수 및 부상정도
② 손괴한 물건 및 손괴정도
③ 사고 차량 간의 과실 책임 여부
④ 사고가 일어난 곳

071 교통안전법상 교통안전도 평가지수를 산정함에 있어서 사망사고는 교통사고가 주된 원인이 되어 교통사고 발생 시부터 며칠 이내에 사람이 사망한 사고를 의미하는가?

① 3일 이내   ② 10일 이내
③ 15일 이내   ④ 30일 이내

072 국토교통부 장관이 시·도 교통안전 기본계획 또는 시·도 교통안전 시행계획이 국가교통 안전기본계획 또는 국가교통 안전시행계획에 위배되는 경우에는 해당 시·도지사에게 요구 할 수 있는 것은?

① 시·도 교통안전 시행계획 추진실적 변경
② 시·군·구 교통안전 시행계획의 변경
③ 시·도 교통안전 시행계획의 변경
④ 지역 교통안전 시행계획의 수립 변경

073 교통시설설치·관리자 등이 교통안전 담당자를 지정 해지하거나 교통안전 담당자가 퇴직한 경우에는 지정해지 또는 퇴직한 날부터 며칠 이내에 다른 교통안전 담당자를 지정해야 하는가?

① 10일 이내   ② 20일 이내
③ 30일 이내   ④ 45일 이내

074 다음 중 교통안전법상 교통사고 원인조사의 대상도로에 해당하지 않는 것은?

① 최근 3년간 중상사고 이상의 교통사고 10건 이상에 해당하는 교통사고가 발생하여 해당 구간의 교통시설에 문제가 있는 것으로 의심되는 도로
② 교통사고 원인조사 대상으로 선정된 구간에 교통시설 개선사업을 실시한 경우
③ 교차로 또는 횡단보도 및 그 경계선으로부터 150m까지의 도로 지점
④ 최근 3년간 사망사고 3건 이상에 해당하는 교통사고가 발생하여 해당 구간의 교통시설에 문제가 있는 것으로 의심되는 도로

정답 67. ① 68. ③ 69. ① 70. ③ 71. ④ 72. ③ 73. ③ 74. ②

075 교통사고 관련 자료를 보관해야 하는 관리자가 아닌 것은?

① 손해보험협회에 소속된 손해보험회사
② 한국도로공사
③ 교통안전 관리자
④ 한국교통 안전공단

076 다음 중 교통안전법령상 시·도지사의 처분시 반드시 청문을 해야 하는 경우는?

① 교통수단 운영자 사업장의 출입·검사
② 과태료 부과
③ 교통안전 관리자 자격의 취소
④ 교통체계의 개선 권고

077 다음 중 경력운전자에 비해 초보운전자의 운전 중 행동분석으로 다음 중 틀린 것은?

① 차선변경, 무신호교차로에서 심적 부담을 느낀다.
② 다양한 운전상황에서의 상황판단 훈련이 부족하다.
③ 전방주시의 수평분포가 넓다.
④ 초보운전자는 운전시작 후 첫해에 사고율이 가장 높게 나타난다.

078 여객자동차 운수사업법상 운전적성 정밀검사에서 신규검사에 대상에 해당하는 자는?

① 65세 이상 70세 미만인 사람
② 과거 1년간 '도로교통법 시행규칙'에 따른 운전면허 행정처분기준에 따라 계산한 누산 점수가 81점 이상인 자
③ 중상 이상의 사상사고를 일으킨 자
④ 신규로 여객자동차 운송사업용 자동차를 운전하려는 자

079 보행자가 통행하고 있을 때에는 횡단을 방해하거나 위험을 주지 아니하도록 일시정지하여야 되는 곳은?

① 교통정리를 하고 있을 때
② 주차장
③ 교차로
④ 횡단보도

080 교통안전교육의 내용 중 하나인 인간관계의 소통과 관련 다른 교통참가자를 동반자로서 받아 들여 그들과 의사소통을 하게 하거나 적절한 인간관계를 맺도록 하는 것을 의미하는 것은?

① 안전운전 태도
② 준법 정신
③ 타자 적응성
④ 자기 통제

081 다음 중 특정 운전자의 준수사항으로 좌석 안전띠 미착용 사유로 맞지 않는 것은?

① 긴급자동차가 그 본래의 용도로 운행되고 있는 때
② 신체의 상태에 의하여 좌석안전띠의 착용이 적당하다고 인정되는 자가 자동차를 운전하거나 승차하는 때
③ 경호 등을 위한 경찰용 자동차에 의하여 호위되거나 유도되고 있는 자동차를 운전하거나 승차하는 때
④ 부상, 질병, 장애 또는 임신 등으로 인하여 좌석안전띠의 착용이 적당하지 아니하다고 인정되는 자가 자동차를 운전하거나 승하차 하는 때

082 교통행정기관이 교통사고 관련 자료를 사고가 발생한 날부터 보관해야 하는 기간은?

① 1년
② 2년
③ 3년
④ 5년

정답 75. ③ 76. ③ 77. ③ 78. ④ 79. ④ 80. ③ 81. ② 82. ④

083 다음 중 교통안전 관리규정의 제출시기가 적정하지 않은 것은?

① 교통 시설 설치·관리자는 해당하게 된 날부터 6개월 이내
② 교통 수단 운영자는 해당하게 된 날부터 1년의 범위에서 국토교통부령으로 정하는 기간이내
③ 교통 시설 설치·관리자 등은 변경한 날부터 3개월 이내
④ 교통 시설 설치·관리자 등은 변경한 날부터 6개월 이내

> **해설** 교통안전 관리규정 제출시기(교통안전법, 영 제17조)
> ① 교통시설 설치 관리자(공사) : 6개월 (변경시 3개월)
> ② 교통수단 운영자(버스회사)
>   • 200~(6개월)   • 100~(9개월)
>   • 20~99(12개월)

084 다음 중 기간이 5년에 해당되지 않는 것은?

① 교통안전 관리규정의 준수 여부에 대한 확인, 평가
② 교통안전 특별 실태조사의 실시
③ 시, 도 교통안전 기본계획이나 시, 군, 구 교통안전 기본계획
④ 교통안전에 관한 기본계획 수립

085 다음 중 교통안전 우수사업자의 지정기준으로 틀린 것은?

① 직전연도 1년간의 교통사고를 기준으로 하며, 교통사고가 경미한 업체
② 운전자관리, 운행관리, 차량관리, 교통사고관리, 안전관리체계 5개 분야 교통안전관리 실태조사 결과와 교통안전도를 종합평가
③ 교통안전도 상위 5% 이내 업체 등을 대상
④ 최근 3년간 중대한 교통사고를 발생시키지 않은 업체

086 다음 중 지역교통안전 기본계획의 경미한 사항을 변경하는 경우에 해당하지 않는 것은?

① 계산착오, 오기, 누락 등 기본방향에 영향을 미치지 아니하는 사항으로서 그 변경 근거가 분명한 사항을 변경하는 경우
② 교통안전 관련 시설 및 장비의 설치 또는 보완
③ 시·도 교통안전 기본계획 또는 시·군·구 교통안전 기본계획에서 정한 시행기한의 범위에서 단위 사업의 시행시기를 변경하는 경우
④ 시·군·구의 교통안전에 관한 기본계획에서 정한 부문별 사업규모를 100분의 10 이내의 범위에서 변경하는 경우

087 다음 중 주행거리를 변경 할 수 있는 사유에 해당하지 않는 것은?

① 침수, 낙뢰 등 자연재해로 주행거리계가 고장 나거나 파손된 경우
② 주행거리를 운행일지에 허위로 임의 등록하여 수정한 때
③ 주행거리계와 분리할 수 없는 일체형으로 구성된 연료계 또는 속도계 등이 고장나거나 파손되어 해당 장치를 교체하려는 경우
④ 교통사고로 주행거리계가 고장 나거나 파손된 경우

088 다음 중 교통안전진단의 종류에 해당하지 않는 것은?

① 운전자 등 교통사업자 소속 근로자에 대한 기술자원관리
② 교통시설의 관리, 교통수단의 운행, 교통체계의 운영 등과 관련된 절차, 방법 등의 개선·보완
③ 교통시설, 교통수단의 개선·보완 및 이용 제한
④ 교통시설에 대한 공사계획 또는 사업계획 등의 시정 또는 보완

정답 83. ④ 84. ② 85. ① 86. ② 87. ② 88. ①

089 과태료에 관련한 것이다. 다음 괄호 안에 들어갈 적당한 것은?

> 교통안전관리자를 지정하지 않는 경우의 과태료는 (   )이다.
> 교통안전 담당자의 직무를 시작한 날부터 6개월 이내에 신규교육을 받게 하지 않은 경우의 과태료는 (   )이다.

① 100만원, 50만원
② 100만원, 100만원
③ 500만원, 50만원
④ 500만원, 100만원

090 교통수단 운영자로 20대의 차량을 소지한 운수업자가 준수해야 하는 기준에 해당하지 않는 것은?

① 일반화물 자동차 운송사업의 위탁을 받은 자
② 자동차 대여사업의 등록을 한 자
③ 여객 자동차 운수사업의 관리를 위탁 받은 자
④ 여객 자동차 운수사업의 면허를 받거나 등록을 한 자

091 다음의 괄호 안에 들어갈 적당한 용어는?

> 교통행정 기관의 장은 교통시설, 교통수단 및 교통체계의 안전과 관련된 제반 교통안전에 관한 정보와 교통사고 관련자료 등을 통합적으로 유지·관리 할 수 있도록 (   )을 구축 관리하여야 한다.

① 교통사고 원인조사
② 교통사고 원인조사의 대상, 방법
③ 교통사고 관련자료
④ 교통안전 정보 관리체계

092 교통안전 체험교육을 받아야 하는 중대교통사고는 1건의 교통사고로 몇 주 이상의 치료를 요하는 의사의 진단을 받은 피해자가 발생한 사고를 말하는가?

① 3주 이상   ② 6주 이상
③ 8주 이상   ④ 10주 이상

093 교통안전 관리규정의 검토와 관련 "교통안전의 확보에 중대한 문제가 있지는 아니하지만 부분적으로 보완이 필요하다고 인정되는 경우"의 판단으로 옳은 것은?

① 교통안전 관리규정의 준수 여부 결정
② 교통안전 관계 법령의 위반 여부 확인
③ 교통안전 관리규정의 변경을 명하는 등 필요한 조치
④ 교통수단의 교통안전 위험요인 조사

094 다음 중 교통안전법이 적용하는 교통사업자에 해당하지 않는 자는?

① 교통수단 제조업자
② 국토교통부
③ 교통시설 설치·관리자
④ 여객자동차 운수사업자

095 다음 중 교통안전법상 국가나 지자체의 의무가 아닌 것은?

① 교통안전사항의 배려의무
② 안전운행 의무
③ 관할구역 내의 교통안전시책의 수립·시행의무
④ 교통안전 종합시책의 수립·시행의무

정답 89. ③ 90. ① 91. ④ 92. ③ 93. ③ 94. ② 95. ②

096 다음 중 교통안전법상의 차량운전자 등의 의무가 아닌 것은?

① 항공승무원의 안전운항의무
② 선박승무원 등의 안전운항의무
③ 차량운전자 등의 안전운행의무
④ 교통안전 종합시책의 수립, 시행의무

097 다음 중 교통안전법상의 국가교통안전 기본계획의 수립의무자는?

① 시 · 도지사   ② 국무총리
③ 국토교통부 장관 ④ 대통령

098 교통안전법상 국가교통안전 기본계획을 집행하기 위하여 지정행정기관이 매년 작성하여 국토교통부 장관에게 보고하여야 하는 것은?

① 지역교통안전 기본계획안
② 국가교통안전 기본계획안
③ 지역교통안전 기본계획안
④ 소관별 교통안전 시행계획안

099 다음 중 교통안전법상의 국가교통안전 시행계획의 수립의무자는?

① 시 · 도지사   ② 국무총리
③ 지정행정기관의 장 ④ 대통령

100 다음 중 교통안전관리자 시험부정행위자에 대한 제재로서 시험이 정지되거나 무효로 된 사람은 그 처분이 있는 날로부터 몇 년간 응시 할 수 없는가?

① 1년   ② 2년
③ 3년   ④ 4년

정답 96. ④ 97. ③ 98. ④ 99. ③ 100. ②

일주일 만에 끝내는
도로교통 안전관리자

과목 **05-2**

자동차관리법

- 핵심용어정리
- 요점정리
- CBT 출제예상문제[100제]

CHAPTER 01 | 핵심용어정리

No	용어	설명
1	자동차	원동기에 의하여 육상에서 이동할 목적으로 제작된 용구 또는 이에 견인되어 육상을 이동할 목적으로 제작된 용구를 말한다.
2	원동기	자연계에 존재하는 수력, 풍력, 조력 따위의 에너지를 기계적 에너지로 바꾸는 장치. 열기관, 수력, 전동기, 가스터빈, 원자력 등이 있다.
3	자율주행자동차	운전자 또는 승객의 조작없이 자동차 스스로 운행이 가능한 자동차를 말한다.
4	운행	정하여진 길을 따라 차량 따위를 운전하여 다님
5	자동차사용자	자동차 관리법에서, 자동차 소유자 또는 자동차 소유자로부터 자동차의 운행 따위를 위탁 받은 자를 이르는 말이다.
6	형식	자동차의 구조 와 장치에 관한 형상, 규격 및 성능 등을 말한다.
7	내압용기	고압가스를 연료로 사용하기 위하여 자동차에 장착하거나 장착할 목적으로 제작된 용기를 말한다.
8	폐차	노후 자동차를 폐기하는 과정, 또는 그렇게 된 자동차를 지칭한다.
9	자동차 관리사업	자동차 관리법에서 정한 자동차 매매업, 자동차 정비업 및 자동차 해체활용업을 말한다.
10	자동차 매매업	자동차의 매매 또는 매매알선 및 그 등록 신청을 대행하는 사업
11	자동차 정비업	자동차의 부품이나 설비가 제대로 작동하도록 전문적으로 보살피고 손질하는 일
12	자동차 해체 재활용업	자동차의 폐차 및 그 말소 등록 신청을 대행하는 사업
13	사고기록 장치	자동차용 영상 사고기록장치로, 자동차 충돌 전후의 상황을 기록해 사고 정황 파악에 필요한 정보를 제공한다. EDR(Event Data Record) 라고도 한다.
14	자동차의 튜닝	자동차의 구조, 장치의 일부를 변경하거나 자동차에 부착물을 추가하는 것을 말한다.
15	표준정비시간	자동차 제조사 또는 자동차 정비사업자 단체가 정한 정비작업별 평균 정비 시간을 말한다.
16	승용자동차	10인 이하를 운송하기에 적합하게 제작된 자동차
17	승합자동차	11인 이상을 운송하기에 적합하게 제작된 자동차
18	화물자동차	각종 물자를 수송하는 것을 목적으로 하는 자동차
19	특수자동차	특별한 설치를 필요로 하는 사람 또는 화물을 운송하거나 특별한 작업을 수행하도록 제작된 자동차로서 승용, 승합 화물 자동차 외의 것을 말한다.

20	이륜자동차	총배기량 또는 정격출력의 크기와 관계없이 1인 또는 2인의 사람을 운송하기에 적합하게 제작된 이륜의 자동차 및 그와 유사한 구조로 되어 있는 자동차
21	시 · 도지사	특별시장, 광역시장(부산, 대구, 인천, 광주, 대전, 울산), 특별자치시장(세종시), 도지사, 특별자치도지사(제주도)
22	시장 · 군수 · 구청장	시장, 군수, 및 자치구(특별시, 광역시)의 구청장
23	차대번호	자동차만의 주민등록 번호인 차대번호(VIN)는 차량의 등록 시 또는 차량의 소유권을 유지하는데 필요한 법적인 사항에 사용되는 식별 번호이다.
24	후사경	운전자가 자동차의 뒤쪽을 볼 수 있도록 해주는 거울이다. 리어 뷰 미러(rear view mirror) 또는 드라이빙 미러(driving mirror)라고도 한다.
25	후부반사기	입사 각도와 관계없이, 입사방향과 같은 방향으로 빛을 반사하도록 설계된 반사장치
26	후부안전판	화물차 등의 후방 안전을 위해 부착하는 장치
27	후부반사판(지)	충돌방지를 위해 화물 후미에 붙이는 빛을 반사하는 판(지)
28	저속전기 자동차	최고속도가 매시 60km를 초과하지 않고, 차량 총중량이 1,361kg를 초과하지 않는 전기자동차를 말한다.

† 두산백과 두피디아, 나무위키, 국어사전, 자동차 용어사전, 인터넷 참조

CHAPTER 02 요점정리

01 자동차 등록원부

1. **자동차 등록원부 관리 주체 : 시 · 도지사**

2. **등록(법 제5조)** : 자동차(이륜 자동차 제외)는 자동차 등록원부에 등록한 후가 아니면 이를 운행할 수 없다. 다만, 임시운행허가를 받아 허가 기간 내에 운행하는 경우에는 그러하지 아니한다.

3. **대통령령으로 정하는 경미한 변경(영 제4조)**
   ① 자동차 정책기본계획에서 정한 부문별 사업비용을 100분의 15이내의 범위에서 변경하는 경우
   ② 기본계획에서 정한 부문별 사업기간을 1년 이내의 범위에서 변경하는 경우
   ③ 관계 법령 또는 관련계획의 변경에 따라 기본계획의 내용 변경이 부득이한 경우
   ④ 계산착오, 오기, 누락 또는 이에 준하는 사유로서 그 변경근거가 분명한 사항을 변경하는 경우
   ⑤ 그 밖에 기본계획의 목적 및 방향에 영향을 미치지 아니하는 것으로서 국토교통부 장관이 정하여 고시하는 사항을 변경하는 경우

4. **화물 자동차의 종별 구분(법 제3조 제2항, 규칙 별표1)**

	경형		소형	중형	대형
	초소형	일반형			
화물 자동차	배기량이 250cc 이하이고, 길이 3.6m, 너비 1.5m, 높이 2.0m 이하인 것	배기량이 1,000cc 이하이고, 길이 3.6m, 너비 1.6m, 높이 2.0m 이하인 것	최대 적재량이 1톤 이하이고, 총중량이 3.5톤 이하인 것	최대 적재량이 1톤 초과 5톤 미만이거나, 총중량이 3.5톤 초과 10톤 미만인 것	최대 적재량이 5톤 이상이거나, 총중량이 10톤 이상인 것

02 신규등록

1. 신규등록(법 제8조)

① 신규로 자동차에 관한 등록을 하려는 자는 대통령령으로 정하는 바에 따라 시·도지사에게 신규 자동차 등록을 신청하여야 한다.
② 시·도지사는 신규등록 신청을 받으면 등록원부에 필요한 사항을 적고 자동차등록증을 발급하여야 한다.

2. 자동차 등록번호판의 부착방법(규칙 제3조) : 자동차 등록번호판은 자동차의 앞쪽과 뒤쪽에 다음의 기준에 적합하게 부착하여야 한다. 다만, 피견인자동차의 앞쪽에는 등록번호판을 부착하지 아니할 수 있다.

① 차량중심선을 기준으로 등록번호판의 좌우가 대칭이 될 것. 다만, 자동차의 구조 및 성능상 차량중심선에 부착하는 것이 곤란한 경우에는 그러하지 아니하다.
② 자동차의 앞쪽과 뒤쪽에서 볼 때에 차체의 다른 부분이나 장치 등에 의하여 등록번호판이 가리워지지 아니할 것
③ 뒤쪽 등록번호판의 부착위치는 차체의 뒤쪽 끝으로부터 65cm이내일 것. 다만, 자동차의 구조 및 성능상 차체의 뒤쪽 끝으로부터 65cm 이내로 부착하는 것이 곤란한 경우에는 그러하지 아니하다.
④ 그 밖에 국토교통부 장관이 정하여 고시하는 부착 방법

3. 봉인의 위치 등(규칙 제4조 제1항)

봉인은 자동차의 뒷면에 붙인 등록번호판 왼쪽의 접합부분에 하여야 한다.

4. 신규등록의 거부(법 제9조) : 시·도지사는 다음의 어느 하나에 해당하는 경우에는 신규등록을 거부하여야 한다.

① 해당 자동차의 취득에 관한 정당한 원인행위가 없거나 등록 신청 사항에 거짓이 있는 경우
② 자동차의 차대번호 또는 원동기 형식의 표기가 없거나 이들 표기가 자동차 자기인증표시 또는 신규검사 증명서에 적힌 것과 다른 경우
③ '여객자동차 운수사업법'에 따른 여객자동차 운수사업 및 '화물자동차 운수사업법'에 따른 화물자동차 운수사업의 면허, 등록, 인가 또는 신고 내용과 다르게 사업용 자동차로 등록하려는 경우
④ '액화석유가스의 안전관리 및 사업법'에 따른 액화석유가스의 연료사용제한 규정에 위반하여 등록하려는 경우

⑤ '대기환경 보전법' 및 '소음, 진동관리법'에 따른 제작차 인증을 받지 아니한 자동차 또는 제동장치에 석면을 사용한 자동차를 등록하려는 경우
⑥ 미완성 자동차

5. 등록번호판의 규격 등(규칙 제6조)

① 등록번호판의 규격, 재질 및 색상은 자동차의 종류 및 용도(자동차 운수사업용, 비사업업용 및 외교용을 말한다)에 따라 각각 구분하여야 한다.
② 자동차 운수사업용 자동차의 등록번호판에는 관할관청을 기호로 표시하여야 한다. 다만, '여객자동차 운수사업법'에 따른 자동차 대여사업에 사용하는 자동차는 그러하지 아니한다.
③ 등록번호판의 규격, 재질, 색상 그 밖의 필요한 세부적인 사항은 국토교통부 장관이 정하여 고시한다. 이 경우 국토교통부 장관은 미리 경찰청장과 협의 하여야 한다.

6. 등록번호판 발급대상자에 대한 지정의 취소 등(법 제21조) : 시·도지사는 등록번호판 발급대행자가 다음의 어느 하나에 해당되는 경우에는 그 지정을 취소하거나 6개월 이내의 기간을 정하여 사업의 정지를 명할 수 있다. 다만 제1호 및 10호에 해당하는 경우에는 그 지정을 취소하여야 한다.

1. 거짓이나 그 밖의 부정한 방법으로 지정을 받은 경우
2. 시설, 장비 등의 기준에 미달한 경우
3. 규정을 위반하여 자동차 등록번호판 제작용 철형을 도난당하거나 유출한 경우
4. 보고를 하지 아니하거나 거짓으로 보고를 한 경우
5. 검사를 거부, 방해 또는 기피하거나, 질문에 응하지 아니하거나 거짓으로 답변한 경우
6. 업무와 관련하여 부정한 금품을 수수하거나 그 밖의 부정한 행위를 한 경우
7. 자산상태 불량 등의 사유로 그 업무를 계속 수행할 수 없다고 인정될 경우
8. 등록번호판의 발급 또는 봉인을 정당한 사유 없이 거부한 경우
9. 국토교통부 장고나이 등록번호판의 규격, 재질, 색상 등 제식 에 관하여 고시한 기준에 위반되게 제작, 발급한 경우
10. 이 조에 따른 사업정지명령을 위반하여 사업정지 기간 중에 사업을 경영한 경우

7. 차대번호 표기를 지우는 행위 등의 금지 등(법 제 23조) : 국토교통부 장관은 자동차가 다음의 어느 하나에 해당되는 경우에는 그 소유자에게 차대번호 또는 원동기 형식의 표기를 지우거나 표기를 받을 것을 명할 수 있다.

1. 자동차에 차대번호 또는 원동기 형식의 표기가 없거나 그 표기 방법 및 체계 등이 표기규정에 적합하지 아니한 경우
2. 자동차의 차대번호 또는 원동기 형식의 표기가 다른 자동차와 유사한 경우
3. 차대번호 또는 원동기 형식의 표기가 지워져 있거나 알아보기 곤란한 경우

03 변경등록 및 이전등록

1. **변경등록(법 제11조 제1항)** : 자동차 소유자는 등록원부의 기재 사항이 변경(이전등록 및 말소등록에 해당되는 경우는 제외)된 경우에는 대통령령으로 정하는 바에 따라 시·도지사에게 변경등록을 신청하여야 한다. 다만, 대통령령으로 정하는 경미한 등록 사항을 변경하는 경우에는 그러하지 아니한다.

2. **등록사항을 변경해야 하는 경우(자동차 등록령 제 22조 제4항)** : 경미하지 아니한 경우
   ① 차대번호 또는 원동기 형식
   ② 자동차 소유자의 성명(법인인 경우에는 명칭)
   ③ 자동차 소유자의 주민등록번호 (법인인 경우에는 법인등록번호)
   ④ 자동차의 사용 본거지
   ⑤ 자동차의 용도
   ⑥ 자동차의 종류

3. **이전등록(법 제12조)** : 등록된 자동차를 양수 받는 자는 대통령령으로 정하는 바에 따라 시·도지사에게 자동차 소유권의 이전등록을 신청하여야 한다.

4. **이전등록 신청(자동차 등록령 제26조 제1항)** : 이전 등록은 다음의 구분에 따른 기간에 등록관청에 신청하여야 한다.
   ① **매매의 경우** : 매수한 날부터 15일 이내
   ② **증여의 경우** : 증여를 받은 날부터 20일 이내
   ③ **상속의 경우** : 상속개시일이 속하는 달의 말일부터 6개월 이내
   ④ **그 밖의 사유로 인한 소유권 이전의 경우** : 사유가 발생한 날부터 15일 이내

04 말소등록 및 압류등록

1. **말소등록(법 제13조)** : 자동차 소유자는 등록된 자동차가 다음의 어느 하나의 사유에 해당하는 경우에는 대통령령으로 정하는 바에 따라 자동차등록증, 등록번호판 및 봉인을 반납하고 시·도지사에게 말소등록을 신청하여야 한다.
   1. 자동차 해체 재활용업을 등록한 자에게 폐차를 요청한 경우

2. 자동차 제작, 판매자 등에게 반품한 경우
3. '여객자동차 운수사업법'에 따른 차령이 초과된 경우
4. '여객자동차 운수사업법' 및 '화물자동차 운수사업법'에 따라 면허, 등록, 인가 또는 신고가 실효되거나 취소된 경우
5. 천재지변, 교통사고 또는 화재로 자동차 본래의 기능을 회복할 수 없게 되거나 멸실된 경우
6. 자동차를 수출하는 경우
7. 압류등록을 한 후에도 환가 절차 등 후속 강제집행 절차가 진행되고 있지 아니하는 차량 중 차령 등 대통령령으로 정하는 기준에 따라 환가가치가 남아 있지 아니하다고 인정되는 경우
8. 자동차를 교육, 연구의 목적으로 사용하는 등 대통령령으로 정하는 사유에 해당하는 경우

2. 시·도지사가 직권으로 말소 하는 경우(법 제13조 3항)

1. 말소 등록을 신청하여야 할 자가 신청하지 아니한 경우
2. 자동차의 차대가 등록원부상의 차대와 다른 경우
3. 자동차 운행정지 명령에도 불구하고 해당 자동차를 계속 운행하는 경우
4. 자동차를 폐차한 경우
5. 속임수나 그 밖의 부정한 방법으로 등록된 경우

3. 압류등록(법 제14조) : 시·도지사는 다음의 어느 하나의 경우에는 해당 자동차의 등록원부에 국토교통부령으로 정하는 바에 따라 압류등록을 하여야 한다.

1. '민사집행법'에 따라 법원으로부터 압류등록의 촉탁이 있는 경우
2. '국세징수법' 또는 '지방세 징수법'에 따라 행정관청으로부터 압류등록의 촉탁이 있는 경우
3. '공공기관의 운영에 관한 법률' 제 4조에 따른 공공기관으로부터 압류등록의 촉탁이 있는 경우

05 자동차의 운행

1. 자동차의 운행정지 등(법 제24조의 2)

① 자동차는 자동차 사용자가 운행하여야 한다.
② 시·도지사 또는 시장, 군수, 구청장은 1항의 요건에 해당하지 아니한 자가 정당한 사유 없이 자동차를 운행하는 경우 다음의 어느 하나에 따라 해당 자동차의 운행정지를

명할 수 있다.
1. 자동차 소유자의 동의 또는 요청
2. 수사기관의 장의 요청. 다만, 수사기관의 장이 자동차 사용자가 아닌 자의 자동차를 운행하는 사실을 확인한 경우로 한정한다.

2. **자동차의 운행제한**(법 제25조) : 국토교통부 장관은 다음의 어느 하나에 해당하는 사유가 있다고 인정되면 미리 경찰청장과 협의하여 자동차의 운행 제한을 명할 수 있다.

1. 전시, 사변 또는 이에 준하는 비상사태의 대처
2. 극심한 교통체증 지역의 발생 예방 또는 해소
3. 결함이 있는 자동차의 운행으로 인한 화재사고가 반복적으로 발생하여 공중의 안전에 심각한 위해를 끼칠 수 있는 경우
4. 대기오염 방지나 그 밖에 대통령령으로 정하는 사유

3. **자동차의 강제처리**(법 제26조 1항) : 자동차의 소유자 또는 점유자는 다음의 어느 하나에 해당하는 행위를 하여서는 아니 된다.

1. 자동차를 일정한 장소에 고정시켜 운행 외의 용도로 사용하는 행위
2. 자동차를 도로에 계속하여 방치하는 행위
3. 정당한 사유없이 자동차를 타인의 토지에 대통령령으로 정하는 기간 이상 방치하는 행위

4. **방치 자동차의 강제처리**(영 제6조)

① 법 제26조 제1항 제3조에서 '대통령령으로 정하는 기간'이란 2개월을 말한다.(자동차가 분해, 파손되어 운행이 불가능한 경우에는 15일)
② 특별자치시장, 특별자치도지사, 시장, 군수 또는 구청장은 자동차에 대하여 법에 따른 처분 등 또는 명령을 하고자 하는 때에는 해당 자동차가 방치자동차임을 확인하여야 한다.
③ 시장, 군수 또는 구청장은 법에 의하여 방치자동차를 폐차 또는 매각하고자 하는 때에는 그 뜻을 자동차 등록원부에 기재된 소유자와 이해관계인 또는 점유자에게 서면으로 통지하여야 한다. 다만, 자동차의 소유자 또는 점유자를 알 수 없는 경우에는 7일 이상 공고하여야 한다.
④ 시장, 군수 또는 구청장이 법에 따라 장치자동차를 폐차 또는 매각할 수 있는 시기는 다음과 같다.
   1. 3항에 따른 통지를 한 경우에는 통지한 날부터 20일이 경과한 때
   2. 해당 방치자동차의 소유자 또는 점유자를 할 수 없는 경우에는 3항에 따른 공고기간이 만료된 때
   3. 방치자동차의 소유자, 점유자 및 이해관계인이 그 권리를 포기한다는 의사표시를 한 경우에는 의사표시가 있는 때

⑤ 시장, 군수, 또는 구청장은 방치자동차 중 다음의 하나에 해당하는 자동차는 이를 폐차할 수 있다.
  1. 자동차 등록원부에 등록되어 있지 아니한 자동차
  2. 장소의 이전이나 견인이 곤란한 상태의 자동차
  3. 구조,장치의 대부분이 분해, 파손되어 정비, 수리가 곤란한 자동차
  4. 매각비용의 과다 등으로 인하여 특히 폐차할 필요가 있는 자동차
⑥ 시장, 군수 또는 구청장은 등록된 자동차를 5항에 따라 폐차한 때에는 지체없이 그 등록을 한 시·도지사에게 해당 폐차사실을 통보하여야 한다.
⑦ 시·도지사는 6항에 따라 폐차사실을 통보 받은 때에는 지체없이 법에 따라 해당 자동차의 등록을 말소하여야 한다.

5. 임시운행의 허가 등(영 제7조 1항) : 시·도지사는 다음 각 호의 어느 하나에 해당하는 경우에는 법27조 제1항에 따른 임시운행허가를 할 수 있다.

  1. 신규등록 신청을 위하여 자동차를 운행하려는 경우(10일 이내)
  2. 수출하기 위하여 말소 등록한 자동차를 점검, 정비하거나 선적하기 위하여 운행하려는 경우(20일 이내)
  3. 자동차의 차대번호 또는 원동기 형식의 표기를 지우거나 그 표기를 받기 위하여 자동차를 운행하려는 경우(10일 이내)
  4. 자동차 자기인증에 필요한 시험 또는 확인을 받기 위하여 자동차를 운행하려는 경우(40일 이내)
  5. 신규검사 또는 임시검사를 받기 위하여 자동차를 운행하려는 경우(10일 이내)
  6. 자동차를 제작, 조립, 수입 또는 판매하는 자가 판매사업장, 하치장 또는 전시장에 자동차를 보관, 전시하기 위하여 운행하려는 경우(10일 이내)
  7. 자동차를 제작, 조립, 수입 또는 판매하는 자가 판매한 자동차를 환수하기 위하여 운행하려는 경우(10일 이내)
  8. 자동차를 제작, 조립 또는 수입하는 자가 자동차에 특수한 설치를 위하여 다른 제작 또는 조립장소로 자동차를 운행하려는 경우(40일 이내)
  9. 자가 시험, 연구의 목적으로 자동차를 운행하려는 경우
  10. 자동차 운전학원 및 자동차 운전전문학원의 설립, 운영하는 자가 검사를 받기 위하여 기능교육용 자동차를 운행하려는 경우
  11. 자동차를 제작, 조립 또는 수입하는 자가 광고 촬영이나 전시를 위하여 자동차를 운행하려는 경우(40일 이내)

6. 운행정지 중인 자동차의 임시운행 (규칙 제28조 제1항) : 다음의 어느 하나에 해당하는 자동차의 사용자는 법에 따른 검사 또는 종합검사를 받으려는 경우에는 임시운행을 할 수 있다.

1. 운행정지처분을 받아 운행정지 중인 자동차
2. '여객 자동차 운수사업법' 및 '화물자동차 운수사업법'에 따른 사업정지 처분을 받아 운행정지 중인 자동차
3. '지방세법'에 따라 자동차 등록증이 회수되거나 등록번호판이 영치된 자동차
4. 압류로 인하여 운행정지 중인 자동차
5. '자동차 손해배상 보장법'에 따라 등록번호판이 영치된 자동차
6. '질서위반 행위 규제법'에 따라 등록번호판이 영치된 자동차

06 자동차 안전기준

1. 자동차의 구조, 장치 및 부품 (영 제8조, 제8조의2)

구분	자동차의 구조	자동차의 장치	자동차 부품
항목	길이, 너비 및 높이 최저지상고 총중량 중량분포 최대안전 경사각도 최소 회전반경 접지부분 및 접지압력	원동기 및 동력전달장치 주행장치 조종장치 조향장치 제동장치 완충장치 연료장치 및 전기, 전자장치 차체 및 차대 연결장치 및 견인장치 승차장치 및 물품적재장치 창유리 소음방지장치 배기가스 발산방지장치 등화장치(전조등, 번호등, 후미등, 제동등, 차폭등, 후퇴 등) 경음기 및 경보장치 시야확보장치(후사경, 창닦이기) 후방영상장치 및 후진경고음 발생장치 속도계, 주행거리계 기타계기 소화기 및 방화장치 내압용기 및 그 부속장치 기타 안전에 필요한 장치로서 국토부령이 정하는 장치	브레이크 호스 좌석안전띠 등화장치(국토부령) 후부반사기 후부안전판 창유리 안전삼각대 후부반사판 후부반사지 브레이크라이닝 휠 반사띠 저속차량용 후부표시판

2. 사고기록 장치의 장착 및 정보제공(법 제29조의3)

① 자동차 제작, 판매자 등이 사고기록장치를 장착할 경우에는 국토교통부령으로 정하는 바에 따라 장착하여야 한다.
② 자동차 제작, 판매자 등이 사고기록장치가 장착된 자동차를 판매하는 경우에는 사고기록장치가 장착되어 있음을 구매자에게 알려야 한다.
③ 사고기록장치를 장착한 자동차 제작, 판매자등은 자동차 소유자 등 국토교통부령으로 정하는 자가 기록내용을 요구할 경우 사고기록장치의 기록정보 및 결과보고서를 제공하여야 한다.
④ 사고기록장치의 장착기준, 장착사실의 통지 및 기록정보의 제공방법 등 필요한 사항은 국토교통부령으로 정한다.

07 자동차 자기인증

1. 자기인증

① **자동차의 자기인증(법 제30조)** : 자동차를 제작, 조립 또는 수입하려는 자는 국토교통부령으로 정하는 바에 따라 그 자동차의 형식이 자동차 안전기준에 적합함을 스스로 인증하여야 한다.
② **자동차 부품의 자기인증(법 제30조의 2)** : 자동차 부품을 제작, 조립 또는 수입하는 자는 국토교통부령으로 정하는 바에 따라 그 자동차 부품이 부품안전기준에 적합함을 스스로 인증하여야 한다.
③ 대체부품은 자동차 제작사에서 출고된 자동차에 장착된 부품을 대체하여 사용할 수 있는 부품을 말한다.(법 30조의 5)

2. 자체 시정한 자동차 소유자에 대한 보상(법 제31조의2)

① 자동차 제작자 등이나 부품제작자 등은 다음의 어느 하나에 해당하는 자가 있는 경우에는 시정 비용을 보상해야 한다.
  1. 자동차 제작자 등이나 부품제작자 등이 결함 사실을 공개하기 전1년이 되는 날과 조사를 시작한 날 중 빠른 날 이후에 그 결함을 시정한 자동차 소유자 (자동차 소유자였던 자로서 소유기간 중에 그 결함을 시정한 자를 포함한다)
  2. 자동차 제작자 등이나 부품제작자 등이 결함 사실을 공개한 이후에 그 결함을 시정한 자동차 소유자
② 1항에 따른 보상 금액의 산정기준, 보상금의 지급 기한, 보상금의 지급 청구 절차, 그 밖에 보상금의 지급에 필요한 사항은 국토교통부령으로 정한다.

08 자동차 튜닝 등

1. **자동차 튜닝 승인권자**: 시장, 군수, 구청장
2. **튜닝의 승인대상(규칙 제55조 제1항)** : '국토교통부령으로 정하는 항목'에 대하여 튜닝을 하려는 경우란 다음의 구조, 장치를 튜닝하는 경우를 말한다. 다만, 범퍼의 외관이나 인증을 받은 튜닝용 부품 등 국토교통부 장관이 정하여 고시하는 경미한 구조, 장치로 튜닝하는 경우는 제외한다.
   1. **구조** : 길이, 너비 및 높이, 총중량
   2. **장치** : 원동기 및 동력전달장치, 주행장치, 조향장치, 제동장치, 연료장치, 승차장치 및 물품적재장치, 소음방지 장치, 등화장치, 내압용기 및 그 부속장치, 기타 자동차의 안전운행에 필요한 장치로서 국토교통부령이 정하는 장치
3. **튜닝의 승인기준(규칙 제55조 제2항)** : 한국교통 안전공단은 튜닝승인 신청을 받은 때에는 튜닝 후의 구조 및 장치가 안전기준 그 밖에 다른 법령에 따라 자동차의 안전을 위하여 적용해야 하는 기준에 적합한 경우에 한하여 승인해야 한다. 다만, 다음의 어느 하나에 해당하는 튜닝은 승인을 해서는 안된다.
   1. 총중량이 증가하는 튜닝
   2. 승차정원 또는 최대 적재량이 증가를 가져오는 승차장치 또는 물품 적재장치의 튜닝. 다만, 다음의 어느 하나에 해당하는 경우를 제외한다.
      가) 승차정원 또는 최대적재량을 감소시켰던 자동차를 원상회복하는 경우
      나) 차대 또는 차체가 동일한 자동차로 자기인증되어 제원이 통보된 차종의 승차정원 또는 최대 적재량의 범위 안에서 승차정원 또는 최대적재량을 증가시키는 경우
      다) 튜닝하려는 자동차의 총중량의 범위 내에서 법에 따른 캠핑용 자동차로 튜닝하여 승차인원을 증가시키는 경우
   3. 자동차의 종류가 변경되는 튜닝. 다만 다음의 어느 하나에 해당하는 경우는 제외한다.
      가) 승용자동차와 동일한 차체 및 차대로 제작된 승합자동차의 좌석장치를 제거하여 승용자동차로 튜닝하는 경우
      나) 화물자동차를 특수자동차로 튜닝하거나 특수자동차를 화물자동차로 튜닝하는 경우
   4. 튜닝 전보다 성능 또는 안전도가 저하될 우려가 있는 경우의 튜닝

4. **튜닝의 승인신청 등(규칙 제56조 제1항)** : 자동차의 튜닝승인을 받으려는 자는 튜닝승인 신청서에 다음의 서류를 첨부하여 한국교통 안전공단에 제출해야 한다.
   1. 튜닝 전후의 주요 제원 대비 표(제원 변경이 있는 경우만 해당한다.)

2. 튜닝 전후의 자동차의 외관도(외관변경이 있는 경우에 한한다.)
3. 튜닝하려는 구조, 장치의 설계도

5. **자동차의 무단 해체, 조작금지**(법 제35조) : 누구든지 다음의 어느 하나에 해당하는 경우를 제외하고는 국토교통부령으로 정하는 장치를 자동차에서 해체하거나 조작(자동차의 최고속도를 제한하는 장치를 조작하는 경우에 한정한다.)하여서는 아니 된다.
   ① 자동차의 점검, 정비 또는 튜닝을 하려는 경우
   ② 폐차하는 경우
   ③ 교육, 연구의 목적으로 사용하는 등 국토교통부령으로 정하는 사유에 해당되는 경우

6. **내압 용기의 재검사**(법 제35조의 8)
   ① 내압용기가 장착된 자동차의 소유자는 내압용기 장착에 대한 튜닝을 마친 후 또는 내압용기 장착검사를 받거나 자동차 자기인증을 한 후 다음의 구분에 따라 그 내압용기에 대하여 국토교통부 장관이 실시하는 검사를 자동차검사를 대행하는 자에게 받아야 한다. 다만, 액화석유가스를 연료로 사용하는 자동차의 경우에는 정기검사 또는 종합검사로 내압용기 재검사를 갈음한다.
   1. **내압용기 정기검사** : 국토교통부령으로 정하는 기간이 지날 때마다 실시하는 검사
   2. **내압용기 수시검사** : 손상의 발생, 내압용기 검사 각인 또는 표시의 훼손, 충전할 고압가스 종류의 변경, 그 밖에 국토교통부령으로 정하는 사유가 발생한 경우에 실시하는 검사
   ② 자동차 검사 대행자는 내압용기 재검사에 불합격한 내압용기를 국토교통부령으로 정하는 바에 따라 파기하여야 한다.

09 자동차 점검 및 정비

1. **자동차의 정비**(법 제36조) : 자동차 사용자가 자동차를 정비하려는 경우에는 국토교통부령으로 정하는 범위에서 정비를 하여야 한다.

2. 자동차 사용자의 정비작업의 범위(규칙 별표9)

구분	자동차 정비시설 (차고, 기계/기구, 시설/장비, 기술인력)	
	미보유	보유
원동기	에어클리너 엘리먼트 교환 오일펌프를 제외한 윤활장치의 점검, 정비 디젤분사펌프 및 가스용기를 제외한 연료장치의 점검, 정비 냉각장치의 점검, 정비 머플러의 교환	**실린더헤드 및 타이밍 벨트** 점검, 정비(법정장비 보유 시) 윤활장치의 점검, 정비 디젤분사펌프 및 가스용기를 제외한 연료장치의 점검, 정비 냉각장치의 점검, 정비 **배기장치**의 점검, 정비 **플라이휠** 및 **센터베어링**의 점검, 정비
동력전달 장치	오일의 보충 및 교환 액셀레이터 케이블의 교환 클러치 케이블의 교환	**클러치**의 점검, 정비 **변속기**의 점검, 정비 **차축 및 추진축의** 점검, 정비 변속기와 일체형으로 된 **차동기어**의 교환, 점검, 정비
조향장치	-	**조향핸들**의 점검, 정비
제동장치	오일의 보충 및 교환 브레이크 호스, 페달 및 레버의 점검, 정비 브레이크 라이닝의 교환	오일의 보충 및 교환 브레이크 파이프, 호스, 페달 및 레버와 **공기탱크**의 점검, 정비 브레이크 라이닝 및 케이블의 점검, 정비
주행장치	허브베어링을 제외한 주행장치의 점검, 정비 허브베어링의 점검, 정비(브레이크 라이닝의 교환작업 시 한정)	**차륜**(허브베어링 포함)의 점검, 정비 (차륜정렬은 부품의 탈거 등을 제외한 단순소정에 한함)
완충장치	다른 장치와 분리되어 설치된 쇽업소버의 교환	쇽업소버의 점검, 정비 **코일스프링**(쇽업소버의 선행작업)의 점검, 정비
전기, 전자장치	전조등, 속도표시등 및 고전원 전기장치를 제외한 전기장치의 점검, 정비	전조등 및 속도표시등을 제외한 전기, 전자장치의 점검, 정비
기타	안전벨트를 제외한 차내 설비의 점검, 정비 판금, 도장 및 용접을 제외한 차체의 점검, 정비 세차 및 섀시 각 부의 급유	판금 또는 용접을 제외한 차체의 점검, 정비 **부분도장** 차내설비의 점검, 정비 세차 및 섀시 각 부의 급유

3. 점검 및 정비명령 등(법 제37조) : 시장, 군수, 구청장은 다음의 어느 하나에 해당하는 자동차 소유자에게 국토교통부령으로 정하는 바에 따라 점검, 정비, 검사 또는 원상복구를 명할 수 있다.

1. 자동차 안전기준에 적합하지 아니하거나 안전운행에 지장이 있다고 인정되는 자동차
2. 승인을 받지 아니하고 튜닝한 자동차 (→ 원상복구 및 임시검사를 명함)
3. 정기검사 또는 자동차 종합검사를 받지 아니한 자동차 (→ 정기검사 또는 종합검사를 명함)
4. 중대한 교통사고가 발생한 사업용 자동차 (→ 임시검사를 명함)

4. 점검, 정비, 검사 또는 원상복구의 명령(규칙 제63조)

① 시장, 군수 또는 구청장은 점검, 정비, 검사 또는 원상복구를 명하고자 하는 때에는 점검명령서 또는 자동차 검사 명령서에 의한다. 이 경우 명령의 이행기간을 명시하여야 하며, '자동차 및 자동차 부품의 성능과 기준에 관한 규칙'에 따른 최고속도 제한장치의 미설치, 무단 해체, 해제 및 미작동 자동차에 대하여는 10일 이내에 이행기간을 부여하여야 한다.

② 1항에 따라 점검, 정비 또는 원상복구명령을 받은 자동차를 점검, 정비 또는 원상복구는 자동차 정비업을 등록한자가 그 사업장 안에서 시행한다.

③ 1항에 따라 점검, 정비 또는 원상복구 명령을 받은 자동차를 점검, 정비한 정비업자는 점검, 정비기록부3부를 작성하여 1부는 작성일부터 10일 이내에 시장, 군수 또는 구청장에게 제출하고, 1부는 자동차소유자에게 발급하며, 1부는 2년간 보관하여야 한다. (다만, 정비업자가 전산정보 처리조작에 의하여 점검, 정비결과를 기록, 보관한 때에는 점검, 정비기록부를 보관한 것으로 본다.)

5. 운행 정지명령(규칙 제64조)

① 시장, 군수 또는 구청장은 자동차의 운행정지를 명하고자 하는 때에는 해당 자동차의 소유자에 대하여 운행정지 명령서를 발급하고 해당 자동차의 전면유리창 우측 상단에 자동차 운행정지 표지를 붙여야 한다.

② 1항의 규정에 의하여 부착된 자동차 운행정지표지는 부착위치를 변경하거나 훼손하여서는 아니되며, 점검, 정비 및 원상복구 명령의 이행 또는 임시검사에 합격하지 아니하고는 이를 떼어내지 못한다.

10 자동차의 검사

1. **자동차 검사**(법 제43조) : 자동차 소유자는 해당 자동차에 대하여 다음의 구분에 따라 국토교통부령으로 정하는 바에 따라 국토교통부 장관이 실시하는 검사를 받아야 한다.
   ① **신규검사** : 신규등록을 하려는 경우 실시하는 검사
   ② **정기검사** : 신규등록 후 일정 기간마다 정기적으로 실시하는 검사
   ③ **튜닝검사** : 자동차를 튜닝한 경우에 실시하는 검사
   ④ **임시검사** : 이 법 또는 이 법에 따른 명령이나 자동차 소유자의 신청을 받아 비정기적으로 실시하는 검사
   ⑤ **수리검사** : 전손 처리 자동차를 수리한 후 운행하려는 경우에 실시하는 검사

2. **검사유효 기간의 연장 등**(규칙 제75조)
   ① 시·도지사는 검사 유효기간을 연장하거나 유예하고자 하는 때에는 다음의 구분에 의한다.
      1. 전시, 사변 또는 이에 준하는 비상사태로 인하여 관할지역 안에서 자동차의 검사업무를 수행할 수 없다고 판단되는 때에는 그 검사를 유예할 것. (이 경우 대상자동차, 유예기간 및 대상지역 등을 공고하여야 한다.)
      2. 자동차의 도난, 사고발생, 폐차, 압류 또는 장기간의 정비 기타 부득이한 사유가 인정되는 경우에는 자동차 소유자의 신청에 의하여 필요하다고 인정되는 기간동안 당해 자동차의 검사유효기간을 연장하거나 그 검사를 유예할 것
      3. 섬지역의 출장검사인 경우에는 자동차검사 대행자의 요청에 의하여 필요하다고 인정되는 기간동안 당해 자동차의 검사유효기간을 연장할 것
      4. 매매용 자동차의 관리에 따라 신고 된 매매용 자동차의 검사유효기간 만료일이 도래하는 경우에는 같은 항 2, 3에 따른 신고 전까지 해당 자동차의 검사유효기간을 연장할 것
   ② 1항의 2에 따라 자동차 검사 유효기간의 연장 또는 자동차 검사의 유예를 받으려는 자는 검사유효 기간 연장신청서에 자동차 등록증과 그 사유를 증명하는 서류를 첨부하여 시·도지사에게 제출하여야 한다.
   ③ 자동차 소유자가 검사유효기간 내에 발생한 다음의 어느 하나에 해당하는 사유로 인하여 해당 자동차를 운행하지 못하여 검사유효기간 내에 검사를 받지 못한 경우 그 사유가 종료된 날까지 검사유효기간이 연장된 것으로 본다. 이 검사는 연장된 검사유효기간 만료일 31일 이내에 받아야 한다.
      1. 운행 정지 명령을 받은 경우(자동차관리법)
      2. 자동차 등록 번호판이 영치된 경우(지방세법)
      3. 휴업신고를 한 경우(여객자동차 운수사업법, 화물자동차 운수사업법)
      4. 사업정지 처분을 받은 경우(여객자동차 운수사업법, 화물자동차 운수사업법)

3. 자동차 검사의 유효기간(규칙 제74조, 별표15의2)

구분		검사유효기간
비사업용 승용차 및 피견인 자동차		2년 (신조차로서 신규검사를 받은 것으로 보이는 자동차의 최초 검사유효기간은 4년)
사업용 승용자동차		1년 (신조차로서 신규검사를 받은 것으로 보이는 자동차의 최초 검사유효기간은 2년)
승합(경형, 소형) 및 화물자동차(소형, 중형)		1년
화물자동차 (대형)	차령이 2년 이하인 경우	1년
	차령이 2년 초과된 경우	6개월
승합자동차 (중형, 대형)	차령이 8년 이하인 경우	1년
	차령이 8년 초과된 경우	6개월
그 밖의 자동차	차령이 5년 이하인 경우	1년
	차령이 5년 초과된 경우	6개월

4. 자동차 종합검사(법 제43조의2)

① 운행차 배출가스 정밀검사 시행지역에 등록한 자동차 소유자 및 특정 경유차 소유자는 정기검사와 배출가스 정밀검사 또는 특정 경유자동차 배출검사를 통합하여 국토교통부 장관과 환경부 장관이 공동으로 다음에 대하여 실시하는 자동차 종합검사를 받아야 한다. 종합검사를 받은 경우에는 정기검사, 정밀검사 및 특정 경유자동차검사를 받은 것으로 본다.
  1. 자동차의 동일성 확인 및 배출가스 관련 장치 등의 작동 상태 확인을 관능검사 및 기능검사로 하는 공통분야
  2. 자동차 안전검사 분야
  3. 자동차 배출가스 정밀검사 분야
② 종합검사의 검사 절차, 검사 대상, 검사 유효기간 및 검사 유예 등에 관하여 필요한 사항은 국토교통부와 환경부의 공동부령으로 정한다.

5. 자동차 종합검사대행자의 지정 등(법 제44조의2 제1항) : 국토교통부 장관은 한국교통안전공단을 종합검사를 대행하는 자로 지정하여 종합검사 업무를 대행하게 할 수 있다.

11 이륜자동차의 관리

1. **이륜자동차의 사용신고 등(법 제48조)** : 국토교통부령으로 정하는 이륜자동차를 취득하여 사용하려는 자는 국토교통부령으로 정하는 바에 따라 시장, 군수, 구청장에게 사용 신고를 하고 이륜자동차 번호의 지정을 받아야 한다.

2. **이륜자동차 튜닝의 승인대상 및 승인기준 등(규칙 제107조 제1항)** : 이륜자동차를 튜닝하는 경우 한국교통안전공단의 승인을 얻어야 하는 구조·장치는 다음과 같다. 다만, 방풍장치를 튜닝하거나 그 밖에 국토교통부 장관이 정하여 고시하는 경미한 구조, 장치로 튜닝하는 경우는 제외한다.

3. **이륜자동차의 튜닝승인 신청 등(규칙 제108조)** : 이륜 자동차의 튜닝승인을 받으려는 자는 이륜자동차 튜닝승인신청서에 다음의 서류를 첨부하여 한국교통안전공단에 제출하여야 한다.
    1. 튜닝 전후의 주요제원 대비표
    2. 튜닝 전후의 이륜자동차의 외관도
    3. 튜닝하려는 구조, 장치의 설계도

12 자동차 관리사업

1. **자동차 관리사업의 등록 등(법 제33조)**
    ① 자동차 관리사업을 하려는 자는 국토교통부령으로 정하는 바에 따라 시장, 군수, 구청장에게 등록하여야 한다. 등록 사항을 변경하려는 경우에도 또한 같다. 다만, 대통령령으로 정하는 경미한 등록사항을 변경하는 경우에는 그러하지 아니한다.
    ② 1항에 따른 자동차 관리사업은 대통령령으로 정하는 바와 따라 세분할 수 있다.

2. **대통령령으로 정하는 경미한 등록 사항을 변경하는 경우(영 제11조)**
    1. 임원(대표자를 포함)의 주소 변경
    2. 자동차 관리사업으로 등록한 사업장의 대지면적 또는 건물면적의 100분의 30 이하

의 변경 또는 증·개축(등록 기준에 미달되게 하는 경우는 제외)

3. 자동차 정비업의 세분(영 제 12조 제1항)

1. 자동차 종합정비업
2. 소형 자동차 종합정비업
3. 자동차 전문정비업
4. 원동기 전문정비업

4. 자동차 관리사업자 등의 금지 행위(법 제57조)

① 자동차 관리사업자는 다음의 행위를 하여서는 아니 된다.
  1. 다른 사람에게 자신의 명의로 사업을 하게 하는 행위
  2. 사업장의 전부 또는 일부를 다른 사람에게 임대하거나 점용하게 하는 행위
  3. 해당 사업과 관련한 부정한 금품의 수수 또는 그 밖의 부정한 행위
  4. 해당 사업에 관하여 이용자의 요청을 정당한 사유 없이 거부하는 행위
  5. 해당 사업에 관하여 이용자가 요청하지 아니한 상품 또는 서비스를 강매하는 행위나 이용자가 요청하지 아니한 일을 하고 그 대가를 요구하는 행위 또는 영업을 목적으로 손님을 부르는 행위
② 자동차 정비업자 또는 자동차 제작자 등은 시장, 군수, 구청장의 승인을 받은 경우 외에는 자동차를 튜닝하거나 승인을 받은 내용과 다르게 튜닝하여서는 아니된다.
③ 자동차 매매업자는 다음의 행위를 하여서는 아니된다.
  1. 등록원부상의 소유자가 아닌 자로부터 자동차의 매매 알선을 의뢰 받아 그 자동차의 매매를 알선하는 행위. 다만, 등록원부상의 소유자에게서 그 자동차의 매도에 관한 행위를 위임 받은 자로부터 매매 알선을 의뢰 받은 경우에는 그러하지 아니하다.
  2. 매도 또는 매매를 알선하려는 자동차에 관하여 거짓이나 과장된 표시, 광고를 하는 행위

5. 점검, 정비책임자의 선임 등(법 제64조)

① 자동차 관리사업자는 자동차 점검, 정비에 관한 사항을 담당할 점검, 정비책임자를 선임하고 시장, 군수, 구청장에게 신고하여야 한다. 이를 해임한 경우에도 또한 같다.
② 시장, 군수, 구청장은 정비책임자가 이 법 또는 이 법에 따른 명령이나 처분을 위반한 경우에는 해당 자동차 정비사업자에게 정비책임자의 해임을 명할 수 있다. 이 경우 해임된 자는 그날부터 6개월이 지나지 아니하면 정비책임자로 다시 선임될 수 없다.
③ 1항에 따른 정비책임자의 자격, 직무 및 교육 등에 관하여 필요한 사항은 국토교통부령으로 정한다.

13 보칙 및 벌칙

1. 과징금의 부과 (법 제74조)

① 국토교통부 장관, 시·도지사, 시장, 군수, 구청장은 등록번호판 발급대행사, 자동차 검사대행자, 종합 검사대행자, 택시미터 전문검정기관 도는 자동차 관리사업자에 대한 업무 또는 사업정지처분을 하여야 하는 경우로서 그 정지처분이 일반 이용자 등에게 심한 불편을 주거나 그 밖에 공익을 해칠 우려가 있을 때에는 대통령령으로 정하는 바에 따라 정지처분을 갈음하여 1천만원 이하의 과징금을 부과할 수 있다. 다만 종합검사와 관련된 종합검사 대행자의 정비처분을 갈음하는 경우에는 5천만원 이하의 과징금을 부과할 수 있다.

② 국토교통부 장관은 제작결함의 시정 등을 위합하여 결함을 은폐, 축소 또는 거짓으로 공개하거나 결함을 안 날부터 지체없이 시정하지 아니한 자에게 그 자동차 또는 자동차 부품 매출액의 100분의 3을 초과하지 아니하는 범위에서 과징금을 부과할 수 있다.

③ 국토교통부 장관은 다음의 어느 하나에 해당하는 자에게 그 자동차 또는 자동차부품 매출액의 100분의 2(100억원을 초과하는 경우에는 100억원으로 한다)를 초과하지 아니하는 범위에서 과징금을 부과할 수 있다.
1. 자동차 안전기준에 적합하지 아니한 자동차를 판매한 자
2. 부품안전기준에 적합하지 아니한 자동차 부품을 판매한 자
3. 결함을 시정하지 아니한 자동차 또는 자동차 부품을 판매한 자

2. 벌칙 (법 제78조, 제79조, 제80조, 제81조, 제82조) : 행정형벌(전과 기록 남음)

구 분	주요 위반내용
10년 이하의 징역 또는 1억원 이하의 벌금	자동차 등록증 위조, 리콜회피 등
5년 이하의 징역 또는 5천만원 이하의 벌금	종합검사 불법 영업 등
3년 이하의 징역 또는 3천만원 이하의 벌금	관리사업 불법 영업, 불법 택시미터, 주행거리 변경 등 불법 번호판 발급
2년 이하의 징역 또는 2천만원 이하의 벌금	등록원부 미등록(대포차) 등
1년 이하의 징역 또는 1천만원 이하의 벌금	불법튜닝, 소유권 미이전 등
100만원 이하의 벌금	번호판 오부착, 검사 미실시(튜닝, 임시, 수리검사) 등

† 세부내용은 자동차관리법 참고

3. 과태료 (법 제84조) : 행정질서법

구분	주요위반내용
2000만원 이하의 과태료	거짓보고 등
1000만원 이하의 과태료	리콜은폐 및 미통보 등
300만원 이하의 과태료	번호판 가리기 등
100만원 이하의 과태료	신규등록 위반, 번호판 미부착, 운행제한 위반 등
50만원 이하의 과태료	변경, 말소등록 위반 등

† 세부내용은 자동차관리법 참고

CHAPTER 03 | CBT 출제예상문제(100제)

001 자동차소유자 또는 자동차소유자로부터 자동차의 관리를 위탁받은 자를 무엇이라 하는가?

① 자동차 매매자　② 자동차 소유자
③ 자동차 사용자　④ 자동차 관리자

002 다음 중 자동차관리법의 목적에 해당되지 않는 것은?

① 자동차 운행자의 이익보호
② 자동차의 정비, 검사
③ 자동차의 자기인증
④ 자동차의 효율적인 관리

003 자동차관리법상 용어의 정의로 설명이 잘못된 것은?

① '자동차의 튜닝'이란 자동차의 구조, 장치의 일부를 변경하거나 자동차에 부착물을 추가하는 것을 말한다.
② '자동차 정비업'이란 자동차의 점검작업, 정비작업을 말하여, 튜닝작업을 업으로 하는 것은 제외한다.
③ '운행'이란 사람 또는 화물의 운송 여부와 관계없이 자동차를 그 용법에 따라 사용하는 것을 말한다.
④ '자동차'란 원동기에 의하여 육상에서 이동할 목적으로 제작한 용구 또는 이에 견인되어 육상을 이동할 목적으로 제작된 용구를 말한다.

004 자동차관리법상 '자동차'에 해당하는 차량으로 옳은 것은?

① 궤도 또는 공중선에 의하여 운행되는 차량
② 농업기계회 촉진법에 따른 농업기계
③ 건설기계 관리법에 따른 건설기계
④ 피견인 자동차

005 자동차의 형식이란 자동차의 구조와 장치에 관한 형상, 규격 및 (　) 등을 말한다. (　)에 들어갈 말은?

① 성능　② 동력
③ 차체　④ 튜닝

006 다음 중 자동차관리법상 자동차의 종류에 관하여 옳은 것은?

① 승용자동차, 승합자동차
② 승용자동차, 승합자동차, 화물자동차
③ 승용자동차, 승합자동차, 화물자동차, 특수자동차
④ 승용자동차, 승합자동차, 화물자동차, 특수자동차, 이륜자동차

007 다음 중 승합자동차의 기준으로 적합하지 않은 것은?

① 국토교통부령으로 정하는 경형자동차로서 승차인원이 10인 이하인 전방조정자동차
② 11인 이상을 운송하기에 적합하게 제작된 자동차
③ 내부의 특수한 설비로 인하여 승차정원이 10인 이하로 된 자동차
④ 10인 이하를 운송하기에 적합하게 제작된 자동차

정답 01. ③　02. ①　03. ②　04. ④　05. ①　06. ④　07. ④

008 화물자동차의 규모별 세부기준으로 옳지 않은 것은?

① 경형: 배기량이 1,000cc 미만이고, 길이 2.6m, 너비 1.5m, 높이 1.8m 이하인 것
② 소형: 최대적재량이 1 ton 이하이고, 총중량이 3.5 ton 이하인 것
③ 중형: 최대적재량이 1 ton 초과 5 ton 미만이거나, 총중량이 3.5 ton 초과 10 ton 미만인 것
④ 대형: 최대적재량이 5 ton 이상이거나 총중량이 10 ton 이상인 것

009 자동차관리에 관한 사무를 지도, 감독하는 자는?

① 특별시장, 광역시장, 도지사, 특별자치도지사
② 특별자치도지사, 시장, 군수 및 구청장
③ 시도지사
④ 국토교통부 장관

010 자동차 정책 기본계획에 포함되어야 할 사항과 거리가 먼 것은?

① 자동차 안전기준 등의 연구개발, 기반조성 및 국제조화에 관한 사항
② 자동차 운행제한에 관한 사항
③ 자동차 관련제도 및 소비자 보호에 관한 사항
④ 자동차 관련 기술발전 전망과 자동차안전 및 관리정책의 추진방향

011 다음 중 자동차관리법상 화물자동차의 유형이 아닌 것은?

① 승용겸 화물차   ② 밴 형
③ 덤프 형   ④ 일반 형

012 다음 중 신규등록의 거부 사유에 해당되지 않는 것은?

① 자동차의 차대번호 또는 원동기형식의 표기가 없는 경우
② 등록신청사항에 거짓이 있는 경우
③ 해당 자동차의 취득에 관한 정당한 원인행위가 있는 경우
④ 화물자동차 운수사업법에 따른 화물자동차 운수사업의 면허, 등록, 인가 또는 신고 내용과 다르게 사업용 자동차로 등록하려는 경우

013 신규로 자동차에 관한 등록을 하고자 하는 자는 누구에게 신규자동차 등록을 신청하여야 하는가?

① 지방 자치단체의 장
② 국토교통부 장관
③ 관할 구청장
④ 시·도지사

014 자동차 소유권의 득실변경은 (   )을 하여야 그 효력이 생긴다. (   )안에 들어갈 적당한 말로 옳은 것은?

① 폐차   ② 운행
③ 등록   ④ 이전

015 자동차관리법상 변경등록을 하여야 하는 경우가 아닌 것은?

① 소유권의 변동시
② 자동차의 사용본거지 변경시
③ 차대번호 또는 원동기 형식의 변경시
④ 자동차 소유자의 성명 변경시

정답 08. ① 09. ④ 10. ② 11. ① 12. ③ 13. ④ 14. ③ 15. ①

016 자동차 등록번호판에 대한 설명으로 옳지 않은 것은?

① 시·도지사는 등록번호판 및 그 봉인을 회수한 경우에는 다시 사용할 수 있으면 재활용 할 수 있다.
② 등록번호판의 부착 또는 봉인을 하지 아니한 자동차는 운행하지 못한다.
③ 붙인 등록번호판 및 봉인은 시·도지사의 허가를 받은 경우와 다른 법률에 특별한 규정이 있는 경우를 제외하고는 떼지 못한다.
④ 시·도지사는 자동차 등록번호판을 붙이고 봉인을 하여야 한다.

017 자동차의 등록에 대한 설명으로 옳지 않은 것은?

① 자동차 제작·판매자 등이 신규등록을 신청하는 경우에는 국토교통부령으로 정하는 바에 따라 자동차를 산 사람으로부터 수수료를 받을 수 있다.
② 시·도지사는 신규등록신청을 받으면 등록원부에 필요한 사항을 적고 자동차 등록증을 발급하여야 한다.
③ 임시운행허가를 받은 경우에는 허가 기간 내에 자동차등록원부에 등록하지 않고 운행할 수 있다.
④ 자동차(이륜자동차 포함)는 자동차 등록원부에 등록한 후가 아니면 운행하지 못한다.

018 자동차 말소등록의 사유에 해당하지 않는 것은?

① 자동차를 수출하는 경우
② 등록자동차의 정비 또는 개조를 위한 해체
③ 자동차 제작, 판매자 등에게 반품하는 경우
④ 자동차 해체 재활용업자에게 폐차를 요청한 경우

019 자동차를 매매할 경우 시·도지사에게 자동차 이전등록을 신청해야 하는 기간은?

① 7일 이내 ② 10일 이내
③ 15일 이내 ④ 30일 이내

020 제작연도에 등록된 자동차의 차령기산일로 다음 중 가장 적합한 것은?

① 자동차 성능 검사일
② 차종차 출로일
③ 제작연도의 말일
④ 최초의 신규등록일

021 다음 중 시·도지사가 직권으로 말소등록을 할 수 있는 사유가 아닌 것은?

① 정기점검 또는 계속검사를 받지 아니한 경우
② 속임수나 그 밖의 부정한 방법으로 등록된 경우
③ 자동차의 차대가 등록원부상의 차대와 다른 경우
④ 말소등록을 신청하여야 할 자가 이를 신청하지 아니한 경우

022 자동차 소유자가 등록된 자동차를 말소하여야 할 경우 등록신청기간은?

① 1개월 ② 3개월
③ 6개월 ④ 10개월

023 자동차관리법상 자동차의 등록번호를 부여하는 자는?

① 시·도지사
② 도로교통공단
③ 시장, 군수, 구청장
④ 국토교통부 장관

정답 16. ① 17. ④ 18. ② 19. ③ 20. ④ 21. ① 22. ① 23. ①

024 자동차 등록사항에 대한 다음 설명 중 가장 옳지 않은 것은?

① 어떠한 경우에라도 자동차의 차대번호 또는 원동기 형식의 표기를 지우거나 그 밖에 이를 알아보기 곤란하게 하는 행위를 하여서는 안된다.
② 자동차에는 국토교통부령으로 정하는 바에 따라 차대번호와 원동기 형식의 표기를 하여야 한다.
③ 자동차 소유자는 자동차등록증이 없어지거나 알아보기 곤란하게 된 경우에는 재발급 신청을 하여야 한다.
④ 시·도지사는 국토교통부령이 정하는 바에 의하여 자동차등록번호판을 붙이고 봉인을 하여야 한다.

025 다음 중 강제처리의 대상이 되는 자동차에 해당되는 것은?

① 정당한 사유없이 타인의 토지에 대통령령으로 정하는 기간 이상 방치한 자동차
② 임의 구조변경이나 개조된 자동차
③ 대형사고를 일으킨 자동차
④ 공장이나 작업장에서 작업용으로 사용하는 자동차

026 자동차의 운행제한을 할 경우 국토교통부 장관이 미리 공고해야 하는 사항이 아닌 것은?

① 대상 자동차의 종류
② 제한 내용
③ 목적
④ 대상 인원

027 국토교통부 장관이 미리 경찰청장과 협의하여 자동차의 운행제한을 명할 수 있는 경우가 아닌 것은?

① 대기오염 방지나 그 밖에 대통령령이 정하는 사유
② 허가되지 않은 도로의 통행
③ 극심한 교통체증 지역의 발생 예방 또는 해소
④ 전시, 사변 또는 이에 준하는 비상사태의 대처

028 자동차의 구조 및 장치에 대한 안전기준으로 옳지 않은 것은?

① 자동차 안전기준과 부품안전기준은 국토교통부령으로 정한다.
② 자동차 부품에는 후사경, 창닦이기 기타 시야를 확보하는 장치가 포함된다.
③ 자동차에 장착되거나 사용되는 부품, 장치 또는 보호장구는 부품안전기준에 적합하여야 한다.
④ 자동차는 자동차안전기준에 적합하지 아니하면 운행하지 못한다.

029 신규등록신청을 위하여 자동차를 임시운행하려는 경우 임시운행 허가기간은?

① 7일 이내　　② 10일 이내
③ 20일 이내　　④ 30일 이내

030 임시운행허가는 대통령령이 정하는 바에 의하여 누구에게 임시운행허가를 받아야 하는가?

① 국토교통부 장관 또는 시·도지사
② 한국교통안전공단
③ 경찰청장
④ 관할 구청장

정답 24. ①　25. ①　26. ④　27. ②　28. ②　29. ②　30. ①

031 강제처리되는 방치자동차 중 시장, 군수 또는 구청장이 폐차할 수 있는 경우가 아닌 것은?

① 매각비용의 과다 등으로 인하여 특히 폐차할 필요가 있는 자동차
② 구조, 장치의 대부분이 분해, 파손되어 정비, 수리가 곤란한 자동차
③ 장소의 이전이나 견인이 곤란한 상태의 자동차
④ 임시운행 허가를 받은 자동차

032 자동차 소유자가 자동차를 튜닝하려는 경우에는 누구의 승인을 받아야 하는가?

① 국토교통부 장관
② 한국교통안전공단
③ 시장, 군수, 구청장
④ 시·도지사

033 다음은 자동차 튜닝의 승인기준에 적합한 것은?

① 총중량이 증가되는 튜닝
② 튜닝 전보다 성능 또는 안전도가 저하될 우려가 있는 경우의 튜닝
③ 승차정원 또는 최대 적재량을 감소시켰던 자동차를 원상회복시키는 튜닝
④ 자동차의 종류가 변경되는 튜닝

034 자동차의 소유자에 대하여 시장, 군수 또는 구청장이 점검, 정비, 검사 또는 원상복구를 명할 수 있는 사항이 아닌 것은?

① 일상점검을 실시하지 아니한 자동차
② 안전운행에 지장이 있다고 인정되는 자동차
③ 승인을 받지 아니하고 튜닝을 한 자동차
④ 자동차 종합검사를 받지 아니한 자동차

035 자동차관리법상 자동차를 무단으로 해체할 수 있는 경우가 아닌 것은?

① 자동차의 점검, 정비 또는 튜닝을 하려는 경우
② 폐차하는 경우
③ 자동차를 매매하는 경우
④ 교육, 연구의 목적으로 사용하는 등 국토교통부령으로 정하는 사유에 해당되는 경우

036 다음 중 자동차관리법상 자동차 검사의 종류가 아닌 것은?

① 정기검사   ② 튜닝검사
③ 계속검사   ④ 신규검사

037 자동차검사의 유효기간을 올바르게 연결한 것은?

① 비사업용 승용차 – 1년
② 사업용 승용차 – 1년
③ 소형 화물차 – 6개월
④ 대형 화물차 – 3개월

038 자동차 종합검사에 대한 설명으로 옳지 않은 것은?

① 국토교통부 장관은 한국교통 안전공단을 종합검사를 대행하는 자로 지정하여 종합검사업무를 대행하게 할 수 있다.
② 자동차 종합검사에는 자동차안전검사 분야 및 자동차 배출가스 정밀검사 분야가 포함된다.
③ 종합검사의 검사절차, 검사대상, 검사유효기간 및 검사유예 등에 관하여 필요한 사항은 국토교통부령으로 정한다.
④ 종합검사를 받은 경우에는 정기검사, 정밀검사 및 특정 경유자동차 검사를 받은 것으로 본다.

정답 31. ④ 32. ③ 33. ③ 34. ① 35. ③ 36. ③ 37. ② 38. ③

해설 종합검사의 필요한 사항은 국토교통부와 환경부의 공동부령으로 정한다.
(법 제 43조의 2 제2항)

039 다음 중 자동차 관리사업자 등의 금지행위가 아닌 것은?

① 해당 사업에 관하여 이용자의 요청을 정당한 사유 없이 거부하는 행위
② 다른 사람에게 자신의 명의로 사업을 하게 하는 행위
③ 사업장의 전부 또는 일부를 다른 사람에게 임대하거나 점용하게 하는 행위
④ 자동차 관리사업의 양도, 양수 행위

040 다음 중 2년 이하의 징역 또는 2,000만원 이하의 벌금에 처하는 경우가 아닌 자는?

① 자동차에서 장치를 무단으로 해체한 자
② 자동차관리사업자 등의 금지행위를 한 자동차 관리사업자
③ 자동차의 주행거리를 변경한 자
④ 자기명의로 이전등록을 하지 아니하고 다시 제3자에게 양도한자

041 지정을 받지 아니하고 자동차 종합검사를 한 자에 대한 벌칙은?

① 3년 이하의 징역 또는 1천만원 이하의 벌금
② 5년 이하의 징역 또는 3천만원 이하의 벌금
③ 5년 이하의 징역 또는 5천만원 이하의 벌금
④ 10년 이하의 징역 또는 5천만원 이하의 벌금

042 자동차 등록증 등을 위조, 변조한 자 또는 부정사용한 자와 위조, 변조된 것을 매매, 매매알선, 수수 또는 사용한 자에 대한 벌칙은?

① 3년 이하의 징역 또는 3천만원 이하의 벌금
② 5년 이하의 징역 또는 5천만원 이하의 벌금
③ 10년 이하의 징역 또는 5천만원 이하의 벌금
④ 10년 이하의 징역 또는 1억원 이하의 벌금

043 다음 중 자동차관리법상 과태료 부과기준을 올바르게 연결한 것은?

① 신규등록 신청을 하지 아니한 자 – 50만원 이하의 과태료
② 등록번호판을 가리거나 알아보기 곤란하게 하거나, 그러한 자동차를 운행한 자 – 100만원 이하의 과태료
③ 운행제한 명령을 위반하여 자동차를 운행한 자 – 100만원 이하의 과태료
④ 자동차 등록번호판의 부착 또는 봉인을 하지 아니한 자 – 50만원 이하의 과태료

044 다음 중 1년 이하의 징역 또는 1천만원 이하의 벌금에 해당하는 것은?

① 자동차의 임시검사를 받지 아니한 자
② 정당한 사유 없이 등록번호판 및 봉인을 반납하지 아니한 자
③ 자동차의 구조, 장치 등의 성능, 상태를 거짓으로 점검하고자 고지한 자
④ 시장, 군수, 구청장의 승인을 받지 아니하고 자동차에 튜닝을 한 자

정답 39. ④ 40. ③ 41. ③ 42. ④ 43. ③ 44. ④

045 다음 중에서 자동차의 종류를 구분하는 세부기준으로 볼 수 없는 것은?

① 연료
② 정격출력
③ 총배기량
④ 자동차의 크기, 구조

046 신규등록신청을 위하여 자동차를 운행하려는 경우의 임시운행의 허가기간으로 옳은 것은?

① 10일 이내
② 20일 이내
③ 30일 이내
④ 1년 이내

047 다음 중 자동차의 정기검사기간은 검사유효기간 만료일 기준으로 며칠 이내인가?

① 11일 이내
② 21일 이내
③ 31일 이내
④ 41일 이내

048 차령이 2년 초과된 사업용 대형화물자동차의 정기검사 유효기간은?

① 1년
② 2년
③ 6개월
④ 3개월

049 자동차 등록판을 부착하지 않거나 봉인하지 않은 경우 최대과태료 금액은?

① 50만원 이하
② 100만원 이하
③ 300만원 이하
④ 500만원 이하

050 자동차 제작자 등은 자기인증을 하여 판매한 자동차의 원활한 정비를 위하여 몇 년 이상 부품을 공급해야 하는가?

① 최종 판매한 날부터 3년 이상
② 최종 판매한 날부터 5년 이상
③ 최종 판매한 날부터 8년 이상
④ 최종 판매한 날부터 10년 이상

051 다음 중 정비시설을 갖추지 않은 자동차 사용자의 정비 가능한 작업범위에 해당하지 않은 것은?

① 휠얼라인먼트의 점검, 정비
② 냉각장치의 점검, 정비
③ 에어클리너 엘리먼트 교환
④ 오일의 보충, 교환 및 세차

052 불량하더라도 적합판정을 하고 시정권고만을 할 수 있는 등화장치에 해당하는 것은?

① 전조등
② 제동등
③ 차폭등
④ 방향지시등

053 자동차 제작자등이 내압용기를 자동차에 장착하기 위해 자동차 자기인증전에 받아야 하는 검사는?

① 내압용기 안전검사
② 내압용기 등록검사
③ 내압용기 재검사
④ 내압용기 장착검사

054 다음 중 자동차의 튜닝에 대한 절차로 옳은 것은?

① 변경승인 신청 → 승인 후 튜닝시작 → 튜닝완료 검사 → 결과보고
② 변경승인 신청 → 승인 후 튜닝시작 → 결과보고 → 튜닝완료 검사
③ 변경승인 신청 → 튜닝완료 검사 → 결과보고 → 승인 후 튜닝시작
④ 승인 후 튜닝 시작 → 변경승인 신청 → 튜닝 완료검사 → 결과보고

정답 45. ① 46. ① 47. ③ 48. ③ 49. ② 50. ③ 51. ① 52. ③ 53. ④ 54. ①

055 자동차 제작자 등의 무상수리 요건에 대한 설명으로 옳은 것은?

① 원동기: 자동차를 판매한 날부터 2년 이내이고 주행거리가 6만 킬로미터 이내일 것
② 동력전달장치: 자동차를 판매한 날부터 3년 이내이고 주행거리가 6만 킬로미터 이내일 것
③ 주행장치: 자동차를 판매한 날부터 3년 이내이고 주행거리가 4만킬로미터 이내일 것
④ 제동장치: 자동차를 판매한 날부터 2년 이내이고 주행거리가 6만 킬로미터 이내일 것

056 등록된 차량의 소유권이 이전된 경우에 필요로 하는 등록에 해당하는 것은?

① 압류등록
② 말소등록
③ 이전등록
④ 변경등록

057 자동차 차령 기산일에 대한 설명으로 옳은 것은?

① 제작연도에 등록된 자동차: 제작년도의 말일
② 제작연도에 등록된 자동차: 최초의 신규등록일
③ 제작연도에 등록되지 아니한 자동차: 최초의 신규등록일
④ 제작연도에 등록되지 아니한 자동차: 제작연도의 초일

058 다음 중 시장 등이 자동차 소유자에게 원상복구 명령 등을 할 수 없는 자동차에 해당하는 것은?

① 경미한 교통사고가 발생한 사업용 자동차
② 자동차 종합검사를 받지 아니한 자동차
③ 승인을 받지 아니하고 튜닝한 자동차
④ 안전운행에 지장이 있다고 인정되는 자동차

059 다음 중 '자동차관리법'상 여객용 승합자동차를 설명하고 있는 것은?

① 다른 자동차를 견인하거나 구난작업 또는 특수한 용도로 사용하기에 적합하게 제작된 자동차
② 화물적재공간의 총적재화물의 무게가 운전자를 제외한 승객이 승차공간에 모두 탑승했을 때의 승객의 무게보다 많은 자동차
③ 10인 이하를 운송하기에 적합하게 제작된 자동차
④ 11인 이상을 운송하기에 적합하게 제작된 자동차

060 다음 중 '자동차관리법'상 자동차의 운행 제한 사유에 해당되지 않는 것은?

① 전시, 사변 또는 이에 준하는 비상사태의 대처
② 교통사고의 발생이 빈번한 곳에서의 운행의 경우
③ 대기오염 방지나 그 밖에 대통령령으로 정하는 사유
④ 극심한 교통체증 지역의 발생 예방 또는 해소

061 '자동차관리법'상 국토교통부령으로 정하는 장치를 자동차에서 해체하거나 조작할 수 있는 경우에 해당하지 않는 것은?

① 자동차의 소유권이전을 위해 등록하려는 경우
② 교육, 연구의 목적으로 사용하는 등 국토교통부령으로 정하는 사유에 해당되는 경우
③ 폐차하는 경우
④ 자동차의 점검, 정비 또는 튜닝을 하려는 경우

정답 55. ② 56. ③ 57. ② 58. ① 59. ④ 60. ② 61. ①

062 '자동차관리법' 상 자동차 제작, 판매자등이 사고기록 장치를 장착할 경우에 대한 설명으로 잘못된 것은?

① 자동차제작, 판매자등이 사고기록장치가 장착된 자동차를 판매하는 경우에는 사고기록장치가 장착되어 있음을 구매자에게 알려야 한다.
② 사고기록장치를 장착한 자동차 제작, 판매자등은 자동차 소유자 등이 기록내용을 요구할 경우 정보를 제공하여야 한다.
③ 자동차를 제작, 조립 또는 수입하는 자는 사고기록장치가 장착된 자동차를 판매하는 경우에는 사고기록장치 안내문을 구매자에게 교부하여야 한다.
④ 자동차 제작, 판매자등은 사고기록장치 기록내용의 제공을 요구 받으면 그 날부터 7일 이내에 사고기록의 기록내용을 직접 교부하여야 한다.

063 '자동차관리법'상 자동차의 정기검사의 유효기간으로 잘못 연결된 것은?

① 비사업용 승용자동차 - 2년
② 사업용 승용자동차 - 1년
③ 차량이 8년 초과된 중형 승합자동차 - 6월
④ 차령이 2년 초과된 사업용 대형화물자동차 - 1년

064 '자동차관리법'상 자동차 정비업의 종류의 세분으로 부적당한 것은?

① 소형자동차 종합정비업
② 이륜자동차 정비업
③ 원동기 전문 정비업
④ 자동차 종합정비업

065 다음 중 '자동차관리법'상 자동차를 구분하는 세부기준으로 볼 수 없는 것은?

① 자동차의 용도   ② 총 배기량
③ 자동차의 구조   ④ 자동차의 크기

066 다음 중 '자동차관리법'상 자동차 정책기본계획에 포함될 내용으로 부적당한 것은?

① 자동차 안전 및 관리 정책의 추진방향
② 자동차 관리제도 및 소비자 보호에 관한 사항
③ 자동차 안전도 향상에 관한 사항
④ 자동차 소유권의 득실변경에 관한 사항

067 다음 중 '자동차관리법'상의 자동차 소유권 변동의 효력요건에 해당되는 것은?

① 등기   ② 특허
③ 등록   ④ 인가

068 '자동차관리법' 상 자동차의 운행 제한을 명할 수 있는 자는?

① 시·도지사   ② 경찰청장
③ 국토교통부 장관   ④ 대통령

069 '자동차관리법'상 보험회사가 전손 처리한 자동차에 대하여 해야 하는 등록은?

① 말소등록   ② 압류등록
③ 변경등록   ④ 이전등록

070 '자동차관리법'상 자동차 제작자등 및 부품 제작자등이 국가간 상호인증 등을 위하여 자동차에 사용되는 부품 또는 장치의 인증을 신청하는 경우, 국토교통부 장관이 시행하는 성능시험에 해당되지 않은 것은?

① 안전시험   ② 부품자기 인증시험
③ 상호인증시험   ④ 부품인증시험

정답 62. ④ 63. ④ 64. ② 65. ① 66. ④ 67. ③ 68. ③ 69. ④ 70. ②

071 '자동차관리법'상 신규등록을 하려는 경우 실시하는 검사는?

① 신규검사 ② 임시검사
③ 정기검사 ④ 수리검사

072 '자동차관리법'상 시장, 군수, 구청장에게 사용신고를 하고 이륜자동차 번호의 지정 받아야 사용가능한 이륜자동차는?

① 최고속도가 매시 15킬로미터 이상인 이륜자동차
② 최고속도가 매시 20킬로미터 이상인 이륜자동차
③ 최고속도가 매시 25킬로미터 이상인 이륜자동차
④ 최고속도가 매시 30킬로미터 이상인 이륜자동차

073 다음 중 '자동차관리법'상의 용어의 정의가 잘못된 것은?

① '자동차 정비업'이란 자동차의 점검작업, 정비작업 또는 구조, 장치의 변경작업을 업으로 하는 것을 말한다.
② '자동차 매매업'이란 자동차의 매매 또는 매매 알선 및 그 등록 신청의 대행을 업으로 하는 것을 말한다.
③ '자동차 해체 재활용업'이란 자동차 매매업, 자동차 정비업 및 자동차 해체 재활용업을 말한다.
④ '자동차 관리 사업'이란 자동차 매매업, 자동차 정비업, 자동차 해체 재활용업을 말한다.

074 다음 중 '자동차관리법' 상 동법의 작용이 제한되는 자동차에 속하는 것은?

① 승용자동차 ② 승합자동차
③ 화물자동차 ④ 건설기계

075 다음 중 '자동차관리법' 상 자동차의 운행 제한을 명할 수 있는 자는?

① 국토교통부 장관
② 법무부 장관
③ 교통안전공단 이사장
④ 국무총리

076 다음 중 '자동차관리법' 상의 자동차 검사에 해당되지 않는 것은?

① 튜닝검사 ② 정기검사
③ 임시검사 ④ 소유자 변경검사

077 장기간 도로에 방치하는 자동차를 강제처리 할 수 있는 사항이 아닌 것은?

① 자동차 제작, 판매자 등에게 반품한 경우
② 정당한 사유 없이 자동차를 타인의 토지에 대통령령으로 정하는 기간 이상 방치하는 행위
③ 자동차를 도로에 계속하여 방치하는 행위
④ 자동차를 일정한 장소에 고정시켜 운행 외의 용도로 사용하는 행위

078 다음 중 '자동차관리법' 상 말소등록사유에 해당되지 않는 것은?

① 자동차 매매업자가 산사람에 갈음하여 등록신청한 경우
② 천재지변, 교통사고 또는 화재로 자동차 본래의 기능을 회복 할 수 없게 되거나 멸실된 경우
③ 자동차 제작, 판매자 등에게 반품한 경우
④ 자동차 해체 재활용업을 등록한 자에게 폐차를 요청한 경우

정답 71. ① 72. ③ 73. ③ 74. ④ 75. ① 76. ④ 77. ① 78. ①

079 차령 1년 미만 자동차의 자동차 정비업자의 사후관리 관련사항이 맞는 것은?

① 점검, 정비일부터 30일 이내
② 점검, 정비일부터 60일 이내
③ 점검, 정비일부터 90일 이내
④ 점검, 정비일부터 1년 이내

080 자동차 소유자는 해당 자동차에 대하여 국토교통부 장관이 실시하는 검사를 받으려고 한다. 해당 사항이 아닌 것은?

① 정기검사   ② 적성검사
③ 튜닝검사   ④ 신규검사

081 다음 중에서 자동차의 종류를 구분하는 세부기준으로 볼 수 없는 것은?

① 연식
② 정격출력
③ 총배기량
④ 자동차의 크기, 구조

082 다음 중 자동차관리법령상 자동차정비업의 종류에 해당하지 않는 것은?

① 원동기 전문정비업
② 소형자동차 종합정비업
③ 특수자동차 전문정비업
④ 자동차 종합정비업

083 다음 중 '자동차관리법'상의 자동차의 종류에 해당되지 않는 것은?

① 특수자동차   ② 승용자동차
③ 승합자동차   ④ 삼륜자동차

084 본인이 소유하는 자동차를 도난당하거나 횡령당한 경우 신청할 수 있는 등록은?

① 신규등록   ② 압류등록
③ 이전등록   ④ 말소등록

085 다음 중 자동차의 정기검사 기간으로 옳은 것은?

① 검사유효기간 만료일 전후 각각 10일 이내
② 검사유효기간 만료일 전후 각각 20일 이내
③ 검사유효기간 만료일 전후 각각 31일 이내
④ 검사유효기간 만료일 전후 각각 41일 이내

086 자동차의 튜닝승인을 받은 자는 자동차 정비업자 또는 자동차 제작자등으로부터 튜닝과 그에 따른 정비를 받고 승인받은 날부터 튜닝검사를 받아야 한다. 다음 중 맞는 것은?

① 30일 이내   ② 45일 이내
③ 60일 이내   ④ 90일 이내

087 차로이탈 경고장치를 장착하여야 하는 자동차에 대한 설명 중 괄호 안에 들어갈 적당한 것은?

> "국토교통부령으로 정하는 차량"이란 길이 9미터 이상의 승합자동차 및 (   )를 말한다. 다만, 다음 각 호의 어느 하나에 해당하는 자동차는 제외한다.

① 일반용 화물자동차
② 견인자동차
③ 5미터 이상의 승합자동차
④ 차량총중량 20톤을 초과하는 화물, 특수자동차

정답 79. ③ 80. ② 81. ① 82. ③ 83. ④ 84. ④ 85. ③ 86. ② 87. ④

088 정비시설을 갖추지 못한 정비업자가 정비할 수 있는 정비에 해당하지 않는 것은?

① 전조등 및 속도표시
② 에어클리너 엘리먼트 및 필터의 교환
③ 타이어 점검, 정비
④ 오일의 보충, 교환

089 다음 중 '자동차관리법'상 원동기 및 동력전달장치 자동차의 무단해체가 예외적으로 허용되는 경우가 아닌 것은?

① 자동차의 점검, 정비 또는 튜닝을 하려는 경우
② 자동차의 등록을 이전하는 경우
③ 교육, 연구의 목적으로 사용하는 등 국토교통부령으로 정하는 사유에 해당되는 경우
④ 폐차하는 경우

090 다음 중 자동차의 장치에 해당하지 않는 것은?

① 주행장치   ② 차체 및 차대
③ 후사경   ④ 후부반사판

091 자동차 번호판의 부착방법에 대한 설명으로 잘못된 것은?

① 시·도지사는 등록번호판 및 그 봉인을 회수한 경우에는 다시 사용할 수 없는 상태로 폐기하지 않아도 된다.
② 누구든지 등록번호판을 가리거나 알아보기 곤란하게 하여서는 아니되며, 그러한 자동차를 운행하여서도 아니 된다.
③ 등록을 신청하는 자가 직접 등록번호판을 부착 및 봉인을 하려는 경우에는 국토교통부령으로 정하는 바에 따라 등록번호판의 부착 및 봉인을 직접 하게 할 수 있다.
④ 자동차등록번호판을 붙이고 봉인을 하여야 한다.

092 자동차의 종류 구분기준에 대한 설명으로 잘못된 것은?

① 전문적 운송을 위한 오토바이
② 화물자동차: 화물을 운송하기에 적합한 화물적재공간을 갖추고, 화물적재공간의 총 적재화물의 무게가 운전자를 제외한 승객이 승차공간에 모두 탑승했을 때의 승객의 무게보다 많은 자동차
③ 승합자동차: 11인 이상을 운송하기에 적합하게 제작된 자동차
④ 승용자동차: 10인 이하를 운송하기에 적합하게 제작된 자동차

093 다음 중 자동차 정비업의 종류에 해당하지 않는 것은?

① 에어 클리너 엘리먼트 및 필터류의 교환
② 자동차 원동기의 재생정비 및 튜닝
③ 승용자동차, 경형 및 소형의 승합, 화물, 특수자동차에 대한 점검, 정비 및 튜닝작업
④ 모든 종류의 자동차에 대한 점검, 정비 및 튜닝작업

094 자동차의 구조에 해당하는 것은?

① 총중량   ② 휠
③ 주행거리계   ④ 조향장치

095 자동차 신규등록시 임시운행허가 기일은?

① 10일   ② 20일
③ 30일   ④ 60일

정답 88. ① 89. ② 90. ④ 91. ① 92. ① 93. ① 94. ① 95. ①

096 다음 중 화물자동차에 해당하지 않는 것은?

① 많은 사람을 한꺼번에 수송하기 위한 자동차. 정원11명 이상의 합승자동차
② 차량의 적재대를 특정한 화물운송에 적합하도록 특수하게 제작한 차량을 말한다.
③ 벤형으로 화물적재대를 상부가 막힌 박스형으로 제작한 차량을 말한다.
④ 적재대의 윗부분이 개방되어 있고 측면과 후면은 적재대 바닥과 힌지(hinge)로 연결하여 개방을 할 수 있는 구조로 되어 있다.

097 다음 중 '자동차관리법'의 목적으로 볼 수 없는 것은?

① 공공의 복리를 증진
② 육상에서 이동할 목적으로 편리함
③ 자동차를 효율적으로 관리
④ 자동차의 성능 및 안전을 확보

098 다음 중 자동차 사고기록장치의 기록정보 내용이 아닌 것은?

① 자동차 속도
② 자동차 브레이크 스위치 on/off
③ 자동차 엔진회전수
④ 자동차의 사고시간

099 다음 중 '자동차관리법'상 전손 처리 자동차를 수리한 후 운행하려는 경우에 실시하는 검사는 무엇인가?

① 튜닝검사   ② 수리검사
③ 임시검사   ④ 신규검사

100 다음 중 '자동차관리법'상 자동차관리사업을 하려는 자가 등록하여야 하는 기관은?

① 국무총리
② 국토교통부 장관
③ 시·도지사
④ 시장, 군수, 구청장

정답 96. ① 97. ② 98. ④ 99. ② 100. ④

일주일 만에 끝내는 도로교통 안전관리자

일주일 만에 끝내는
도로교통 안전관리자

과목 **05-3**

도로교통법

- 핵심용어정리
- 요점정리
- CBT 출제예상문제[100제]

CHAPTER 01 핵심용어정리

No	용어	설명
1	도로	사람, 차 따위가 잘 다닐 수 있도록 만들어 놓은 비교적 넓은 길
2	자동차전용도로	자동차만의 통행을 허용하는 도로. 자동차 도로라고도 한다.
3	고속도로	자동차가 고속으로 안전하고 쾌적하게 주행할 수 있게 법률적, 구조적으로 마련된 도로를 말한다.
4	차도	자동차, 자전거 등의 전용도로. 차도에는 필요에 따라서 주차대, 식수대, 분리대, 안전지대 등이 주어진다.
5	중앙선	차마의 통행을 방향별로 명확하게 구분하기 위하여 도로에 황색실선 또는 황색점선 등의 안전표지로 표시한 선이나 중앙분리대, 울타리 등으로 설치한 시설물을 말하며, 가변차로가 설치된 경우에는 신호기가 지시하는 진행방향의 가장 왼쪽의 황색점선을 말한다.
6	차로	차마가 한 줄로 도로의 정하여진 부분을 통행하도록 차선에 의하여 구분되는 차도의 부분을 말한다.
7	차선	차로와 차로를 구분하기 위하여 그 경계지점을 안전표지에 의하여 표시한 선을 말한다.
8	자전거도로	안전표지나 위험 방지용 울타리 따위로 경계를 표시하여 자전거 및 개인형 이동장치가 다닐 수 있도록 한 도로
9	자전거 횡단도	자전거 및 개인형 이동장치가 일반도로를 횡단할 수 있도록 안전표지로 표시한 도로의 부분을 말한다.
10	보도	연석선, 안전표지나 그와 비슷한 공작물로써 경제를 표시하여 보행자(유모차 및 행정안전부령으로 정하는 보행보조용 의자차 포함)의 통행에 사용하도록 된 도로의 부분을 말한다.
11	길가장자리 구역	보도와 차도가 구분되지 않은 도로에서 보행자의 안전을 확보하기 위하여 안전표시 등으로 그 경제를 표시한 도로의 가장자리 부분을 말한다.
12	횡단보도	보행자가 도로를 횡단할 수 있도록 안전표지로서 표시한 도로의 부분을 말한다.
13	교차로	십자로, T자로나 그 밖에 둘 이상의 도로가 교차하는 부분을 말한다.
14	회전교차로	차량이 한쪽 방향으로 돌며 원하는 방향으로 나아갈 수 있는 원형 교차로
15	안전지대	도로를 횡단하는 보행자나 통행하는 차마의 안전을 위하여 안전표지나 그와 비슷한 공작물로서 표시한 도로의 부분을 말한다.
16	신호기	신호중인 교통차량과 사람에게 신호를 지시하는 장치
17	안전표지	교통안전에 필요한 주의, 규제, 지시 등을 표시하는 표지판이나 도로의 바닥에 표시하는 기호, 문자 또는 선을 말한다.
18	차마	차와 우마를 가리키는데, 자동차, 건설기계, 원동기 장치 자전거, 그리고 사람 또는 가축의 힘이나 그 밖의 동력에 의하여 도로에서 운전되는 것을 말한다.
19	노면전차	도로의 일부에 설치한 궤도 위를 운행하는 전차

20	노면전차 전용로	도로에서 궤도를 설치하고, 안전표지 도는 인공 구조물로 경계를 표시하여 설치한 '도시철도법'에 따른 도로 또는 차로를 말한다.
21	자동차	원동기를 장치하여 그 동력으로 바퀴를 굴려서 철길이나 가설된 선에 의하지 아니하고 땅위를 움직이도록 만든 차를 말한다.
22	자율주행 시스템	사람의 조작없이 교통수단이 인공지능 또는 외부 서버와의 통신에 따라 스스로 운행하는 시스템
23	자율주행 자동차	자율주행 시스템을 갖추고 있는 자동차를 말한다.
24	원동기 장치 자전거	소형 모터사이클. 배기량 125cc 이하(전기인 경우 최고정격출력 11kw 이하)의 이륜자동차나 그밖에 배기량 125cc 이하의 원동기를 단 차를 말한다.
25	개인형 이동장치	전기를 동력으로 사용하는 1~2인승 소형 이동수단을 말한다. PM(Personal Mobility) 라고도 한다.
26	자전거	사람의 힘으로 바퀴를 회전시켜 움직이는 이륜차.
27	자동차 등	자동차와 원동기 장치 자전거를 말한다.
28	자전거 등	자전거와 개인형 이동장치를 말한다.
29	긴급자동차	인명구조나 화재진화 등과 같이 긴급한 이유로 시급을 요하는 업무에 이용하는 자동차를 말한다. (소방차, 구급차, 혈액공급차량 등)
30	어린이 통학버스	어린이를 교육대상으로 하는 시설에서 어린이의 통학 등에 이용되는 자동차로서 도로교통법에 의하여 신고 된 자동차를 말한다.
31	주차	운전자가 승객을 기다리거나 화물을 싣거나 등의 이유로 차를 계속 정지상태에 두는 것 또는 운전자가 차에서 떠나서 즉시 그 차를 운전할 수 없는 상태에 두는 것을 말한다.
32	정차	운전자가 5분을 초과하지 아니하고 차를 정지시키는 것으로 주차 외의 정지 상태를 말한다.
33	운전	자동차를 구동시켜 주행하는 것을 말한다.
34	초보운전자	처음 운전면허를 받은 날부터 2년이 경과되지 아니한 사람을 말한다.
35	서행	운전자가 차를 즉시 정지시킬 수 있는 정도의 느림 속도로 진행하는 것을 말한다.
36	앞지르기	차의 운전자가 앞서가는 다른 차의 옆을 지나서 그 차의 앞으로 나가는 것을 말한다.
37	일시정지	차의 운전자가 그 차의 바퀴를 일시적으로 완전히 정지시키는 것을 말한다.
38	보행자 전용도로	보행자만이 다닐 수 있도록 안전표지나 그와 비슷한 공작물로써 표시한 도로를 말한다.
39	보행자 우선도로	차도와 보도가 분리되지 않은 도로로서, 보행자의 통행이 차량 통행에 우선하도록 지정된 도로를 말한다.
40	자동차 운전학원	자동차 등의 운전에 관한 지식, 기능을 교육하는 시설을 말한다.
41	모범운전자	무사고 운전자 또는 유공 운전자의 표시장을 받거나 2년 이상 사업용 자동차 운전에 종사하면서 교통사고를 일으킨 전력이 없는 사람으로서 경찰청장이 정하는 바에 따라 선발되어 교통안전 봉사활동에 종사하는 사람을 말한다.
42	시장 등	특별시장, 광역시장, 제주특별자치 도지사 또는 시장, 군수

† 두산백과 두피디아, 나무위키, 국어사전, 경찰학 사전, 인터넷 참조

CHAPTER 02 요점정리

01 신호기 및 안전표지

1. 긴급자동차의 종류

① **본래의 긴급자동차**
   ㉠ 소방차, 구급차, 혈액공급차량
   ㉡ 경찰용 자동차 중 범죄수사, 교통단속, 그 밖의 긴급한 경찰업무수행에 사용되는 자동차
   ㉢ 국군 및 주한국제 연합군용 자동차 중 군 내부의 질서유지나 부대의 질서 있는 이동을 유도하는 데 사용되는 자동차
   ㉣ 수사기관의 자동차 중 범죄수사를 위하여 사용되는 자동차
   ㉤ 도주자의 체포 또는 수용자 보호관찰 대상자의 호송, 경비를 위하여 사용되는 자동차(교도소, 소년교도소, 구치소, 소년원, 보호관찰소)
   ㉥ 국내외 요인에 대한 경호업무 수행에 공무로 사용되는 자동차

② **지정한 긴급자동차**
   ㉠ 전기사업, 가스사업 그 밖의 공익사업을 하는 기관에서 위험방지를 위한 응급작업에 사용되는 자동차
   ㉡ 민방위 업무를 수행하는 기관에서 긴급예방 또는 복구를 위한 출동에 사용되는 자동차
   ㉢ 도로관리를 위하여 사용되는 자동차 중 도로상의 위험을 방지하기 위한 응급작업에 사용되거나 운행이 제한되는 자동차를 단속하기 위하여 사용되는 자동차
   ㉣ 전신, 전화의 수리공사 등 응급작업에 사용되는 자동차
   ㉤ 긴급우편물의 운송에 사용되는 자동차
   ㉥ 전파감시업무에 사용되는 자동차

③ **간주되는 긴급자동차**
   ㉠ 유도되는 경찰이나 군대 차량
   ㉡ 생명이 위급한 사람이 탑승한 차량, 혈액 운송차량

2. 신호기 등의 설치권자 : 특별시장, 광역시장, 제주특별자치 도지사 또는 시장, 군수 (→ 이하 시장등)

3. 대통령령이 정하는 사유 (영 제4조) : 교통안전시설을 철거하거나 원상회복이 필요한 사유

1. 차 또는 노면전차의 운전 등 교통으로 인하여 사람을 사상하거나 물건을 손괴하는 사고가 발생한 경우
2. 분할 할 수 없는 화물의 수송 등을 위하여 신호기 및 안전표지를 이전하거나 철거하는 경우
3. 교통안전시설을 철거, 이전하거나 손괴한 경우
4. 도로관리청 등에서 도로공사 등을 위하여 무인 교통단속용 장비를 이전하거나 철거하는 경우
5. 그 밖에 고의 또는 과실로 무인 교통단속용 장비를 철거, 이전하거나 손괴한 경우

4. 부담금의 부과기준 및 환급 (영 제5조) : 교통안전시설을 철거하거나 원상회복에 필요할 경우

① 시장 등은 교통안전 시설의 철거나 원상회복을 위한 공사 비용 부담금의 금액을 교통안전시설의 파손 정도 및 내구연한 경과 정도 등을 고려하여 산출하고, 그 사유를 유발한 사람이 여러 명인 경우에는 그 유발 정도에 따라 부담금을 분담하게 할 수 있다. 다만, 파손된 정도가 경미하거나 일상 보수작업만으로 수리할 수 있는 경우 또는 부담금이 20만원 미만인 경우에는 부담금 부과를 면제할 수 있다.
② 시장등은 1항에 따라 부과한 부담금이 교통안전시설의 철거나 원상회복을 위한 공사에 드는 비용을 초과한 경우에는 그 차액을 환급하여야 한다. 이 경우 환급에 필요한 사항은 시장 등이 정한다.
③ 무인 교통단속용 장비의 철거나 원상회복을 위한 부담금의 부과 기준 및 환급에 대해서는 1항과 2항을 준용한다. 이 경우 교통안전시설은 무인 교통단속용 장비로, 시장 등은 시·도경찰청장, 경찰서장 또는 시장 등으로 본다.

5. 신호등의 종류 (규칙 별표3)

① **차량 신호등** : 가로형 삼색등, 가로형 화살표 삼색등, 가로형 사색등(A형, B형), 세로형 삼색등, 세로형 화살표 삼색등, 세로형 사색등, 가변등, 경보형 경보등, 가로형 이색등
② **차량 보조등** : 세로형 삼색등, 세로형 사색등
③ **보행 신호등** : 보행 이색등
④ **자전거 신호등** : 세로형 이색등(A형, B형), 세로형 삼색등(A형, B형)
⑤ **버스 신호등** : 버스 삼색등

6. 신호등의 신호순서 (규칙 별표5)

① **4색 신호등(왼쪽부터 적색, 황색, 녹색화살표, 녹색 인 경우)** : 녹색 → 황색 → 적색 및 녹색화살표 → 적색 및 황색 → 적색)
② **3색 신호등 (왼쪽부터 적색, 황색, 녹색인 경우)** : 녹색 → 황색 → 적색

7. 신호등의 성능 (규칙 제7조 제3항)

① 등화의 밝기는 낮에 150m 앞쪽에서 식별할 수 있도록 할 것
② 등화의 빛의 발산각도는 사방으로 각각 45도 이상으로 할 것
③ 태양광선이나 주위의 다른 빛에 의하여 그 표시가 방해받지 아니하도록 할 것

8. 안전표지의 종류 (규칙 제8조 별표6)

① **주의표지** : 도로상태가 위험하거나 도로 도는 그 부근에 위험들이 있는 경우에 필요한 안전조치를 할 수 있도록 이를 도로사용자에게 알리는 표지

② **규제표지** : 도로교통의 안전을 위하여 각종 제한, 금지 등의 규제를 하는 경우에 이를 도로사용자에게 알리는 표지

③ **지시표지** : 도로의 통행방법, 통행구분 등 도로교통의 안전을 위하여 필요한 지시를 하는 경우에 도로사용자가 이를 따르도록 알리는 표지

④ **보조표지** : 주의표지, 규제표지 도는 지시표지의 주기능을 보충하여 도로사용자에게 알리는 표지

⑤ **노면표지** : 도로교통의 안전을 위하여 각종 주의, 규제, 지시 등의 내용을 노면에 기호, 문자 또는 선으로 도로사용자에게 알리는 표지

   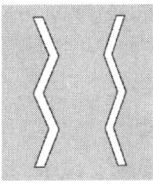 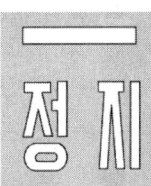

9. 대통령령으로 정하는 사람으로 경찰공무원을 보조하는 사람의 범위 (영 제6조)

1. 모범운전자
2. 군사훈련 및 작전에 동원되는 부대의 이동을 유도하는 군사경찰
3. 본래의 긴급한 용도로 운행하는 소방차, 구급차를 유도하는 소방공무원

10. 통행의 금지 및 제한 (법 제6조)

① 시·도경찰청장은 도로에서의 위험을 방지하고 교통의 안전과 원활한 소통을 확보하기 위하여 필요하다고 인정할 때에는 구간을 정하여 보행자, 차마 또는 노면전차의 통행을 금지하거나 제한할 수 있다. 이 경우에 시·도경찰청장은 보행자, 차마 또는 노면전차의 통행을 금지하거나 제한한 도로의 관리청에 그 사실을 알려야 한다.
② 경찰서장은 도로에서의 위험을 방지하고 교통의 안전과 원활한 소통을 확보하기 위하여 필요하다고 인정할 때에는 우선 보행자, 차마 또는 노면전차의 통행을 금지하거나 제한한 후 그 도로관리자와의 협의하여 금지 또는 제한 대상과 구간 및 기간을 정하여 도로의 통행을 금지하거나 제한할 수 있다.

02 보행자의 통행방법

1. 보행자의 통행 (법 제8조)

① 보행자는 보도와 차도가 구분된 도로에서는 언제나 보도로 통행하여야 한다. 다만, 차도를 횡단하는 경우, 도로공사 등으로 보도의 통행이 금지된 경우나 그 밖의 부득이한 경우에는 그러하지 아니하다.
② 보행자는 보도와 차도가 구분되지 아니한 도로에서는 차마 와 마주보는 방향의 길가장자리 또는 길가장자리구역으로 통행하여야 한다. 다만, 도로의 통행방향이 일방통행인 경우에는 차마를 마주보지 아니하고 통행할 수 있다.
③ 보행자는 보도에서는 우측통행을 원칙으로 한다.

2. 행렬 등의 통행 (법 제9조)

① 학생의 대열과 그 밖에 보행자의 통행에 지장을 줄 우려가 있다고 인정하여 대통령령으로 정하는 사람이나 행렬은 차도로 통행 할 수 있다. 이 경우 행렬 등은 차도의 우측으로 통행하여야 한다.
② 행렬 등은 사회적으로 중요한 행사에 따라 시가를 행진하는 경우에는 도로의 중앙을 통행할 수 있다.

3. 차도를 통행할 수 있는 사람 또는 행렬 (영 제9조)

1. 말, 소 등의 큰 동물을 몰고 가는 사람
2. 사다리, 목재, 그 밖에 보행자의 통행에 지장을 줄 우려가 있는 물건을 운반 중인 사람
3. 도로에서 청소나 보수 등의 작업을 하고 있는 사람
4. 군부대나 그 밖에 이에 준하는 단체의 행렬
5. 기 또는 현수막 등을 휴대한 행렬
6. 장의 행렬

4. 도로의 횡단 (법 제10조)

① 시·도경찰청장은 도로를 횡단하는 보행자의 안전을 위하여 행정 안전부령으로 정하는 기준에 따라 횡단보도를 설치할 수 있다.
② 보행자는 횡단보도, 지하도, 육교나 그 밖에 도로횡단시설이 설치되어 있는 도로에서는 그 곳으로 횡단하여야 한다.

5. 횡단 보도의 설치기준 (규칙 제11조)

1. 횡단보도에는 횡단보도표시와 횡단보도 표지판을 설치할 것
2. 횡단보도를 설치하고자 하는 장소에 횡단 보행자용 신호기가 설치되어 있는 경우에는 횡단보도표시를 설치할 것
3. 횡단보도를 설치하고자 하는 도로의 표면이 포장이 되지 아니하여 횡단보도표시를 할 수 없는 때에는 횡단보도 표지판을 설치할 것. 이 경우 그 횡단보도 표지판에 횡단보도의 너비를 표시하는 보조표지를 설치하여야 한다.
4. 횡단보도는 육교, 지하도 및 다른 횡단보도로부터 200m (일반도로 중 집산도로 및 국지도로: 100m) 이내에는 설치하지 아니할 것. 다만 어린이 보호구역, 노인보호구역 또는 장애인 보호구역으로 지정된 구간인 경우 또는 보행자의 안전이나 통행을 위하여 특히 필요하다고 인정되는 경우에는 그러하지 아니하다.

6. 앞을 보지 못하는 사람에 준하는 사람의 범위 (영 제8조) : 앞을 보지 못하는 사람에 준하는 사람은 다음의 어느 하나에 해당하는 사람을 말한다.

1. 듣지 못하는 사람

2. 신체의 평형기능에 장애가 있는 사람
3. 의족 등을 사용하지 아니하고는 보행을 할 수 없는 사람

7. 어린이 보호구역의 지정 및 관리 (법 제12조)

① 시장 등은 교통사고의 위험으로부터 어린이를 보호하기 위하여 필요하다고 인정하는 경우에는 다음의 어느 하나에 해당하는 시설이나 장소의 주변도로 가운데 일정 구간을 어린이 보호구역으로 지정하여 자동차 등과 노면전차의 통행속도를 시속 30km 이내로 제한할 수 있다.
  1. 유치원, 초등학교 또는 특수학교
  2. 어린이집 가운데 행정안전부령으로 정하는 어린이집
  3. 학원 가운데 행정안전부령으로 정하는 학원
  4. 외국인 학교 또는 대안학교, 국제학교 및 외국교육기관 중 유치원, 초등학교 교과과정이 있는 학교
  5. 그 밖에 어린이가 자주 왕래하는 곳으로서 조례로 정하는 시설 또는 장소
② 어린이 보호구역의 지정절차 및 기준 등에 관하여 필요한 사항은 교육부, 행정안전부 및 국토교통부의 공동부령으로 정한다.

03 차마 및 노면전차의 통행방법 등

1. 차마의 통행 (법 제13조)

① 차마의 운전자는 보도와 차도가 구분된 도로에서는 차도로 통행하여야 한다. 다만, 도로 외의 곳을 출입할 때에는 보도를 횡단하여 통행할 수 있다.
② 1항의 단서의 경우 차마의 운전자는 보도를 횡단하기 직전에 일시정지하여 좌측과 우측 부분 등을 살핀 후 보행자의 통행을 방해하지 아니하도록 횡단하여야 한다.
③ 차마의 운전자는 도로(보도와 차도가 구분된 도로에서는 차도를 말한다)의 중앙(중앙선이 설치되어 있는 경우에는 그 중앙선을 말한다) 우측 부분을 통행하여야 한다.
④ 차마의 운전자는 3항에도 불구하고 다음의 어느 하나에 해당하는 경우에는 도로의 중앙이나 좌측부분을 통행할 수 있다.
  1. 도로가 일방통행인 경우
  2. 도로의 파손, 도로공사나 그 밖의 장애 등으로 도로의 우측 부분을 통행할 수 없는 경우
  3. 도로 우측 부분의 폭이 6미터가 되지 아니하는 도로에서 다른 차를 앞지르려는 경우
  4. 도로 우측 부분의 폭이 차마의 통행에 충분하지 아니한 경우
  5. 가파른 비탈길의 구부러진 곳에서 교통의 위험을 방지하기 위하여 시·도경찰청장이 필요하다고 인정하여 구간 및 통행방법을 지정하고 있는 경우에 그 지정에 따라 통행하는 경우

2. 자전거 등의 통행방법의 특례 (법 제13조의2)

① 자전거 등의 운전자는 자전거도로가 따로 있는 곳에서는 그 자전거도로로 통행하여야 한다.
② 자전거 등의 운전자는 자전거도로가 설치되지 아니한 곳에서는 도로 우측 가장자리에 붙어서 통행하여야 한다.
③ 자전거 등의 운전자는 길가장자리구역을 통행할 수 있다. 이 경우 자전거 등의 운전자는 보행자의 통행에 방해가 될 때에는 서행하거나 일시정지하여야 한다.
④ 자전거 등의 운전자는 다음의 어느 하나에 해당하는 경우에는 보도를 통행할 수 있다. 이 경우 자전거 등의 운전자는 보도 중앙으로부터 차도쪽 또는 안전표지로 지정된 곳으로 서행하여야 하며, 보행자의 통행에 방해가 될 때에는 일시정지하여야 한다.
　1. 어린이, 노인, 그 밖에 행정안전부령으로 정하는 신체장애인이 자전거를 운전하는 경우(전기자전거의 원동기를 끄지 아니하고 운전하는 경우는 제외)
　2. 안전표지로 자전거 등의 통행이 허용된 경우
　3. 도로의 파손, 도로공사나 그 밖의 장애 등으로 도로를 통행할 수 없는 경우
⑤ 자전거 등의 운전자는 안전표지로 통행이 허용된 경우를 제외하는 2대 이상이 나란히 차도를 통행하여서는 아니된다.
⑥ 자전거 등의 운전자가 횡단보도를 이용하여 도로를 횡단할 때에는 자전거 등에서 내려서 자전거 등을 끌거나 들고 보행하여야 한다.

3. 차로에 따른 통행구분 (규칙 제16조 제1항)
차로를 설치한 경우 그 도로의 중앙에서 오른쪽으로 2 이상의 차로가 설치된 도로 및 일방통행도로에 있어서 그 차로에 따른 통행자의 기준은 아래와 같다.

도로		차로구분	통행할 수 있는 차종
고속도로 외의 도로		왼쪽 차로	승용자동차 및 경형, 소형, 중형 승합자동차
		오른쪽 차로	대형승합자동차, 화물자동차, 특수자동차, 법에 따른 건설기계, 이륜자동차, 원동기 장치 자전거(개인형 이동장치는 제외)
고속도로	편도 2차로	1차로	앞지르기를 하려는 모든 자동차. 다만, 차량통행량 증가 등 도로상황으로 인하여 부득이하게 시속 80km 미만으로 통행할 수밖에 없는 경우에는 앞지르기를 하는 경우가 아니라도 통행할 수 있다.
		2차로	모든 자동차
	편도 3차로	1차로	앞지르기를 하려는 승용자동차 및 앞지르기를 하려는 경형, 소형, 중형 승합자동차. 다만 차량통행량 증가 등 도로상황으로 인하여 부득이하게 시속 80km 미만으로 통행할 수밖에 없는 경우에는 앞지르기를 하는 경우가 아니라도 통행할 수 있다.
		왼쪽차로	승용자동차 및 경형, 소형, 중형 승합자동차
		오른쪽 차로	대형 승합자동차, 화물자동차, 특수자동차, 법에 따른 건설기계

4. **전용차로의 설치**(법 제15조) : 시장 등은 원활한 교통을 확보하기 위하여 특히 필요한 경우에는 시·도경찰청장이나 경찰서장과 협의하여 도로에 전용차로를 설치할 수 있다.

5. **전용차로 통행차 외에 전용차로로 통행할 수 있는 경우**(영 제10조)
   1. 긴급자동차가 그 본래의 긴급한 용도로 운행되고 있는 경우
   2. 전용차로 통행차의 통행에 장해를 주지 아니하는 범위에서 택시가 승객을 태우거나 내려주기 위하여 일시통행하는 경우
   3. 도로의 파손, 공사, 그 밖의 부득이한 장애로 인하여 전용차로가 아니면 통행할 수 없는 경우

6. **전용차로의 종류 및 통행할 수 있는 차**(영 별표1)

전용차로의 종류	통행할 수 있는 차	
	고속도로	고속도로 외의 도로
버스 전용차로	9인승 이상 승용차 종차 및 승합자동차 (승용자동차 또는 12인승 이하의 승합자동차는 6명 이상이 승차한 경우로 한정한다)	36인승 이상의 대형승합자동차 36인승 미만의 사업용 승합자동차 어린이 통학버스 대중교통수단으로 이용하기 위한 자율주행 자동차 노선을 지정하여 운행하는 통학, 통근용 승합자동차 중 16인승 이상 승합자동차 국제행사 참가인원 수송 25인승 이상의 외국인 관광객 수송용 승합자동차
다인승 전용차로	3명 이상 승차한 승용, 승합자동차	
자전거 전용차로	자전거 등	

7. **자동차 등과 노면전차의 속도**(규칙 제19조) : 자동차 등(개인형 이동장치는 제외)
   ① 일반도로(고속도로 및 자동차 전용도로 외의 모든 도로)
      1. 주거지역, 상업지역 및 공업지역의 일반도로에서는 50km/h 이내
      2. 1외의 일반도로에서는 60km/h 다만 편도2차로 이상의 도로에서는 80km/h이내
   ② 자동차 전용도로: 최고속도는 90km/h, 최저속도는 30km/h
   ③ 고속도로
      1. 편도 1차로 고속도로에서의 최고속도는 80km/h, 최저속도는 50km/h
      2. 편도 2차로 이상 고속도로에서의 최고속도는 100km/h, 최저속도는 50km/h (화물, 특수, 위험물, 건설기계는 최고속도 80km/h)
      3. 편도 2차로 이상 고속도로에서 경찰청장 인정시 최고속도는 120km/h, 최저속도는 50km (화물, 특수, 위험물, 건설기계는 90km/h)
   ④ 비, 안개, 눈 등으로 인한 거친 날씨에는 다음의 기준에 따라 감속운행해야 한다.
      1. 최고속도의 100분의 20을 줄인 속도로 운행하여야 하는 경우

- 비가 내려 노면이 젖어 있는 경우
- 눈이 20mm 미만 쌓인 경우

2. 최고속도의 100분의 50을 줄인 속도로 운행하여야 하는 경우
- 폭우, 폭설, 안개 등으로 가시거리가 100m 이내인 경우
- 노면이 얼어붙은 경우
- 눈이 20mm 이상 쌓인 경우

⑤ 경찰청장 또는 시·도경찰청장이 구역 또는 구간을 지정하여 자동차 등과 노면전차의 속도를 제한하려는 경우에는 '도로의 구조, 시설기준에 관한 규칙'에 따른 설계속도, 실제 주행속도, 교통사고 발생 위험성, 도로주변 여건 등을 고려하여야 한다.

8. 앞지르기 방법 등 (법 제21조)

① 모든 차의 운전자는 다른 차를 앞지르려면 앞차의 좌측으로 통행하여야 한다.
② 자전거 등의 운전자는 서행하거나 정지한 다른 차를 앞지르려면 1항에도 불구하고 앞차의 우측으로 통행할 수 있다
③ 1과 2의 경우 앞지르려고 하는 모든 차의 운전자는 반대방향의 교통과 앞차 앞쪽의 교통에도 주의를 충분히 기울여야 하며, 앞차의 속도, 진로와 그 밖의 도로상황에 따라 방향지시기, 등화 또는 경음기를 사용하는 등 안전한 속도와 방법으로 앞지르기를 하여야 한다.

9. 교차로 통행방법 등 (법 제25조)

① 모든 차의 운전자는 교차로에서 우회전을 하려는 경우에는 미리 도로의 우측 가장자리를 서행하면서 우회전하여야 한다. 이 경우 우회전하는 차의 운전자는 신호에 따라 정비하거나 진행하는 보행자 또는 자전거 등에 주의하여야 한다.
② 모든 차의 운전자는 교차로에서 좌회전을 하려는 경우에는 미리 도로 중앙선을 따라 서행하면서 교차로의 중심 안쪽을 이용하여 좌회전 하여야 한다. 다만, 시·도경찰청장이 교차로의 상황에 따라 특히 필요하다고 인정하여 지정한 곳에서는 교차로의 중심, 바깥쪽을 통과 할 수 있다.
③ 제②항에도 불구하고 자전거 등의 운전자는 교차로에서 좌회전하려는 경우에도 미리 도로의 우측 가장자리로 붙어 서행하면서 교차로의 가장자리 부분을 이용하여 좌회전하여야 한다.

10. 교통정리가 없는 교차로에서의 양보운전 (법 제26조)

① 교통정리를 하고 있지 아니하는 교차로에 들어가려고 하는 차의 운전자는 이미 교차로에 들어가 있는 다른 차가 있을 때에는 그 차에 진로를 양보하여야 한다.
② 교통정리를 하고 있지 아니하는 교차로에 들어가려고 하는 차의 운전자는 그 차가 통행하고 있는 도로의 폭 보다 교차하는 도로의 폭이 넓은 경우에는 서행하여야 하며, 폭이

넓은 도로로부터 교차로에 들어가려고 하는 다른 차가 있을 때에는 그 차에 진로를 양보하여야 한다.
③ 교통정리를 하고 있지 아니하는 교차로에 동시에 들어가려고 하는 차의 운전자는 우측 도로의 차에 진로를 양보하여야 한다.
④ 교통정리를 하고 있지 아니하는 교차로에서 좌회전하려고 하는 차의 운전자는 그 교차로에서 직진하거나 우회전하려는 다른 차가 있을 때에는 그 차에 진로를 양보하여야 한다.

11. 보행자 전용도로의 설치권자(법 제28조) : 시·도경찰청장이나 경찰서장

12. 긴급자동차에 대한 특례(법 제30조) : 긴급자동차에 대해서는 다음의 사항을 적용하지 아니한다. 다만 4항부터 12항까지의 사항은 긴급자동차 중 소방차, 구급차, 혈액 공급차량과 대통령령으로 정하는 경찰용 자동차에 대해서만 적용하지 아니한다.

① 자동차 등의 속도 제한 (다만, 긴급자동차에 대하여 속도를 제한한 경우에는 그 규정을 적용한다.)
② 앞지르기의 금지
③ 끼어들기의 금지
④ 신호위반
⑤ 보도침범
⑥ 중앙선 침범
⑦ 횡단 등의 금지
⑧ 안전거리 확보 등
⑨ 앞지르기 방법 등
⑩ 정차 및 주차의 금지
⑪ 주차금지
⑫ 고장 등의 조치

13. 서행 또는 일시정지 할 장소(법 제31조)

① 서행하여야 할 장소
  1. 교통정리를 하고 있지 아니하는 교차로
  2. 도로가 구부러진 부근
  3. 비탈길의 고갯마루 부근
  4. 가파른 비탈길의 내리막
  5. 시·도경찰청장이 도로에서의 위험을 방지하고 교통의 안전과 원활한 소통을 확보하기 위하여 필요하다고 인정하여 안전표지로 지정한 곳

② 일시정지하여야 할 장소
1. 교통정리를 하고 있지 아니하고 좌우를 확인할 수 없거나 교통이 빈번한 교차로
2. 시·도경찰청장이 도로에서의 위험을 방지하고 교통의 안전과 원활한 소통을 확보하기 위하여 필요하다고 인정하여 안전표지로 지정한 곳

14. 정차 및 주차의 금지(법 제32조) : 모든 차의 운전자는 다음의 어느 하나에 해당하는 곳에서는 차를 정차하거나 주차하여서는 아니된다. 이 법이나 이 법에 따른 명령 또는 경찰공무원의 지시에 따른 경우와 위험방지를 위하여 일시정지하는 경우에는 그러하지 아니하다.

① 교차로, 횡단보도, 건널목이나 보도와 차도가 구분된 도로의 보도
② 교차로의 가장자리나 도로의 모퉁이로부터 5m 이내인 곳
③ 안전지대가 설치된 도로에서는 그 안전지대의 사방으로부터 각각 10m 이내인 곳
④ 버스 여객자동차의 정류지임을 표시하는 기둥이나 표지판 또는 선이 설치된 곳으로부터 10m 이내인 곳
⑤ 건널목의 가장자리 또는 횡단보도로부터 10m 이내인 곳
⑥ 다음의 곳으로부터 5m 이내인 곳
　1. 소방용수시설 또는 비상소화장치가 설치된 곳
　2. 소방시설로서 대통령령으로 정하는 시설이 설치된 곳
⑦ 시·도경찰청장이 도로에서의 위험을 방지하고 교통의 안전과 원활한 소통을 확보하기 위하여 필요하다고 인정하여 지정한 곳
⑧ 시장 등의 규정에 따라 지정한 어린이 보호구역

15. 주차금지의 장소(법 제33조) : 모든 차의 운전자는 다음의 어느 하나에 해당하는 곳에 차를 주차하여서는 아니된다.

① 터널 안 및 다리 위
② 다음의 곳으로부터 5m 이내인 곳
　1. 도로공사를 하고 있는 경우에는 그 공사 구역의 양쪽 가장자리
　2. 다중이용업소의 영업장이 속한 건축물로 소방본부장의 요청에 의하여 시·도경찰청장이 지정한 곳
③ 시·도경찰청장이 도로에서의 위험을 방지하고 교통의 안전과 원활한 소통을 확보하기 위하여 필요하다고 인정하여 지정한 곳

16. 승차 또는 적재의 방법과 제한(법 제39조 1항) : 모든 차의 운전자는 승차 인원, 적재중량 및 적재용량에 관하여 운행상의 안전기준을 넘어서 승차시키거나 적재한 상태로 운전하여서는 아니된다. 다만, 출발지를 관할하는 경찰서장의 허가를 받은 경우에는 그러하지 아니한다.

17. **운행상의 안전기준(영 제22조)**
    1. 자동차(고속버스 운송사업용 자동차 및 화물자동차는 제외한다)의 승차인원은 승차정원의 110퍼센트 이내일 것. 다만, 고속도로에서는 승차정원을 넘어서 운행할 수 없다.
    2. 고속버스 운송사업용 자동차 및 화물자동차의 승차인원은 승차정원 이내일 것
    3. 화물자동차의 적재중량은 구조 및 성능에 따르는 적재중량의 110퍼센트 이내일 것
    4. 자동차(화물자동차, 이륜자동차 및 소형 3륜자동차만 해당한다)의 적재용량은 다음 각 목의 구분에 따른 기준을 넘지 아니할 것
        가) **길이** : 자동차 길이에 그 길이의 10분의 1을 더한 길이. 다만, 이륜자동차는 그 승차장치의 길이 또는 적재장치의 길이에 30센티미터를 더한 길이를 말한다.
        나) **너비** : 자동차의 후사경(後寫鏡)으로 뒤쪽을 확인할 수 있는 범위(후사경의 높이보다 화물을 낮게 적재한 경우에는 그 화물을, 후사경의 높이보다 화물을 높게 적재한 경우에는 뒤쪽을 확인할 수 있는 범위를 말한다)의 너비
        다) **높이** : 화물자동차는 지상으로부터 4미터(도로구조의 보전과 통행의 안전에 지장이 없다고 인정하여 고시한 도로노선의 경우에는 4미터 20센티미터), 소형 3륜자동차는 지상으로부터 2미터 50센티미터, 이륜자동차는 지상으로부터 2미터의 높이

18. **정비불량차의 점검(법 제41조 3항)** : 시·도경찰청장은 정비상태가 매우 불량하여 위험발생의 우려가 있는 경우에는 그 차의 자동차 등록증을 보관하고 운전의 일시정지를 명할 수 있다. 이 경우 필요하면 10일의 범위에서 정비기간을 정하여 그 차의 사용을 정지시킬 수 있다.

04 운전자의 의무

1. **무면허 운전 등의 금지법(법 제43조)** : 누구든지 시·도경찰청장으로부터 운전면허를 받지 아니하거나 운전면허의 효력이 정지된 경우에는 자동차 등을 운전하여서는 아니된다.

2. 음주운전에 따른 형사처벌

혈중 알코올 농도	행정상 책임	형사적 책임	
		징역	벌금
0.03~0.08%	정지 100일 (단, 인사사고시 취소)	1년 이하	5백만원 이하
0.08~0.2%	면허 취소	1년 이상~2년 이하	5백만원 이상~10백만원 이하
0.2% 이상	면허 취소	2년 이상~5년 이하	10백만원 이상~20백만원 이하
음주 2회 적발	면허 취소	2년 이상~5년 이하	10백만원 이상~20백만원 이하
측정거부 1회	면허 취소	1년~5년	5백만원 이상~20백만원

3. 자동차 창유리 가시광선 투과율의 기준(영 제28조) : 장의용, 구급용, 경호용 차량 제외

1. **앞면 창유리** : 70% 미만
2. **운전석 좌우 옆면 창유리** : 40% 미만

4. 모든 운전자의 준수사항 등(법 제49조 10호, 11호)

1. 운전자는 자동차 등 또는 노면전차의 운전중에는 휴대용 전화(자동차용 전화포함)을 사용하지 아니할 것. 다만, 다음의 어느 하나에 해당하는 경우에는 그러하지 아니 한다.
   가) 자동차 등 또는 노면전차가 정지하고 있는 경우
   나) 긴급자동차를 운전하는 경우
   다) 각종 범죄 및 재해신고 등 긴급한 필요가 있는 경우
   라) 안전운전에 장애를 주지 아니하는 장치로서 대통령령이 정하는 장치를 이용하는 경우
2. 자동차 등 또는 노면전차의 운전 중에는 방송 등 영상물을 수신하거나 재생하는 장치(운전자가 휴대하는 것을 포함, 이하 영상표시장치)를 통하여 운전자가 운전 중 볼 수 있는 위치에 영상이 표시되지 아니하도록 할 것. 다만, 다음의 어느 하나에 해당하는 경우에는 그러하지 아니한다.
   가) 자동차 등 또는 노면전차가 정지하고 있는 경우
   나) 자동차 등 또는 노면전차에 장착하거나 거치하여 놓은 영상표시 장치에 다음의 영상이 표시되는 경우
      1) 지리안내 영상 또는 교통정보안내 영상
      2) 국가비상사태, 재난상황 등 긴급한 상황을 안내하는 영상
      3) 운전을 할 때 자동차 등 또는 노면전차의 좌우 또는 전후방을 볼 수 있도록 도움을 주는 영상

05 고속도로 및 자동차 전용도로에서의 특례

1. **교통안전시설의 설치 및 관리**(법 제59조) : 신호등, 신호기 등
   ① 고속도로의 관리자는 고속도로에서 일어나는 위험을 방지하고 교통의 안전과 원활한 소통을 확보하기 위하여 교통안전시설을 설치·관리하여야 한다. 이 경우 고속도로의 관리자가 교통안전시설을 설치하려면 경찰청장과 협의하여야 한다.
   ② 경찰청장은 고속도로의 관리자에게 교통안전시설의 관리에 관하여 필요한 사항을 지시할 수 있다.

2. **고속도로 전용차로의 설치**(법 제61조) : 경찰청장은 고속도로의 원활한 소통을 위하여 특히 필요한 경우에는 고속도로에 전용차로를 설치할 수 있다.

구 분	고속도로	일반도로
교통안전시설	도로관리자(협의: 경찰청장)	시장 등
버스전용 차선	경찰청장	시장 등

3. **고속도로 등에서의 정차 및 주차의 금지**(법 제64조) : 자동차의 운전자는 고속도로 등에서 차를 정차하거나 주차시켜서는 아니된다. 다만, 다음 각 호의 어느 하나에 해당하는 경우에는 그러하지 아니하다.
   1. 법령의 규정 또는 경찰공무원(자치경찰공무원은 제외한다)의 지시에 따르거나 위험을 방지하기 위하여 일시 정차 또는 주차시키는 경우
   2. 정차 또는 주차할 수 있도록 안전표지를 설치한 곳이나 정류장에서 정차 또는 주차시키는 경우
   3. 고장이나 그 밖의 부득이한 사유로 길가장자리구역(갓길을 포함한다)에 정차 또는 주차시키는 경우
   4. 통행료를 내기 위하여 통행료를 받는 곳에서 정차하는 경우
   5. 도로의 관리자가 고속도로 등을 보수·유지 또는 순회하기 위하여 정차 또는 주차시키는 경우
   6. 경찰용 긴급자동차가 고속도로 등에서 범죄수사, 교통단속이나 그 밖의 경찰임무를 수행하기 위하여 정차 또는 주차시키는 경우
   7. 소방차가 고속도로 등에서 화재진압 및 인명 구조·구급 등 소방활동, 소방지원활동 및 생활안전활동을 수행하기 위하여 정차 또는 주차시키는 경우
   8. 경찰용 긴급자동차 및 소방차를 제외한 긴급자동차가 사용 목적을 달성하기 위하여 정차 또는 주차시키는 경우
   9. 교통이 밀리거나 그 밖의 부득이한 사유로 움직일 수 없을 때에 고속도로 등의 차로에 일시 정차 또는 주차시키는 경우

4. **도로공사의 신고 및 안전조치 등**(법 제69조 1항) : 도로관리청 또는 공사시행청의 명령에 따라 도로를 파거나 뚫는 등 공사를 하려는 사람은 공사시행 **3일** 전에 그 일시, 공사구간, 공사기간 및 시행방법, 그 밖에 필요한 사항을 관할 **경찰서장**에게 신고하여야 한다.

5. **고속도로 점용허가 등에 관한 통보 등**(법 제70조 1항) : 도로관리청이 도로에서 다음의 어느 하나에 해당하는 행위를 하였을 때에는 고속도로의 경우에는 경찰청장에게 그 내용을 즉시 통보하여야 한다.
    1. 도로법에 따른 도로의 점용허가
    2. 도로법에 따른 통행의 금지나 제한 또는 차량의 운행제한

06 운전면허 및 그 밖의 개정사항

1. **운전면허**(법 제80조)
    ① 자동차 등을 운전하려는 사람은 시·도경찰청장으로부터 운전면허를 받아야 한다. 다만, 원동기를 단 차 중 교통약자가 최고속도 시속 20km 이하로만 운행될 수 있는 차를 운전하는 경우에는 그러하지 아니하다.
    ② 시·도경찰청장은 운전을 할 수 있는 차의 종류를 기준으로 다음과 같이 운전면허의 범위를 구분하고 관리하여야 한다.
    1. **제1종 운전면허** : 대형면허, 보통면허, 소형면허, 특수면허(대형 견인차, 소형 견인차, 구난차)
    2. **제2종 운전면허** : 보통면허, 소형면허, 원동기장치 자전거면허
    3. **연습운전면허** : 제1종 보통연습면허, 제2종 보통연습면허

2. **연습운전면허의 효력**(법 제81조) : 연습운전면허는 그 면허를 받은 날부터 1년 동안 효력을 가진다. 다만, 연습운전면허를 받은 날부터 1년 이전이라도 연습운전면허를 받은 사람이 제1종 보통면허 또는 제2종 보통면허를 받은 경우 연습운전면허는 그 효력을 잃는다.

3. 운전면허의 취소, 정지처분 기준(규칙 별표28)

1. 벌점의 종합관리
   가) **누산점수의 관리** : 과거 3년간의 모든 벌점을 누산관리
   나) **무위반, 무사고기간 경과로 인한 벌점 소멸** : 처분벌점이 40점 미만인 경우, 최종의 위반일 또는 사고일로부터 위반 및 사고 없이 1년이 경과한 때에는 그 처분벌점 소멸

2. 벌점 등 초과로 인한 운전면허의 취소, 정지
   가) **벌점, 누산점수 초과로 인한 면허취소** : 1회의 위반, 사고로 인한 벌점 또는 연간 누산점수가 다음 표의 벌점 또는 누산점수에 도달한 때에는 그 운전면허를 취소한다.

기간	벌점 또는 누산점수
1년간	121점 이상
2년간	201점 이상
3년간	271점

   나) **벌점, 처분벌점 초과로 인한 면허 정지** : 운전면허 정지처분은 1회의 위반, 사고로 인한 벌점 또는 처분벌점이 40점 이상이 된 때부터 결정 집행(원칙적으로 1점을 1일로 계산)

4. 운전면허의 취소처분 개별기준(규칙 별표28)

1. 교통사고를 일으키고 구호조치를 하지 아니한 때
2. 술에 취한 상태에서 운전한 때
3. 술에 취한 상태에서 측정에 불응한 때
4. 다른 사람에게 운전면허증 대여(도난, 분실 제외)
5. 결격사유에 해당
6. 약물을 사용한 상태에서 자동차 등을 운전할 때
7. 공동위험행위
8. 난폭운전
9. 정기적성검사 불합격 또는 기간 1년경과
10. 수시적성검사 불합격 또는 기간 경과
11. 운전면허 행정처분기간 중 운전행위
12. 허위 또는 부정한 수단으로 운전면허를 받은 경우
13. 등록 또는 임시운행 허가를 받지 아니한 자동차를 운전한 때
14. 보복운전
15. 다른 사람을 위하여 운전면허시험에 응시한 때
16. 운전자가 단속 공무원 등에 대한 폭행
17. 연습면허 취소사유가 있었던 경우

5. 속도 위반에 따른 벌점 및 범칙금(규칙 별표28, 영 별표8)

구분	일반도로		어린이 보호구역
	벌점	범칙금 (승용차인 경우)	범칙금 (승용차인 경우)
100km 초과	100점	12만원	15만원
80km 초과	80점		
60km 초과	60점		
40km 초과	30점	9만원	12만원
20km 초과	15점	6만원	9만원
20km 이하	없음	3만원	6만원

CHAPTER 03 | CBT 출제예상문제(100제)

001 도로교통법의 목적을 가장 올바르게 설명한 것은?

① 교통법규 위반자 및 사고 야기자를 처벌하고 교육하는 데 있다.
② 교통사고로 인한 신속한 피해복구와 편익을 증진하는 데 있다.
③ 도로를 관리하고 안전한 통행을 확보하는 데 있다.
④ 도로교통상의 위험과 장해를 제거하여 안전하고 원활한 교통을 확보함을 목적으로 한다.

002 다음 중 도로에서 일어나는 교통상의 모든 위험과 장해를 방지·제거하고 안전하고 원활한 교통을 확보함을 목적으로 제정된 법규는?

① 도로교통법
② 도시교통정비 촉진법
③ 도로법
④ 교통안전법

003 도로교통법상의 용어 정의 중 정차에 대한 설명으로 옳은 것은?

① 차가 일시적으로 그 바퀴를 완전 정지시키는 것을 말한다.
② 운전자가 그 차로부터 떠나서 즉시 운전할 수 없는 상태를 말한다.
③ 5분을 초과하지 아니하고 정지시키는 것으로 주차 외의 정지 상태를 말한다.
④ 5분 이상의 정지상태를 말한다.

004 다음의 양보표지는 어디에 해당되는가?

① 보조표지
② 지시표지
③ 규제표지
④ 주의표지

005 다음 중 정차가 금지되는 곳이 아닌 것은?

① 안전지대의 사방으로부터 각각 10m 이내의 곳
② 교차로의 가장자리로부터 5m 이내의 곳
③ 소방용 방화물통으로부터 10m 이내의 곳
④ 교차로, 횡단보도 또는 건널목

> **해설** 주정차 금지구역
> • 교차로(5m), 횡단보도(10m), 건널목(10m), 보도(절대금지)
> • 소방(5m), 안전지대(10m), 버스정류장(10m)

006 신호기의 정의 중 옳은 것은?

① 도로교통의 신호를 표시하기 위하여 사람이나 전기의 힘에 의하여 조작되는 장치
② 도로의 바닥에 표시된 기호나 문자, 선 등의 표지
③ 주의, 규제, 지시 등을 표시한 표지판
④ 교차로에서 볼 수 있는 모든 등화

정답 01. ④ 02. ① 03. ③ 04. ③ 05. ③ 06. ①

007 도로교통법상 노면표시에 대한 설명으로 틀린 것은?

① 버스전용차로표시 및 다인승 차량 전용차 선표시는 적색으로 한다.
② 중앙선표시, 노상장애물 중 도로중앙 장애물표시, 정차, 주차금지표시 및 안전지대 표시는 황색으로 한다.
③ 자전거 횡단표시를 횡단보도표시와 접하여 설치할 경우에는 접하는 측의 측선을 생략할 수 있다.
④ 노면표시는 도로표시용 도료나 반사테이프로 한다.

008 다음의 일방통행표지는 어디에 해당되는가?

① 보조표시
② 지시표시
③ 규제표시
④ 주의표시

009 위험표지는 어디에 해당하는가?

① 보조표시
② 지시표시
③ 규제표시
④ 주의표시

010 서울특별시장이 버스의 원활한 소통을 위하여 특히 필요한 때에는 누구와 협의하여 도로에 버스전용 차로를 설치할 수 있는가?

① 파출소장
② 구청장
③ 국토교통부 장관
④ 시·도경찰청장

011 다음 중 보행등의 설치기준으로 잘못된 것은?

① 차량 신호기가 설치된 교차로의 횡단보도로서 1일 중 횡단도보의 통행량이 가장 많은 1시간 동안의 횡단보행자가 150명을 넘는 곳에 설치한다.
② 번화가의 교차로, 역 앞 등의 횡단보도로서 보행자의 통행이 빈번한 곳에 설치한다.
③ 차도의 폭이 12m 이상인 교차로 또는 횡단보도에서 차량신호가 변하더라도 보행자가 차도 내에 남을 때가 많을 경우에 설치한다.
④ 차량신호만으로는 보행자에게 언제 통행권이 있는지 분별하기 어려울 경우에 설치한다.

012 신호기가 표시하는 적색등화의 신호의 뜻에 대한 설명으로 옳은 것은?

① 차마는 직진할 수도 없고, 우회전할 수도 없다.
② 차마는 직진할 수 없으나 필요에 따라 좌회전할 수 있다.
③ 차마는 직진할 수 없으나 우회전할 수 있다.
④ 차마는 신호에 따라 진행하는 다른 차마의 교통을 방해하지 아니하는 한 우회전 할 수 있다.

013 편도 3차로의 일반도로에서 자동차의 운행속도는?

① 60 km/h 이내
② 70 km/h 이내
③ 80 km/h 이내
④ 90 km/h 이내

> **해설** 자동차 속도
> • 주거, 상업, 공업지역 : 50km/h
> • 일반도로, 편도1차선, 60km/h
>   일반도로, 편도2차선, 80km/h
>   자동차전용도로, 최대 90km/h, 최저 30km/h

정답 07. ① 08. ② 09. ④ 10. ④ 11. ③ 12. ④ 13. ③

- 고속도로, 편도1차선, 최대 80km/h, 최저 50km
- 고속도로, 편도2차선, 최대 100km/h(화물 80km), 최저 50km
- 고속도로, 경찰지정, 최대 120km/h(화물 90km), 최저 50km

014 차로의 너비보다 넓은 차가 그 차로를 통행하기 위해서는 누구의 허가를 받아야 하는가?

① 도착지를 관할하는 경찰서장
② 출발지를 관할하는 경찰서장
③ 도착지를 관할하는 시·도경찰청장
④ 출발지를 관할하는 시·도경찰청장

015 횡단보도 설치에 관한 설명 중 맞는 것은?

① 다른 횡단보도로부터 500m 이내에는 설치할 수 없다.
② 교차로로부터 400m 이내에는 설치할 수 없다.
③ 육교로부터 200m 이내에는 설치할 수 없다.
④ 지하도로부터 300m 이내에는 설치 할 수 없다.

016 다음 중 서행할 장소로 올바르지 않은 것은?

① 가파른 비탈길의 오르막
② 비탈길의 고갯마루 부근
③ 도로가 구부러진 부근
④ 교통정리를 하고 있지 아니하는 교차로

017 다음 중 자동차가 앞지르기를 할 수 없는 장소로 틀린 것은?

① 교차로, 터널 안 또는 다리 위
② 비탈길의 고갯마루 부근 또는 가파른 비탈길의 내리막
③ 도로의 구부러진 곳
④ 편도 2차로 도로

018 거친 날씨에 최고속도의 100분의 50으로 감속하여 운전해야 할 경우가 아닌 것은?

① 비가 내려 노면이 젖어 있을 때
② 노면이 빙판길일 때
③ 폭우, 폭설, 안개 등으로 가시거리가 100m 이내인 때
④ 눈이 30mm 이상 쌓인 때

> **해설** 자동차 감속
> - 20/100 : 비, 눈20mm↓
> - 50/100 : 가시 100m, 눈 20mm↑, 빙판

019 주차금지 장소를 설명한 것으로 틀린 것은?

① 도로공사를 하고 있는 경우에는 그 공사구역의 양쪽 가장자리로부터 8m 이내인 곳
② 터널 안
③ 다리 위
④ 시·도경찰청장이 도로에서의 위험을 방지하고 교통의 안전과 원활한 소통을 확보하기 위하여 필요하다고 인정하여 지정한 곳

> **해설** 주차금지
> - 터널(절대금지), 다리 위(절대금지), 도로공사(5m), 다중이용시설(5m)

020 야간에 도로를 통행하는 때에 켜야 하는 등화가 아닌 것은?

① 견인되는 차의 실내등
② 원동기 장치자전거의 미등
③ 자동차의 차폭등
④ 자동차의 전조등

정답 14. ② 15. ③ 16. ① 17. ④ 18. ① 19. ① 20. ①

021 다음 중 견인 대상 차의 사용자에게 통지할 사항이 아닌 것은?

① 차의 등록번호, 차종 및 형식
② 위반 장소
③ 보관 장소
④ 견인일시

022 차도와 보도의 구별이 없는 도로에서 정차 및 주차시 우측 가장자리로부터 얼마 이상의 거리를 두어야 하는가?

① 30cm 이상   ② 40cm 이상
③ 50cm 이상   ④ 60cm 이상

023 야간에 고장이나 그 밖의 사유로 고속도로에서 자동차를 운행할 수 없게 되었을 때 사방 몇 미터 지점에서 식별할 수 있는 적색의 섬광신호, 전기제동 또는 불꽃신호를 설치하여야 하는가?

① 100m   ② 300m
③ 500m   ④ 700m

024 신호등의 성능에 관한 다음의 설명에서 괄호 안에 들어갈 말이 순서대로 된 것은?

> 등화의 밝기는 낮에 (   )m 앞쪽에서 식별할 수 있도록 하여야 하며, 등화의 빛의 발산 각도는 사방으로 각각 (   )으로 하여야 한다.

① 100, 45도 이내
② 100, 45도 이상
③ 150, 45도 이내
④ 150, 45도 이상

025 삼색등화로 표시되는 신호등에서 등화를 종으로 배열할 경우 위로부터 순서로 맞는 것은?

① 적색, 황색, 녹색
② 황색, 녹색, 적색
③ 녹색, 적색, 황색
④ 황색, 적색, 녹색

026 고속도로 또는 자동차전용도로에서 정차, 주차할 수 있는 경우이다. 잘못된 것은?

① 경찰용 긴급자동차가 고속도로에서 휴식 또는 식사를 위해 정차, 주차하는 경우
② 통행료를 지불하기 위하여 통행료를 받는 곳에서 정차하는 경우
③ 고장이나 그 밖의 부득이한 사유로 길 가장자리에 정차 또는 주차하는 경우
④ 정차 또는 주차할 수 있도록 안전표지를 설치한 곳이나 정류장에서 정차 또는 주차하는 경우

027 시·도경찰청장이 정비불량차에 대하여 필요한 정비기간을 정하여 사용을 정지시킬 수 있는 기간은?

① 5일   ② 10일
③ 15일 ④ 20일

028 도로교통법상 화물자동차의 적재높이의 기준은 지상으로부터 몇 m를 넘지 못하는가?

① 2m   ② 3m
③ 4m   ④ 4.5m

정답 21. ④ 22. ③ 23. ③ 24. ④ 25. ① 26. ① 27. ② 28. ③

029 고속도로에서 동일방향으로 진행하면서 진로를 왼쪽으로 바꾸고자 할 때 신호의 시기는?

① 진로를 바꾸고자 하는 지점에 이르기 전 30m 이상의 지점에 이르렀을 때
② 진로를 바꾸고자 하는 지점에 이르기 전 50m 이상의 지점에 이르렀을 때
③ 진로를 바꾸고자 하는 지점에 이르기 전 100m 이상의 지점에 이르렀을 때
④ 진로를 바꾸고자 하는 지점에 이르기 전 150m 이상의 지점에 이르렀을 때

030 다음 위반사항 중 그 벌점이 30점에 해당되는 것은?

① 일반도로 전용차선 통행위반
② 제한속도위반 20km/h 초과 40km/h 이하
③ 운전면허증 제시의무위반
④ 단속경찰공무원 등에 대한 폭행으로 형사 입건된 때

031 연습운전면허가 효력을 갖는 기간은?

① 3개월 ② 6개월
③ 1년   ④ 2년

> **해설** 시간단위
> • 5년: 자동차 정책기본 계획, 교통사고 자료 보관, 교통안전관리 규정(확인)
> • 3년: 운전면허 벌점관리, 교통안전 우수사업자 평가, 운전 적성 정밀검사(화물차)
> • 2년: 초보운전기준, 모범운전(경찰청장)
> • 1년: 연습면허, 처분 벌점소멸(40점), 교통안전 우수사업자 유효기간

032 도로상태가 위험하거나 도로 또는 그 부근에 위험물이 있는 경우에 필요한 안전조치를 할 수 있도록 이를 도로사용자에게 알리는 용도의 표지는 어느 것인가?

① 규제표지 ② 주의표지
③ 보조표지 ④ 지시표지

033 긴급자동차의 지정권자는?

① 대통령   ② 행정안전부장관
③ 국토교통부 장관 ④ 시·도경찰청장

034 정차는 몇 분을 초과하지 않아야 하는가?

① 3분   ② 5분
③ 10분 ④ 30분

035 다음 중 범칙금 납부통고서로 범칙금을 낼 것을 통고 할 수 있는 사람은?

① 국토교통부 장관 ② 시·도지사
③ 관할 구청장   ④ 경찰서장

036 어린이 보호구역 지정과 차의 통행을 제한할 수 있는 사람은?

① 교육부장관 ② 시·도경찰청장
③ 시장 등   ④ 경찰서장

037 전방의 적색 신호등이 정지선 앞에서 점멸하고 있을 때의 운전방법으로 가장 옳은 것은?

① 직진을 한다.
② 좌회전을 할 수 있다.
③ 일시 정지한 후 주의하면서 서행한다.
④ 안전표지의 표시에 주의하면서 진행한다.

정답 29. ③ 30. ③ 31. ③ 32. ② 33. ④ 34. ② 35. ④ 36. ③ 37. ③

038 신호등에 대한 다음 설명 중 틀린 것은?

① 신호등의 외함의 재료는 절연성이 있는 재료이어야 한다.
② 태양광선이나 주위의 다른 빛에 의하여 그 표시가 방해받지 않아야 한다.
③ 등화의 빛의 발산각도는 사방으로 45도 이상이어야 한다.
④ 등화의 밝기는 낮에 100m 앞쪽에서 식별이 가능해야 한다.

039 차로의 설치에 대한 다음 설명 중 틀린 것은?

① 보도와 차도의 구분이 없는 도로에 차로를 설치하는 때에는 그 도로의 양쪽에 보행자의 통행의 안전을 위하여 길 가장자리구역을 설치하여야 한다.
② 차로는 횡단보도, 교차로 및 철길건널목의 부분에는 설치하지 못한다.
③ 모든 차로의 너비는 3m 이상으로 하여야 한다.
④ 도로에 차로를 설치하고자 하는 때에는 노면표시를 하여야 한다.

040 차마는 도로의 중앙으로부터 우측 부분을 통행하여야 하는 것이 원칙이다. 그럼에도 불구하고 도로의 중앙이나 좌측 부분을 통행 할 수 있는 경우가 있다. 이에 해당하지 않는 것은?

① 도로의 우측 부분의 폭이 6m 가 되지 아니한 도로에서 다른 차를 앞지르기하고자 하는 때
② 도로의 좌측 부분의 폭이 통행에 충분하지 아니한 때
③ 도로의 파손으로 우측 부분을 통행할 수 없는 때
④ 도로가 일방통행일 때

041 노면표시 중 중앙선 표시는 노폭이 최소 몇 m 이상인 도로에 설치하는가?

① 5m ② 6m
③ 7m ④ 8m

042 다음 설명 중 옳지 않은 것은?

① 횡단보도가 설치되어 있지 아니한 도로에서는 가장 짧은 거리로 횡단하여야 한다.
② 지체장애인의 경우에는 교통을 방해하지 않는 방법으로 도로횡단시설을 이용하지 아니하고 도로를 횡단할 수 있다.
③ 사회적으로 중요한 행사에 따른 시가행진인 경우에는 도로의 중앙을 통행할 수 있다.
④ 차도를 통행하는 학생의 대열은 그 차도의 좌측으로 통행하여야 한다.

043 일반도로에서 견인자동차가 아닌 자동차로 총중량 2,000kg에 미달하는 자동차를 총중량이 2배인 자동차로 견인할 때의 속도의 최대치는?

① 20km/h ② 25km/h
③ 30km/h ④ 35km/h

044 편도 2차로 이상의 고속도로에서의 최저속도는?

① 30km/h ② 50km/h
③ 60km/h ④ 80km/h

> **해설** 자동차 속도
> - 주거, 상업, 공업지역 : 50km/h
> - 일반도로, 편도1차선, 60km/h
>   일반도로, 편도2차선, 80km/h
>   자동차전용도로, 최대 90km/h, 최저 30km/h
> - 고속도로, 편도1차선, 최대 80km/h, 최저 50km
>   고속도로, 편도2차선, 최대 100km/h(화물 80km), 최저 50km
>   고속도로, 경찰지정, 최대 120km/h(화물 90km), 최저 50km

정답 38. ④ 39. ③ 40. ② 41. ② 42. ④ 43. ② 44. ②

045 다음 중 버스전용차선의 설치권자는?

① 시장 등　　② 국토교통부 장관
③ 경찰서장　　④ 시·도경찰청장

046 주차위반으로 보관 중인 차를 매각 또는 폐차할 수 있는 때는?

① 경찰서장 또는 시장 등은 차의 반환에 필요한 조치 또는 공고를 하였음에도 불구하고 그 차의 운전자가 1개월이 지나도 반환을 요구하지 아니한 때
② 견인한 때부터 24시간이 경과하여도 이를 인수하지 아니하는 때
③ 지정장소로 이동 중 부주의로 파손된 때
④ 사용자 또는 운전자의 성명, 주소를 알 수 없는 때

047 정차 및 주차금지에 관하여 틀린 것은?

① 건널목의 가장자리 또는 횡단보도로부터 10m 이내의 장소에는 정차·주차할 수 없다.
② 버스여객자동차의 정류지임을 표시하는 기둥이나 표지판 또는 선이 설치된 곳으로부터 10m 이내의 장소에는 언제든 정차, 주차할 수 없다.
③ 안전지대가 설치된 도로에서는 그 안전지대의 사방으로부터 각각 10m 이내의 장소에는 정자, 주차할 수 없다.
④ 교차로의 가장자리 또는 도로의 모퉁이로부터 5m 이내의 장소에는 정차·주차할 수 없다.

048 교차로 통행방법으로 잘못된 것은?

① 교통정리가 행하여지고 있지 아니하는 교차로에 들어가려는 모든 차는 그 차가 통행하고 있는 도로의 폭보다 교차하는 도로의 폭이 넓은 경우에는 서행하여야 한다.
② 교통정리가 행하여지고 있지 아니하는 교차로에 동시에 들어가고자 하는 차의 운전자는 좌측도로의 차에 진로를 양보하여야 한다.
③ 좌회전 또는 우회전하기 위하여 손이나 방향지시기 또는 등화로서 신호를 하는 차가 있을 때에는 그 뒤차는 신호를 한 앞차의 진행을 방해하여서는 안된다.
④ 모든 차는 교차로에서 좌회전하려는 때에는 미리 도로의 중앙선을 따라 교차로의 중심안쪽을 서행하여야 한다.

049 다음 중 어린이 통학버스에 관한 설명으로 틀린 것은?

① 어린이 통학버스를 운영하고자 하는 자는 미리 관할 경찰서장에게 신고하고 신고증명서를 교부받아 이를 어린이 통학버스 안에 상시 비치하여야 한다.
② 편도 1차로 도로에서는 반대방향에서 진행하는 차의 운전자도 어린이 통학버스에 이르기 전에 일시 정지하여 안정을 확인한 후 서행하여야 한다.
③ 어린이 통학버스가 도로에 정차하여 어린이나 영유아가 타고 내리는 중임을 표시하는 점멸등 등의 장치를 가동 중인 때에 그 옆차로를 통행하는 차는 재빨리 차로를 비워줘야 한다.
④ 어린이 통학버스가 어린이 또는 유아를 태우고 있다는 표시를 하고 도로를 통행하는 때에는 모든 차는 어린이 통학버스를 앞지르지 못한다.

정답 45. ① 46. ① 47. ② 48. ② 49. ③

050 다음 중 운행상의 안전기준이 잘못된 것은?

① 화물자동차의 적재높이는 적재 장치로부터 3m를 넘지 아니할 것
② 화물자동차의 적재중량은 구조 및 성능에 따르는 적재중량의 110% 이내 일 것
③ 화물자동차의 적재 길이는 자동차 길이의 10분의 1의 길이를 더한 길이를 넘지 아니할 것
④ 자동차는 고속도로에서는 승차정원을 넘어서 운행하지 아니할 것

> 해설 적재높이는 지상으로부터 4m, 소형 삼륜자동차에 있어서는 지상으로부터 2.5m, 이륜자동차에 있어서는 지상으로부터 2m의 높이를 넘지 않아야 한다.(영 제22조 제4호 다목)

051 주차위반차의 견인 및 보관 등의 업무를 대행할 수 있는 대행법인 등의 요건으로 옳지 않은 것은?

① 사무소, 차의 보관장소와 견인차 간의 통신장비
② 당해 업무수행에 필요하다고 인정되는 인력
③ 주차대수 50대 이상의 주차시설 및 부대시설
④ 견인차 1대 이상

052 교통사고 발생시의 조치를 하지 아니한 사람에 대한 벌칙은?

① 1년 이하의 징역이나 1,000만원 이하의 벌금
② 3년 이하의 징역이나 1,500만원 이하의 벌금
③ 5년 이하의 징역이나 1,500만원 이하의 벌금
④ 5년 이하의 징역이나 3,000만원 이하의 벌금

053 교통안전수칙을 제정하여 이를 보급하여야 하는 사람은?

① 행정안전부 장관   ② 시·도지사
③ 국토교통부 장관   ④ 경찰청장

054 도로공사를 하고자 하는 자는 공사시작 며칠 전까지 누구에게 신고하여야 하는가?

① 3일 전까지 시장 등에게
② 3일 전까지 관할 경찰서장에게
③ 10일 전까지 시·도경찰청장에게
④ 20일 전까지 구청장에게

055 위험방지 조치를 위해 경찰공무원의 요구, 조치 또는 명령에 따르지 아니하거나 이를 거부 또는 방해한 사람에 대한 벌칙으로 맞는 것은?

① 1년 이하의 징역이나 300만원 이하의 벌금 또는 구류의 형
② 6개월 이하의 징역이나 200만원 이하의 벌금
③ 200만원 이하의 벌금
④ 6개월 이하의 징역이나 200만원 이하의 벌금 또는 구류의 형

056 함부로 신호기를 조작하거나 신호기 또는 안전표지를 철거, 이전 손괴한 사람에 대한 벌칙은?

① 1년 이하의 징역이나 300만원 이하의 벌금에 처한다.
② 2년 이하의 징역이나 500만원 이하의 벌금에 처한다.
③ 3년 이하의 징역이나 700만원 이하의 벌금에 처한다.
④ 5년 이하의 징역이나 1,000만원 이하의 벌금에 처한다.

정답 50. ① 51. ③ 52. ③ 53. ④ 54. ② 55. ④ 56. ③

057 임시운전증명서의 유효기간은?

① 20일   ② 30일
③ 2개월   ④ 1년

058 50cc 스쿠터를 혈중알코올농도 0.12%로 운전한 경우 처벌기준으로 옳은 것은?

① 관련 운전면허만 정지
② 원동기 운전면허만 취소
③ 모든 운전면허 취소
④ 관련 운전면허만 취소

059 회전 교차로에 대한 통행방법으로 다음 중 옳지 못한 것은?

① 회전교차로에서 빠져 나갈 때는 반드시 방향지시등 작동
② 회전하는 차량보다 진입차량이 우선
③ 회전 교차로 진입시 서행
④ 반시계방향으로 진입

060 다음 중 도로교통법상 도로의 요인으로 가장 부적합 것은?

① 폐쇄성   ② 이용성
③ 공개성   ④ 형태성

061 다음 중 법적효력이 있는 수신호권자에 해당하지 않는 사람은?

① 의무경찰
② 본래의 긴급한 용도로 운행하는 소방차, 구급차를 유도하는 소방공무원
③ 모범운전자
④ 해병전우회

062 다음 중 자전거로 보도를 통행할 수 있는 경우가 아닌 것은?

① 도로공사나 그 밖의 장애 등으로 도로를 통행할 수 없는 경우
② 안전표지로 자전거 통행이 허용된 경우
③ 어린이가 자전거를 운전하는 경우
④ 노인이 전기자전거의 원동기를 끄지 않고 운행하는 경우

063 다음 중 도로교통법상 도로에 해당하지 않는 것은?

① 현실적으로 특정 소수의 사람 또는 차마만이 통행할 수 있는 공개된 장소
② '농어촌도로 정비법'에 따른 농어촌 도로
③ '유료도로법'에 따른 유료도로
④ '도로법'에 따른 도로

064 다음 중 2종 보통면허로 운전할 수 없는 차량은?

① 승차정원 12명의 승합자동차
② 원동기 장치자전거
③ 승용자동차
④ 적재중량 4톤의 화물차

065 시장 등이 버스전용차로를 설치하려 할 경우 협의해야 하는 자는?

① 도로공사   ② 도로교통안전공단
③ 행정안전부장관   ④ 지방경찰청장

066 다음 중 도로교통법상 앞지르기 금지장소에 해당하지 않는 것은?

① 다리 위   ② 고속도로
③ 교차로   ④ 터널 안

정답 57. ① 58. ③ 59. ② 60. ① 61. ④ 62. ④ 63. ① 64. ① 65. ④ 66. ②

067 다음 중 도로교통법상 무면허 운전에 해당하지 않는 경우는?

① 운전면허가 취소되었음에도 운전한 경우
② 운전면허의 효력이 정지되었음에도 운전한 경우
③ 운전면허증을 소지하지 아니하고 운전한 경우
④ 지방 경찰청장으로부터 운전면허를 받지 아니하고 운전한 경우

068 다음 중 도로교통법상 모든 운전자가 일시정지해야 하는 경우에 해당하는 것은?

① 가파른 비탈길의 내리막
② 도로가 구부러진 부근
③ 교통정리를 하고 있지 아니하고 좌우를 확인할 수 없거나 교통이 빈번한 교차로
④ 비탈길의 고갯마루 부근

069 도로상에서 좌석안전띠를 착용해야 하는 이유로 가장 부적절한 것은?

① 교통 법규의 준수   ② 안전의 확보
③ 사고의 증가   ④ 생명의 보호

070 도로교통법상 자동차전용도로에서의 최고속도와 최저속도를 바르게 나열한 것은?

① 최고속도 (80 km), 최저속도 (30 km)
② 최고속도 (90 km), 최저속도 (30 km)
③ 최고속도 (100 km), 최저속도 (50 km)
④ 최고속도 (110 km), 최저속도 (50 km)

해설 자동차 속도
• 주거, 상업, 공업지역 : 50km/h
• 일반도로, 편도1차선, 60km/h
  일반도로, 편도2차선, 80km/h
  자동차전용도로, 최대 90km/h, 최저 30km/h
• 고속도로, 편도1차선, 최대 80km/h, 최저 50km
  고속도로, 편도2차선, 최대 100km/h(화물 80km), 최저 50km
  고속도로, 경찰지정, 최대 120km/h(화물 90km), 최저 50km

071 다음 중 도로교통법상의 초보운전자에 대한 설명으로 옳은 것은?

① 처음 운전면허를 받은 날로부터 6개월이 경과되지 아니한 사람
② 처음 운전면허를 받은 날로부터 1년이 경과되지 아니한 사람
③ 처음 운전면허를 받은 날로부터 2년이 경과되지 아니한 사람
④ 처음 운전면허를 받은 날로부터 3년이 경과되지 아니한 사람

072 도로교통법상 긴급자동차의 우선통과 관련하여 다음 중 틀린 것은?

① 긴급자동차는 도로교통법에 따른 명령에 따라 정지하여야 하는 경우에도 불구하고 긴급하고 부득이한 경우에는 정지하지 아니할 수 있다.
② 긴급자동차의 운전자는 교통안전에 특히 주의하면서 통행하여야 한다.
③ 긴급자동차는 긴급하고 부득이한 경우에는 도로의 중앙이나 좌측부분을 통행할 수 있다.
④ 교차로나 그 부근에서 긴급자동차가 접근하는 경우에는 차마와 노면전차의 운전자는 교차로를 피하여 신속하고 빠르게 운행하여야 한다.

정답 67. ③ 68. ③ 69. ③ 70. ② 71. ③ 72. ④

073 도로교통법상 교통사고로 인하여 사망자가 발생한 경우에 운전자가 취해야 하는 우선 조치로 가장 적당한 것은?

① 피해자측에게 본인의 인적사항을 제시하고 서둘러 현장을 벗어난다.
② 가까운 지인에게 교통사고를 신속히 알린다.
③ 사고현장을 신속히 정리하여 사고의 흔적을 지운다.
④ 경찰공무원이 현장에 있을 때에는 그 경찰공무원에게, 경찰공무원이 현장에 없을 때에는 가장 가까운 국가경찰관서에 지체 없이 신고한다.

074 도로교통법상 도로에서의 앞지르기를 위한 방법으로서 다음 중 옳지 않은 것은?

① 모든 차의 운전자는 앞지르기를 하는 차가 있을 때에는 속도를 높여 경쟁하거나 그 차의 앞을 가로막는 등의 방법으로 앞지르기를 방해하여서는 안된다.
② 앞지르려고 하는 모든 차의 운전자는 반대방향의 교통과 앞차 앞쪽의 교통에도 주의를 충분히 기울여야 한다.
③ 자전거의 운전자는 서행하거나 정지한 다른 차를 앞지르려 하는 경우 앞차의 우측으로 통행할 수 있다.
④ 모든 차의 운전자는 다른 차를 앞지르려면 앞차의 우측으로 통행하여야 한다.

075 다음 중 도로교통법상의 난폭운전의 유형에 해당하지 않는 것은?

① 운전중 음악청취 ② 급제동 금지 위반
③ 속도의 위반 ④ 중앙선 침범

076 도로교통법상 비탈진 도로나 구부러진 도로에서의 통행방법으로 다음 중 잘못된 것은?

① 비탈길의 고갯마루 부근에서는 앞지르기가 금지될 뿐이며 서행할 필요는 없다.
② 비탈진 좁은 도로에서 자동차가 서로 마주보고 진행하는 경우에는 올라가는 자동차가 도로의 우측 가장자리로 피하여 진로를 양보하여야 한다.
③ 가파른 비탈길의 내리막에서는 서행하여야 한다.
④ 도로가 구부러진 부근에서는 서행하여야 한다.

077 다음 중 정차가 금지되는 곳이 아닌 것은?

① 차도와 보도에 걸쳐서 설치된 노상주차장
② 안전지대 사방으로부터 10m 이내
③ 교차로 가장자리부터 5m 이내
④ 교차로, 횡단보도 또는 건널목

> **해설** 주정차 금지구역
> • 교차로(5m), 횡단보도(10m), 건널목(10m), 보도(절대금지)
> • 소방(5m), 안전지대(10m), 버스정류장(10m)

078 다음은 차마의 통행원칙에 대한 설명이다. 옳지 않은 것은?

① 도로가 일방통행으로 된 경우에는 중앙이나 좌측부분으로 통행할 수 있다.
② 차마는 도로의 중앙선으로부터 좌측부분으로 통행하여야 한다.
③ 자동차가 도로 이외의 장소를 출입할 때는 보도를 횡단할 수 있다.
④ 보도를 횡단하여 주유소 등에 들어갈 때에는 일시정지하여 안전을 확인한다.

정답 73. ④ 74. ④ 75. ① 76. ① 77. ① 78. ②

079 고속도로 및 자동차 전용도로에서의 특례로 볼 수 없는 것은?

① 경찰청장은 고속도로의 관리자에게 교통안전시설의 관리에 필요한 사항을 지시할 수 없다.
② 고장이나 그 밖의 부득이한 사유로 길가장자리구역에 정차 또는 주차 시키는 경우
③ 경찰용 긴급자동차가 고속도로 등에서 범죄수사, 교통단속이나 그 밖의 경찰임무를 수행하기 위하여 정차 또는 주차 시키는 경우
④ 교통이 밀리거나 그 밖의 부득이한 사유로 움직일 수 없을 때에 고속도로 등의 차로에 일시 정차 또는 주차 시키는 경우

080 어린이 통학버스 운영자와 운전자의 의무사항으로 옳지 않은 것은?

① 신고증명서를 받아 차량 내에 비치하지 않고 보관하여도 된다.
② 어린이 또는 유아를 통학버스에 태운 경우는 어린이 등을 보호할 수 있는 교사 등을 탑승시켜야 한다.
③ 어린이 또는 유아를 태우고 있다는 점멸등 작동 표시를 해야 한다.
④ 어린이 또는 유아가 타고 내릴 때는 안전한 장소에 도착한 것을 확인 후 출발해야 한다.

081 다음 중 저속전기자동차의 운행구역을 지정, 변경 또는 해체하는 시장, 군수, 구청장이 고시하여야 할 사항에 해당되지 않은 것은?

① 안전표지판 설치 등 교통안전에 관한 사항
② 운행구역의 지정사유
③ 운행구역의 도로구간
④ 운행구역의 위치

082 다음 중 도로교통법상 무면허 운전으로 볼 수 없는 것은?

① 운전면허의 범위에 따라 운전할 수 있는 차의 종류는 정해져 있으며 이를 위반하는 행위
② 지방경찰청장으로부터 운전면허를 받지 않거나 면허의 효력이 정지된 경우에 자동차를 운전한 경우
③ 운전 중 운전면허증을 소지하지 않았을 때
④ 자동차 운전면허가 취소된 사실을 통지받은 상태에서 면허 취소 이후 운전

083 운전 중 단 1회의 위반으로도 운전면허를 취소해야 하는 경우는?

① 음주운전으로 사망사고 1명 이상, 중상 3명 이상일 경우
② 난폭운전으로 교통상의 위험을 발생하게 하여 공동 위험행위를 한 경우
③ 운전 중 고의 또는 과실로 교통사고를 일으킨 경우
④ 최고속도보다 시속 50km를 초과한 속도로 3회 이상 자동차 등을 운전한 경우

084 다음 중 고속도로에서의 운전방법으로 잘못된 것은?

① 항상 다니는 길이라 사전에 도로망, 지도 등을 조사하지 않아도 된다.
② 도로나 교통상황을 확인해 본다.
③ 심신 상태를 안정시켜야 한다.
④ 여유 있는 운전 계획을 수립한다.

정답 79. ① 80. ① 81. ② 82. ③ 83. ① 84. ①

085 도로에서 운전 중 비보호 좌회전에 대한 설명으로 틀린 것은?

① 신호 주기가 길고 지체가 많아 효율성이 적다.
② 신호 주기가 짧고 지체가 적어 효율성이 높다.
③ 좌회전을 허용하는 신호 운영방식으로 일반적으로 직진과 회전 교통량이 적은 교차로에서 행할 때
④ 교차로에서 별도의 좌회전 신호를 주지 않고 직진 신호일 때

086 도로에 위험물 표지가 있는 경우 운전자가 취해야 하는 조치로 잘못된 것은?

① 속도를 올려 빠르게 진행한다.
② 일시정지 하거나 천천히 서행하여 진행하도록 한다.
③ 진로를 변경할 경우에는 먼저 신호를 보낸 다음 신호의 방향으로 진행한다.
④ 위험지역을 통과할 때에는 좌우를 충분히 확인한 다음 진행한다.

087 다음 중 도로교통법상의 도로에 해당되지 않는 것은?

① 사람 또는 가축의 힘이나 그 밖의 동력으로 도로에서 운전되는 것
② '농어촌도로 정비법'에 따른 농어촌도로
③ '유료도로법'에 따른 유료도로
④ '도로법'에 따른 도로

088 어린이 통학버스를 계속하여 운영하는 사람과 운전하는 사람이 받아야 하는 정기 안전교육의 기간은?

① 1년마다　　② 2년마다
③ 3년마다　　④ 4년마다

089 다음 중 운전면허를 반드시 취소해야 하는 사유에 해당하지 않는 것은?

① 술에 취한 상태에서 자동차 등을 운전한 경우
② 운전면허를 받은 사람이 자동차 등을 범죄의 도구나 장소로 이용하여 죄를 범한 경우
③ 운전면허를 받을 수 없는 사람이 운전면허를 받거나 거짓으로 그 밖의 부정한 수단으로 운전면허를 받은 경우
④ 술에 취한 상태에 있다고 인정할 만한 상당한 사유가 있음에도 불구하고 경찰공무원의 측정에 응하지 아니한 경우

090 다음 중 도로교통법 상의 '어린이'에 대한 설명으로 맞는 것은?

① 6세 이하　　② 취학전 아동
③ 13세 미만　　④ 18세 미만

091 다음 중 '긴급 자동차'로 볼 수 없는 차는?

① 긴급 상황임을 표시하고 부상자를 운반 중인 택시
② 응급 환자를 이동 중인 구급자동차
③ 일반 업무를 위해 이동 중인 군부대 트럭
④ 화재 발생지역으로 출동하고 있는 소방자동차

> **해설** 도로교통법에서는 '긴급자동차'가 중요 (도로교통법 제2호) → 특례 (도로교통법 제30조 : 속도제한, 앞지르기, 끼어들기)
> • 본래의미(싸이렌, 경광등)
>   - (법률) : 소방, 구급, 혈액공급
>   - (대통령) : 경찰, 군대, 수사, 교도, 경호
> • 지정(싸이렌, 경광등)
>   - 전기, 전화, 전파
>   - 도로, 민방, 우편
> • 간주(전조등, 비상등)
>   - 유도되는 경찰, 군인
>   - 생명위협, 혈액운송

정답 85. ①　86. ①　87. ①　88. ②　89. ①　90. ③　91. ③

092 '보행자만이 다닐 수 있도록 안전표지나 그와 비슷한 공작물로써 표시한 도로'를 무엇이라 하는가?

① 보도
② 인도
③ 횡단보도
④ 보행자 전용도로

093 다음 중 3색등화로 표시되는 차량 신호등의 신호 순서로 알맞은 것은?

① 녹색 → 황색 → 적색
② 녹색 → 적색 → 황색
③ 황색 → 녹색 → 적색
④ 적색 → 황색 → 녹색

094 다음 중 일반도로에서 진로를 바꾸자 할 때의 거리는?

① 30m
② 50m
③ 100m
④ 150m

095 초등학교 등의 주 출입문을 중심으로 반경 (　) m 이내의 일정구간을 어린이 보호구역으로 지정할 수 있다. (　)에 적합한 것은?

① 100
② 200
③ 300
④ 500

096 다음 중 운전면허증에 갈음할 수 없는 것은?

① 임시운전 증명서
② 운전면허 합격통지서
③ 범칙금 납부통고서
④ 출석지시서

097 운전면허증 반납기간은 사유발생일로부터 며칠 이내에 하여야 하는가?

① 5일
② 7일
③ 10일
④ 30일

098 다음 중 음주운전이라 함은 어느 수치부터 적용되는가?

① 0.01%
② 0.03%
③ 0.05%
④ 0.07%

099 운전면허가 정지되는 법규상의 벌점 기준은?

① 20점 이상
② 30점 이상
③ 40점 이상
④ 50점 이상

100 교통사고 사망자는 교통사고가 원인이 되어 몇 시간 이내에 사망하는 것을 말하는가?

① 24시간
② 36시간
③ 72시간
④ 100시간

정답 92. ④ 93. ① 94. ① 95. ③ 96. ② 97. ② 98. ② 99. ③ 100. ③

일주일 만에 끝내는
**도로교통
안전관리자**

부록

- 별첨1. 꼭 암기할 고정값
- 별첨2. 시험에 자주 대두되는 기관장의 권한 부여[교통법규]
- 별첨3. 도로교통안전관리자 모의고사[출제예상]

CHAPTER 01 | 별첨1. 꼭 암기할 고정값

01 거리 단위

No	숫자	설명
1	2km	표준 구간(지방), cf. 도시(0.2km)
2	500m	비상 삼각대
3	300m	어린이 보호구역
4	200m	횡단보도 설치
5	150m	신호등 밝기 (45도)
6	100m	고속도로 끼어들기
7	30m	일반도로 끼어들기
8	16m	보행등 설치기준(도로폭)
9	4m	화물차 높이 cf 이륜(2m)
10	3m	차로의 너비 cf. 일반(3.5m)
11	65cm	등록번호판(뒤쪽 끝)
12	50cm	정차 시 우측가장자리 여유 공간

02 시간 단위

No	숫자	설명
1	5년	자동차 정책기본 계획. 교통사고 자료 보관, 교통안전관리 규정(확인)
2	3년	운전면허 벌점관리. 교통안전 우수사업자 평가. 운전 적성 정밀검사(화물차)
3	2년	초보운전기준, 모범운전(경찰청장), 어린이 통학버스(정기안전교육), 시험부정행위 응시제한
4	1년	연습면허, 처분 벌점소멸(40점), 교통안전 우수사업자 유효기간
5	6개월	번호판 정지. 운행기록장치 보관. 정비책임자 재선임
6	3개월	운전면허 수시적성 검사(통보일로부터 3개월 내)
7	2개월	방치 차량
8	1개월	주차 위반차 매각. 말소등록(상속 시 3개월)

No	숫자	설명
9	8주	교통안전체험교육 대상(8주 이상 치료 사고)
10	100일	안전관리규정 확인 평가(5년 후)
11	90일	저속 전기차 운행구역 해제
12	60일	교통안전 체험교육 참가(60일 이내)
13	45일	튜닝 검사
14	40일	임시운행허가(특수설비, 광고촬영, 자기인증)
15	30일	교통시설 안전 진단 명령. 교통사고 사망. 안전담당자 퇴직
16	20일	과징금 납부(자동차관리법)
17	15일	이전등록(매매) cf. 증여(20일), 상속(6개월)
18	10일	정비불량 정지 (지방 경찰청장), 임시운행허가(신규등록 등)
19	7일	교통수단 안전점검, 교통안전 진단기관 검사, 운전 면허증 반납
20	3일	도로공사 신고(경찰서장)
21	5분	정차
22	4초	서행 여유시간 cf. 정상 여유시간(2초)

03 속도 단위

No	숫자	설명
1	120km/h	편도 2차로 이상의 고속도로로서 경찰청장이 인정한 최고속도
2	100km/h	편도 2차로 이상의 최고속도
3	90km/h	자동차 전용도로 최고속도
4	80km/h	편도 1차로 고속도로에서의 최고속도, 편도 2차로 이상의 일반도로에서의 최고속도
5	60km/h	편도 1차로 일반도로에서의 최고속도
6	50km/h	일반도로(주거지역, 상업지역, 공업지역)에서의 최고속도
7	30km/h	자동차 전용도로 최저속도
8	25km/h	개인형 이동장치(PM) 최고속도

CHAPTER 02

별첨2. 시험에 자주 대두되는 기관장의 권한 부여(교통법규)

01 교통안전법, 자동차 관리법

국토부 장관	시·도지사	시장, 군수, 구청장	한국교통안전공단
기본계획 번호판 규격 검사지정 관리사업감독 임시운행허가 특별실태조사(교통안전) 교통안전 우수사업자 운행제한 자동차 자기인증 등록	등록 (원부, 신규, 변경, 이전, 번호판) 교통안전 진단기관 교통안전관리자 자격취소	튜닝승인 저속전기차 관리사업등록 정비책임자 선임 관리사업 양도양수신고 정비검사	이륜차 튜닝

02 도로교통법

시장등(특별시장,광역시장,제주도지사 또는 시장, 군수)	경찰청장	시도 경찰청장	경찰서장
무인단속장비 신호기 어린이 보호구역 노인보호구역 버스전용차선 노면전차 전용차선	모범운전자 교통안전수칙 고속도로 버스전용차선	통행금지(구간) 횡단보도 자전거 횡단로 보행자 전용도 적재중량 제한 정비불량 운전정지 운전면허 긴급자동차 지정 임시운전 증명서	통행금지(도로) 어린이 통학버스 적재량 초과허가 도로공사신고 도로점용허가 도로공사 범칙금 통보

CHAPTER 03

별첨#3. 도로교통안전관리자 모의고사(출제예상)(1회)

01 교통법규

001 여객자동차운송사업의 면허를 받은 자로서 200대의 자동차를 보유한 자는 몇 개월 이내에 교통안전관리규정을 제출하여야 하는가?

① 9개월
② 12개월
③ 6개월
④ 3개월

002 교통안전도 평가지수를 산정할 때 경상사고 1건에 대한 가중치는?

① 0.3
② 0.4
③ 0.2
④ 0.5

003 교통안전관리자 시험의 일부를 면제받기 위해서는 법령에서 정한 기관에서 해당 분야 몇 년간 업무를 근무한 경력이 있어야 하는가?

① 1년
② 3년
③ 2년
④ 5년

004 다음 중 자동차의 구조에 해당하지 않는 것은?

① 차체 및 차대
② 최저 지상고
③ 길이 · 너비 및 높이
④ 최소회전반경

005 도로교통안전관리자 시험과목으로 옳지 않은 것은?

① 교통법규
② 위험물 취급
③ 자동차정비
④ 교통안전 관리론

006 속도로 하이패스 전용차로 통과 시 하이패스 단말기 고장으로 통행료가 부과되지 않을 경우 올바르지 않은 행동은?

① 안전한 장소로 이동 후 영업소 사무실에 방문하여 직원에게 진입한 장소를 설명하고 통행료를 정산한다.
② 추후 문자 · 우편 등으로 받은 통행료 미납 안내문 · 고지서를 통해 통행료를 정산한다.
③ 하이패스 전용차로 통과 후 진출한 영업소 또는 콜센터에 전화 후 통행료를 정산한다.
④ 즉시 하이패스 차로에 차량을 정차시키고 차에서 내려 근무자가 있는 요금소로 차로를 횡단하여 통행료를 신속히 정산한다.

007 시장 · 군수 · 구청장이 안전운행에 지장이 있다고 인정되는 자동차에 대해 점검 · 정비를 명하려는 경우 필요하다고 인정되면 함께 명할 수 있는 자동차검사로 옳은 것은?

① 튜닝검사
② 임시검사
③ 확인검사
④ 신규검사

008 보행 신호등의 녹색등화의 점멸 의미는?

① 보행자는 횡단을 신속하게 시작하여야 하고 횡단하고 있는 보행자는 신속하게 횡단을 완료하여야 한다.
② 보행자는 횡단을 시작하여서는 아니 되고 횡단하고 있는 보행자는 신속하게 횡단을 완료하거나 그 횡단을 중지하고 보도로 되돌아와야 한다.
③ 보행자는 횡단을 시작하여서는 아니 되고 횡단하고 있는 보행자는 반드시 그 횡단을 중지하고 보도로 되돌아와야 한다.
④ 보행자는 횡단보도를 횡단할 수 있다.

009 교통안전법상 교통사고 원인조사 대상이 되는 도로구간과 지점에 대한 설명으로 옳지 않은 것은?

① 도시지역 외의 단일로는 1km의 도로 구간
② 교차로 또는 그 경계선으로부터 150m까지의 도로 지점
③ 횡단보도 또는 그 경계선으로부터 50m까지의 도로 지점
④ 도시지역 단일로는 600m의 도로 구간

010 보행자 보호 의무에 대한 설명으로 옳지 않은 것은?

① 보행자가 횡단보도를 통행하고 있을 때에는 일시 정지하여야 한다.
② 교통정리를 하고 있지 않은 교차로 부근을 횡단하는 보행자는 보호의무가 없다.
③ 경찰공무원의 신호에 따라 도로를 횡단하는 보행자의 통행을 방해하여서는 안 된다.
④ 차로가 설치되어 있지 않은 좁은 도로에서 보행자의 옆을 지나는 경우에는 안전한 거리를 두고 서행하여야 한다.

011 자동차 및 자동차부품의 성능과 기준에 관한 규칙에서 정한 자동차의 길이 · 너비 및 높이에 대한 설명 중 옳지 않은 것은?

① 자동차의 길이는 13미터를 초과하여서는 아니 된다.
② 자동차의 너비는 2.5미터를 초과하여서는 아니 된다.
③ 연결 자동차의 경우에는 17.6미터를 초과하여서는 아니 된다.
④ 자동차의 높이는 4미터를 초과하여서는 아니 된다.

012 운전면허의 결격사유로 옳지 않은 것은?

① 교통상의 위험과 장해를 일으킬 수 있는 정신질환자 또는 뇌전증 환자로서 대통령령으로 정하는 사람
② 18세 미만(원동기장치자전거의 경우에는 16세 미만)인 사람
③ 제1종 대형면허를 받으려는 경우로서 19세 이상이거나 자동차(이륜자동차는 제외한다)의 운전 경험이 1년 이상인 사람
④ 듣지 못하는 사람(제1종 운전면허 중 대형면허 · 특수면허만 해당한다)

013 교통안전 관리규정에 포함될 사항이 아닌 것은?

① 교통수익 증대를 위한 교통효율화
② 교통안전의 경영지침에 관한 사항
③ 교통안전목표 수립에 관한 사항
④ 안전관리대책의 수립 및 추진에 관한 사항

014 교통안전관리자 자격 취득의 결격사유에 해당하는 경우로 옳지 않은 것은?

① 미성년자
② 금고 이상의 형의 집행유예 선고를 받고 그 유예 기간 중에 있는 자
③ 피성년후견인
④ 금고 이상의 실형을 선고받고 그 집행이 종료(집행이 종료된 것으로 보는 경우 포함)되거나 집행이 면제된 날로부터 2년이 지나지 아니한 자

015 교통수단 운영자가 교통안전 담당자로 지정할 수 있는 사람으로 옳지 않은 경우는?

① 교통 사고원인의 조사·분석과 관련하여 국토교통부 장관이 인정하는 자격을 갖춘 사람
② 교통학 또는 교통공학을 전공하여 석사학위 이상을 취득한 사람
③ 교통안전관리자 자격을 취득한 사람
④ 산업안전보건법에 따른 안전관리자

016 교통안전법에 따라 교통사고 관련 자료 등을 보관·관리하는 자는 교통사고가 발생한 날부터 몇 년간 이를 보관·관리하여야 하는가?

① 3년　　② 5년
③ 2년　　④ 4년

017 운전면허 수시적성검사의 대상자는 도로교통공단이 정하는 날부터 몇 개월 이내에 적성검사를 받아야 하는가?

① 2개월 이내　② 4개월 이내
③ 3개월 이내　④ 1개월 이내

018 운행기록장치 장착의무자 중 제출요청에 관계없이 운행기록을 주기적으로 제출해야 하는 사업자는?

① 화물자동차 운송가맹사업자
② 노선여객자동차 운송사업자
③ 구역여객자동차 운송사업자
④ 화물자동차 운송사업자

019 사업용 운전자가 몇 주 이상의 치료를 요하는 중대 교통사고를 유발한 경우에 교통안전 체험교육 과정을 이수해야 하는가?

① 8주　　② 9주
③ 6주　　④ 3주

020 수리검사를 받으려는 자가 자동차검사대행자에게 제출해야 할 서류로 옳지 않은 것은?

① 중고자동차 성능·상태점검기록부
② 손상된 구조 또는 장치에 대한 수리 전 사진
③ 보험회사가 발급한 전손 처리에 관한 확인서
④ 자동차점검·정비명세서

021 보행자가 통행하고 있을 때에는 횡단을 방해하거나 위험을 주지 아니 하도록 일시정지를 하여야 하는 곳은?

① 횡단보도
② 교차로
③ 주차장
④ 교통정리를 하고 있을 때

022 교통안전과 관련된 조사 · 측정 · 평가업무를 전문적으로 수행하는 교통안전진단기관이 교통시설에 대하여 교통안전에 관한 위험요인을 조사 · 측정 및 평가하는 모든 활동을 말하는 것은?

① 교통시설안전진단
② 교통사고조사분석
③ 교통안전관리규정
④ 교통수단안전점검

023 다음 중 자동차관리법령에서 정하고 있는 화물자동차로 옳지 않은 것은?

① 유류 · 가스 등을 운반하기 위한 적재함을 설치한 자동차
② 고장 · 사고 등으로 운행이 곤란한 자동차를 구난 · 견인 할 수 있는 구조의 자동차
③ 승차공간과 화물적재공간이 분리되어 있는 자동차로서 화물적재공간의 윗부분이 개방된 구조의 자동차
④ 화물을 운송하는 기능을 갖추고 자체적하 기타 작업을 수행 할 수 있는 설비를 함께 갖춘 자동차

024 교통수단안전점검 대상으로 옳지 않은 것은?

① 여객자동차 운송사업자가 보유한 자동차
② 건설기계사업자가 보유한 운전면허를 받아야 하는 건설기계
③ 지자체가 보유한 긴급자동차
④ 교육청이 보유한 어린이 통학버스

025 자동차가 신규 등록을 신청하기 위해 자동차를 운행하려는 경우 임시운행 허가기간은?

① 20일 이내   ② 15일 이내
③ 5일 이내   ④ 10일 이내

026 교통정리를 하고 있지 않은 교차로에서 자동차의 통행방법으로 옳지 않은 것은?

① 이미 교차로에 들어가 있는 다른 차가 있을 때에는 그 차에 진로를 양보하여야 한다.
② 차가 통행하고 있는 도로의 폭보다 폭이 넓은 도로로부터 교차로에 들어가려고 하는 다른 차가 있을 때에는 그 차에 진로를 양보하여야 한다.
③ 좌회전하려고 하는 차의 운전자는 그 교차로에서 직진하거나 우회전하려는 다른 차가 있을 때에는 그 차에 진로를 양보하여야 한다.
④ 교차로에 동시에 들어가려고 하는 경우 운전자는 좌측도로의 차에 진로를 양보하여야 한다.

027 교통안전담당자를 지정해야 하는 교통사업자와 지정인원 등에 대한 설명으로 옳은 것은?

① 20대 이상의 사업용 자동차를 사용하는 여객자동차운송사업자는 교통안전담당자 1명만 지정하면 된다.
② 차량보유대수 등 업체 규모별로 지정인원이 차등 적용된다.
③ 도로 · 철도 · 항공 · 항만 등 전 분야의 교통수단운영자가 교통안전담당자를 지정해야 한다.
④ 교통시설설치 · 관리자인 한국도로공사 등은 교통안전담당자를 2명 이상 지정하여야 한다.

028 자동차 주행거리계 교체 사유로 옳지 않은 것은?

① 침수·낙뢰 등 자연재해로 주행거리계가 고장나거나 파손된 경우
② 중고자동차를 구입하여 사용하고자 하는 경우
③ 주행거리계와 분리할 수 없는 일체형으로 구성된 연료계 또는 속도계 등이 고장나거나 파손된 경우
④ 교통사고로 주행거리계가 고장나거나 파손된 경우

029 자동차 정차 및 주차 금지장소가 아닌 곳은?

① 버스정류장임을 표시하는 표지판 또는 선이 설치된 곳으로부터 10미터 이내인 곳
② 소방용수시설 또는 비상소화장치가 설치된 곳으로부터 5미터 이내인 곳
③ 안전지대 사방으로부터 각각 10미터 이내인 곳
④ 도로의 모퉁이로부터 10미터 이내인 곳

030 교통안전담당자를 지정하지 않은 경우에 대해 부과되는 과태료 금액은?

① 300만원　② 600만원
③ 500만원　④ 400만원

031 교통안전관리규정 준수 여부의 확인·평가 주기는?

① 2년　② 3년
③ 5년　④ 1년

032 운전이 가족의 생계를 유지할 중요한 수단이 되는 자가 음주운전으로 운전면허 취소 또는 정지 처분을 받은 경우 감경사유로 옳지 않은 것은?

① 과거 5년 이내에 음주운전의 전력이 없는 경우
② 혈중알코올농도가 0.1퍼센트를 미만으로 운전한 경우
③ 음주운전 중 물적피해 교통사고를 일으킨 경우
④ 경찰관의 음주측정요구에 불응한 경우

033 다음 중 긴급자동차라 하더라도 허용되는 경우로 옳지 않은 것은?

① 제한속도를 넘어 운전하는 행위
② 앞지르기 금지장소에서의 앞지르기
③ 긴급한 상태에서의 음주운전
④ 긴급하고 부득이한 경우 중앙선을 넘어서 운전하는 행위

034 국토교통부 장관은 자동차를 효율적으로 관리하고 안전도를 높이기 위하여 자동차정책기본계획을 몇 년마다 수립·시행하는가?

① 2년　② 5년
③ 3년　④ 4년

035 자동차 튜닝의 승인 대상으로 옳지 않은 것은?

① 승차장치의 변경
② 연료장치의 변경
③ 범퍼의 외관 등 경미한 변경
④ 물품적재장치의 변경

036 자동차의 종류를 구분하는 기준에 대한 설명 중 옳지 않은 것은?

① 승용자동차는 9인 이하를 운송하기에 적합하게 제작된 자동차
② 특수자동차는 다른 자동차를 견인하거나 구난작업 수행하기에 적합하게 제작된 자동차
③ 승합자동차는 11인 이상을 운송하기에 적합하게 제작된 자동차
④ 화물자동차는 화물을 운송하기에 적합한 화물적재공간을 갖춘 자동차

037 교통안전담당자가 필요한 조치를 요청할 시간적 여유가 없는 경우 직접 필요한 조치를 하고 이를 교통시설설치·관리자 등에게 보고할 사항으로 옳지 않은 것은?

① 운전자 등의 승무계획 변경
② 교통수단의 운행 등의 계획 변경
③ 교통수단의 정비
④ 교통안전을 해치는 행위를 한 차량운전자 등에 대한 징계

038 교통안전법상 교통수단안전점검 대상으로 옳지 않은 것은?

① 철도차량 ② 선박
③ 항공기   ④ 자동차

039 차도와 보도의 구별이 없는 도로에서 정차할 때 우측 가장자리로부터 얼마 이상의 거리를 두어야 하는가?

① 90cm 이상 ② 60cm 이상
③ 50cm 이상 ④ 30cm 이상

040 자동차의 운행기록 분석 결과를 활용하는 교통안전 업무가 아닌 것은?

① 운행계통 및 운행경로 개선
② 교통수단운영자의 교통안전관리
③ 법규위반 적발
④ 자동차의 운행관리

041 다음 중 도로교통법에 따른 안전표지의 종류로 옳지 않은 것은?

① 지시표지 ② 규제표지
③ 주의표지 ④ 안내표지

042 도로교통법에 따른 운전자 준수사항에 해당하지 않는 것은?

① 물이 고인 곳은 물이 튀게하여 다른 사람에게 피해를 주는 일이 없도록 할 것
② 화물적재함에 사람을 태우고 운행하지 아니할 것
③ 적절한 과속운전을 할 것
④ 차를 떠날 경우에는 다른 사람이 함부로 운전하지 못하도록 필요한 조치를 할 것

043 자동차관리법상 과징금은 납부통지일부터 며칠 이내에 납부하여야 하는가?

① 20일 ② 14일
③ 10일 ④ 30일

044 내압용기에 대한 각인 및 표시 방법 중 용기번호 각인 내용으로 옳지 않은 것은?

① 내압시험 합격 연월
② 제조일련번호
③ 내압용기 제조자 또는 수입자의 명칭 또는 약호
④ 내압용기 색상

045 다음 중 외국에서 국제운전면허를 발급받은 사람이 국내에서 운전할 수 있는 자동차는?

① 택시
② 시내버스
③ 렌트카
④ 개별용달

046 편도 1차로 고속도로의 최고, 최저속도 기준은?

① 최고속도 90km/h, 최저속도 40km/h
② 최고속도 80km/h, 최저속도 50km/h
③ 최고속도 90km/h, 최저속도 50km/h
④ 최고속도 80km/h, 최저속도 40km/h

047 등록된 자동차의 소유권이 변경될 때 실시하는 등록은?

① 신규등록
② 이전등록
③ 변경등록
④ 말소등록

048 자동차관리법상 국토교통부 장관이 지정한 차대번호 지정표기시행자는?

① 한국교통안전공단
② 시·도지사
③ 지정정비업자
④ 자동차제작자

049 교통사고관련자료 등을 보관·관리하는 자가 특별한 사유 없이 관계교통행정기관의 그 자료제출 요구에 응하지 아니한 경우의 과태료 부과 개별기준은?

① 100만원
② 30만원
③ 50만원
④ 200만원

050 자동차 정기검사의 기간으로 바르게 설명한 것은?

① 검사유효기간 만료일 전·후 각각 15일 이내
② 검사유효기간 만료일이 속하는 달 전·후 1개월 이내
③ 검사유효기간 만료일이 속하는 달
④ 검사유요기간 만료일 전·후 각각 31일 이내

02 교통안전 관리론

001 교통안전 증진을 위한 방법으로 교통수단과 사람이 안전하게 통행할 수 있도록 통제하는 것을 무엇이라 하는가?
① education
② enforcement
③ enhanced safety vehicle
④ engineering

002 조명은 작업자·직장·생산에 영향을 미친다. 다음 중 조명이 미비한 경우 직장에 미치는 영향으로 가장 거리가 먼 것은?
① 직장의 분위기가 어둡다.
② 근로 의욕이 저하된다.
③ 정리·정돈이 좋지 못하다.
④ 심적으로 안정감을 준다.

003 Piaget의 인지발달이론에 따른 어린이의 일반적 특성과 행동능력에 대한 설명으로 옳지 않은 것은?
① 전 조작 단계 : 직접 존재하는 것에 대해서만 사고하며, 이 사고도 고지식하고 자기중심적이어서 한 가지 사물에만 집착한다.
② 구체적 조작단계 : 교통장면을 충분히 인식하면 교통규칙을 이해할 수 있는 수준에 도달하게 된다.
③ 감각적 운동단계 : 자신과 외부세계를 구별하는 능력이 전혀 없다.
④ 형식적 조작단계 : 논리적 사고가 발달하나, 성인수준의 능력을 갖는 보행자로서 교통에 참여할 수 없다.

004 바람직한 교통참가자를 형성시키기 위한 교통안전의 교육 내용에 해당되지 않는 것은?
① 준법정신 ② 타자 적응성
③ 사고처리 기준 ④ 안전운전 태도

005 안전벨트의 기능으로 옳지 않은 것은?
① 사망률의 감소 ② 운전자세 교정
③ 충격력 증가 ④ 피로감 감소

006 하인리히(Heinrich) 법칙에 대한 설명 중 옳지 않은 것은?
① 불안전한 행위가 교통사고를 유발하는 과정에서 중상 : 경상 : 위험한 상태의 발생 가능성은 1 : 29 : 300이다.
② 사고를 일으켰으나 손실이 없거나 사고를 일으킬 뻔 했던 무손실사고를 무시하게 되면 더 큰 사고가 일어난다는 사실을 강조한 것이다.
③ 교통사고의 주된 원인은 운전자의 불안전한 행위에 있음을 강조한 것이다.
④ 실제 일어난 사고만을 분석하여 대책을 세우는 것이 효율적이라는 주장이다.

007 자동차 운행 중 원심력에 관한 설명이다. 틀린 것은?
① 커브의 반경이 커질수록 커진다.
② 커브길 운행시 원심력이 적용된다.
③ 중량에 비례해서 커진다.
④ 원심력은 속도의 제곱에 비례한다.

008 다음 중 음주운전 교통사고의 특징으로 틀린 것은?

① 주차 중에 있는 다른 자동차 등에 충돌한다.
② 도로를 잘못 보고 도로 밖으로 추락한다.
③ 야간보다 낮에 많은 사고를 유발한다.
④ 정지물체, 즉 안전지대나 전신주 등에 충돌한다.

009 교통안전관리 단계 중 안전관리자가 최고경영진에게 가장 효과적인 안전관리 방안을 제시해 주어야 하는 단계는?

① 조사단계　　② 확인단계
③ 설득단계　　④ 계획단계

010 교통사고 발생으로 인한 공공적 지출에 해당되지 않는 것은?

① 경찰관서의 사고처리 비용
② 재판비용
③ 긴급구호 및 보험기관 사고처리 비용
④ 문병을 위한 시간·교통비용

011 교통사고 예방원칙에 대한 설명으로 틀린 것은?

① 무리한 행동 배제의 원칙은 과속, 끼어들기 등 무리한 행동을 하지 말라는 원칙이다.
② 욕조곡선은 중기에 부품 내재 결함으로 고장률이 점차 증가한다.
③ 욕조곡선의 원리는 고장률과 시간의 관계에서 욕조의 모양이 나타난다.
④ 하인리히 법칙의 1:29:300이라는 수치는 재해를 사전에 예방하는 노력의 중요성을 나타낸다.

012 교통사고요인 중 인적요인에 해당되지 않는 것은?

① 운전자의 적성과 자질
② 운전자 또는 보행자의 신체적·생리적 조건
③ 위험의 인지와 회피에 대한 판단
④ 운전면허소지자수의 증가

013 다음 중 교통사고의 3대 요인으로 볼 수 없는 것은?

① 인적 요인　　② 환경적 요인
③ 차량적 요인　　④ 문화적 요인

014 산재를 몇 개의 범주로 나누어 각 범주별 평균비용을 산출하여 사고를 분류하는 방식을 제시한 사람은?

① 하인리히　　② 시몬즈
③ 그리말디　　④ 윌릭

015 관리에 대한 설명으로 옳지 않은 것은?

① 공동의 목표를 위해서 협동집단의 행동을 지시하는 과정이다.
② 관리는 구성원 집단을 위하여 명령을 하고 의사결정을 하는 과정이다.
③ 설정된 목표를 달성하기 위해 인간과 다른 자원에 대한 통제를 수행하여서는 안 된다.
④ 관리는 행하여지는 기능이다.

016 관리기능에 따른 직무수행 방법 중 조정 방법으로 틀린 것은?

① 회의, 위원회의 활용
② 목표와 권한, 책임의 명확화
③ 조정기구의 설치
④ 절차의 비정형화

017 교통안전관리의 설명으로 옳지 않은 것은?

① 교통안전관리는 노무 및 인사관리와는 관계성이 없다.
② 사람과 물자의 이동과정에서 발생하는 위험요인이 없도록 하는 과정이다.
③ 운전자 관리, 차량관리, 교통시설과 환경관리가 효율적으로 이뤄져야 한다.
④ 교통안전과 관련한 모든 자원을 계획, 조직, 통제, 배분, 조정 및 통합하는 과정이다.

018 교통안전을 증진시키기 위한 방법인 '3E'에 해당하지 않는 것은?

① 교육(education) ② 공학(engineering)
③ 단속(enforcement) ④ 협력(effort)

019 다음 중 10명 내외의 소집단 교육기법에 해당하지 않는 것은?

① 사례 연구법 ② 분할 연기법
③ 밀봉 토의법 ④ 카운슬링

020 회사에서 교통안전 교육계획 수립 시 고려할 사항으로 옳지 않은 것은?

① 법정 교육은 반드시 자체교육 우선 실시를 검토한다.
② 안전교육 기관의 교육운영과 교육과정을 검토한다.
③ 현장의 의견을 충분히 검토·반영한다.
④ 전문가와 관계자의 의견을 정취하고 수렴한다.

021 안전관리활동 중 현장안전회의(tool box meeting)의 순서로 옳은 것은?

① 도입 – 위험예지 – 점검정비 – 확인 – 운행지시
② 위험예지 – 도입 – 점검정비 – 운행지시 – 확인
③ 도입 – 점검정비 – 운행지시 – 위험예지 – 확인
④ 도입 – 점검정비 – 위험예지 – 확인 – 운행지시

022 다음에서 어린이의 교통행동특성에 대한 설명으로 옳지 않은 것은?

① 감정에 따라 행동의 변화가 심하다.
② 추상적인 말을 잘 이해한다.
③ 신기한 일에 호기심을 가진다.
④ 사물을 이해하는 방법이 단순하다.

023 집단 활동의 타성화에 대한 대책으로 틀린 것은?

① 성과를 도표화 ② 표어, 포스터의 모집
③ 문제의식 억제 ④ 타집단과 상호교류

024 하인리히의 법칙에 대한 설명으로 옳지 않은 것은?

① 노동재해 사례를 분석하여 제시하였다.
② 일반적으로 1 : 29 : 300의 수치로 나타낸다.
③ 도로교통사고 방지를 위한 부분에도 적용되고 있다.
④ 사고가 발생한 후 사고방지대책을 강구하는데 중점을 두고 있다.

025 다음 중 사고다발자의 일반적인 특성으로 볼 수 없는 것은?

① 충동을 제어하지 못하여 조기 반응을 나타낸다.
② 자극에 민감한 경향을 보이고 흥분을 잘한다.
③ 호탕하고 개방적이어서 인간관계에 있어서 협조적 태도를 보인다.
④ 정서적으로는 충동적이다.

03 자동차 정비

001 과급기(turbo charger)가 부착된 기관에 대한 설명으로 옳은 것은?

① 배기에 속도에너지를 주는 기관이다.
② 공기와 연료와의 혼합을 효율적으로 하는 기관이다.
③ 실린더에 공급되는 흡입공기 효율을 향상시키는 기관이다.
④ 피스톤의 펌프 운동에 의해 공기를 흡입하는 기관이다.

002 점화플러그의 간극이 클 때 일어나는 현상은?

① 점화 ② 착화
③ 실화 ④ 역화

003 다음 중 기동전동기가 갖추어야 할 조건으로 옳지 않은 것은?

① 마력당 중량이 작아야 한다.
② 기계적인 충격에 견딜만한 충분한 내구성이 있어야 한다.
③ 기동 회전력이 커야 한다.
④ 전압조정기가 있어야 한다.

004 노킹에 대한 설명으로 옳지 않은 것은?

① 충격파에 의해 실린더 벽이 강제 진동되어 금속성 음이 발생된다.
② 노킹이 발생하면 실린더내의 압력과 온도가 급상승한다.
③ 노킹 시의 연소속도는 정상연소 때보다 늦어진다.
④ 미연소 가스가 자연 발화되어 순간적으로 연소되는 것이다.

005 고속 주행 시 타이어의 바닥면이 지면에서 떨어지는 쪽에 파형이 생겨 타이어의 원주 방향으로 전달되는 현상은?

① 하이드로프래닝 (hydroplaning)
② 스탠딩웨이브 (standing wave)
③ 페이드 (fade)
④ 베이퍼록 (vapour lock)

006 일체 차축식 현가장치에 해당하는 것은?

① 위시본형   ② 평행판 스프링형
③ 맥퍼슨형   ④ 트레일링암형

007 디젤기관에서 예연소실식의 장점으로 옳지 않은 것은?

① 착화 지연이 짧기 때문에 디젤 노크가 적다.
② 연소실 체적이 크기 때문에 냉각 손실이 크다.
③ 연료의 분사 압력이 낮아 연로 장치의 고장이 적다.
④ 주연소실 내의 압력이 비교적 낮기 때문에 작동이 정숙하다.

008 에틸렌글리콜 부동액의 특징으로 옳지 않은 것은?

① 비등점이 197.2℃, 응고점이 최고 ?50℃이다.
② 금속 부식성이 있으며, 팽창 계수가 크다.
③ 엔진 내부에 누출되면 교질상태의 침전물이 생긴다.
④ 알코올이 주성분이며, 가연성이다.

009 가솔린기관의 예혼합, 디젤기관의 압축착화를 혼합한 연소형태로서 연소시키는 기술은?

① 가변압축식 기관
② 예혼합 압축착화연소기술
③ 가변기구기술
④ 직접분사식

010 다음 중 반도체의 종류로 옳지 않은 것은?

① 광도전 소자　② 서미스트
③ 어큐뮬레이터　④ 사이리스터

011 행정 사이클 엔진의 작동에서 피스톤이 상사점 위치에서 하사점 위치까지 움직인 거리를 무엇이라고 하는가?

① 행정　② 피치
③ 양정　④ 간극

012 축전기(condenser)에 충전되는 전하의 양에 대한 설명 중 옳은 것은?

① 금속판 사이의 거리에 비례한다.
② 가한 전압에 반비례한다.
③ 금속판 사이의 절연물의 절연도에 비례한다.
④ 마주보는 금속의 면적에 반비례한다.

013 다음 중 구름저항 설명으로 옳지 않은 것은?

① 자동차의 중량에 역비례한다.
② 구름저항 계수에 비례한다.
③ 바퀴에 걸리는 중량에 비례한다.
④ 노면을 구를 때 생기는 저항이다.

014 타이로드에 직접 연결되는 구조로 된 조향장치의 종류는?

① 랙피니언형　② 웜섹터형
③ 웜섹터롤러형　④ 웜너트형

015 공차상태라 함은 다음 중 어떠한 상태인가?

① 차량 검사관이 운영일지에 기록 후 대기상태인 차량
② 운행에 필요한 운행안전 점검에 합격한 차량
③ 연료, 냉각수, 윤활유를 만재하고 예비타이어를 비치하여 운행할 수 있는 상태
④ 예비물품(공구 기타 휴대물품)을 적재한 상태의 차량

016 자동차의 회로 부품 중에서 일반적으로 "ACC 회로"에 포함 된 것은?

① 라디오　② 경음기
③ 와이퍼 모터　④ 전조등

017 600m의 비탈길을 올라가는데 3분, 내려가는데 1분 걸렸다. 이 때 평균 속도는 얼마인가?

① 15km/h　② 16km/h
③ 17km/h　④ 18km/h

018 다음 중 클러치의 전달효율을 나타내는 식으로 올바른 것은? (T_1: 기관의 발생토크, T_2: 클러치의 출력토크, N_1: 기관의 회전수, N_2: 클러치의 출력회전수)

① $\eta = \dfrac{N_1 \times N_2}{T_1 \times N_2} \times 100$

② $\eta = \dfrac{T_2 \times N_2}{T_1 \times N_1} \times 100$

③ $\eta = \dfrac{T_2 \times N_1}{T_1 \times N_2} \times 100$

④ $\eta = \dfrac{T_1 \times N_1}{T_2 \times N_2} \times 100$

019 다음 중에서 언더 스티어링(under steering) 설명으로 옳지 않은 것은?

① 앞바퀴 미끄럼각이 뒷바퀴 미끄럼각보다 큰 현상이다.
② 선회반경이 커지는 현상이다.
③ 자동차의 앞부분이 바깥쪽으로 밀리는 현상이다.
④ 앞바퀴 미끄럼각이 뒷바퀴 미끄럼각보다 작은 현상이다.

020 전자식 제동력 분배(EBD)장치의 효과에 해당되지 않은 것은?

① 프로포셔닝 밸브를 설치하지 않아도 된다.
② 뒷바퀴의 유압을 좌우 각각 독립적으로 제어가 가능하므로 선회하면서 제동할 때 안정성이 확보된다.
③ 브레이크 페달 조작력이 증가한다.
④ 뒷바퀴의 제동력을 향상시키므로 제동거리가 단축된다.

021 자동차의 조종안정성에 속하지 않는 성능은?

① 운동성
② 응답성
③ 거주성
④ 선회성

022 기관의 구성부품 중 폭발가스의 고압을 직접 받아 회전력으로 변환시키는 작용을 하는 것은?

① 흡기밸브
② 피스톤
③ 캠축
④ 실린더

023 자동차용 냉매에 요구되는 조건으로 옳지 않은 것은?

① 안전성이 있을 것
② 인화성이 없을 것
③ 응축압력이 높을 것
④ 부식성이 없을 것

024 공랭식 냉각장치의 장점으로 옳은 것은?

① 마력수가 큰 경우에도 팬구동에 의한 동력 손실이 작다.
② 엔진전체가 균일하게 냉각된다.
③ 워밍업 운전시간이 짧다.
④ 운전중에 소음이 작다.

025 4행정 단기통 기관이 1,000rpm으로 회전할 때 1분당 몇 회의 폭발이 이루어지는가?

① 200회
② 300회
③ 400회
④ 500회

04 자동차 공학

001 자동차에 가장 많이 사용되는 브레이크는?

① 진공식　② 공기식
③ 유압식　④ 로드식

002 냉각장치에 사용되는 부동액의 종류에 해당되지 않은 것은?

① 글리세린　② 메탄올
③ 에틸렌글리콜　④ 에탄올

003 자동차 기관에서 밸브스프링 서징현상을 방지하기 위한 방법으로 옳지 않은 것은?

① 고유진동수가 다른 3중 스프링을 사용한다.
② 밸브 스프링의 고유진동을 높게 한다.
③ 원뿔형 스프링이나 부동피치 스프링을 사용한다.
④ 정해진 양정 내에서 충분한 스프링 정수를 얻도록 한다.

004 신품 방열기(라디에이터) 냉각수 용량이 50리터인데 사용한 방열기에 물을 넣었더니 35리터밖에 들어가지 않는다면 방열기 코어 막힘률은?

① 20%　② 40%
③ 50%　④ 30%

005 다음 중 디젤기관의 노크를 방지하기 위한 방법으로 옳지 않은 것은?

① 4에틸납을 첨가한 연료를 사용한다.
② 착화성이 좋은 연료를 사용한다.
③ 압축비를 높인다.
④ 압축온도를 높인다.

006 자동차 타이어 공기압에 대한 설명으로 옳은 것은?

① 공기압이 높으면 트레드 양단이 마모된다.
② 비오는 날 빗길 주행 시 공기압을 15%정도 낮춘다.
③ 모래길 등 자동차 바퀴가 빠질 우려가 있을 때는 공기압을 15%정도 높인다.
④ 좌, 우 바퀴의 공기압이 차이가 날 경우 제동력 편차가 발생 할 수 있다.

007 디젤기관에서 배출가스의 질을 개선하기 위한 대책으로 옳지 않은 것은?

① 분사노즐의 최적화
② 연료분사장치 전자화
③ 연료의 무화 억제
④ 연소실 현상 개선

008 촉매제(요소수, urea) 주입 시 주의 사항으로 옳지 않은 것은?

① 촉매제 통에 경유를 넣은 채로 운행하게 되며 촉매제가 분사되는 고온의 배기 부분에, 경유가 함께 분사되어 차량 화재의 원인이 될 수 있다.
② 촉매제의 보관 및 사용은 지정된 탱크와 주입기를 사용해야 한다.
③ 연료통에 촉매제를 넣으면 연료에 물이 섞인 것과 같아 꿀렁 거리거나 시동이 자주 꺼질 수 있다.
④ 촉매제는 반드시 부동액과 6:4 비율로 사용해야 한다.

009 전자동 공조장치(full automatic temperature control)에서 컨트롤 유닛에 입력되는 요소가 아닌 것은?

① 실내 온도센서 ② 일사량 센서
③ 핀 서모 센서 ④ 산소센서

010 전자제어 제동장치(ABS)의 장점에 해당되지 않은 것은?

① 제동거리 단축시켜 최소의 제동효과를 얻을 수 있도록 한다.
② 제동할 때 조향성능 및 방향안정성을 유지한다.
③ 제동할 때 옆방향 미끄러짐을 방지한다.
④ 제동할 때 스핀으로 인한 전복을 방지한다.

011 연료전지 자동차의 구성품으로 옳지 않은 것은?

① 전동기와 전동기 제어기구
② 연료공급 장치
③ 분사펌프
④ 열 교환기

012 기관의 회전력을 액체의 운동에너지로 바꾸고, 이 에너지를 다시 동력으로 바꾸어 변속기에 전달하는 클러치는?

① 유체클러치 ② 단판클러치
③ 다판클러치 ④ 리어클러치

013 하이브리드 자동차(HEV)의 고전압 전기장치 정비 전에 반드시 지켜야 할 사항으로 옳지 않은 것은?

① 전원을 차단하고 5~10분 경과 후 작업한다.
② 절연장갑을 착용하고 작업한다.
③ 시동키는 ON 상태에서 실시한다.
④ 서비스플러그(안전플러그)를 제거한다.

014 다음 중 ( ) 안에 알맞은 것은?

> NOx는 공연비가 이론 공연비보다 ( )한 경우에 발생하며 NOx를 줄이기 위한 부품은 ( )이다.

① 희박, DPF 장치
② 희박, EGR 장치
③ 농후, DPF 장치
④ 농후, EGR 장치

015 토우인(toe-in)에 대한 설명으로 옳지 않은 것은?

① 조향링키지의 마멸에 의해 토아웃(toe-out)이 되는 것을 방지한다.
② 바퀴가 옆방향으로 미끄러지는 것을 방지한다.
③ 수직방향의 하중에 의한 앞차축의 휨을 방지한다.
④ 앞바퀴를 평행하게 회전시킨다.

016 윤활유의 유압계통에서 유압이 저하되는 원인으로 옳지 않은 것은?

① 윤활유 통로의 파손
② 윤활유의 송출량 과다
③ 윤활계통의 마멸량 과다
④ 윤활유량의 부족

017 기관(엔진)의 밸브장치 소음발생 원인으로 옳지 않은 것은?

① 윤활유(엔진오일) 부족
② 냉각수 온도 상승
③ 밸브 스프링 결함
④ 캠축의 손상

018 축전지(배터리)교환 방법에 대한 설명으로 옳지 않은 것은?

① 축전지(배터리) 분리 후 케이블 부위의 오염 시 브러쉬로 청소한다.
② 차량의 전원이 OFF된 상태에서 시행한다.
③ 축전지(배터리)의 케이블 분리 시 +케이블을 먼저 분리한다.
④ 축전지(배터리) +단자와, -단자를 정확히 연결한다.

019 ISG(Idle Stop & Go)시스템의 기능으로 옳지 않은 것은?

① ISG 시스템은 브레이크 페달을 밟아 자동차가 정지하면 기관의 가동도 정지하고, 출발을 하면 다시 시동이 된다.
② 연료소비율 향상 효과는 약 5~29% 정도이다.
③ 하이브리드자동차(Hybrid vehicle)와 동일한 Auto Stop 기능이다.
④ 미끄러운 노면에서 제동을 할 때 차체를 안정시키는 장치이다.

020 피스톤이 압축하기 시작하여 연소실 내의 압력이 증가하며 온도는 어떻게 되겠는가?

① 내려간다 ② 관계없다
③ 올라간다 ④ 일정하다

021 브레이크의 제동력 배분에 있어서 뒷바퀴의 유압을 앞바퀴보다 감소시켜 뒷바퀴가 먼저 고착되는 것을 막아주는 기능을 하는 밸브는?

① 체크 밸브   ② 프로포셔닝 밸브
③ 언로드 밸브   ④ 안전 밸브

022 차량의 공기저항(air resistance)에 대한 설명으로 옳은 것은?

① 공기저항은 차량 앞면의 투영 면적에 비례하고, 속도에 비례한다.
② 공기저항은 자동차 차체 전체 면적에 비례한다.
③ 공기저항은 차량 앞면의 투영 면적에 비례하고, 속도의 제곱에 비례한다.
④ 공기저항은 차량 후면의 투영 면적에 비례한다.

023 엔진 오일의 구비조건으로 옳지 않은 것은?

① 점도지수가 크고 온도와 점도 관계가 적당해야 한다.
② 응고점이 낮고 열에 대하 저항력이 커야 한다.
③ 카본(Carbon) 생성에 대한 저항력이 커야 한다.
④ 인화점은 낮고 발화점은 높아야 한다.

024 튜브리스(tubeless)타이어의 장점으로 옳지 않은 것은?

① 펑크 수리가 쉽다.
② 못 등에 찔려도 공기가 급격히 빠지지 않는다.
③ 림이 변형되어도 타이어와 밀착이 좋아서 공기가 잘 새지 않는다.
④ 튜브가 없어 간단하며, 고속주행에도 방열이 잘 된다.

025 자동차 타이어의 수명을 결정하는 요인과 관계없는 것은?

① 도로의 종류와 조건에 따른 영향
② 타이어 공기압의 고·저에 대한 영향
③ 자동차 주행속도의 증가에 따른 영향
④ 기관의 출력 증가에 따른 영향

1. 교통법규

01	③	02	①	03	②	04	①	05	②
06	④	07	②	08	②	09	③	10	②
11	③	12	③	13	①	14	①	15	②
16	②	17	③	18	②	19	①	20	①
21	①	22	①	23	②	24	③	25	④
26	④	27	③	28	②	29	④	30	③
31	③	32	④	33	③	34	②	35	③
36	①	37	④	38	②	39	③	40	③
41	④	42	③	43	①	44	④	45	③
46	②	47	②	48	④	49	①	50	④

2. 교통안전 관리론

01	②	02	④	03	④	04	③	05	③
06	④	07	①	08	③	09	③	10	④
11	②	12	④	13	④	14	②	15	③
16	④	17	①	18	④	19	④	20	①
21	③	22	②	23	③	24	④	25	③

3. 자동차 정비

01	③	02	③	03	④	04	③	05	②
06	②	07	②	08	④	09	②	10	③
11	①	12	③	13	①	14	①	15	③
16	①	17	④	18	②	19	④	20	③
21	③	22	②	23	③	24	③	25	④

4. 자동차 공학

01	③	02	④	03	①	04	④	05	①
06	④	07	③	08	④	09	④	10	①
11	③	12	①	13	③	14	②	15	③
16	②	17	②	18	③	19	④	20	③
21	②	22	③	23	④	24	③	25	④

CHAPTER 도로교통안전관리자 모의고사(출제예상)(2회)

01 교통법규

001 운행기록장치 장착 면제의 대상 차량이 아닌 것은?

① 경형 소형특수자동차 및 구난형·특수작업형특수자동차
② 여객자동차 운송사업에 사용되는 자동차로서 2002년 6월30일 이전에 등록된 자동차
③ 여객자동차 운송사업에 사용되는 자동차로서 마을버스
④ 화물자동차 운송사업용 자동차로서 최대적재량 1톤 이하인 화물자동차

002 다음 중 정부가 장착비용을 지원하는 첨단안전장치에 해당하는 것은?

① 차로이탈 경고장치
② 적응순환 제어장치
③ 지능형 최고속도 제한장치
④ 자동제동장치

003 교통안전관리규정에 포함될 사항이 아닌 것은?

① 교통안전목표 수립에 관한 사항
② 안전관리대책의 수립 및 추진에 관한 사항
③ 교통수익증대를 위한 교통효율화
④ 교통안전의 경영지침에 관한 사항

004 교통행정기관이 교통수단 안전점검을 위해 교통사업자의 사업장을 출입할 경우, 검사계획의 사전통지 기간은?

① 출입·검사 1일전
② 출입·검사 3일전
③ 출입·검사 5일전
④ 출입·검사 7일전

005 다음 중 무면허운전에 해당하지 않는 것은?

① 운전면허의 효력이 정지되었음에도 운전한 경우
② 운전면허가 취소되었음에도 운전한 경우
③ 지방경찰청장으로부터 운전면허를 받지 아니하고 운전한 경우
④ 운전면허증을 소지하지 아니하고 운전한 경우

006 다음 중 교통행정기관의 제출 요청이 없더라도 주기적으로 운행기록을 제출해야 하는 업종에 해당하는 것은?

① 시외버스
② 전세버스
③ 개인택시
④ 소형화물차

007 다음 중 자동차관리법에서 자동차의 종류를 구분하는 세부기준으로 볼 수 없는 것은?

① 정격 출력
② 연료
③ 자동차의 크기·구조
④ 총배기량

008 다음 중 모든 운전자가 일시정지 해야 하는 경우는?

① 도로가 구부러진 부근
② 가파른 비탈길의 내리막
③ 횡단보도
④ 교통정리를 하고 있지 아니하는 교차로

009 차령이 2년 초과된 사업용 대형화물자동차의 정기검사 유효기간은?

① 3개월　　② 6개월
③ 1년　　　④ 2년

010 신규등록신청을 위하여 자동차를 운행하려는 경우의 임시운행 허가기간으로 옳은 것은?

① 7일 이내　　② 10일 이내
③ 20일 이내　　④ 30일 이내

011 다음 중 자동차의 정기검사기간으로 옳은 것은?

① 검사유효기간 만료일 전후 각각 10일 이내
② 검사유효기간 만료일 전후 각각 11일 이내
③ 검사유효기간 만료일 전후 각각 30일 이내
④ 검사유효기간 만료일 전후 각각 31일 이내

012 다음 중 국가교통안전 기본계획의 심의기구에 해당하는 것은?

① 지방경찰청　　② 국가교통위원회
③ 국무총리실　　④ 행정안전부

013 제한 총 중량 3.5톤을 초과하는 화물차의 최고속도 제한기준으로 옳은 것은?

① 70km/h　　② 90km/h
③ 100km/h　　④ 120km/h

014 교통시설설치·관리자 등이 교통안전담당자를 지정할 경우, 알려야 하는 기관에 해당하는 것은?

① 교통수단 운영자　② 국토교통부
③ 지방경찰청　　　 ④ 관할 교통행정기관

015 교통행정기관이 운행기록장치 장착의무자와 차량운전자에게 분석결과를 토대로 가능한 조치에 해당하지 않은 것은?

① 속도제한장치 무단해제 확인
② 교통수단 안전진단의 실시
③ 교통수단 운영체계의 개선 권고
④ 교통수단 안전점검의 실시

016 다음 중 2종보통면허로 운전할 수 없는 차량은?

① 승용차동차
② 원동기 장치 자전거
③ 적재중량 4톤의 화물차
④ 승차정원 12명의 승합자동차

017 다음 중 도로교통법상 도로에 해당하지 않는 것은?

① '농어촌도로 정비법'에 따른 농어촌도로
② 현실적으로 특정 소수의 사람 또는 차마(車馬)만이 통행할 수 있는 공개된 장소
③ '도로법'에 따른 도로
④ '유료도로법'에 따른 유료도로

018 다음 중 법적효력이 있는 수신호권자에 해당하지 않는 사람은?

① 의무경찰
② 해병전우회
③ 모범운전자
④ 본래의 긴급한 용도로 운행하는 소방차·구급차를 유도하는 소방공무원

019 다음 중 도로교통법상 앞지르기 금지장소에 해당하지 않는 것은?

① 터널 안
② 다리 위
③ 교차로
④ 고속도로

020 등록된 차량의 소유권이 이전된 경우에 필요로 하는 등록에 해당하는 것은?

① 말소등록
② 압류등록
③ 변경등록
④ 이전등록

021 교통안전법상 국가교통안전 기본계획의 수립권자에 해당하는 것은?

① 지방자치단체장
② 국토교통부장관
③ 국가교통위원회
④ 국무총리

022 교통안전법상 교통시설 안전진단을 실시하려는 자는 누구에게 등록하여야 하는가?

① 소관지역 경찰서장
② 교통안전관리공단
③ 국토교통부장관
④ 시·도지사

023 도로교통법상 자동차 전용도로에서의 최고속도와 최저속도를 바르게 나열한 것은?

① 최고속도(70km/h), 최저속도(30km/h)
② 최고속도(80km/h), 최저속도(50km/h)
③ 최고속도(90km/h), 최저속도(30km/h)
④ 최고속도(100km/h), 최저속도(50km/h)

024 도로상에서 좌석안전띠를 착용해야 하는 이유로 가장 부적절한 것은?

① 안전의 확보
② 교통법규의 준수
③ 생명의 보호
④ 사고의 증가

025 '자동차관리법령'상 자동차 정기검사 유효기간으로 잘못 연결된 것은?

① 사업용 승용자동차 - 1년
② 비사업용 승용자동차 - 2년
③ 차령이 2년 초과된 사업용 대형화물 자동차 - 1년
④ 차령이 8년 초과된 중형 승합자동차 - 6개월

026 다음 중 교통안전법상 '지정행정기관'에 해당되지 않는 것은?

① 국토교통부
② 경찰청
③ 국회(입법부)
④ 행정안전부

027 다음 중 교통안전법상 교통안전담당자의 직무에 해당하지 않는 것은?

① 운행기록장치 및 차로이탈 경고장치 등의 점검 및 관리
② 교통안전을 해치는 행위를 한 운전자 등에 대한 징계
③ 교통안전 관리규정의 시행 및 그 기록의 작성·보존
④ 교통시설의 조건 및 기상조건에 따른 안전운행 등에 필요한 조치

028 도로교통법상 비탈진 도로나 구부러진 도로에서의 통행방법으로 다음 중 잘못된 것은?

① 비탈진 좁은 도로에서 자동차가 서로 마주보고 진행하는 경우에는 올라가는 자동차가 도로의 우측 가장자리로 피하여 진로를 양보하여야 한다.
② 비탈길의 고갯마루 부근에서는 앞지르기가 금지될 뿐이며 서행할 필요는 없다.
③ 도로가 구부러진 부근에서는 서행하여야 한다.
④ 가파른 비탈길의 내리막에서는 서행하여야 한다.

029 다음 중 도로교통법상의 난폭운전의 유형에 해당하지 않은 것은?

① 급제동 금지위반
② 운전 중 음악청취
③ 중앙선 침범
④ 속도의 위반

030 '자동차관리법' 상 신규등록을 하려는 경우 실시하는 검사는?

① 임시검사   ② 수리검사
③ 신규검사   ④ 정기검사

031 '자동차관리법' 상 자동차의 운행 제한을 명할 수 있는 자는?

① 경찰청장   ② 시·도지사
③ 대통령   ④ 국토부장관

032 시·도지사는 국가교통안전 기본계획에 따라 시·도의 교통안전에 관한 기본계획을 몇 년 단위로 수립하여야 하는가?

① 매년   ② 2년 마다
③ 5년 마다   ④ 10년 마다

033 다음 중 교통안전 담당자로 지정될 수 없는 자는?

① '산업안전보건법' 제 17조에 따른 안전관리자
② 자동차정비 전문 자격증을 갖춘 사람
③ 교통안전법 제 53조에 따라 교통안전관리자 자격을 취득한 사람
④ 대통령령으로 정하는 자격을 갖춘 사람

034 음주운전자의 운전특성에 대한 설명으로 다음 중 틀린 것은?

① 공격성   ② 반사회성
③ 순응성   ④ 충동성

035 다음 중 교통사고가 발생하였을 때 신고할 사항과 관계없는 것은?

① 손괴한 물건 및 손괴정도
② 사상자 수 및 부상정도
③ 사고가 일어난 곳
④ 사고 차량 간의 과실 책임 여부

036 다음 중 '자동차관리법' 상의 자동차 검사에 해당되지 않는 것은?

① 정기검사
② 튜닝검사
③ 소유자 변경검사
④ 임시검사

037 차령 1년 미만 자동차의 자동차정비업자의 사후관리 관련 사항이 맞는 것은?

① 정비·점검일부터 30일 이내
② 정비·점검일부터 60일 이내
③ 정비·점검일부터 90일 이내
④ 정비·점검일부터 1년 이내

038 자동차 소유자는 해당 자동차에 대하여 국토교통부장관이 실시하는 검사를 받으려고 한다. 해당 사항이 아닌 것은?

① 적성검사 ② 정기검사
③ 신규검사 ④ 튜닝검사

039 교통안전담당자가 퇴직한 경우에는 퇴직한 날부터 며칠 이내에 다른 교통안전담당자를 지정해야 하는가?

① 10일 이내 ② 20일 이내
③ 30일 이내 ④ 40일 이내

040 다음 중 경력운전자에 비해 초보운전자의 운전 중 행동분석으로 틀린 것은?

① 다양한 운전상황에서의 상황판단 훈련이 부족하다.
② 차선변경, 무신호교차로에서 심적 부담을 느낀다.
③ 초보운전자는 운전시작 후 첫해에 사고율이 가장 높게 나타난다.
④ 전방주시의 수평분포가 넓다.

041 교통사고관련 자료를 보관해야 하는 관리자가 아닌 것은?

① 한국도로공사
② 손해보험협회에 소속된 손해보험회사
③ 한국교통안전공단
④ 교통안전관리자

042 자동차 튜닝승인을 받은 자는 자동차 정비업자 또는 자동차 제작자등으로부터 튜닝과 그에 따른 정비를 받고 승인 받은 날부터 며칠 이내에 튜닝검사를 받아야 하는가?

① 30일 이내 ② 45일 이내
③ 60일 이내 ④ 90일 이내

043 다음 중 '자동차관리법' 상의 자동차의 종류에 해당되지 않는 것은?

① 승용자동차 ② 특수자동차
③ 삼륜자동차 ④ 승합자동차

044 교통행정기관이 교통사고 관련 자료를 사고가 발생한 날부터 보관해야 하는 기간은?

① 1년 ② 2년
③ 3년 ④ 5년

045 사람 또는 화물의 이동 운송과 관련된 활동을 수행하기 위하여 개별적으로 또는 서로 유기적으로 연계되어 있는 교통수단 및 교통시설의 이용·관리·운영체계 또는 이와 관련된 산업 및 제도 등을 의미하는 것은?

① 교통체계 ② 교통수단
③ 교통시설 ④ 교통정책

046 운전 중 단 1회의 위반으로도 반드시 운전면허를 취소해야 하는 경우는?

① 난폭운전으로 교통상 위험을 발생하게 하여 공동 위험행위를 한 경우
② 음주운전으로 사망사고 1명 이상 중상 3명 이상일 경우
③ 최고속도보다 시속 50킬로미터를 초과한 속도로 3회 이상 자동차등을 운전한 경우
④ 운전 중 고의 또는 과실로 교통사고를 일으킨 경우

047 교통안전 체험교육을 받아야 하는 중대교통사고는 1건의 교통사고로 몇 주 이상의 치료를 요하는 의사의 진단을 받은 피해자가 발생한 사고를 말하는가?

① 3주 이상　② 6주 이상
③ 8주 이상　④ 10주 이상

048 어린이 통학버스를 계속하여 운영하는 사람과 운전하는 사람이 받아야 하는 정기안전교육의 기간은?

① 1년마다　② 2년마다
③ 3년마다　④ 5년마다

049 도로에서 운전 중 50% 이상 감속해야 하는 경우는?

① 눈이 20밀리미터 미만 쌓인 경우
② 안개 등으로 가시거리가 200미터 이내인 경우
③ 폭우·폭설·안개 등으로 가시거리가 100미터 이내인 경우
④ 비가 내려 노면이 젖어 있는 경우

050 다음 중 자동차관리법의 목적으로 볼 수 없는 것은?

① 육상에서 이동할 목적으로
② 공공의 복리를 증진
③ 자동차의 성능 및 안전을 확보
④ 자동차를 효율적으로 관리

02 교통안전 관리론

001 교통안전관리의 단계에서 교통안전관리자가 경영진에 대해 효과적인 안전관리방안을 적시해야 하는 단계로 볼 수 있는 것은?

① 계획단계 ② 수립단계
③ 설득단계 ④ 실행단계

002 교통안전운전 요건에 의한 운전자의 분류에 해당하지 않는 것은?

① 지식
② 운전자의 가족관계
③ 안전운전 적성
④ 태도

003 다음 중 교통사고에 대해 직간접적으로 가장 큰 영향을 주는 것으로 볼 수 있는 것은?

① 교통환경
② 교통수단
③ 교통시설
④ 교통안전에 대한 운전자의 인식

004 다음 중 운전적성을 판단하는 데 있어서 가장 관련이 없는 인간특성은?

① 청각 ② 시각
③ 반응 ④ 성격

005 교통사업자가 교통사고 조사를 하는 본질적인 목적으로 볼 수 있는 것은?

① 장기적으로 발생 가능한 교통사고의 예방을 위해
② 교통사업자의 수익구조를 개선하기 위해
③ 교통사고 발생의 책임자를 처벌하기 위해
④ 경찰의 교통사고 조사에 대한 신뢰의 부족

006 교통안전관리조직의 개념에 대한 설명으로 다음 중 틀린 것은?

① 안전관리조직은 구성원 상호간을 연결할 수 있는 비공식적 조직이어야 한다.
② 안전관리조직은 그 운영자에게 통제상의 정보를 제공할 수 있어야 한다.
③ 교통안전관리조직은 단순해야 한다.
④ 환경변화에 순응할 수 있는 유기체로서의 성격을 지녀야 한다.

007 다음 중 교통사고의 3대 요인으로 볼 수 없는 것은?

① 차량적 요인 ② 문화적 요인
③ 인적 요인 ④ 환경적 요인

008 운전자가 위험을 인식하고 브레이크가 실제로 작동하기까지 걸리는 시간을 의미하는 것은?

① 원심력 ② 제동거리
③ 정지거리 ④ 공주거리

009 여러 사람이 모여 자유로운 발상으로 아이디어를 내는 아이디어 창조기법에 해당하는 것은?

① 노모그램(Nomogrm) 방법
② 바이오닉스(Bionics) 방법
③ 브레인스토밍(Brain storming) 방법
④ 시그니피컨트(Significant) 방법

010 교통안전관리의 단계 중 작업장, 사고현장 등을 방문하여 안전지시, 일상적인 감독상태 등을 점검하는 단계에 해당하는 것은?

① 준비단계　② 조사단계
③ 계획단계　④ 설득단계

011 산업재해예방과 관련한 하인리히 법칙(1 : 29 : 300 법칙)에서 29가 의미하는 것은?

① 중대한 사고의 발생 비율
② 사소한 사고의 발생 비율
③ 큰 재해의 발생 비율
④ 작은 재해의 발생 비율

012 교통사고예방을 위한 접근방법 중 안전관리규정 등을 제정하여 교통사고를 예방하는 접근방법에 해당하는 것은?

① 제도적 접근방법
② 환경적 접근방법
③ 기술적 접근방법
④ 관리적 접근방법

013 다음의 교육기법 중 집합교육의 형태로 볼 수 없는 것은?

① 멘토링　② 실습
③ 강의　④ 토론

014 교통사고 후의 손해배상액 산정과 관련하여 다음 중 옳은 것은?

① 일실이익은 교통사고 후의 손해배상액 산정에 있어서 고려하지 않는다.
② 자동차사고로 인한 손해액은 주로 재산적 손해와 정신적 손해로 나뉜다.
③ 보험회사가 임의적으로 손해배상액을 산정한다.
④ 당사자 간의 합의에 의해서만 손해배상액의 산정이 가능하다.

015 다음 중 고령운전자의 특징이 아닌 것은?

① 시력감퇴　② 민첩성의 확보
③ 순발력의 저하　④ 청력 약화

016 교통사고 발생에 영향을 미치는 각 요인은 사고발생에 대하여 같은 비중을 지닌다는 원리는?

① 등치성 원리　② 동인성 원리
③ 배치성 원리　④ 차등성 원리

017 교통사고의 발생원인 중 간접적 원인으로서 운전자에 대한 교육의 부족 등으로 인한 교통사고의 요인에 해당하는 것은?

① 과속운전　② 장비불량
③ 교육적 원인　④ 음주운전

018 교통안전교육의 내용 중 하나인 인간관계의 소통과 관련 다른 교통참가자를 동반자로서 받아들여 그들과 의사소통을 하게 하거나 적절한 인간관계를 맺도록 하는 것을 의미하는 것은?

① 준법정신　② 안전운전태도
③ 자기통제　④ 타자 적응성

019 다음 중 운전적성 정밀검사의 내용이 아닌 것은?

① 정기 적성검사
② 처치 판단검사
③ 속도추정 반응검사
④ 중복작업 반응검사

020 어떤 사고 요인이 발생시에 그것이 근원이 되어 다음 사고 요인이 생기게 되고 또 그것이 사고요인을 일어나게 하는 것과 같이 사고요인이 연쇄적으로 하나하나의 사고요인을 만들어가는 형태를 무슨 형이라 하는가?

① 연쇄형　② 사고다발형
③ 집중형　④ 혼합형

021 운전자가 회사에 정착하기 위해 운전자가 준수해야 할 원칙으로 적절하지 못한 것은?

① 방어확인
② 준법정신
③ 펀 드라이빙(fun driving) 환경조성
④ 무리한 행위 배제

022 조직의 정서적 일체감형성에 관련하여 설명이 잘못된 것은?

① 관리자 감독자의인간성
② 의사소통의 결함 여부
③ 계획의 일관성
④ 책임·권한의 불확실성

023 안전관리계획의 수립시 고려사항으로 올바른 것은?

① 승무원(운전자, 안내원)의 의견 청취를 듣지 않는다.
② 현재의 상황을 파악하기 보다는 미래 상황만을 추측한다.
③ 추진하고자 하는 대안을 단수로 생각한다.
④ 관련부서의 책임자들과 충분한 협의한다.

024 어떤 현상이 일어날 수 있는 확률로 우발적인 변화에 기인한 고장과 부품의 마모와 결함, 노화 등의 원인에 의한 것과 관련된 이론은?

① 브레인 스토밍의 원리
② 욕조곡선의 원리
③ 집단의사결정의 원리
④ 사고요인 등치성의 원리

025 야간에 운전시 운전자의 시각특성에 대한 설명으로 틀린 것은?

① 야간에 과속하면 저하된 시력으로 인해 주변 상황을 원활하게 보기 어렵다.
② 야간 운전자의 시력과 가시거리는 물리적으로 차량의 전조등 불빛에 제한될 수밖에 없다.
③ 일몰 전보다 운전자의 시야가 50% 감소한다.
④ 상대방이 전조등을 켰을 때 일몰 전과 비교하여 동체시력에서의 차이는 없다.

03 자동차 정비

001 다음 중 기관에서 윤활유 소비가 과다한 원인에 해당되지 않는 것은?

① 밸브시스템 및 가이드 마모
② 수온조절기(서모스탯)의 열림 유지
③ 피스톤 링의 마모
④ 실린더의 마모

002 추진축의 길이를 변환시켜주는 것은?

① 슬립 이음
② 파이콘드라이브
③ 트랜스미션
④ 십자형 이음

003 승용차에 부착되어 브레이크와 관련 뒷바퀴의 유압을 앞바퀴보다 감소시켜 뒷바퀴가 먼저 고착화되는 것을 막는 밸브는?

① 타이어 밸브   ② U 밸브
③ P 밸브   ④ 림 밸브

004 다음 중 CNG 기관의 장점에 해당하지 않는 것은?

① 기관의 작동소음 감소
② 기관의 옥탄가의 감소
③ 매연의 100% 감소
④ 오존물질의 70% 감소

005 기관에서 배출되는 NOx가 가장 많이 배출되는 경우는?

① 공연비가 이론혼합비 부근인 경우
② 공연비와는 관련이 없다.
③ 공연비가 이론혼합비보다 매우 농후한 경우
④ 공연비가 이론혼합비보다 매우 희박한 경우

006 디젤기관에서 열효율이 좋은 연소실의 형태는?

① 와류실식   ② 공기실식
③ 직접분사실식   ④ 예연소실식

007 축전지의 설페이션 현상의 발생 원인으로 다음 중 적당하지 않는 것은?

① 축전지의 과방전
② 축전지의 과충전
③ 전해액이 부족하여 극판이 노출된 경우
④ 전해액의 비중이 너무 높거나 낮은 경우

008 다음 중 전자제어 현가장치(ECS)의 기능으로 틀린 것은?

① 급제동시 바퀴고착 방지
② 차량 자세 제어
③ 스프링 상수와 감쇠력 제어
④ 차량높이 제어

009 노후된 타이어에 높은 하중이 부과되고 열이 발생하여 전환부가 분리되는 현상은?

① 끌림   ② 세퍼레이션
③ 크랙   ④ 수막현상

010 디젤엔진에서 사용되는 과급기의 주된 사용목적으로 옳은 것은?

① 냉각효율의 증대   ② 배기의 정화
③ 출력의 증대   ④ 윤활성의 증대

011 다음 중 엔진이 과열되는 원인으로 볼 수 없는 것은?

① 냉각수 부족
② 엔진오일 부족
③ 자동공조장치의 하자
④ 팬벨트의 손상

012 다음 중 디젤기관에서 시동이 잘 걸리지 않게 되는 원인으로 볼 수 있는 것은?

① 낮은 점도의 기관오일을 사용할 때
② 연료계통에 공기가 들어있을 때
③ 냉각수의 온도가 높은 것을 사용할 때
④ 보조탱크의 냉각수량이 부족할 때

013 냉각수 용량이 50리터인데 35리터 밖에 들어가지 않은 경우 방열기 코어 막힘률은 얼마인가?

① 20% ② 30%
③ 50% ④ 70%

014 전자제어설비에서 산소센서에 하자가 있는 경우 발생하는 현상으로 옳은 것은?

① 핸들의 유격현상 발생
② 타임래그의 발생
③ 엔진의 과열
④ 유해 배출가스의 발생

015 자동차 검사에서 일산화탄소가 지나치게 많이 배출된다는 지적을 받은 경우의 정비 방법은?

① 자동차 엔진오일의 교체
② 실린더 피스톤의 교체
③ 점화 플러그 교환
④ 타이어 공기압 조정

016 다음 중 엔진 과열시 일어나는 현상이 아닌 것은?

① 유압 조절밸브를 조인다.
② 연료소비율이 줄고 효율이 향상된다.
③ 각 작동부분이 열팽창으로 고착될 수 있다.
④ 윤활유의 점도 저하로 유막이 파괴될 수 있다.

017 자동차 에어컨에서 찬바람이 나오지 않는 원인으로 볼 수 없는 것은?

① 에어컨 가스가 새는 경우
② 자동차 실내공기의 건조
③ 냉각팬에 문제 발생
④ 퓨즈의 단락

018 물체의 가로방향을 중심으로 물체가 회전 진동하는 현상으로 앞쪽이 내려가면 뒤쪽이 올라가게 되고, 뒤쪽이 내려가면 앞쪽이 올라가게 되는 것을 나타내는 것은?

① 롤링   ② 바운싱
③ 피칭   ④ 요잉

019 자동차 뒷면의 제동등이 수시로 off 되는 이유로 볼 수 있는 것은?

① 전구의 불량
② 장거리 운전
③ 퓨즈의 불량
④ 전등 램프의 수시점검

020 유압식 제동장치에서 제동력이 떨어지는 원인이 아닌 것은?

① 패드 및 라이닝의 마멸
② 유압장치에 공기 침입
③ 브레이크 오일의 누설
④ 엔진 출력 저하

021 전자제어식 ABS 제동 시스템의 구성품이 아닌 것은?

① 유압 모듈레이터
② 전자제어장치
③ 바퀴속도센서
④ 프로포셔닝 밸브

022 다음 중 전류의 3대 기능에 해당하지 않는 것은?

① 화학작용
② 분사작용
③ 발열작용
④ 자기작용

023 하이브리드 차량(HEV)의 전기장치 정비 전 지킬 사항으로 가장 부적절한 것은?

① 엔진이 정지하였다면 하이브리드 시스템이 정지 상태라고 판단해도 무관하다.
② 'Ready 표시등'이 꺼져 있는 상태가 시스템 정지 상태이다.
③ 오렌지색(주황색)의 고전압 케이블과 고전압 부품에 접촉하지 않도록 각별히 주의해야 한다.
④ 해당 차종의 매뉴얼 및 안전수칙을 반드시 참고하여 정비 및 구조에 들어가야 한다.

024 연비향상을 위한 친환경 자동차에서 차량 정지시 자동적으로 엔진을 멈추었다가 필요에 따라 자동적으로 시동이 걸리게 하는 기능을 무엇이라고 하는가?

① 패스트 아이들 기능
② 원격 운전 기능
③ 아이들링 스톱 기능
④ 아이들링 업 기능

025 NOx 배출량을 감소시키는 밸브는?

① 촉매 컨버터
② 과급기
③ EGR 장치
④ 캐니스터

04 교통 심리학

001 초보운전자의 운전 중 시야와 관련하여 주시범위에 대한 설명으로 잘못된 것은?

① 주시할 수 있는 수평범위가 넓다.
② 주시의 수평범위가 중앙에 집중되고 우측에 편중되는 경우가 많다.
③ 사이드 미러를 보는 횟수가 많다.
④ 속도계를 보는 횟수가 많다.

002 다음 중 운전자가 방향속도 환경 등에 관한 정보를 가장 잘 얻을 수 있는 감각은?

① 후각   ② 촉각
③ 시각   ④ 청각

003 과속운전 시 속도에 익숙해져 운전자가 그 속도에서 벗어나지 못하는 현상을 의미하는 것은?

① 급가속도 효과   ② 플라시보 효과
③ 러닝머신 효과   ④ 대기행렬 효과

004 방어운전기법에 대한 설명으로 옳지 못한 것은?

① 과속을 하지 않는다.
② 운전자는 앞차의 전방까지 시야를 멀리 두지 않아도 된다.
③ 사이드미러를 자주 본다.
④ 흥분된 상태에서는 운전을 하지 않는다.

005 다음 중 무사고 운전자의 특징으로 볼 수 없는 것은?

① 통제력
② 높은 지적능력
③ 상대방에 대한 배려
④ 적절한 판단력

006 경쟁의식이 높은 운전자가 주로 위반하는 교통위반 사례에 해당하는 것은?

① 신호위반   ② 안전거리위반
③ 속도위반   ④ 주차위반

007 교통사고 발생의 심리적 인자를 평가하여 운전자 채용 및 교육에 활용하고자 하는 것은?

① 운전체험   ② 안전교육
③ 적성검사   ④ 신체검사

008 교통사고에 있어 운전자의 요인 중 환경적 요인에 해당하지 않는 것은?

① 피로   ② 졸음
③ 스트레스   ④ 공격성

009 다음 중 운전피로에 대한 설명으로 바르지 못한 것은?

① 운전은 일반적으로 신체적인 피로 뿐만 아니라 심리적 피로까지 야기하는 작업이라고 볼 수 있다.
② 심리적 요인은 항상 생리적 요인에 비해 운전피로에 직접적으로 영향을 미친다고 할 것이다.
③ 운전피로는 운전 중 실제 발생하는 신체변화, 피로감, 객관적으로 측정되는 운전기능의 저하를 말한다.
④ 피로는 눈이나 발 등을 혹사했을 경우라도 그 증상은 전신에 나타나는 경향이 있다.

010 타인의 교통법규를 위반하는 경우에 이에 동조하여 교통법규를 위반하게 되는 심리적 배경이 아닌 것은?

① 집단과 같이 행동함으로써 인정을 받고, 불인정을 피하려는 동기에 기인한다.
② 자신의 판단에 대한 확신이 들지 않는 심리상태에 기인한다.
③ 따돌림을 피하기 위한 심리상태에 기인한다.
④ 익명성이 보장되지 않는 상황하에서의 불안한 심리상태에 기인한다.

011 집근처 동네 등의 익숙한 도로에서 자동차 사고가 자주 발생하는 원인으로 가장 적합한 것은?

① 주거지나 생활 근거지에서는 운전시 집중력이 떨어질 수 있기 때문이다.
② 주거지나 생활 근거지의 경우 일반도로에 비해 보행자들의 노출빈도가 적기 때문이다.
③ 집근처 동네 등의 도로의 경우 인도와 차도의 구분이 명확하게 되어 있기 때문이다.
④ 익숙한 도로보다는 익숙하지 않은 도로에서 교통법규를 위반할 확률이 크기 때문이다.

012 교통심리학의 의미로 적당한 것은?

① 교통안전에 관한 국가 또는 지방자치단체의 의무 추진체계 및 시책 등을 규정하고 이를 연구하는 실천적 과학행동이다.
② 교통안전에 관한 시책 등을 종합적 계획적으로 추진함으로써 교통안전 증진에 이바지함을 연구하는 실천적 과학행동이다.
③ 주어진 교통상황이나 환경 하에서 운전자가 주체적 선택적으로 의사결정과정을 거쳐 목적지까지 이동하는 인간의 행동에 대해 연구하는 실천적 과학행동이다.
④ 운전자가 운전 중 받는 물리적 심리적 스트레스를 관리해 주는 실천적 과학행동이다.

013 다음 중 과로운전의 증세로서 가장 적합하지 못한 것은?

① 운전조작 내용의 증가
② 주의력 상실
③ 운전리듬의 상실
④ 졸음운전의 야기

014 다음 중 요주의 운전자에 대한 사후교육방법으로서 가장 적절하지 않는 것은?

① 해고   ② 집단면접
③ 개별면접   ④ 경고

015 운전자의 행동과 기본적인 자세가 아닌 것은?

① 운전자는 자기에게 유리한 판단이나 행동은 삼가야 한다.
② 실제로 차를 운전하면서 변화하는 주위상황에 맞추어 자신 있게 운전한다.
③ 여유있고 양보하는 마음으로 운전한다.
④ 심신상태를 안정시킨다.

016 다음 중 운전자의 방어운전기법에 대한 설명으로 잘못된 것은?

① 주택가에서는 속도를 줄여 충돌을 피할 시간적 공간적인 여유를 확보한다.
② 뒤차의 움직임을 룸미러나 사이드미러로 끊임없이 확인한다.
③ 앞차에 대한 전방 가시 시야를 멀리두지 않는다.
④ 심리적으로 흥분된 상태에서는 운전을 자제한다.

017 상대 운전자에게 자극을 받더라도 그 자극에 대해 집중하지 않으려고 대처하는 방법으로 운전자의 모습이 어떠해야 하는 것으로 볼 수 없는 것은?

① 이기주의적인 마음을 없애야 한다.
② 무의식적으로 반응하는 행동을 한다.
③ 좋은 습관을 지니도록 항상 노력한다.
④ 자신의 인격을 쌓도록 한다.

018 주행하는 도로에서 안전한 야간운전 방법으로 옳지 않는 것은?

① 앞차를 따라 주행할 때 전조등은 상향으로 비추고 주행한다.
② 뒤차의 불빛에 현혹되지 않도록 룸미러를 조정한다.
③ 중앙선으로부터 조금 떨어져서 주행한다.
④ 도로의 상태나 차로 등을 확인하면서 주행한다.

019 터널 안에서 운전하는 경우 운전자의 심리와 관련한 설명으로 잘못된 것은?

① 터널 내에서는 신경이 피로해져서 앞차를 따라 주행할 때 전조등은 아래로 비추고 안전한 속도로 주행한다.
② 터널 내에서는 앞차와의 간격을 좁혀 불빛에 현혹되지 않도록 룸미러를 조정한다.
③ 고속으로 터널에 들어가면 시력이 급격하게 저하되므로 미리 터널 바로 앞에서 속도를 낮추고 전조등을 켜고 통행하도록 하여야 한다.
④ 터널 내에 운전할 때에는 중앙선을 침범해 오는 차나 차선을 변경하려고 하는 차와 충돌하기 쉬우므로 안전거리를 두고 방어운전을 한다.

020 다음 중 운전자 교육방법에 대한 설명으로 부적절한 것은?

① 집체식 교육방법이 개별교육보다 항상 효과적이다.
② 교육대상이나 교육방법 선택 시 신중을 기해야 한다.
③ 교육의 객체가 누구인가에 따라 교육방법도 달라야 한다.
④ 교육방법뿐만 아니라 교육 후 나타나는 효과도 중요하다.

021 도로안내 문자표지에 관한 설명으로 잘못된 것은?

① 안전을 확보하기 위하여 통제한다.
② 안전표지문자의 획이 가늘수록 효과가 크다.
③ 필요한 정보를 사전에 전달하기도 한다.
④ 원활한 소통과 안전을 보장해주는 기능을 한다.

022 장거리 운전에서 피로를 줄이기 위한 방법으로 잘못된 것은?

① 휴게소 쉼터에서 휴식을 취한다.
② 시선을 한곳으로 고정하고 운전한다.
③ 창문을 열고 바람을 쐰다.
④ 교대로 운전을 한다.

023 운전 중 피곤한 상태에서 운전자의 운전반응시간에 대한 설명으로 틀린 것은?

① 음주운전만큼 운전자의 판단 능력이 떨어져 사고로 이어지기 쉽다.
② 정지거리와 제동거리가 짧아진다.
③ 운전자의 판단력이 떨어지고 반응 속도가 현저히 느려진다.
④ 정상운보보다 반응 속도는 2배, 정지거리도 30% 이상 늘어난다.

024 운전 중 운전자간 의사소통의 수단으로 볼 수 없는 것은?

① 비상등 표시로 내차에 이상이 있을 때 주변 차량에게 알리는 것
② 동작, 고함, 등화장치
③ 방향지시등 표시로 끼어들기나 차선을 변경할 때
④ 수신호로 감사와 사과, 양해를 구할 때

025 차량 운행 중 안전운전의 기본적 자세의 필요조건이 아닌 것은?

① 심신상태가 안정된 운전자세
② 운전기술을 과신하여 추측운전
③ 교통규칙 준수
④ 여유 있고 양보하는 마음으로 운전

1. 교통법규

01	③	02	①	03	③	04	④	05	④
06	①	07	②	08	③	09	②	10	②
11	④	12	②	13	②	14	④	15	②
16	④	17	②	18	②	19	④	20	④
21	②	22	④	23	③	24	④	25	③
26	③	27	②	28	②	29	②	30	③
31	④	32	③	33	②	34	③	35	④
36	③	37	③	38	①	39	③	40	④
41	④	42	②	43	③	44	④	45	①
46	②	47	③	48	②	49	③	50	①

2. 교통안전 관리론

01	③	02	②	03	④	04	④	05	①
06	①	07	②	08	④	09	③	10	②
11	④	12	①	13	①	14	②	15	②
16	①	17	③	18	④	19	①	20	①
21	③	22	④	23	④	24	②	25	④

3. 자동차 정비

01	②	02	①	03	③	04	②	05	④
06	③	07	②	08	①	09	②	10	③
11	③	12	②	13	②	14	④	15	③
16	②	17	②	18	③	19	③	20	④
21	④	22	②	23	①	24	③	25	③

4. 교통 심리학

01	①	02	③	03	③	04	②	05	②
06	③	07	③	08	④	09	②	10	④
11	①	12	③	13	①	14	①	15	②
16	③	17	②	18	①	19	②	20	①
21	②	22	②	23	②	24	②	25	②

참고문헌

- GB자격시험편성위원회, 자동차정비기능사, (주)골든벨
- 김광석·김영호·김지호·박영식, 자동차정비산업기사, (주)골든벨
- 교통사고분석사 [교통안전관리론], (주)골든벨
- 두산백과 두피디아, 나무위키, 국어사전, 네이버 지식백과, 다음 백과
- 법제처, https://www.moleg.go.kr
  교통안전법, 자동차관리법, 도로교통법

■ 저자약력

김치현 (現)아주자동차대학교 미래자동차공학부 교수, 한독상공회의소 아우스빌둥 평가위원

박장우 공학박사 (前)국토교통부 자동차안전하자 심의위원
(現)아주자동차대학교 미래자동차공학부 교수, 한국자동차 공학회 부회장

한창평 공학박사 (前)한국교통사고해석기술연구원 원장
(現)상지대학교 스마트자동차공학 교수, 한국도로교통공단 자문위원

PASS 시험 1주 작전
도로교통안전관리자 1000제

초판인쇄 | 2026년 1월 02일
초판발행 | 2026년 1월 10일

지 은 이 | 김치현 · 박장우 · 한창평
발 행 인 | 김 길 현
발 행 처 | (주)골든벨
등 록 | 제1987-000018호
I S B N | 979-11-5806-447-1
가 격 | 24,000원

㉾ 04316 서울특별시 용산구 원효로 245(원효로1가 53-1) 골든벨빌딩 6F
• TEL : 도서 주문 및 발송 02-713-4135 / 회계 경리 02-713-4137
  편집 및 디자인 02-713-7452 / 해외 오퍼 및 광고 02-713-7453
• FAX : 02-718-5510   • http : // www.gbbook.co.kr   • E-mail : 7134135@ naver.com

이 책에서 내용의 일부 또는 도해를 다음과 같은 행위자들이 사전 승인없이 인용할 경우에는
저작권법 제93조 「손해배상청구권」에 적용 받습니다.
① 단순히 공부할 목적으로 부분 또는 전체를 복제하여 사용하는 학생 또는 복사업자
② 공공기관 및 사설교육기관(학원, 인정직업학교), 단체 등에서 영리를 목적으로 복제·배포하는 대표, 또는 당해 교육자
③ 디스크 복사 및 기타 정보 재생 시스템을 이용하여 사용하는 자

※ 파본은 구입하신 서점에서 교환해 드립니다.